彩图1　菜粉蝶成虫

彩图2　曲纹紫灰蝶成虫

彩图3　曲纹紫灰蝶幼虫（示黄色个体）

彩图4　曲纹紫灰蝶幼虫（示红色个体）

彩图5　苏铁受曲纹紫灰蝶为害初期症状

彩图6　苏铁受曲纹紫灰蝶为害后期症状

彩图7　玉带凤蝶幼虫

彩图8　玉带凤蝶成虫(♂)

彩图9　樟青凤蝶幼虫

彩图10　达摩凤蝶成虫

彩图11　波蛱蝶幼虫

彩图12　丽绿刺蛾幼虫

彩图13　红树林树种白骨壤受丽绿刺蛾严重为害状

彩图14　黄刺蛾茧

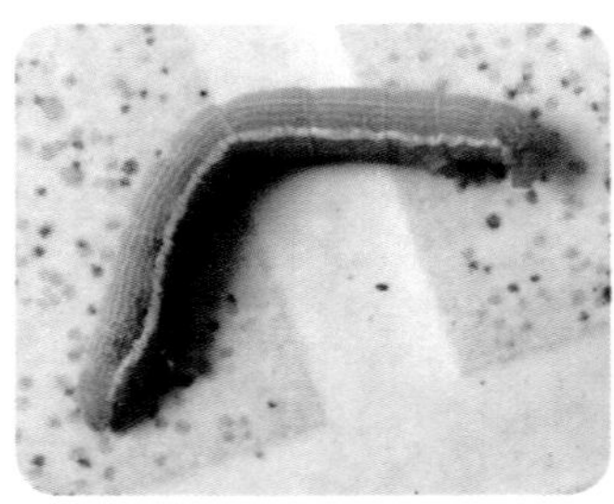

彩图15　凤凰木尺蛾幼虫

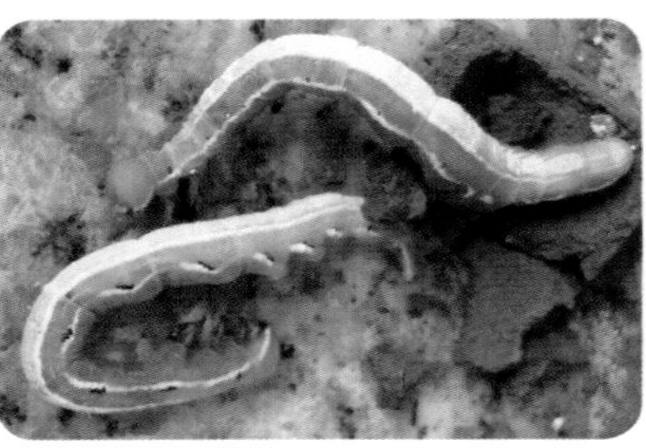

彩图16　凤凰木夜蛾幼虫

彩图17　印度紫檀夜蛾幼虫

彩图18　印度紫檀受紫檀夜蛾为害状

彩图19　菜豆树上的霜天蛾成虫交配状

彩图20　霜天蛾成虫（左♀右♂）

彩图21　夹竹桃天蛾幼虫

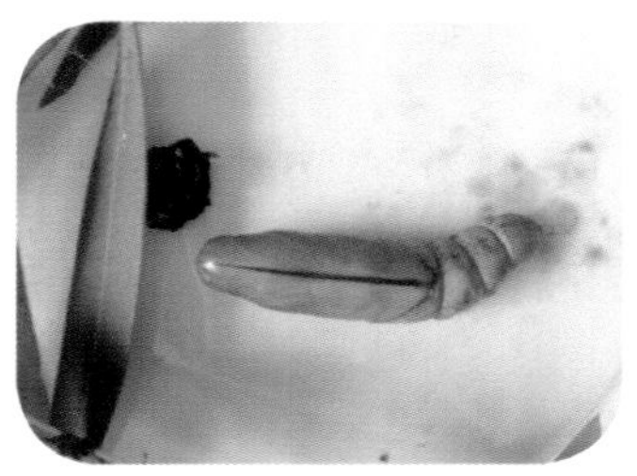

彩图22　夹竹桃天蛾蛹

彩图23　夹竹桃天蛾
成虫及蛹壳

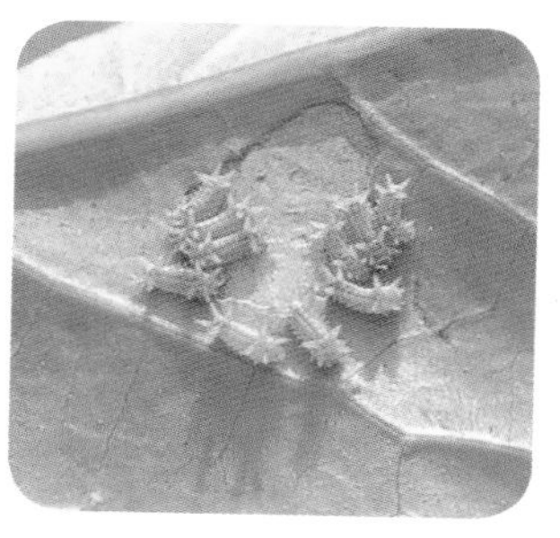

彩图24　黄刺蛾
（幼虫群集为害状）

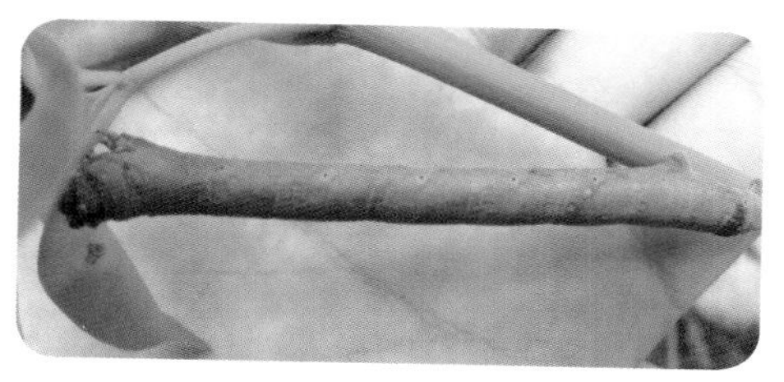

彩图25　油桐尺蠖幼虫

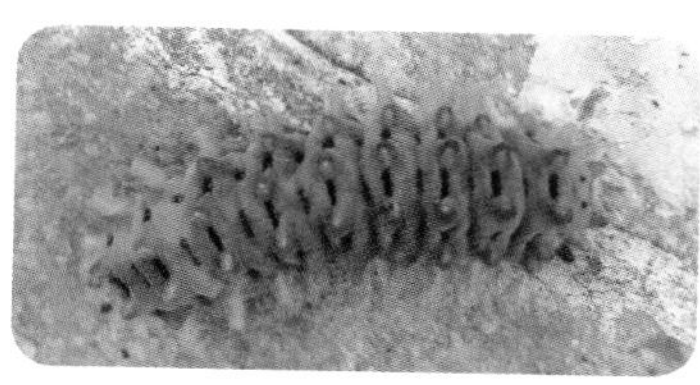

彩图26　重阳木锦斑蛾幼虫

彩图27　重阳木锦斑蛾成虫
（正面观）

彩图28　重阳木锦斑蛾正在
被蜘蛛捕食

彩图29　榕拟灯蛾幼虫群集为害对叶榕

彩图30　榕拟灯蛾为害严重时正面可见

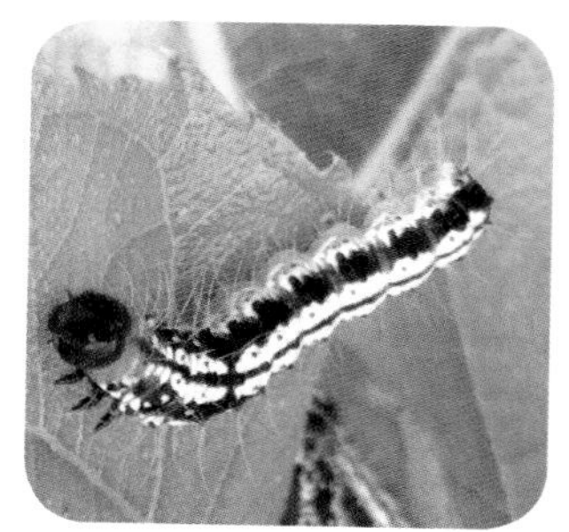

彩图31　榕拟灯蛾老熟幼虫

彩图32　对叶榕受榕拟灯蛾为害状

彩图33　榕透翅毒蛾成虫（♀）

彩图34　黄葛榕上的榕透翅毒蛾幼虫

彩图35　榕透翅毒蛾蛹壳

彩图36　绿翅绢野螟幼虫为害盆架树

彩图37　小袋蛾的护囊及蛹壳

彩图38　南鹿蛾成虫

彩图39　茶小卷蛾幼虫

彩图40　茶小卷蛾蛹

彩图41　茶小卷蛾幼虫为害状

彩图42　榕灰白蚕蛾为害黄金榕状

彩图43　黄金榕受榕灰白蚕蛾为害状

彩图44　高山榕受榕灰白蚕蛾为害状

彩图45　文殊兰彩灰翅夜蛾为害水鬼蕉

彩图46　榕灰白蚕蛾幼虫受惊后吐丝坠地

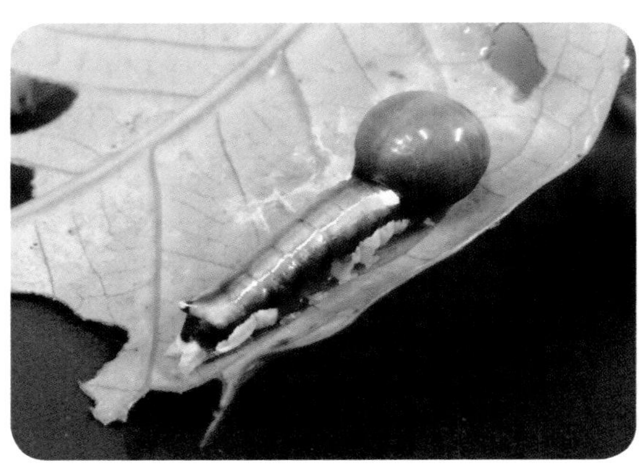

彩图47　莲雾褚夜蛾幼虫及其为害状

彩图48　莲雾褚夜蛾为害状

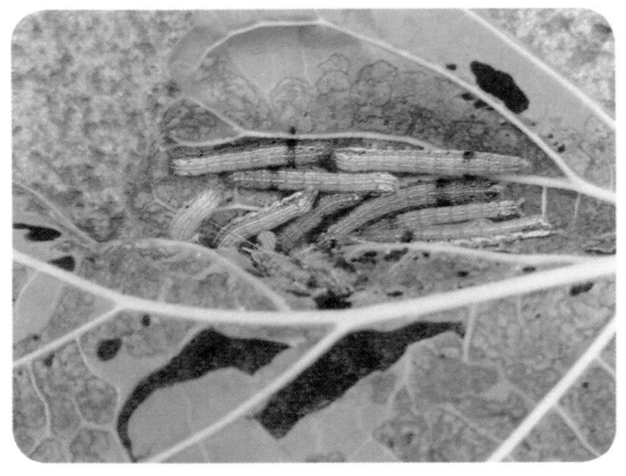
彩图49　斜纹夜蛾为害桑树树叶

彩图50　斜纹夜蛾为害平托落花生

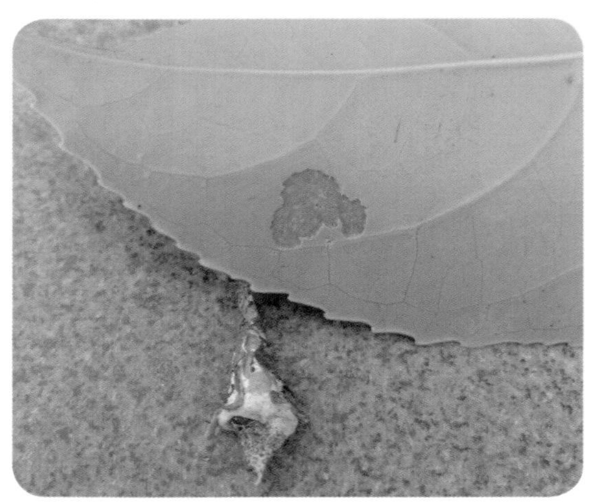
彩图51　小袋蛾为害秋枫叶片

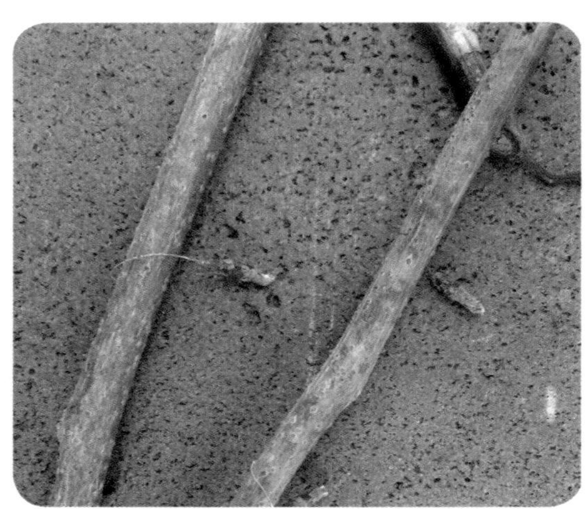
彩图52　小袋蛾为害凤凰木

彩图53　竹织叶野螟幼虫

彩图54　竹织叶野螟为害黄金间碧玉竹

彩图55　扁刺蛾为害台湾相思

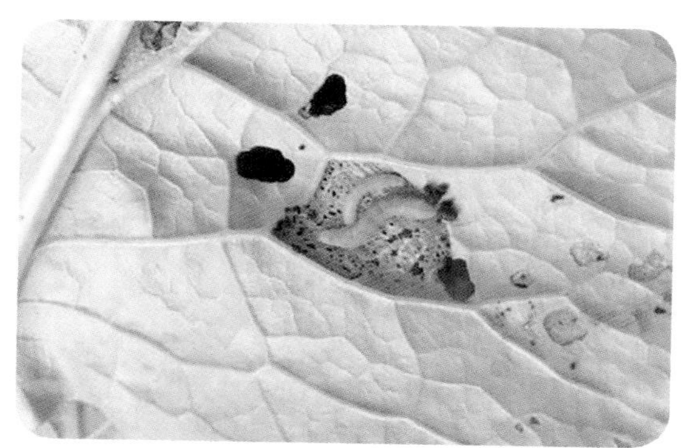
彩图56　甜菜夜蛾为害羽衣甘蓝

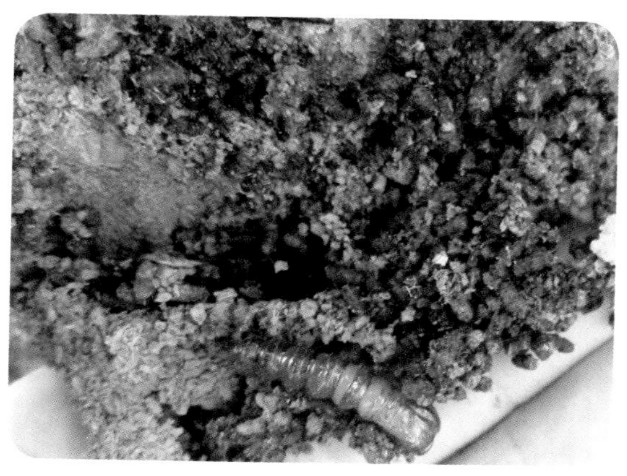
彩图57　咖啡木蠹蛾蛹

彩图58　红火蚁校园草坪上的蚁穴

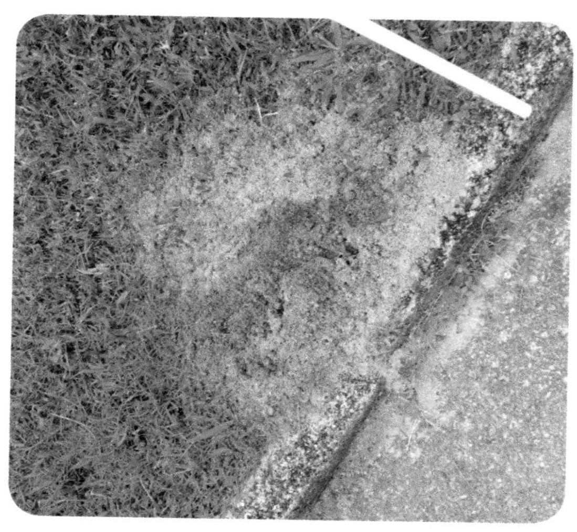
彩图59　红火蚁为害某高尔夫球场草坪

彩图60　蔗根土天牛成虫

彩图61　咖啡灭字虎天牛成虫羽化后从树干钻出

彩图62　咖啡灭字虎天牛成虫

彩图63　小蠹虫为害状（根部堆满蛀蚀的木屑）

彩图64　锚阿波萤叶甲为害海芋

彩图65　蛴螬食尽草坪草根，草呈干枯状，草坪轻易就被掀起

彩图66　大叶油草草坪受蛴螬为害状

彩图67　椰心叶甲各虫态

彩图68　椰心叶甲成虫及其为害状

彩图69　椰子受椰心叶甲为害初期症状

彩图70　椰子受椰心叶甲为害后期症状

彩图71　高尔夫球场发球台受东方蝼蛄为害状

彩图72　东方蝼蛄

彩图73　高尔夫球场发球台受东方蝼蛄为害，浇水后草坪上层呈空洞，影响草坪质量

彩图74　高尔夫草坪同时受东方蝼蛄和夜蛾为害状

彩图75　桉树枝瘿姬小蜂成虫

彩图76　桉树枝瘿姬小蜂田间为害状

彩图77　刺桐姬小蜂为害鸡冠刺桐正面观

彩图78　刺桐姬小蜂为害鸡冠刺桐背面观

彩图79　黑翅土白蚁工蚁

彩图80　黑翅土白蚁新生繁殖蚁

彩图81　白蚁为害鸡冠刺桐，树皮外观完好

彩图82　白蚁为害鸡冠刺桐，树皮轻触即掉

彩图83　白蚁为害腊梅，树干内部已蛀空，内有白蚁活动

彩图84　白蚁为害桂花受害植株茎干被蛀空

彩图85　刺吸式害虫典型为害状

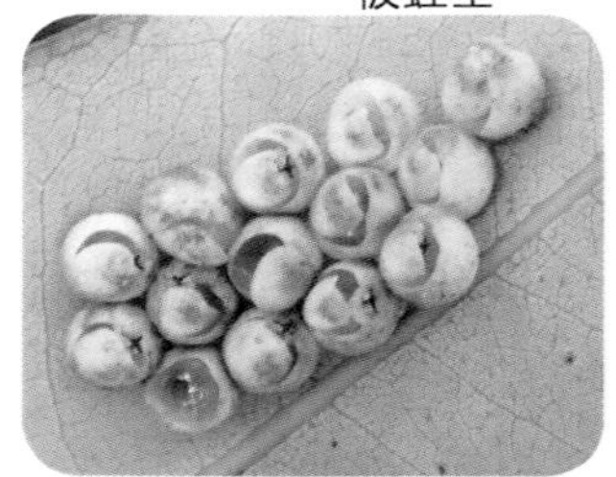
彩图86　荔枝椿象卵块

彩图87　荔枝椿象若虫

彩图88　荔枝椿象成虫

彩图89　樟胫曼盲蝽成虫

彩图90　樟胫曼盲蝽为害香樟

彩图91　角顶叶蝉成虫

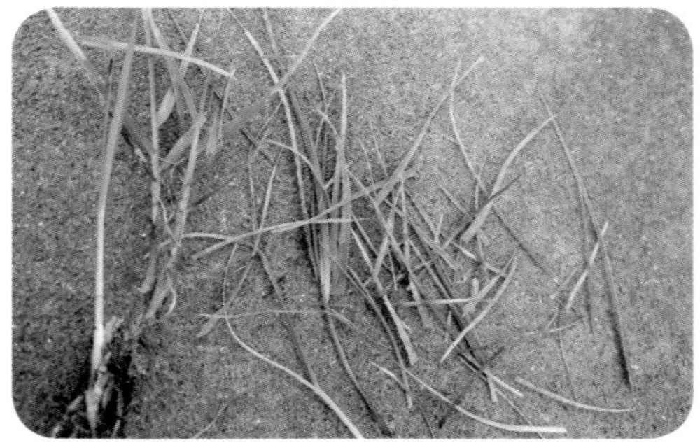
彩图92　角顶叶蝉为害高尔夫球场草坪草海滨雀稗

彩图93　高尔夫球场海滨雀稗草受角顶叶蝉严重为害状

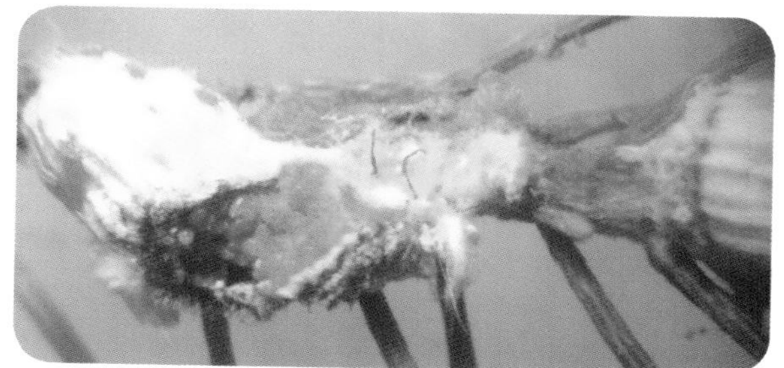
彩图94　澳洲吹绵蚧若虫，正爬出卵囊

彩图95　澳洲吹绵蚧为害木麻黄

彩图96　椰圆蚧为害椰子叶片

彩图97　长绵粉蚧为害琴叶珊瑚

彩图98　琴叶珊瑚受长绵粉蚧严重为害状

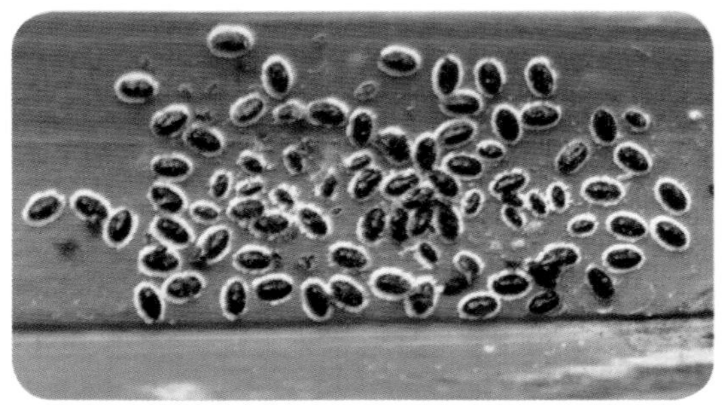
彩图99　黑刺粉虱为害椰子叶片

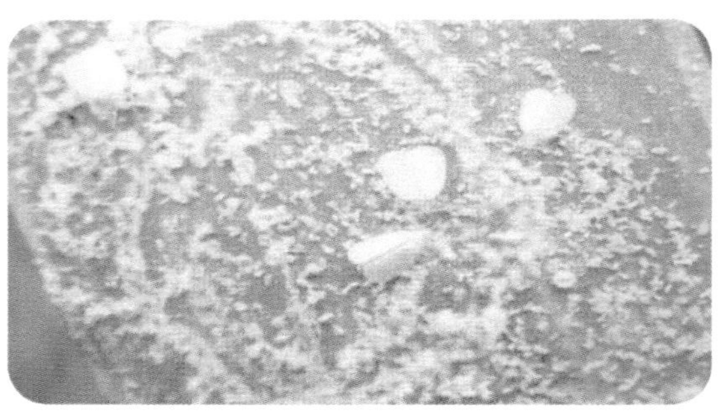
彩图100　螺旋粉虱成虫及为害状（覃伟权摄）

彩图101　日本龟蜡蚧雌虫为害荔枝

彩图102　紫薇长斑蚜为害大花紫薇叶片

彩图103　鸭脚树星室木虱为害盆架树

彩图104　鸭脚树星室木虱成虫羽化孔

彩图105　苏铁同时受曲纹紫灰蝶和盾蚧为害状

彩图106　榕木虱为害黄金榕

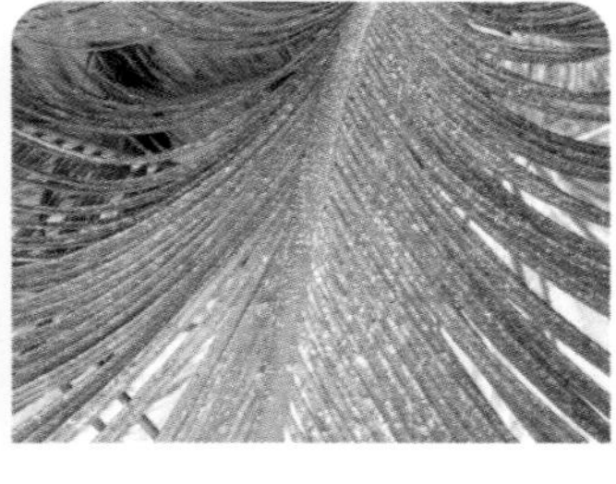
彩图107　考氏白盾蚧为害苏铁叶片

彩图108　考氏白盾蚧苏铁叶片部分已干枯

彩图109　灰莉受榕管蓟马为害状

彩图110　花叶垂榕受榕管蓟马为害状

彩图111　红带网纹蓟马若虫

彩图112　红带网纹蓟马为害红背桂

彩图113　红带网纹蓟马为害变叶，木叶片背面布满黑红色污点

彩图114　木槿瘿螨为害黄槿叶片（示正面）

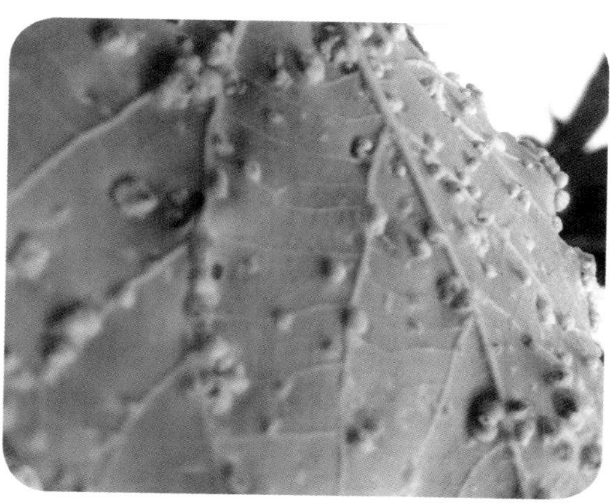
彩图115　木槿瘿螨为害黄槿叶片（示背面）

彩图116　马陆

彩图117　朱砂叶螨为害鸡冠刺桐叶片

彩图118　非洲大蜗牛

彩图119　非洲大蜗牛为害水鬼蕉

彩图120　蛞蝓为害草坪

彩图121　仙环病为害草坪

彩图122　白玉兰叶片机械损伤状

彩图123　蝴蝶兰日灼病

彩图124　槟榔日灼病茎干上的纵裂缝

彩图125　槟榔日灼病受害处组织坏死（朱辉摄）

（彩图124、彩图125引自覃伟权，等，《棕榈科植物病虫鼠害的鉴定及防治》，2011）

彩图126　咖啡煤污病

彩图127　高山榕煤污病

彩图128　大花紫薇煤污病

彩图129　台湾相思锈病褐色的孢子堆

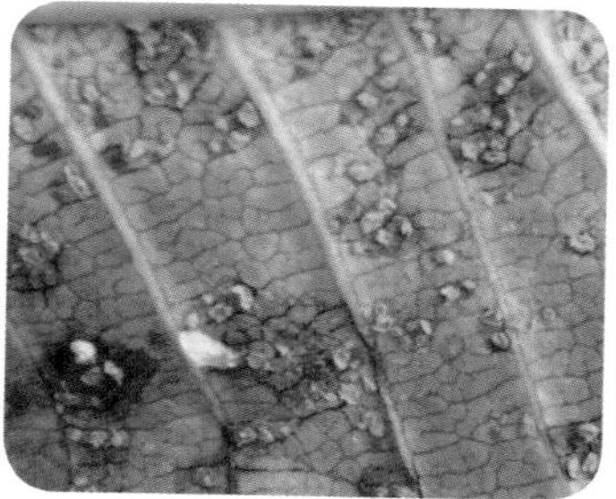
彩图130　鸡蛋花锈病夏孢子堆和冬孢子堆

彩图131　鸡蛋花锈病病叶

彩图132　椰子泻血病（余凤玉摄）

彩图133　椰子泻血病裂缝中流出褐色液体(闫伟摄)

（彩图132、彩图133引自覃伟权，等《棕榈科植物病虫鼠害的鉴定及防治》，2011）

彩图134　椰子茎腐病椰子病茎症状，示病株受害枯死状（左）和表面的担子果（右）

彩图135　短穗鱼尾葵灰斑病

彩图136　九里香白粉病

彩图137　九里香受白粉病严重为害状

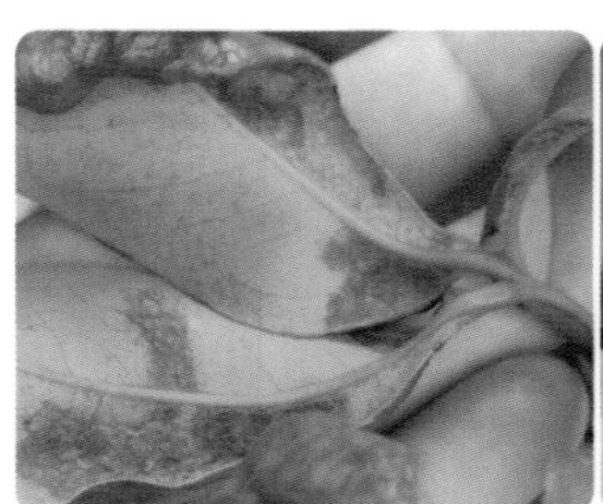

彩图138　荔枝毛毡病荔枝受害叶片中期症状（左）及受害叶片后期症状（右）

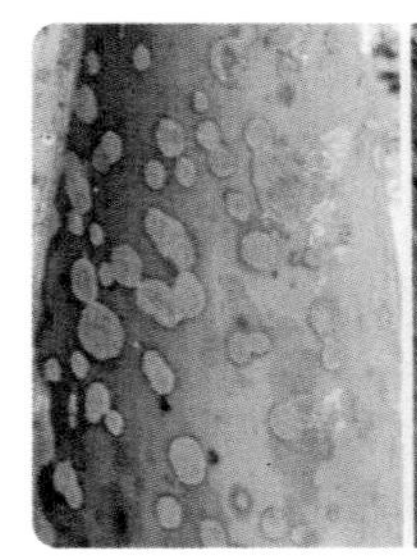

彩图139藻斑病 大王棕叶鞘受害状（左）和槟榔叶柄受害状（右）

（彩图139引自李增平，等，《热区植物常见病害诊断彩图谱》，2010）

彩图140　流胶病［芒果茎干流胶（左）和桃树枝条流胶（右）］

（彩图140引自李增平，等，《热区植物常见病害诊断彩图谱》，2010）

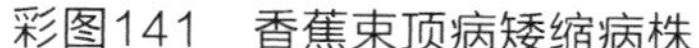

彩图141　香蕉束顶病矮缩病株

彩图142　香蕉束顶病田间病株的束顶症状

（彩图141、彩图142引自李增平，等，《热区植物常见病害诊断彩图谱》，2010）

彩图143　长春花丛枝病红色花瓣变成绿色

（彩图143引自李增平，等《热区植物常见病害诊断彩图谱》，2010）

彩图144　菟丝子寄生为害状

彩图145　菟丝子田间蔓延状

彩图146　桑寄生成熟的浆果

（彩图147引自李增平，等，《热区植物常见病害诊断彩图谱》，2010）

彩图147　桑寄生

彩图148　桑寄生（深绿色）寄生花叶垂榕

彩图149　桑寄生寄生腊梅

彩图150　利用性诱剂诱杀及树洞修补防治

彩图151　以螨治螨，利用捕食螨防治农业害螨

（彩图151引自网站，网址：http://fjyanxuan.1688.com/page/offerlist.htm）

彩图152　释放寄生蜂防治椰心叶甲［采用放蜂器（左）和指形管（右）］

（彩图152引自覃伟权，等，《棕榈科植物病虫鼠害的鉴定及防治》，2011）

热带园林
植物病虫害防治

REDAI YUANLIN ZHIWU BINGCHONGHAI FANGZHI

主　编　许天委　郝慧华

副主编　李国寅　王鸿宾　曹凤勤

ZHEJIANG UNIVERSITY PRESS
浙江大学出版社

图书在版编目(CIP)数据

热带园林植物病虫害防治/许天委，郝慧华主编.—杭州：浙江大学出版社，2018.6(2020.1重印)

ISBN 978-7-308-16239-5

Ⅰ.①热… Ⅱ.①许…②郝… Ⅲ.①热带植物—园林植物—病虫害防治 Ⅳ.①S436.8

中国版本图书馆CIP数据核字（2016）第233148号

热带园林植物病虫害防治

主编 许天委 郝慧华

责任编辑 秦 瑕
责任校对 陈静毅 郝 娇
封面设计 杭州林智广告有限公司
出版发行 浙江大学出版社
（杭州市天目山路148号 邮政编码310007）
（网址：http://www.zjupress.com）
排 版 杭州林智广告有限公司
印 刷 虎彩印艺股份有限公司
开 本 787mm×1092mm 1/16
印 张 21.75
插 页 10
字 数 531千
版 印 次 2018年6月第1版 2020年1月第2次印刷
书 号 ISBN 978-7-308-16239-5
定 价 69.00元

浙江大学出版社市场运营中心邮购电话：（0571）88925591；http://zjdxcbs.tmall.com

前　言

随着我国城乡生态环境的改善，人们对园林绿化及生态环境的重视程度日益增强，园林建设资金的投入力度也随之加大。量足质优、规格多样的苗木生产是园林绿化水平提高和生态环境质量提升的重要基础，而园林植物生产中的病虫害问题是关乎园林苗木生产、供应与植物配置应用水平的关键，直接影响园林绿化建设的质量。因此，多数高等院校的植物保护以及园林、园艺等专业都普遍开设了“园林植物病虫害防治”这门课程。

“园林植物病虫害防治”是高职园林类专业的主干课程。根据高职教育的特点，学生应掌握够用的理论基础知识，具有较强的实践技能。本书在参考大量国内外有关植物保护、园林生产等文献资料的基础上，结合生产实际，阐明热带园林植物病虫的发生种类、为害特点、发生发展规律，旨在为热带园林植物生产及绿化事业服务。编者在编写过程中力求针对园林技术实际，强调理论与实践、科学性与实用性有机结合，突出热带园林植物保护的能力培养，以符合专业人才培养目标。通过对本教材的系统学习，希望大家在了解园林植物病虫害基础知识及技能的基础上，基本掌握园林植物病虫害的发生种类、为害特点、发生发展规律，熟练掌握热带园林植物主要病虫害的诊断技能及治理方法，将热带园林植物病虫害的种群发生数量控制在合理的范围之内，同时，对外来入侵病虫害能够进行基础的识别及防治，以便及时采取防治措施。

本书由琼台师范学院许天委、郝慧华共同担任主编；由琼台师范学院李国寅，海南大学王鸿宾、曹凤勤担任副主编；海南大学刘晓妹，河南农业大学翟清，海南省儋州市农业技术推广服务中心袁群雄、符琼玉，海南省万宁市龙滚镇农业服务中心李来平在本书的编写过程中给予了宝贵的指导建议，同时提供了大量的信息资料。本书内容丰富，图文并茂，防治办法可操作性强。

本书可供高职园林类专业使用，同时本教材也可作为植保工、花卉工、绿化工等职业工种的培训用书或参考书。

本教材除绪论外，共分为八章，内容包括：园林植物昆虫基础知识、病害基础知识、植物病虫害防治的原理及方法、农药及其应用基础、热带园林植物害虫及其防治、热带园林植物病害及其防治、实验及实训、附录。具体编写分工如下：

绪论、第二章、第六章以及附录部分由许天委编写；第一章，第五章第二节、第三节、第四节、第七节由郝慧华编写；第五章第一节、第五节及第六节由李国寅编写；第三章由曹凤勤编写；第四章由王鸿宾编写；第七章由王鸿宾（病害部分）和曹凤勤（昆虫部分）共同编写。彩图部分除了注明引用外，其余由郝慧华、许天委、王鸿宾提供。在各人编写的基础上，由许天委、郝慧华对全书进行了校对、修改，最后由程立生教授统稿、定稿。

本书在编写过程中得到了琼台师范学院学术委员会和同行的大力支持，特别感谢琼台师范学院2011级园林技术专业学生黄健、周志豪等同学参与本书部分校对工作。本书参阅和引用了有关专家学者的专著、论文和教材等，在此一并表示感谢！

由于热带园林植物病虫害防治涉及学科广泛、发展日新月异，尽管经大家多次整理，反复修订，但限于编者水平且编写时间仓促，定存在疏漏错误，恳请各位专家、学者、同行和广大读者批评指正，以便日后修订完善。

目　　录

绪　论

近年来，随着我国经济的迅速增长以及综合国力的增强，人们对环境绿化和美化的要求越来越高，园林绿化工作取得了前所未有的成就。当前，我国各地城镇都不同程度地开展了以园林植物的种植、造景和管护为主的环境美化工作，从城市到乡村，种树、养花、赏绿的队伍正在发展壮大，园林植物的生态效益、经济效益和观赏效益日益凸显。但园林植物在生长发育过程中，常遭受各种病虫害的危害，轻者影响生长，降低观赏性；重者枯萎死亡，造成生态环境的破坏和重大的经济损失。

一、园林植物病虫害防治技术在园林绿化中的重要性

园林植物病虫害是园林生产与配置中首先要解决的重要问题，常常导致园林植物生长衰弱和死亡，影响植物的生长、发育、繁殖及其观赏价值，稍不重视，就容易遭受重大的损失。受害植株叶、花、果、茎、根常出现坏死斑或变色、腐烂、畸形、凋萎等现象，严重影响植物的生长发育、苗木数量和质量以及植物的观赏性，甚至导致全株死亡。

园林植物病虫害对多种园林植物普遍造成危害，有些病虫害甚至能使苗圃、城市绿化树种、风景区林木大片死亡，曾给世界各国的园林种植、园林绿化等行业造成巨大的经济损失。例如，葡萄根瘤蚜在1860年由美国传入法国，25年后有10万hm^2以上的葡萄园毁灭，约占法国葡萄栽培面积的1/3；板栗疫病自1904年传入美国后，25年内几乎摧毁了美国东部的所有板栗树；1918年以前，榆树枯萎病只在荷兰、比利时和法国发生，随着苗木的调运，在短短的十几年里，传遍了整个欧洲，大约在20世纪20年代末，美国从法国输入榆树原木，将该病传入美洲大陆，很快在美国传播开来，约有40%的榆树被毁；20世纪20年代，由于茎线虫的危害，英国当时的水仙种植业几乎毁灭；20世纪70年代以来，松材线虫病在日本盛行，几乎席卷全国，每年损失松材达200万m^3以上；松突圆阶自20世纪80年代在广东珠海市邻近澳门的松林发现以来，危害面积逐年扩大，仅1983—1984年发生范围便由9个县(市)蔓延至35个县(市)，发生面积达73万hm^2，受害林木连片枯死，更新砍伐约14万hm^2，给我国南方马尾松林造成了极大的威胁。

原产热带美洲的恶性杂草薇甘菊，属藤本植物，喜欢阳光，生长迅速，繁殖力强，为争夺更多的阳光，薇甘菊攀附其他植物，在短时间内大量繁殖，使得覆盖在其下的植物因长期缺少光照而长势减弱，甚至枯萎死亡，堪称“植物杀手”。同时，在园林植物生产和绿化中，蚜虫、蚧虫、蓟马、粉虱、叶螨这几种刺吸式口器的小型害虫属常见的重要害虫，是国际公认的“五小害虫”。该类害虫因其虫体微小、抗药性强、繁殖力强、扩散迅速、容易被携带传播，还

可传播园林植物病毒病，往往造成更大的危害。此类害虫危害严重而防治难度大、防治效果不稳定，是园林生产及绿化中亟待解决的重要问题。此外，园林植物的钻蛀害虫在园林生产及绿化中也造成了不同程度的危害，病毒病在花卉上的发生也极为普遍，我国常见的 12 种重要观赏花卉几乎都有一至多种病毒病。

综上所述，园林植物病虫害对园林植物的生长及种植构成了很大的威胁，但是，诸多实践证明，只要能够做到"提早预防、及时防治"，园林植物病虫害造成的损失是完全可以降低到最低限度的，不至于造成较大的损失。例如，1990 年北京香山风景区黄栌尺蛾大发生，虽然景区内 1/3 的黄栌叶片被吃光，但由于发现较早，防治及时，措施得力，该虫害的发生没有对黄栌造成较大的危害，保护了景区的正常景观，在一定程度上挽回了景区的经济损失。

园林植物病虫害的防治在城镇园林绿化和风景名胜建设中占有重要的地位。掌握园林植物常见病虫的形态特征、发生规律，及早发现病虫害、弄清病虫种类，准确诊断、对症用药，是园林植物病虫害防治中不可缺少的重要环节。

二、园林植物病虫害的发生特点

园林植物具有品种丰富多样、处于人口密集区、与人类关系密切、园林环境多变等生态特征，这些特征决定了园林植物病虫害的发生具有以下几方面的特点：

（一）园林植物病虫害的种类繁多，数量较大

园林植物品种繁多，设计和配置千差万别，既有乔木、灌木、草本相结合的复式种植，又有不同色彩的植物混合种植。特别是改革开放以来，随着国外园林（景观、造园、造景）风格的不断传入，植物配置和种植方式更加多变，如疏林草地、规则绿化等，打破了我国传统的园林格局，多种多样的植物种类、丰富的植物数量以及大幅度增加的绿化面积，为不同病虫的发生提供了丰富的食物源或寄主，改变了园林植物原有的病虫种类、结构，形成了园林植物病虫发生种类和结构的新变化。例如，近年来一些外来入侵病虫害如扶桑绵粉蚧、螺旋粉虱、椰心叶甲、松材线虫病等的发生，给我国园林植物的种植及绿化带来了较大的损失。蛀干害虫、"五小害虫"和部分枝干病害由次要害虫上升为园林植物的主要害虫，便是很好的例证。

（二）园林植物病虫危害重，持续时间长

园林植物的主要分布区是风景区、公园、庭院街道等，是人工建造的特殊生态系统，与自然生态系统不同。园林植物分布的环境与园林病虫害之间建立的是一种脆弱的生态系统，且园林植物系统内的植物种类十分繁多，其来源的渠道亦是多种多样，尤其是改革开放以来，随着国外各种不同园林风格的传入，植物的设计和配置方式更加千变万化，这就助长了园林植物病虫害的发生与危害。园林植物本身多数经过长期驯化，其抗逆、抗病、抗虫能力减弱，加上其生长的环境透气性较差、土质低劣、生长空间狭窄、空气污染严重、光照条件不足、人为破坏频发，导致园林植物病虫害的猖獗与长期发生，而危害往往具有隐蔽性、不可预见性、突发性和灾害性等特点。

另外，国内外植物贸易的频繁，增加了外来病虫害侵入的危险，比如近年来贵阳地区发现了许多外来病虫害种类，如海枣黑点病、金叶女贞轮纹病、悬铃木网蝽、锈色棕榈象等，这些病虫害一经传入，就易得到极为广泛的传播。

（三）园林植物病虫害防治成本高，防治技术要求高

因绿化面积广、树体高大等，园林植物病虫害的防治成本往往较高，使得人们在防治过程中优先选用价格低廉的农药，而不注重对环境的影响。同时，园林植物自身生长及所处环境的特殊性，决定了园林植物病虫害防治方法的特殊性和多样性，防治技术要求较高。

园林植物病虫害的防治必须随时分析各个绿地病虫害的发生趋势和消长动向，并根据受害植物或寄主植物的不同，不断调整技术措施，做到防治措施灵活多变，绝不能墨守成规，必须确保防治措施的准确和一步到位。对于人口稠密的居民区或游人众多的风景区，使用化学防治必须考虑用药的安全性，不能使用剧毒和残留时间长的农药，以免造成农药对居民或游人、花木和环境的污染与损害。因此，园林生产上应尽量减少化学农药的使用次数和用药量，强化栽培技术措施，加强养护管理，增强花木的长势，提高园林植物抗病虫害的能力。

近年来常见报道采用“外科手术”治疗园林植物病虫害的成功例子，“外科手术”对于园林植物尤其是名贵树种病虫害的防治起到了较好的效果，如用刮除病斑来防治杨树腐烂病，用环状剥皮的方法防治泡桐丛枝病等。

三、园林植物病虫害防治存在的问题

（一）防治药剂的选用不合理

由于园林植物病虫害的发生情况复杂，如病虫害的发生种类多、防治用药量大、病虫害发生环境复杂多变等，园林植物病虫害的防治难度较大。同时，园林植物病虫害的防治药剂的剂型多，施用方式多样，农药品种繁杂，质量参差不齐，令人选择时眼花缭乱，无所适从，在一定程度上增大了园林技术人员选用防治药剂的难度。

相关实践调查数据显示，我国目前在使用化学防治时，普遍大量采用劣质的、高毒性的农药，甚至仍有使用国家明令禁止的高毒、高残留药剂（如氧化乐果、敌敌畏、敌百虫等）的现象。这些药剂虽然成本较低，但污染环境，严重威胁居民的健康，施药后农药臭味弥漫、经久不散，使得路人掩鼻、匆忙避之。同时，对防治咀嚼式口器和刺吸式口器的害虫，选用针对性药剂的意识较弱，对于介壳虫、蚜虫等害虫长期选用非内吸性化学防治而防效较低，并在一定程度上助长了害虫抗药性的增强。另外，在市场上存在很多假冒伪劣药剂屡禁不止的现象，给园林植保工作造成了很大的困难。

园林植物的配置多集中在人员密集的休闲、娱乐场所，供人们休闲、放松时享受和观赏，在这种情况下，园林植物病虫害的防治首先要考虑的因素应是环保，应采用环保低毒、无异味的防治药剂，其次才是高效、低成本和便捷。

(二) 病虫害防治的专业技术人员缺乏

园林绿化和环境美化是在人们生活水平及生活质量快速提高的形势下发展起来的，目前尚属年轻的行业，园林部门在绿化专业人员的配备上仍存在不足，对园林部门工作人员的专业培训也较少，导致园林部门的专业技术力量比较薄弱。

由于园林植物病虫害防治中存在着专业技术人员缺乏、人员专业结构配备不合理、专业防治器械陈旧、落后等情况，以致在病虫害发生时，相关的应对措施不到位，防治不及时，跟不上园林绿化事业发展的步伐，园林植物病虫害的防治工作较滞后和被动。

(三) 药剂配制浓度过大，随意性强

园林技术人员在日常养护管理中，由于农药知识和使用技术匮乏，贪图省事、省工等多种原因，存在着不按推荐用量精准配制，造成使用浓度过大或过小等情况，存在着助长病虫产生抗性、污染环境、浪费药剂等诸多隐患。

一些园林植保人员为了追求防治效果，往往在实际防治过程中，随意加大药剂的使用剂量，配制和使用高浓度的农药，对园林管理员及游客，尤其是儿童是较大的安全隐患。加大药剂的使用剂量虽然能在短时间内达到显著的效果，但更容易导致病虫害产生抗药性，使所用药剂的防效迅速降低，不得不重新寻找新的替代药剂，造成人力、物力、财力的极大浪费。

同时，人们在亲近自然时，往往会主动接触花草树木，尤其是儿童，他们皮肤敏感，活动力强，频繁直接接触农药可能会对皮肤产生刺激、过敏等不良伤害，这在实际的防治工作中应加以考虑。

(四) 对植物病虫害的防治适期把握不到位

园林技术人员常因缺乏专业技术知识，在园林植物病虫害的种类识别、为害症状、发生规律及预测预报等方面存在着不同程度的差别，对病虫害的防治适期和防治药剂的使用剂量等不甚了解，对病虫害防治适期的把握不到位，往往在病虫大量发生，危害严重时才进行喷药防治，实际上，此时已经错过了病虫害防治的最佳时机，防治效果不理想。

园林植物病虫害的防治应坚持“预防为主，综合防治”的植保方针，加强预测预报技术的应用，将病虫害的防治控制在不足以造成危害的合理范围内，在生产管理中加强专业技术人员的植保技能培训和植保知识的普及，使园林植物防治的理论知识转化为实践技能。

(五) 栽培管理方式不当，园林植物抗性降低

有关实践证明，园林植物自身的生长势与其病虫害的发生程度存在很大的相关性。对园林植物的栽培以及管理不当，会使植物生长势减弱，抵抗力降低，利于园林植物病虫害的发生和流行，间接加速了病虫害的蔓延危害。据有关报道，光肩星天牛在银川生长旺盛的杨树中自然死亡率为50%，在生长衰弱的杨树中自然死亡率就降低到10%左右。又如在生长衰弱、郁闭度在0.60以下的小叶杨林中，十斑吉丁虫的害株率为82%，而在生长旺盛、郁闭度为0.92的林分中，害株率则不到1%，属轻度危害。

在日常的栽培管理中，应加强水肥管理、注意优先选用抗性品种、合理配置植物种类、合理修剪等措施，增强花木的长势，提高植株对病虫的抵抗力。同时，结合养护管理工作，及时发现病虫害，及早采取防治措施，将病虫枝条集中处理，将园林植物病虫害的危害损失降到最低。

四、园林植物病虫害防治工作的发展方向

目前，园林植物病虫害防治工作主要有三个发展方向。

（一）防治策略由追求短期行为向以生态学为基础的可持续方向发展

长期以来，防治园林病虫害只顾眼前而不顾及未来的做法屡见不鲜，人们往往采取"头痛医头"、"打药灭虫"的粗放方式，追求消灭眼前一虫一病的最佳防效，很少考虑到园林生态系统对病虫害的生态调控（ERMP），以牺牲长远的生态稳定换得短期的"最佳防效"。事实上，自然状态下植物—病虫—天敌间遵循生物共生、循环、竞争的法则，存在某种程度上的自然控制作用，使得病虫种群密度始终在一个较低的水平上波动。研究表明，这种自然控制是园林生态系统中病原之间、病虫之间、病虫与环境之间相互作用的结果。

在研究制订园林病虫害防治策略时，必须从生态学的观点出发，辩证地看待环境、植物、病原菌、害虫、天敌和各种防治措施之间的内在联系，坚持可持续发展，克服短期行为，从控制病虫害的基础环节抓起，把病虫害防治纳入园林建设总体工程范畴，比如，在园林种植设计时，以乔木为主，乔、灌、草、花、藤多种植物合理混配，营造一个多品种、多层次、互相共存、生态稳定的绿荫型复层种植结构；在树种的选择上，以乡土树种为重点，注意选择抗干旱、耐瘠薄、抗病虫、抗污染、抗冻害和耐粗放管理等能良好适应园林生态环境的树种；在防治病虫时，尽量避免防治单一病虫害和单一植物多种病虫害，更多地注意景观区域内多种植物的多种病虫害防治。只有这样，才能达到可持续控制园林病虫害的预期效果。

（二）防治手段上由单一化学防治向多方法综合治理方向发展

单一使用化学农药防治园林病虫害的弊端已越来越突出，严重污染环境，影响人类的身体健康，其非特异性的作用方式不仅杀死害虫，也大量杀伤天敌和有益生物，破坏城镇和景区的生态平衡。因此，园林植物病虫害的综合防治越来越受到重视。

首先，要以保持和恢复良好的环境生态平衡为出发点，采用适地适树、选育良种、高温灭毒、合理混交、清除病源、修剪疏枝、通风透光、降温控湿、松土施肥和喷保护剂等栽培措施，改善植物生长的立地条件，提高植物的抗病、抗虫和抗逆能力。

其次，要加强生态手段防治园林病虫的研究与开发，大力开展生物防治，如开展益螨研究，涉及植绥螨、肉食螨等类群，植绥螨可捕食害螨，还可捕食小型昆虫，对其生物学、人工饲养、贮藏、释放等进行系统的研究，并推广应用。

再次，要将负面影响作为评价农药的首要标准，不能唯"高效"至上，尽量选用毒性低、降解快、无残留、不污染环境、对人畜较安全的化学农药和植物源农药。不断改进施药方法和药械工具，推广点片施药、分期隔行施药、局部施药和多品种轮换施药等方法；推广使用颗粒

剂、缓释剂药物；推广注射法、埋施法、灌根法和涂干法等施用技术，把环境污染降到最低限度。

此外，要充分利用生态环境对病虫害固有的免疫力，发展相生植保。避免种植病虫转主寄生植物，如苹果、梨、海棠和桧柏混栽，会诱发苹（梨）—桧锈病，红松和云杉混栽会发生红松球蚜。多栽种一些优化天敌生态环境的蜜源植物，如芸香科植物，其花粉能为姬蜂、食蚜蝇、草蛉等天敌昆虫提供食料。

（三）效果评价上由单项指标评价向多指标综合评价方向发展

从园林病虫害的生态调控（ERMP）和综合治理（IPM）的角度，仅以杀害有害生物个体为唯一目的的做法，即使获得100%的防治效果，也不能算是最好的防治方法，它可能会导致恶性循环和次要害虫上升为主要害虫。松毛虫的长期不科学防治导致松干蚧严重发生，大剂量喷药防治食叶害虫导致植物叶螨的暴发，是其中的典型例子。因此，必须以生物间动态平衡规律去考虑防治措施对病虫害的防治效果。

防治病虫的目的不是消灭病虫殆尽，而是要合理控制病虫种群数量，使其对园林植物不造成明显的危害。科学的做法是把预防放在第一位，把防治当作预防的补充。“有病不流行，有虫不成灾”才是理想效果。

第一章　昆虫基础知识

第一节　昆虫纲概述

昆虫纲在分类学上隶属动物界、节肢动物门，是动物界种类最多、数量最大的一个纲。昆虫种类繁多，分布广泛，个体数量大，发展历史悠久。据估计，我国有昆虫上百万种，而目前记载仅有 7 万种左右。昆虫分布范围广泛，从赤道到两极，从高山到海底，从河流到沙漠，甚至温泉、山洞、土壤深处等都有昆虫存在，几乎遍布地球的每一个角落，对环境具有惊人的适应能力，这也是昆虫种类繁多的生态基础。

一、昆虫纲的基本特征

昆虫纲区别于其他节肢动物的主要特征：成体体躯由多节体节组成，可明显分为头、胸、腹三个部分，通常具有两对翅膀及三对足；常经历变态发育；种类繁多，生存空间环境具有多样性，繁殖方式多样，有些种类在生殖方式上还具有孤雌生殖及两性生殖等。

（一）昆虫的体型特征

昆虫纲成虫的主要特征是：体躯分头、胸、腹三部分，头部通常具有口器 1 个、触角 1 对、复眼 1 对，胸部通常具有胸足 3 对、翅膀 2 对（图 1-1）。

1. 头部

头部有触角 1 对，司嗅觉和触觉，为主要的感觉器官；复眼 1 对，由许多小眼组成，有的昆虫还有单眼若干，单眼、复眼是昆虫主要的视觉器官；口器是昆虫重要的取食器官。所以，头部是昆虫的取食与感觉中心。

2. 胸部

胸部分前胸、中胸和后胸，各胸节的腹面均有足 1 对，分别称前足、中足和后足；各胸节侧面均有气门 1 对。多数昆虫的中胸及后胸的背侧各有翅 1 对，分别称前翅和后翅。所以，胸部是昆虫的运动中心。

3. 腹部

腹部通常由 11 节组成，第一腹节常退化甚至消失，部分腹足退化，多数具有转化为外生殖器的附肢。腹部包含着大部分内脏及生殖系统，所以腹部是昆虫的代谢与生殖中心。

除此之外，多数昆虫从卵发育至性成熟的成虫过程中，常要经历一系列的内部及外部形态上的变化，即生长发育过程中具有变态发育。

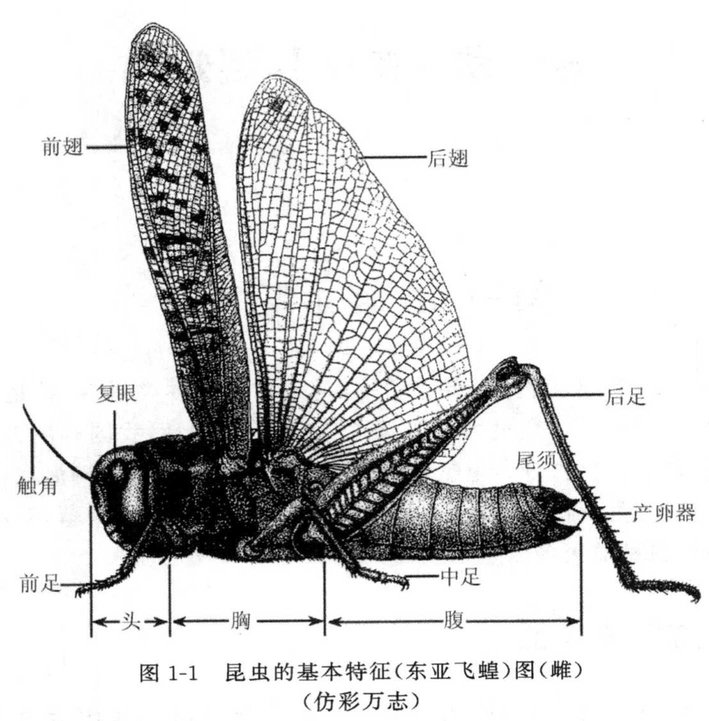

图 1-1　昆虫的基本特征(东亚飞蝗)图(雌)
(仿彩万志)

(二) 昆虫纲繁盛的原因

昆虫纲是自然界中种类最多、数量最大的一类，昆虫几乎遍及我们生活和生产的方方面面，与人类生活的关系十分密切。昆虫纲在自然界繁盛的原因，大致有以下几个方面：

一是体小势优。多数昆虫个体较小，只需少量的食物营养就能够满足其生长发育的需求，同时，个体较小，生存空间灵活，在借风扩散、逃避敌人等方面具有多种优势。

二是具翅能飞。多数昆虫种类具有翅膀，能够自由飞行，大大增加了昆虫生活活动的范围，在觅食、求偶、避敌、扩散等方面具有其他动物无可比拟的优势。

三是取食器官及取食习性多样化。昆虫具有咀嚼式口器、刺吸式口器、嚼吸式口器、虹吸式口器、锉吸式口器、刮吸式口器等多种口器类型，大大扩大了所取食食物的种类及范围；有的昆虫如鳞翅目的蝶类，在成虫阶段与幼虫阶段的取食习性不同，幼虫阶段取食植物，而成虫阶段则不取食或仅食花蜜等补充营养，避开了在食源、空间上的竞争，表现出较强的适应性。

四是具有变态发育。多数昆虫具有卵、幼虫、蛹、成虫等阶段性的变态发育，不同阶段具有不同的食性和活动特点，避免了同种个体间在求偶、食源和空间等资源上的竞争。

五是繁殖力强。昆虫具有产卵量大、孵化率高，行孤雌生殖、两性生殖、多胚生殖等多种生殖现象，多数种类存在一次交配可多次产卵等现象，表现出较强的繁殖能力，短时间内对农作物造成的损失往往较大。

二、昆虫与人类的关系

昆虫与人类的关系极为密切。根据前人估计，昆虫中有48.2%是植食性的，28.0%是捕食性的，2.4%是寄生性的，还有17.3%是腐食性的，根据昆虫对人类的益害观点来看，昆虫对人类的危害主要在农、医两个方面。昆虫在取食作物及传播植物病害等方面的直接危害，会对农、林、牧、仓储产品等造成较大的产量及质量损失，人们每年都要投入一定的人力、财力、物力来防治害虫，以保产增收。另外，卫生昆虫如蚊、蝇、臭虫等也能传播人、畜疾病，白蚁为害景观树木及家具，红火蚁威胁旅游业发展等，直接或间接地危害人类的健康及生活环境。

当然，昆虫对于人类还有很多有益的地方。昆虫产品如蜂蜜、蜂巢、蚕丝、白蜡等可以为人类提供工业原材料；有些昆虫可以传播植物花粉，使农作物增产增收；一些捕食性及寄生性的天敌昆虫还可以用来防治害虫、害螨，如澳洲瓢虫、赤眼蜂、捕食螨等已经被成功应用到生产中并取得了良好的防治效果；某些水栖昆虫如蜉蝣等还可用作环境污染的检测指标，指示水源质量的好坏；少数药用昆虫如蝉蜕、蜣螂、蝎子、土元、冬虫夏草等还可以治疗疾病；甚至某些食用昆虫如蝗虫、蚕蛹、蝉、黄粉虫等还是上乘的美味佳肴；一些腐食性昆虫如埋葬甲、丽蝇等可分解植物和动物的尸体，在自然界物质循环中起到了重要的促进作用。

第二节　昆虫的外部形态

昆虫的体躯（图1-2）由许多环节连接而成，每个环节都叫作体节，整个体躯由18—20个体节组成，各体节按其功能的不同又分为头、胸、腹三个体段。

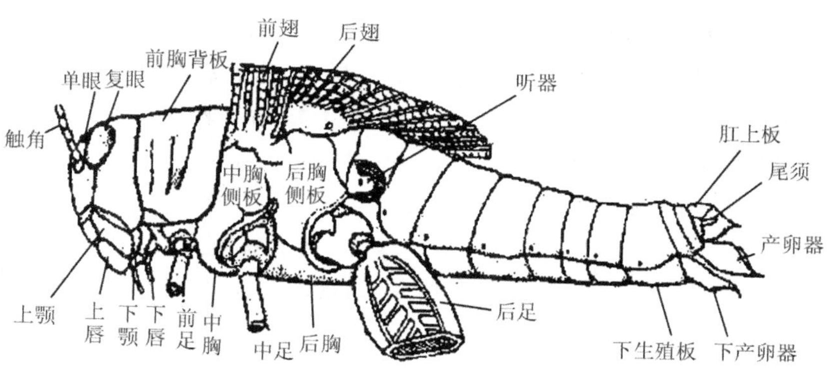

图1-2　蝗虫体躯的构造
（仿各作者）

头部着生昆虫的口器、触角、复眼、单眼等感觉器官，由 4—6 个体节愈合而成。胸部由 3 个体节组成，分节明显，分别称前胸、中胸和后胸。通常中、后胸的背侧各着生一对翅，分别称为前翅和后翅，各节侧腹面各着生一对足，分别称前足、中足和后足。腹部由 8—11 节组成，分节明显，节与节之间，以节间膜连接，可以伸缩。在腹部末端着生有附肢演化来的尾须和外生殖器。在 1—8 腹节的两侧各着生一对气门；气管系统通过气门与外界沟通。

昆虫体躯的各个体节一般呈圆筒形，左右对称，可分四个体面，两侧着生附肢者为侧面，肢基上面的部分称为背面或背区，肢基下面的部分称为腹面或腹区。

(一) 昆虫的体壁

昆虫的体壁(图 1-3)是体躯最外层的组织，担负皮肤和骨骼两种功能。体壁大部分骨化为骨板，又称外骨骼，决定并支撑虫体体形，保护内脏，由皮细胞层及其分泌物(表皮)组成。体壁及体壁内陷形成的内骨骼，用以附着肌肉和各种感觉器官。体壁的节间膜对体躯的弯曲和伸缩活动起着重要作用。

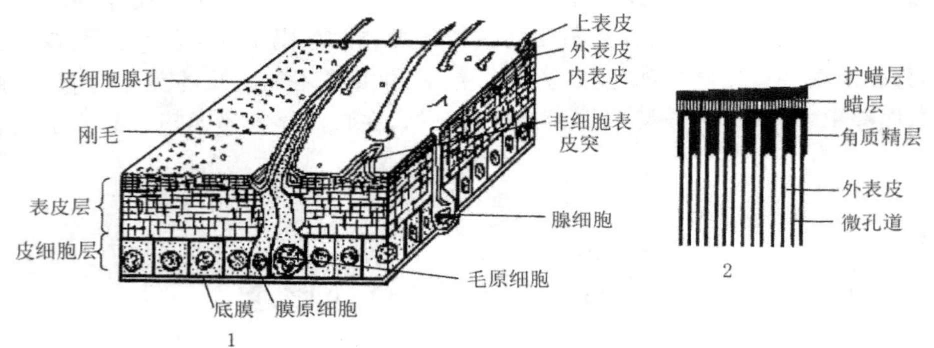

图 1-3　昆虫体壁的构造
1. 体壁的纵切面　2. 上表皮纵切面
(仿韩召军等《园艺昆虫学》)

昆虫的体壁结构自外而内依次分为表皮层、真皮(皮细胞)层和基底膜三部分。皮细胞层是单层的活细胞，基底膜是紧贴于皮细胞层的一层薄膜，表皮层由皮细胞层的分泌物组成。表皮层又可分为三层，从内到外分为内表皮、外表皮和上表皮。体壁的各种特性和功能，主要与表皮层有关 。它既能防止体内水分的过度蒸发，保持体内水分平衡，又可以防止药剂等外源物的侵入，起到保护性屏障的作用。

1. 内表皮

内表皮是表皮层最厚的一层，通常无色而柔软，富延展性，化学成分主要是蛋白质与几丁质。

2. 外表皮

外表皮是由内表皮的外层硬化而来的，坚硬，主要化学成分是骨蛋白、几丁质和脂类等，脱皮时被蜕去。

3. 上表皮

上表皮是表皮的最外层，也是最薄的一层。从外到内依次分为护蜡层、蜡层、角质精层，有的在角质精层和蜡层间还有多元酚层。其中最重要的是蜡层，可以防止水分的过度蒸发及药剂等外源物的侵入。护蜡层在蜡层之外，由皮细胞腺分泌，极薄，主要成分是蛋白质和脂类，经过多元酚鞣化后，性质相当稳定，具有保护蜡层的功能。

4. 体壁的衍生物

体壁的衍生物如图 1-4 所示，一些皮细胞可特化成各种感觉器和腺体，内、外表皮之间纵贯许多微细孔道，孔道与体内腺体连通。这些腺体多可以分泌一些特殊的化学物质，是昆虫种内及种间信息交流的一种重要方式。

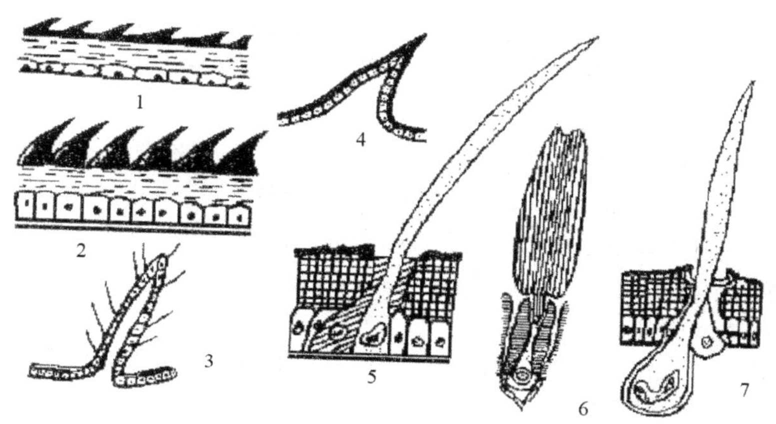

图 1-4 昆虫体壁的衍生物

1、2. 非细胞表皮突起 3. 距 4. 刺 5. 刚毛 6. 鳞片 7. 毒毛

（引自陈雅君等《园林植物病虫害防治》）

（1）非细胞外长物：由体壁向外突出或向内凹入所形成的各种突起、点刻等外长物。

（2）单细胞衍生物：皮细胞层在特定的部位由 1 个细胞特化成的各种毛、鳞片、腺体等。

（3）多细胞衍生物：为皮细胞层在某些特定的部位由多个细胞特化成的各种脊、刺、距、腺体等。腺体能分泌各种功能不同的物质，如唾液腺、丝腺、蜡腺、毒腺、臭腺等。

（二）昆虫的头部

头部是昆虫最前面的体段，着生口器、1 对复眼、1 对触角，有的还有 1—3 个单眼等感觉器官，是昆虫感觉和取食的中心。

1. 昆虫头部的沟和缝

昆虫的头部是一完整的体壁高度骨化的坚硬头壳，没有分节的痕迹，依据昆虫头壳上常见的 7 条沟或缝，可将其划分为 5 个区域（图 1-5）。这 7 条沟是蜕裂线、颅中沟、额唇基沟、额颊沟、次后头沟、后头沟、颊下沟。5 大分区分别是额唇基区、颅侧区、后头区、颊下区、口后区。

（1）蜕裂线：是头顶中央的一条倒“Y”字形线，常为额的上界。此线形状在不同的昆虫中差异较大，是昆虫蜕皮时的裂开线。

（2）颅中沟：在有些昆虫（主要是幼虫）的头壳上，沿蜕裂线的中干还有一条沟，即颅中沟。颅中沟常与蜕裂线的中干重合。

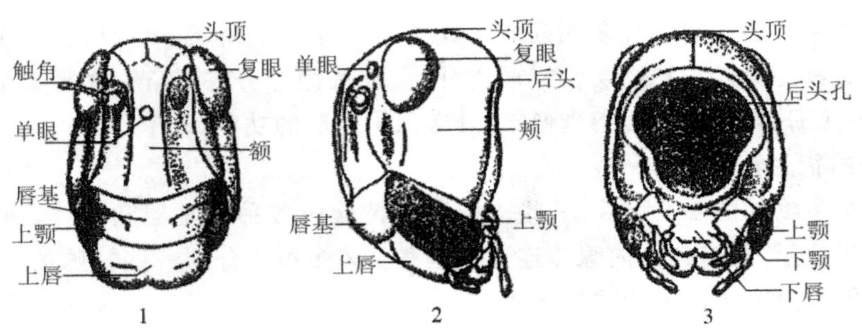

图 1-5　昆虫头壳的基本构造

1. 头部正面　2. 头部侧面　3. 头部后面

(仿周尧)

(3) 额唇基沟：又叫口上沟，位于两个上颚前关节之间，是额与唇基的分界线。额和唇基统称额唇基区。沟上面部分为额区，沟下面部分为唇基。

头壳上的沟和缝以及由这些沟和缝围成的分区是近缘种分类与鉴定的重要依据。

2. 昆虫的触角

(1) 触角的基本构造

触角是昆虫头部的第 1 对附肢。除原尾目昆虫无触角以及高等双翅目和膜翅目幼虫的触角退化外，大多数昆虫都具有 1 对触角。

触角一般着生在头部的额区，有的位于复眼之前，有的位于复眼之间。触角由基部向端部通常可分为柄节、梗节和鞭节 3 部分(图 1-6)。

柄节是触角基部的一节，短而粗大，着生于触角窝内，周围由节间膜与头部相连，内有肌肉着生。

梗节是触角的第二节，较柄节小，内有肌肉着生。

鞭节是触角的端节，由许多亚节组成，一般内无肌肉着生，是触角上变化形式最多的部分。

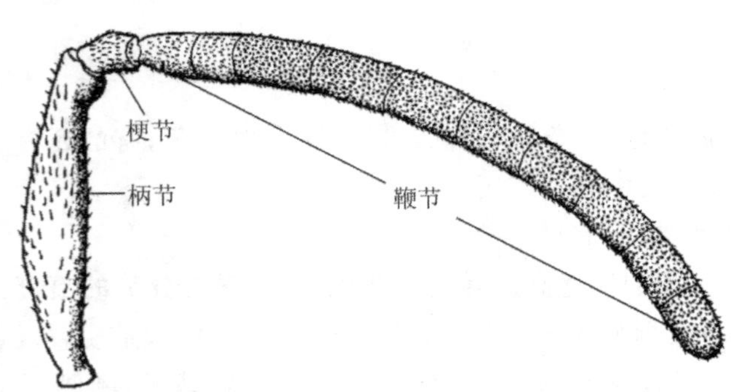

图 1-6　昆虫触角的基本结构

(仿周尧)

(2) 触角的类型

昆虫的触角类型各有不同(图 1-7)，功能上也呈多样化，在植物病虫害的防治中具有重要的意义。

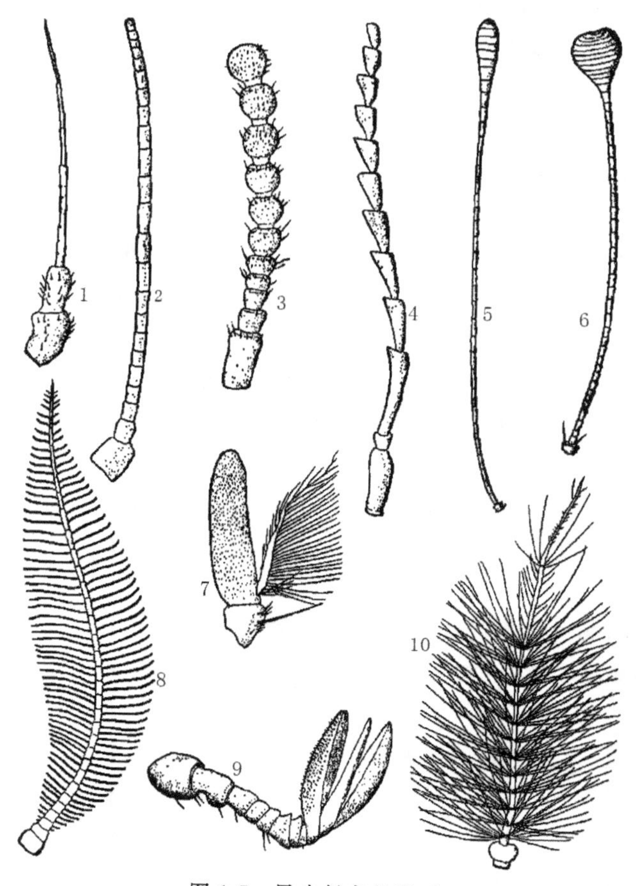

图 1-7　昆虫触角的类型
1. 刚毛状　2. 线状　3. 念珠状　4. 锯齿状　5. 球杆状
6. 锤状　7. 具芒状　8. 羽状　9. 鳃叶状　10. 环毛状
(仿周尧)

刚毛状：触角短小，基部 1—2 节稍粗，鞭节纤细，类似刚毛，如蝉、蜻蜓等的触角。

丝状：又称线状。触角细长如丝，鞭节各亚节大致相同，向端部逐渐变细，如蝗虫、天牛等的触角。

念珠状：触角各节大小相似，近于球形，整体似一串念珠，如白蚁等的触角。

锯齿状：鞭节的各亚节向一侧突出略成三角形，整个触角形似锯条，如芫菁和叩头虫雄虫的触角。

栉齿状：又称梳状。鞭节各亚节向一侧突出成梳齿，整个触角形如梳子，如绿豆象雄虫等的触角。

羽状：又称双栉齿状，鞭节各亚节向两侧突出成细枝状，整个触角形如羽毛，如大蚕蛾、家蚕蛾等的触角。

膝状：又称肘状。柄节长，梗节短小，鞭节由若干大小相似的亚节组成，基部柄节与鞭节之间呈膝状或肘状弯曲，如胡蜂、象甲等的触角。

具芒状：触角较短，一般分为 3 节，端部一节膨大，其上生有一刚毛状的构造，称为触角芒，芒上有时还有许多细毛，如蝇类的触角。

环毛状：除触角的基部两节外，鞭节的各亚节环生一圈细毛，愈靠近基部的细毛愈长，渐渐向端部逐减，如雄蚊的触角。

球杆状：鞭节基部若干亚节细长如丝，端部数节逐渐膨大如球杆，如蝶类的触角。

锤状：形似球杆状，但端部数节突然膨大，末端平截，形状如锤，如郭公甲、部分瓢甲等的触角。

鳃叶状：鞭节的端部数节延展成薄片状叠合在一起，状如鱼鳃，如金龟甲的触角。

触角的形状、分节数目、着生位置以及触角上感觉孔的数目与相对位置等，随昆虫种类不同而有差异，因此触角常作为昆虫分类与鉴定的重要特征。另外，有些昆虫雌雄个体的触角存在较大的差异，可以用来鉴别同种昆虫的雌雄。如小地老虎雄蛾的触角为羽状，而雌蛾的触角则为丝状；豆象科雄虫的触角为栉齿状，雌虫则为锯齿状。

(3) 触角的基本功能

触角的功能主要是嗅觉和触觉，有的也有听觉作用。在触角上有许多嗅觉器，使昆虫能嗅到各种化学物质从不同方位或距离散发出来的气味，借以觅食、求偶以及寻找适当的产卵场所等。

此外，有些昆虫的触角还有其他功用如作为种类的分类依据，另外，仰泳蝽在仰泳时用触角平衡身体，雄性芫菁在交配时用触角抱握雌体等。

3. 复眼和单眼

昆虫的视觉器官包括复眼和单眼两大类。

(1) 复眼

复眼位于头部的侧上方，多数为圆形或椭圆形，也有的呈肾形（如天牛），个别种类如突眼蝇的复眼着生在头部两侧的柄状突起上。复眼是由若干个小眼组成（图 1-8），使昆虫能敏感地分辨出物体的远近，特别是运动着的物体。昆虫的成虫和不完全变态的若虫及稚虫一般都具有 1 对复眼。

图 1-8　昆虫的复眼结构
（仿周尧）

(2) 单眼

昆虫的单眼可分为背单眼和侧单眼(图 1-9)两类。

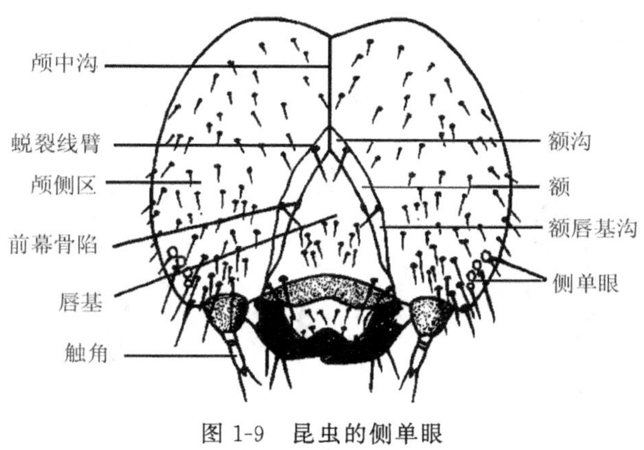

图 1-9　昆虫的侧单眼
(仿吴维均等)

①背单眼

与复眼同时存在,一般成虫和不完全变态的若虫具有,着生于额区的上方,具有 3 个单眼的多排列成倒三角形。大多数昆虫有 2—3 个背单眼,少数种类只有 1 个,许多种类无背单眼。背单眼的数量及相对位置是昆虫重要的分类依据。

②侧单眼

一般为完全变态昆虫的幼虫所具有,位于头部的两侧,其数目为 1—7 对,因昆虫种类而异。如膜翅目的叶蜂幼虫只有 1 对;鞘翅目幼虫有 2—6 对,如为 6 对,常排列成两行;鳞翅目幼虫多具 6 对,常排列成弧形。

单眼只能辨别光线的强弱和方向,不能成像。背单眼能够增加复眼对光强的刺激反应,某些昆虫的侧单眼能辨别光的颜色和近距离物体的移动。单眼的有无、数目及相对位置常被用作昆虫分类与鉴定的依据。

4. 昆虫的口器

口器是昆虫的取食器官,一般由上唇、上颚、下颚、下唇和舌 5 部分组成。各种昆虫因食性和取食方式不同,形成了不同的口器类型。咀嚼式口器是最基本、最原始的类型,其他类型的口器都是由咀嚼式口器演化而来的。尽管它们的各个组成部分在外形上有很大变化,但都可以从其基本构造上找到它们之间的同源关系。

(1) 昆虫的口器类型

①咀嚼式口器

咀嚼式口器是最原始的口器类型,由上唇、上颚、下颚、下唇和舌组成,咀嚼式口器的主要特点是具有坚硬而发达的上颚,适合于取食和咀嚼固体食物。咀嚼式口器以蝗虫的口器(图 1-10)最为典型。

上唇:悬于唇基前缘的一双层薄片构造,由唇基上唇沟与唇基分界,作为口器的上盖,可以防止食物外落。上唇的前缘中央凹入,外壁骨化;内壁膜质柔软,上生密毛和感觉器,称为内唇。上唇内部有肌肉,可使上唇前后活动。

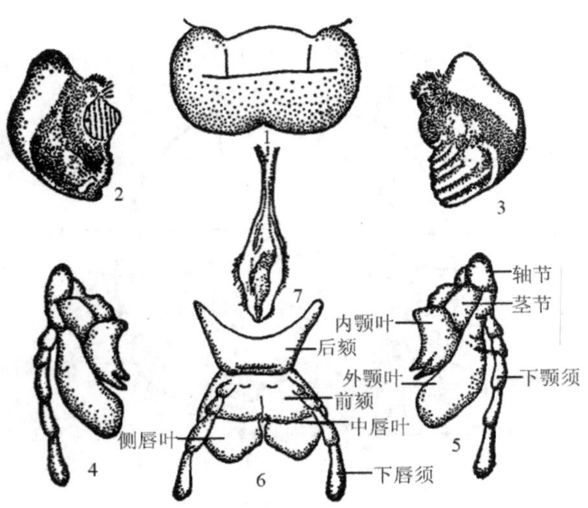

图 1-10　蝗虫的咀嚼式口器

1. 上唇　2、3. 上颚　4、5. 下颚　6. 下唇　7. 舌

（仿周尧）

上颚：位于上唇的后方，是由头部附肢演化而来的 1 对坚硬的锥状构造。上颚端部具齿的部分称为切齿叶，用以切断和撕裂食物，并有御敌功能；基部为臼齿叶，用以磨碎食物。

下颚：位于上颚的后方和下唇的前方，可辅助取食。

下颚须：上生有感觉毛，辅助取食，并司嗅觉、味觉和触觉的功能。

下唇：位于下颚的后面、头孔的下方，构造与下颚相似，上生有下唇须，具有托挡食物等功能。

下唇须：一般只有 3 节，较下颚须短。下唇须上也生有感觉毛，主要起感触食物的作用。

舌：位于口腔中央，柔软的囊袋状结构，基部有唾腺开口，可以分泌唾液湿润和润滑食物，舌壁具有很密的毛带和感觉区，具味觉功能。舌由肌肉控制伸缩，利于运送和吞咽食物。

②刺吸式口器

刺吸式口器的昆虫主要吸食液体食物，具有吮吸液体食物的构造，还具有刺入动植物组织的构造，其口器的主要特点是：上唇短小退化，上颚和下颚延长，特化为针状结构，称为口针；下唇延长成分节的喙管，将口针包藏其中，食窦形成强有力的抽吸结构。半翅目、同翅目及双翅目蚊类等的口器属于刺吸式口器。

现以蝉的刺吸式口器（图 1-11）为例说明其构造和功能。

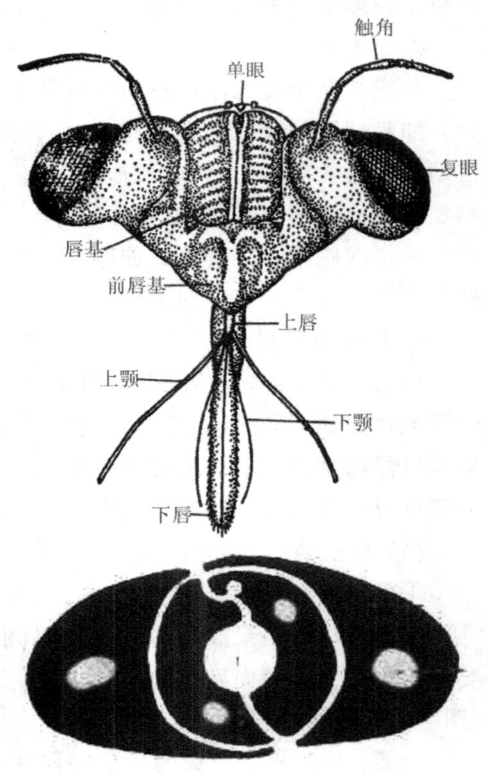

图 1-11　蝉的刺吸式口器

（仿周尧）

蝉的口器外观上是一条管状而分节的喙，喙管分三节，由下唇延长而成，下唇须消失。喙的前壁凹陷形成一条纵沟，称为唇槽，沟内包藏有两对细长的口针，分别由上颚和下颚特化而成。上唇位于唇基的前下方，呈细三角片状，较短，紧贴于唇槽上。上、下颚特化为细长口针，上颚较下颚略粗，端部具细的倒齿，为穿刺器官。下颚内侧有两条纵沟，两下颚嵌合成为两条管道，前面略粗者为食物道，后面略细者为唾液道。两对上、下颚口针以沟脊嵌合在一起，只能上下滑动而不能分离。舌位于口针基部，短小，圆锥形。

取食时，喙自头下方的足间伸出，两上颚口针交替刺入动植物组织内。当两上颚口针刺入深度相同时，嵌合在一起的两下颚口针即跟着穿入，如此重复多次，口针即可深入动植物体内。上颚口针端部具倒钩刺，用以固定刺入位置，防止口针倒退。喙不进入组织内，随着口针的深入向后弯折或基部缩入颈膜内，喙的端部则作为口针的向导。当口针刺入组织后，唾液即通过下颚口针的唾液道注入植物组织内，并借食窦唧筒和咽喉唧筒的抽吸作用，将汁液通过下颚口针的食物道吸入体内。一些微小的刺吸式口器的昆虫（如蚜虫）食物进入食物道是靠毛细管的作用，不需要特殊的抽吸泵。

③嚼吸式口器

嚼吸式口器（图 1-12）兼有咀嚼固体食物和吸食液体食物两种功能，为一些高等蜂类所特有。这类口器的主要特点是上颚发达，可以咀嚼固体食物，下颚和下唇特化为可临时组成吮吸液体食物的喙。

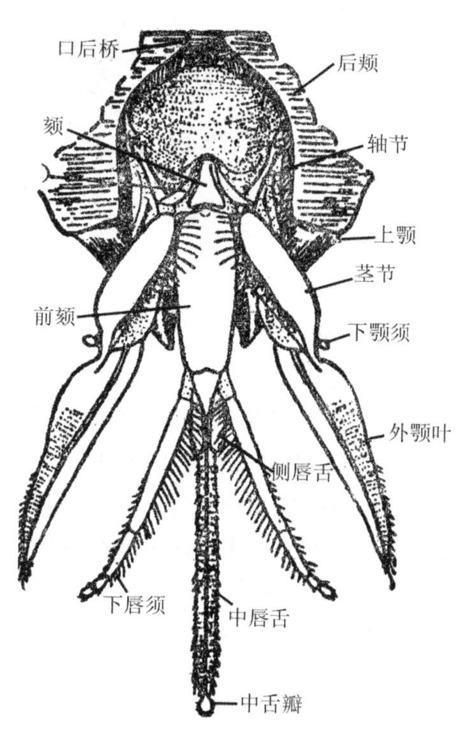

图 1-12 蜜蜂的嚼吸式口器
（仿 Snodgrass）

蜜蜂工蜂的上唇和上颚保持咀嚼式口器的形式。上颚发达，主要用于采集咀嚼花粉和筑巢等。下颚的外颚叶延长成刀片状，内颚叶和下颚须较退化。蜜蜂在取食花蜜或其他液体食物时，下颚的外颚叶覆盖在中唇舌的背、侧面，形成食物道，下唇须贴在中唇舌腹面的槽沟上形成唾液道。中舌瓣有刮取花蜜的功能，借唧筒的抽吸作用将花蜜或其他液体食物吸入消化道内。吸食完毕，下颚和下唇临时组成的喙管又分开，分别弯折于头下，此时上颚便发挥其咀嚼功能。

④锉吸式口器

锉吸式口器（图 1-13）为蓟马类昆虫所特有，主要特点是口器左右不对称，两上颚不对称，两下颚口针组成食物道，舌与下唇间组成唾道。蓟马的头部向下突出，呈短锥状，端部具有一短小的喙，喙由上唇和下唇组成，内藏舌和由左上颚及 1 对下颚特化成的 3 条口针。左上颚发达，形成粗壮的口针，是主要的穿刺工具，右上颚已消失或极度退化，不形成口针。

蓟马在取食时，先以上颚口针锉破寄主表皮，使汁液流出，然后以喙端密接伤口，靠唧筒的抽吸作用将寄主汁液吸入消化道内。

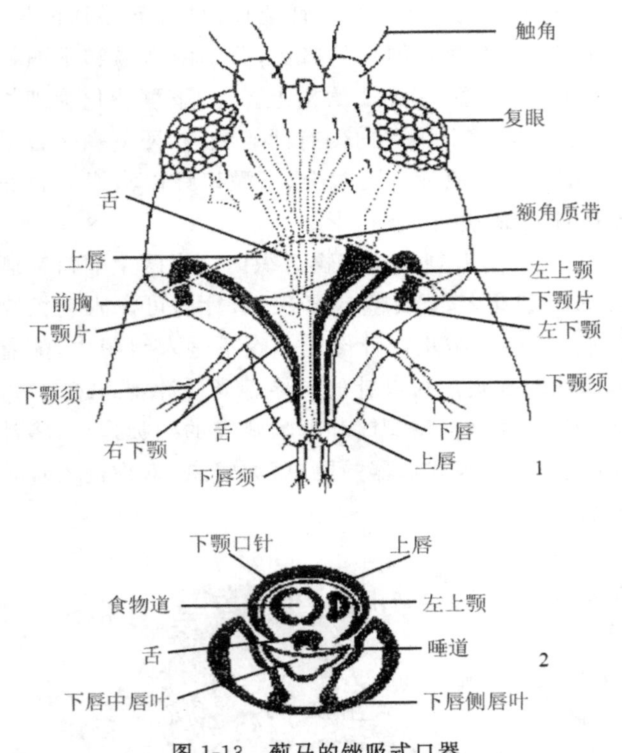

图 1-13　蓟马的锉吸式口器
1. 头部正面观示口针位置　2. 喙的横断面
(仿 Eidmann)

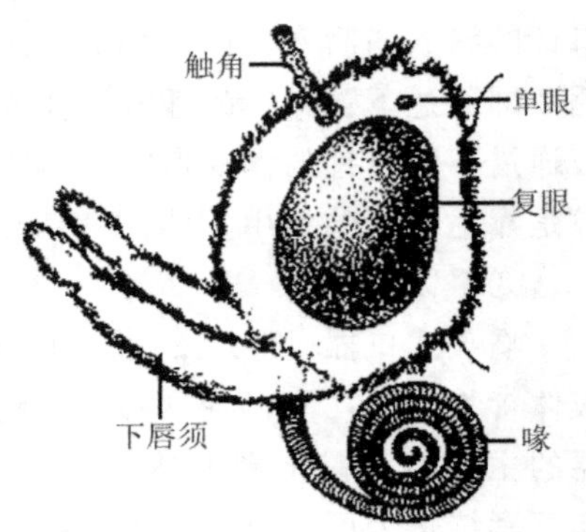

图 1-14　蛾类蝶类的虹吸式口器
(仿彩万志，Eidmann)

⑤虹吸式口器

虹吸式口器(图 1-14)为鳞翅目成虫所特有，具一条外观如发条状的，能卷曲和伸展的喙，适于吸吮深藏在花管底部的花蜜。

一些成虫期不取食的蛾类如毒蛾科、蚕蛾科等的部分种类，喙常缩短，甚至口器完全退化。蛾、蝶类成虫一般不造成直接危害，但少数如吸果夜蛾的喙管锋利，能刺破成熟果实的果皮，吮吸果汁，对部分果实造成危害。

⑥舐吸式口器

舐吸式口器(图 1-15)为双翅目蝇类所特有，其特点是上、下颚均已退化，下唇发达，将舌及上唇包藏其中，下端有吸盘状的可活动的唇瓣。

舐吸式口器适于舐吸食物，如家蝇、花蝇、食蚜蝇等。

⑦刮吸式口器

刮吸式口器为双翅目蝇类幼虫(蛆)所特有。其特点是头部十分退化，缩入前胸内，属于无头型。口器也十分退化，只能见到 1 对口钩，用于刮破食物，然后吸食汁液及固体碎屑。

(2) 口器的类型与害虫防治的关系

咀嚼式口器的害虫取食固体食物，把植物咬成缺刻、空洞、残缺不全甚至吃成光杆，如蝗虫、黏虫等，有的(如卷叶螟)还可吐丝缀叶潜居其中取食为害，有的(如天牛)蛀食植物茎干等。对于这些害虫一般采用胃毒剂或触杀剂进行防治。

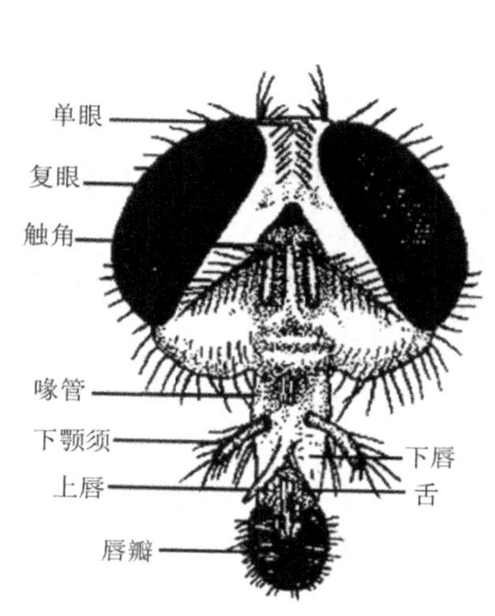

图 1-15　蝇类的舐吸式口器
（仿 Snodgrass 等）

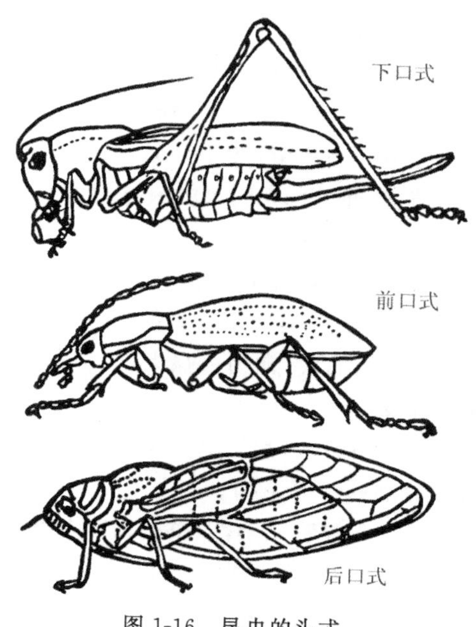

图 1-16　昆虫的头式
（仿 Eidmann）

刺吸式口器害虫则是使植物枝叶变色，造成失绿斑点或卷缩畸形，有的甚至形成虫瘿等。此外，一些刺吸式口器的害虫如蚜虫、飞虱等还可传播植物病毒病，对植物造成的危害往往比单纯地取食危害要大。对于刺吸式口器的害虫，一般使用内吸性较强的杀虫剂防治。

昆虫的口器类型不同，为害方式也不同，因此对其采取防治的方法也应不同。掌握昆虫口器的构造类型，不仅可以了解害虫的为害方式，而且对于正确选用农药有重要的指导意义。

5. 昆虫的头式

昆虫的头式（图 1-16）即头部的形式，是由口器的着生位置不同造成的。以口器在头部着生的位置分成三类：

①下口式：口器向下，着生在头部下方，约与身体的纵轴垂直。该种是比较原始的头式，适合取食植物的茎叶，如蝗虫、黏虫等。

②前口式：口器向前，着生在头部前方，与身体纵轴略呈钝角或几乎平行。该口式昆虫适合捕食或蛀食植物茎干，如步甲、草蛉幼虫、天牛幼虫等。

③后口式：口器向后斜伸，从头的后方伸出，与身体纵轴略成一锐角，不用时常弯贴在身体腹面，适合吸食液体食物，如蝽象、蚜虫、蝉等。

（三）昆虫的胸部

胸部是昆虫的第二体段，位于头部之后，是昆虫重要的运动中心。胸部比较重要的构造有足和翅。

1. 昆虫的胸足

昆虫的胸足是昆虫行动的重要附肢，着生在各节的侧腹面，基部与体壁相连，形成一个膜质的窝，称为基节窝。成虫的胸足一般由 6 节组成，自基部向端部依次分为基节、转节、腿节、胫节、跗节和前跗节(图 1-17)。

①基节：短而粗，为胸足的最基部的一节，在体侧基节窝处与体相联。

②转节：一般较短小，为足的第二节，转节一般为 1 节，只有少数种类如蜻蜓等的转节为 2 节。

③腿节：长而大，常为最强大的一节，末端同胫节以关节相接。

④胫节：细而长，常比腿节稍短，胫节常有成排的刺和可活动的距等结构。

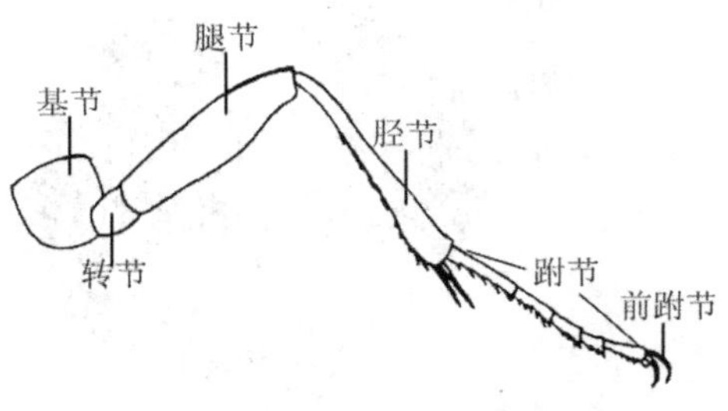

图 1-17 昆虫足的构造
(仿周尧)

⑤跗节：通常较短小，成虫的跗节分为 2—5 个亚节，各亚节间以节间膜相连，可以活动。

⑥前跗节：是足的最末一节，端部着生爪状物，多数昆虫有 2 个爪，有的在 2 爪间还有爪间突或中垫，其上具有薄壁的感觉器。前跗节是对药剂敏感的部位。

2. 胸足的类型

昆虫胸足的原始功能是行走，但在各类昆虫中，由于适应不同的生活环境和生活方式，而特化成了许多不同功能的构造，由此可将胸足分为多种类型。常见的昆虫胸足类型有以下几种(图 1-18)。

图 1-18 昆虫胸足的基本类型
(一) 步行足的基本构造
(二) 常见的昆虫胸足的类型：1. 步行足；2. 跳跃足；3. 捕捉足；4. 开掘足；5. 游泳足；6. 抱握足；7. 携粉足
(仿周尧)

步行足：步行足是最普通的一类胸足。一般比较细长，适于步行，如步甲、蟑螂等的胸足。

跳跃足：跳跃足的腿节特别发达，肌肉发达，胫节细长健壮，末端有距。跳跃足多为昆虫后足，适合跳跃，如蝗虫、螽斯等的后足。

捕捉足：捕捉足的基节延长，腿节的腹面有槽，胫节可以折嵌其内，形似铡刀，用以捕捉猎物。有的在腿节和胫节边缘还生有刺列，防止猎物逃脱，如螳螂、猎蝽等的前足。

开掘足：开掘足腿节粗壮，胫节宽扁外缘具硬齿，跗节也常具齿，状如钉耙，适于掘土，如蝼蛄的前足。

游泳足：游泳足多见于水生昆虫的后足，足扁平如桨，边缘生有较长的缘毛，用以划水，如龙虱、负子蝽等的后足。

抱握足：抱握足为雄性龙虱所特有，雄性龙虱的前足第 1—3 跗节特别膨大，其上生有吸盘状构造，在交配时用以抱握雌体。

携粉足：携粉足胫节宽扁，末端有一凹陷，两边生有长毛，构成携带花粉的“花粉篮”，第 1 跗节膨大，长而扁，其上生有多排横列的硬毛，用以梳集体毛上黏附的花粉，称“花粉刷”。如蜜蜂工蜂的后足，是蜜蜂类用以采集和携带花粉的构造。

攀缘足：攀缘足为虱类所特有。胫节末端膨大，有一指状突，跗节具有钩状的爪，当爪向内弯曲时，可与胫节的指状突密接，以夹住寄主毛发。

胸足的类型可以作为昆虫分类与鉴定的重要依据，并有助于推测和了解昆虫的生活习性。

3. 昆虫的翅

昆虫的翅膀不仅扩大了昆虫活动和分布的范围，也使昆虫在觅食、求偶、避敌、寻找产卵和越冬越夏场所等时具有较大的优势。

(1) 翅的基本构造

昆虫的翅通常呈三角形，具有 3 条边和 3 个角。翅展开时，靠近头部的一边，称为前缘；靠近尾部的一边，称为内缘或后缘；在前缘与后缘之间、同翅基部相对的一边，称为外缘。前缘与后缘间的夹角，称为肩角；前缘与外缘间的夹角，称为顶角；外缘与后缘间的夹角，称为臀角(图 1-19)。

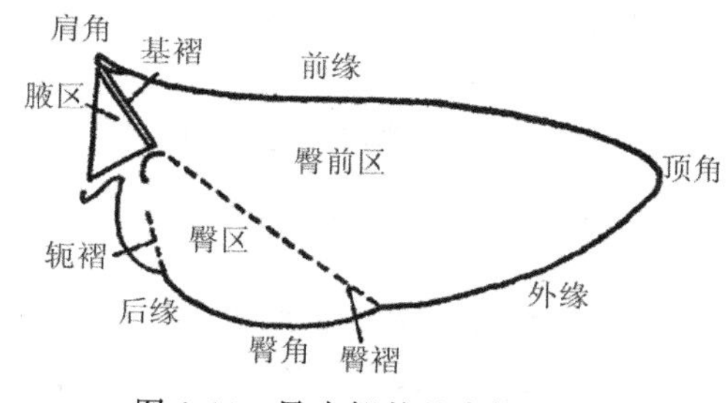

图 1-19　昆虫翅的基本构造
(仿 Sondgrass)

翅上常发生一些褶线，将翅面分为若干区域。基褶位于翅基部，将翅基划分成一个小三角形的腋区；翅后部有臀褶，在臀褶前方的区域，称为臀前区；臀褶后方的区域，称为臀区。有些昆虫在臀区后方还有一条轭褶，其后为轭区。有些蝇类如家蝇、舍蝇等在小盾片边缘有 1—2 片叶瓣状构造，盖住平衡棒，称为鳞瓣或腋瓣。

(2) 翅的类型

根据翅的质地类型可将昆虫的翅分为以下几种(图 1-20)。

复翅：质地坚韧似皮革，翅脉大多可见，但一般无飞行作用，平时覆盖在体背和后翅上，具有保护作用，如蝗虫等的前翅。

膜翅：质地为膜质，薄而透明，翅脉明显可见，如蜂类、蜻蜓等的前后翅，甲虫、蝗虫等的后翅。

半鞘翅：又称半翅，基半部为皮革质，端半部为膜质，膜质部的翅脉清晰可见，如蝽类的前翅。

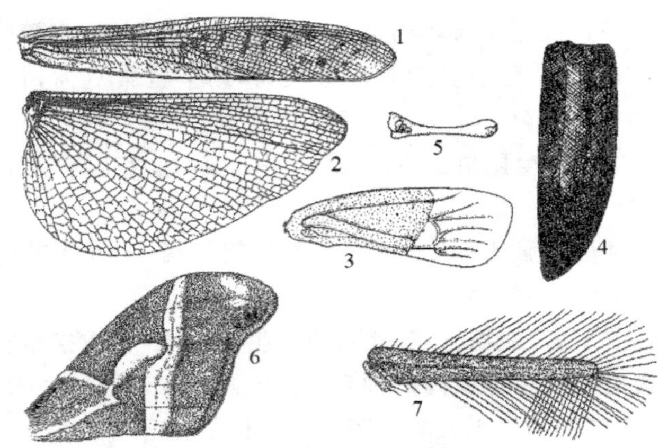

图 1-20　昆虫翅的基本类型

1. 复翅　2. 膜翅　3. 半鞘翅　4. 鞘翅　5. 平衡棒　6. 鳞翅　7. 缨翅

（1—5 仿南京农业大学，6、7 仿彩万志等）

鞘翅：质地坚硬如角质，翅脉不可见，无飞翔作用，用以保护体背和后翅，如甲虫类的前翅。

平衡棒：双翅目蝇类等昆虫的后翅退化成小棍棒状，无飞翔作用，但在飞翔时有保持体躯平衡的作用。

鳞翅：质地为膜质，翅面上覆盖有密集的鳞片，如蛾、蝶类的前、后翅。

缨翅：质地为膜质，翅脉退化，翅狭长，在翅的周缘缀有细长的缨状缘毛，如蓟马的前、后翅。

毛翅：质地为膜质，但翅面上覆盖一层较稀疏的毛，如石蛾的前、后翅。

（四）昆虫的腹部

1. 昆虫腹部的基本构造

腹部是昆虫体躯的第三个体段，紧连于胸部之后。腹腔内具消化、排泄、循环和生殖系统等主要内脏器官，其后端还生有生殖附肢，因此是昆虫代谢和生殖的中心。

一般成虫腹节有 10 节，腹部多呈纺锤形、圆筒形、扁平或细长。腹部节间膜和背、腹板之间的侧膜都比较发达，因此能伸缩自如，并可膨大和缩小，以帮助完成呼吸、脱皮、羽化、交配、产卵等活动。有些昆虫节间膜具有较大韧性，如蝗虫产卵时腹部可延长几倍借以插入土中。

在多数种类的成虫中，腹部的附肢大部分都已退化，但第 8、9 腹节常保留有特化为外生殖器的附肢。具有外生殖器的腹节，称为生殖节。生殖节包括第 8、9 两个腹节，构造复杂。有的种类雌虫有两个生殖孔，位于第 8 节腹板和第 9 节腹板后缘，分别称为交配孔和产卵孔。雄性生殖孔一般位于第 9 和 10 腹节腹板之间的阳具端部。昆虫外生殖器是生殖系统的体外部分，主要由腹部生殖节上的附肢特化而成。

2. 昆虫腹部的主要附属器官

（1）雌性外生殖器

雌虫的外生殖器又称为产卵器，着生于第 8、9 腹节上，是昆虫用以产卵的器官，称为产卵器（图 1-21）。产卵器一般为管状构造，通常由 3 对产卵瓣构成。着生在第 8 腹节上的一对产卵瓣称为第 1 产卵瓣或腹产卵瓣，其基部有第 1 载瓣片。着生在第 9 腹节的一对产卵瓣称为第 2 产卵瓣或内产卵瓣，其基部有第 2 载瓣片。在第 2 载瓣片上向后伸出的 1 对瓣状外长物，称为第 3 产卵瓣或背产卵瓣。载瓣片相当于附肢的基肢片，第 1、2 对产卵瓣是附肢的端肢节，而第 3 产卵瓣则是第 9 腹节附肢基肢节上的外长物。

根据产卵器的形状和构造，可以了解害虫的产卵方式和产卵习性，从而采取针对性的害虫防治措施。

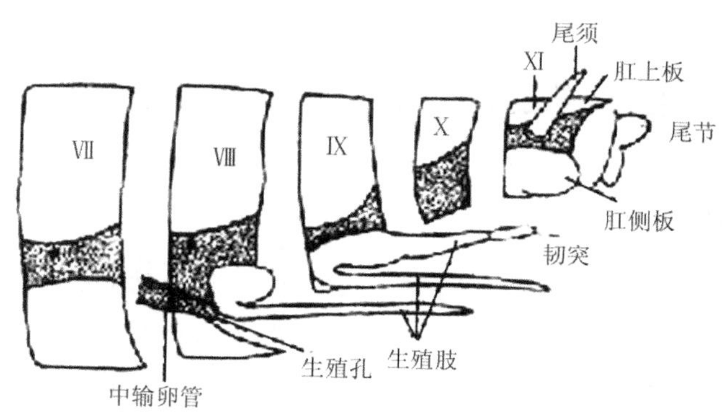

图 1-21　昆虫的雌性外生殖器
（仿 Snodgrass）

(2) 雄性外生殖器

雄性外生殖器，又叫交配器，包括将精子输入雌体的阳具及交配时挟持雌体的一对抱握器，常作为昆虫近缘种鉴别的重要依据。

交配器一般发生在第 9 或第 10 腹节上。阳具源于第 9 节腹板后的节间膜，包括一个阳茎和一对位于基部两侧的阳基侧叶。阳茎多是单一的骨化管状构造，是有翅昆虫进行交配时插入雌体的器官。射精管即开口于阳茎端的生殖孔。阳茎与阳茎侧叶在基部未分开时，基部粗大形成一个支持阳茎的构造，称为阳茎基。阳茎基和阳茎之间常有较宽大的膜质部分，阳茎得以缩入阳茎基内（图 1-22）。

抱握器大多属于第 9 腹节的附肢，多为第 9 腹节的刺突或肢基片与刺突联合形成。抱握器的形状有很多种变化，常见的有宽叶状、钳状和钩状等。抱握器多见于半翅目、鳞翅目和双翅目等的昆虫中，可作为昆虫分类与鉴定的重要依据。

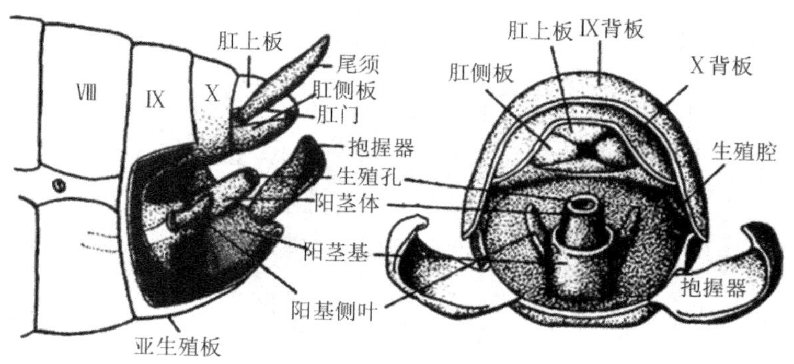

图 1-22　昆虫的雄性外生殖器
（仿 Weber，Snodgrass）

第三节　昆虫的内部构造与功能

昆虫的外部形态与内部器官之间有着密切的联系，各器官的组织结构与其生理功能之间紧密配合，形成了一个统一的有机整体。

一、昆虫的体腔及内部器官位置

（一）昆虫的体腔

昆虫体壁包围着整个体躯，在其内部形成一个相通的体腔，体腔中存在着血液，所有内脏器官都浸浴在血液中，这样的体腔又称为血腔。昆虫的血液兼有哺乳动物的血液和淋巴液的特点，又称"血淋巴"，昆虫的循环系统没有运输氧的功能，氧气由气管系统直接输入各种组织器官内，所以昆虫大量失血后，不会危及生命，但可能破坏正常的生理代谢。

一般地，昆虫血腔内有两层由肌纤维和结缔组织构成的膈膜，背膈、腹膈将血腔分隔成三个血窦，即背面的背血窦、中央的围脏窦和腹面的腹血窦。

（二）昆虫的内部器官位置

从昆虫腹部的横切面图上可以看出，消化道纵贯体躯围脏窦中央，循环系统背血管及心脏位于背血窦（图 1-23）。消化道、马氏管、气管、生殖系统的主要器官都位于围脏窦中，生殖器官在腹部末端消化道的后端。中枢神经系统在腹面，腹神经索位于腹血窦。昆虫内部器官的位置详见图 1-24。

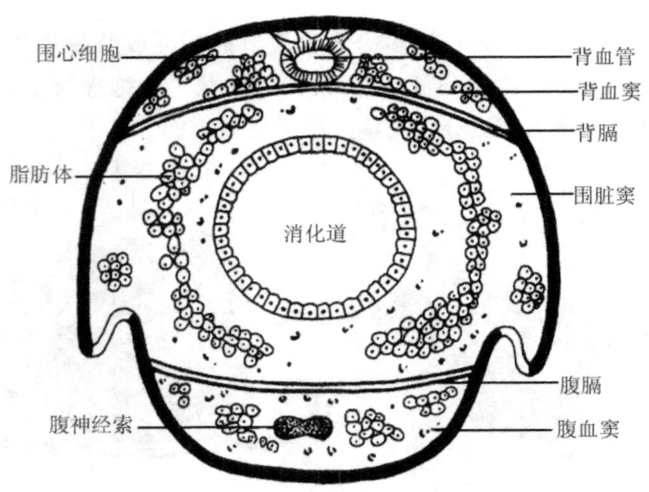

图 1-23　昆虫腹部的横切面
（仿 Snodgrass）

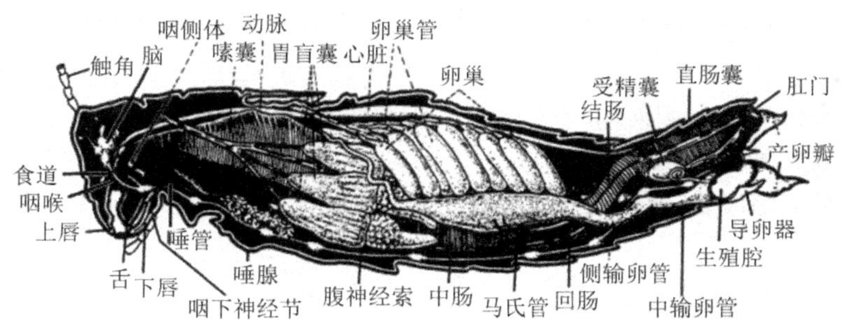

图 1-24　昆虫的内部器官系统

（仿 Matheson）

二、消化系统

昆虫通过取食获得生命活动的营养物质与能量，尽管昆虫的口器以及取食方式多样，但昆虫消化系统的基本形式大致相同。昆虫消化系统的主要器官是一条从口至肛门的消化道，以及同消化功能有关的腺体。

（一）昆虫消化系统的基本结构

昆虫的消化道纵贯体腔，分为前肠、中肠和后肠三段，主要用于摄取、运送食物，消化食物和吸收营养物质，并经血液输送到各组织中去，未经消化的食物残渣和代谢废物从肛门排出体外。

咀嚼式口器的消化道为取食固体食物的昆虫具有，各类昆虫的口器与食性不同，消化道也有相应的变化，但基本上都由具有咀嚼式口器昆虫的消化道演变而来。

1. 昆虫的消化道

咀嚼式口器消化道的前肠包括口腔、咽喉、食道、嗉囊和前胃。食物在口前腔经舌与食物及唾液充分搅拌，由咽喉经食道进入嗉囊，在嗉囊内暂时贮存食物；前胃有发达的肌肉包围，内壁有瓣状或齿状突，可进一步磨碎食物（图 1-25）。前肠与中肠交接处有由前肠壁突入中肠的贲门瓣，可以防止食物倒流。

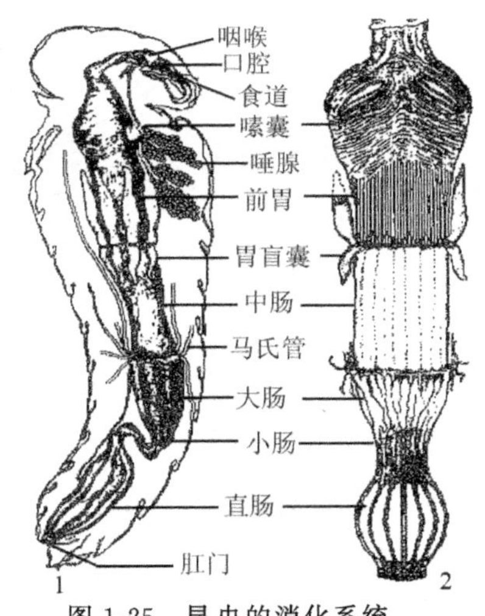

图 1-25　昆虫的消化系统

1. 侧面观　2. 正面观

（仿刘玉素、卢宝廉）

刺吸式口器的昆虫因取食液体食物，其消化道有较大的变异，主要体现在无前胃，消化道细长，前肠前端及口前腔常有唧筒等强有力的抽吸机构。

昆虫的消化与吸收主要在中肠进行，中肠前端紧接前胃，后端至马氏管着生处。中肠的肠壁细胞具有分泌消化酶消化食物和吸收营养成分的功能，中肠是消化食物和吸收养分的主要场所。有些昆虫的中肠前端有肠壁外突形成的形状各异的胃盲囊，可以大大增加消化和吸收的面积。胃盲囊的形状和数量因种而异，一般 2—6 个。

后肠是消化道的最后一段，前端在马氏管着生处与中肠连接，后端终止于肛门，包括回肠、结肠、直肠。中肠与后肠前端有突出入中肠的幽门瓣防止食物残渣倒流。多数昆虫在直肠中还有突入肠腔的直肠垫，主要功能是回收水分及无机盐类。后肠是吸收水分和排出食物残渣及代谢废物的主要场所。

2. 昆虫的消化腺

消化腺主要是唾液腺，位于胸腹部消化道的下方，开口于口腔，主要功能是分泌唾液，帮助消化食物。

(二) 昆虫消化系统的特点与害虫防治的关系

有些昆虫的消化道具有一些特殊的结构，这是昆虫对自然环境长期适应的结果，学习这些结构的特点及功能，对以后的病虫害防治具有重要的指导意义。

多数同翅目昆虫取食大量的液体食物，其消化道具有“滤室”结构(图 1-26)。可以使昆虫从含蛋白质很少的液体食物中获取所需的蛋白质，而不需要的过多的水分和糖类则直接经由滤室进入后肠经肛门排出，如刺吸式口器的蚜虫、蚧壳虫等常常分泌大量的蜜露，蜜露影响叶片的光合作用并诱发植物煤污病，同时，蜜露还招致蚂蚁的大量取食，所以，在受蚜虫、介壳虫危害严重的植株上经常伴随有大量的蚂蚁出现。此类害虫的防治应注意早发现早治疗，避免煤污病的发生，加重危害损失；对于植物煤污病的防治应注意先防除害虫。

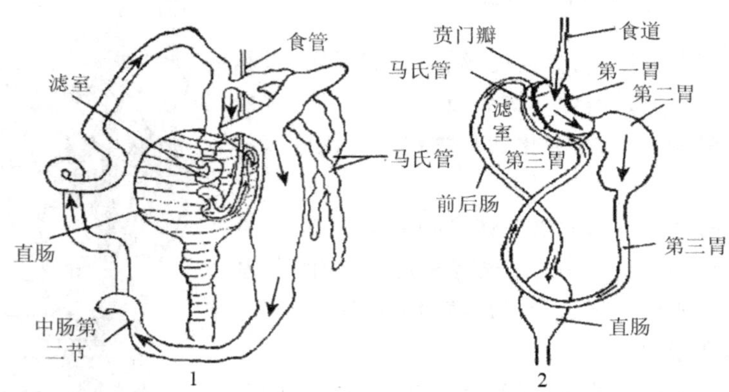

图 1-26　刺吸式口器昆虫的消化道的代表(示滤室结构)
1. 软蚧(*Lecanlum sp.*)的消化道　2. 十七年蝉(*Magicicada septemdecim*)的消化道
(仿北京农业大学)

另外，中肠是昆虫消化吸收的主要场所，多数昆虫中肠的 pH 值为 6—8，中肠液的 pH 对杀虫剂的溶解、分解及吸收有很大的影响。同时，昆虫体内还有很多消化酶可分解胃毒剂使其无毒，如夜蛾类幼虫的脂肪酸可分解菊酯类农药，而有机磷药剂则可抑制消化酶来增加胃毒作用效果。在实践中要注意交替使用农药，这可以在一定程度上减缓抗药性的产生。了解中肠液 pH 对胃毒剂的选用具有重要的指导意义。

三、呼吸系统

昆虫呼吸系统的主要器官是气门及气管系统。昆虫直接通过气门及气管系统，吸入氧气，释放二氧化碳，供给生命活动所需要的氧气并排出代谢废气及部分热量。

（一）昆虫呼吸系统的组成

昆虫的呼吸系统由气门和气管系统组成(图 1-27)，气管系统由富有弹性的气管、支气管及微气管等组成，有些具翅昆虫中一般还有气囊(图 1-28)。昆虫的气门是气体进出体内的通道，具有开闭机构，一般 8—10 对，气门的开闭可以调节呼吸频率，并可以阻止外物的侵入。

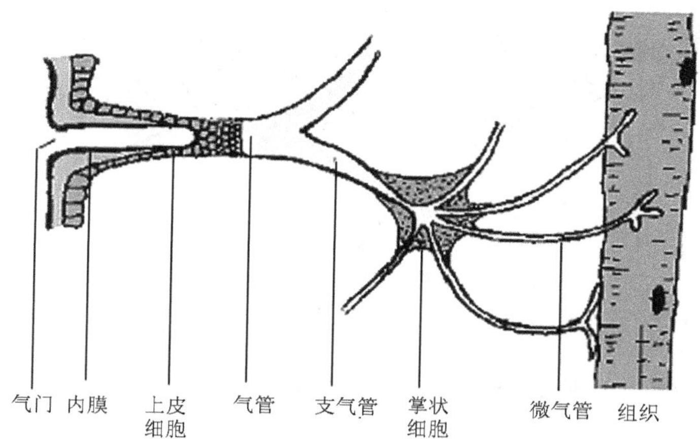

图 1-27　昆虫的呼吸系统示意图
(仿各作者)

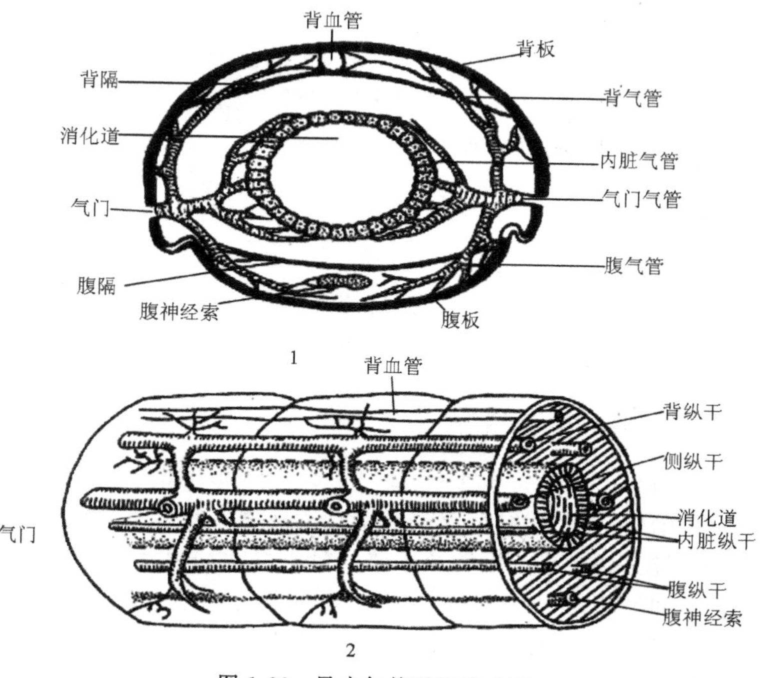

图 1-28　昆虫气管系统模式图
1. 体躯横切面，示体节的气管分支　2. 侧面透视，示气管纵干
(仿 Snodgrass)

气管主要有 2 条主干，纵贯身体两侧，主干间有横走的气管相连。从气门进入体内的一段粗短气管称为气门气管。连接各气门气管的为侧纵干，纵贯于体躯前后，连接背气管、内脏气管及腹气管的分别称为背纵干、内脏纵干和腹纵干(图 1-28)。各气管由粗到细，逐渐分支，微气管是气管系统末端的最小分支，直接分布于各组织间或细胞间，利于组织与细胞间的气体交换(图 1-29)。

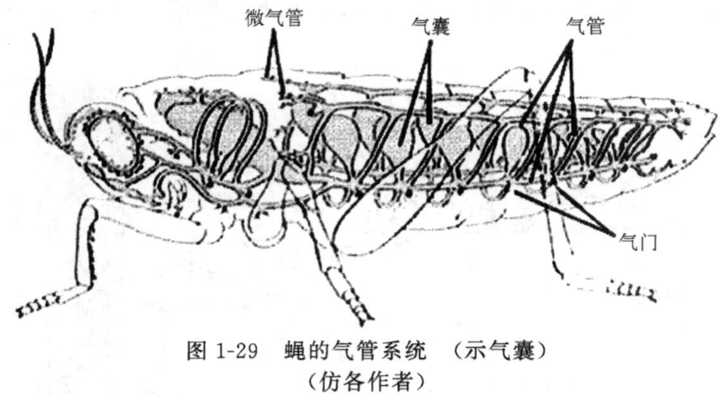

图 1-29 蝇的气管系统 (示气囊)
(仿各作者)

(二) 昆虫的呼吸结构与病虫害防治的关系

昆虫的呼吸主要靠气体的扩散作用及虫体运动引起的通风作用由气门进入昆虫体内进行。当空气中含有一定的有毒气体时，毒气同样随着空气进入虫体，使昆虫中毒死亡，这就是生产实践中熏蒸杀虫剂应用的基本原理。

气门具疏水亲油特性，油乳剂更易侵入，毒杀效果好；煤油、肥皂水等可以机械地堵塞气门，导致昆虫窒息死亡。另外，温度、二氧化碳浓度等对昆虫气门开闭也有一定的影响。温度愈高，呼吸作用愈强，呼吸频率也愈高，昆虫吸入的毒气愈多；二氧化碳浓度增加可刺激气门开放，使更多毒气进入体内，从而增强药剂的熏蒸效果。

四、神经系统

昆虫通过神经系统与周围环境取得联系，并对外界刺激迅速做出反应；同时，神经分泌细胞与体内分泌系统协调，支配各器官的生理代谢活动。

(一) 昆虫神经系统的基本结构

昆虫神经系统包括有中枢神经系统、交感神经系统和周缘神经系统三类。

中枢神经系统由脑、咽喉下神经节及纵贯全身的腹神经索组成(图 1-30)。脑是昆虫重要的神经联络中心，对昆虫的生长、运动及腺体的分泌等活动起着重要的调节和控制作用。咽喉下神经节是复合神经节，主要支配口器活动，并对胸部神经节有刺激作用。腹神经索一般有 11 个神经节，胸部 3 个，腹部 8 个，控制所在体节的活动，如胸部神经节控制足、翅等的运动；腹部神经节控制呼吸、生殖器官等的运动。各神经节由神经索前后连接，共同控制昆虫的生命活动。

交感神经系统主要控制内脏器官的活动，包括胃肠交感神经系、腹神经索之间的中神经系以及控制生殖活动的尾交感神经系。

周缘神经系统位于体壁下面，遍布全身，形成一个非常复杂的传导网络，包括由脑和各神经节发出的所有感觉神经纤维和运动神经纤维及其顶端分支，以及由它们联系的感觉器和反应器。它将外界刺激传入中枢神经系统，并将中枢神经系统的“命令”传达到有关器官，以对环境刺激产生相应的反应。

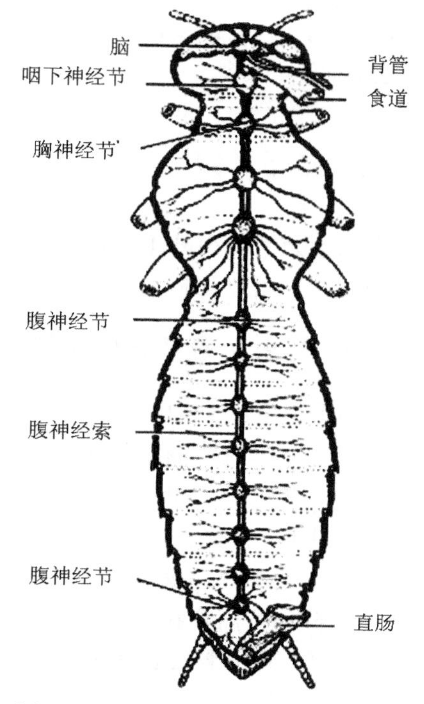

图 1-30　昆虫的中枢神经系统模式图（仿 Snodgrass）

（二）神经系统的结构功能与杀虫剂的关系

神经系统的结构与功能极为复杂，体内各器官、系统的功能和各种生理过程都不是各自孤立地进行的，而是在神经系统的直接或间接调节控制下，互相联系、相互影响、密切配合，成为一个完整统一的有机体，实现和维持正常的生命活动。

很多高效杀虫剂都是神经毒剂，不同类型的神经毒剂作用于不同的神经靶标。如拟除虫菊酯药剂有抑制突触膜上的 Na^+ 通道的作用，造成神经冲动传导阻断导致死亡。有机磷和氨基甲酸酯类杀虫剂是乙酰胆碱酯酶的抑制剂，它们能像乙酰胆碱那样与乙酰胆碱酯酶相结合，但结合以后不易水解，造成昆虫过度兴奋，麻痹而死。烟碱、沙蚕毒类杀虫剂能对突触后膜上的乙酰胆碱受体产生抑制作用，从而阻断乙酰胆碱与受体的结合，导致昆虫死亡。

五、内分泌系统

昆虫内分泌系统分泌内激素到体内，经血液循环，分布到体内有关部位，用以调节和控制昆虫的生长、发育、变态、滞育、交配、生殖、腺体分泌等活动。

（一）昆虫内分泌的种类

昆虫内分泌系统同神经系统一样，也是体内的一个重要的调节控制中心并受神经系统的支配，相比于神经系统，内分泌系统的调控作用比较迟缓、持久。

目前已发现的昆虫内激素主要有三类，即脑激素、保幼激素和蜕皮激素。它们相互作用，共同控制昆虫的生长、发育和变态等生命活动。脑激素又叫促激素，主要激发前胸腺分泌蜕皮激素，激发咽侧体分泌保幼激素。保幼激素的主要功能是抑制昆虫成虫器官芽的生长和分化，使虫体保持幼体的形态和结构。蜕皮激素的主要功能是促进脱皮及促进代谢活动。

（二）昆虫内分泌与杀虫剂的关系

灭幼脲、除虫脲等苯甲酰脲类几丁质合成抑制剂，是昆虫生长的调节剂，能够抑制几丁质酶的合成，使昆虫蜕皮时不能形成新的表皮，导致昆虫蜕皮受阻而死亡。因其杀虫机理特殊、防治效果好、害虫不易产生抗药性、对人畜安全、对环境友好等特点，在生产中有着广阔的发展前景。

六、生殖系统

昆虫生殖系统由外生殖器及内生殖器官组成，是昆虫借以繁殖后代、延续种族的器官系统。根据生殖器官构造与功能的不同，分为雌性生殖系统和雄性生殖系统。

（一）昆虫生殖系统的结构与功能

昆虫雌性生殖系统由1对卵巢、1对侧输卵管、中输卵管、受精囊、附腺五部分组成(图1-31)。

雌性生殖系统中的卵巢由若干卵巢小管组成，可产生卵细胞，故昆虫的孕卵量往往较大。解剖镜检雌虫卵巢，根据卵巢的充盈度、长度、颜色等特征可以推测昆虫的发育进度，这是研究害虫迁飞、发生规律及预测预报的重要手段。雌虫受精囊及受精囊颈的形状等是准确鉴定昆虫近缘种手段之一。另外，附腺分泌物对产卵起黏附及保护的作用，如天幕毛虫所产的卵经分泌物固着在枝干呈顶针状等。

昆虫雄性生殖器官包括1对睾丸(精巢)、输精管、储精囊、射精管及雄性附腺等(图1-32)。

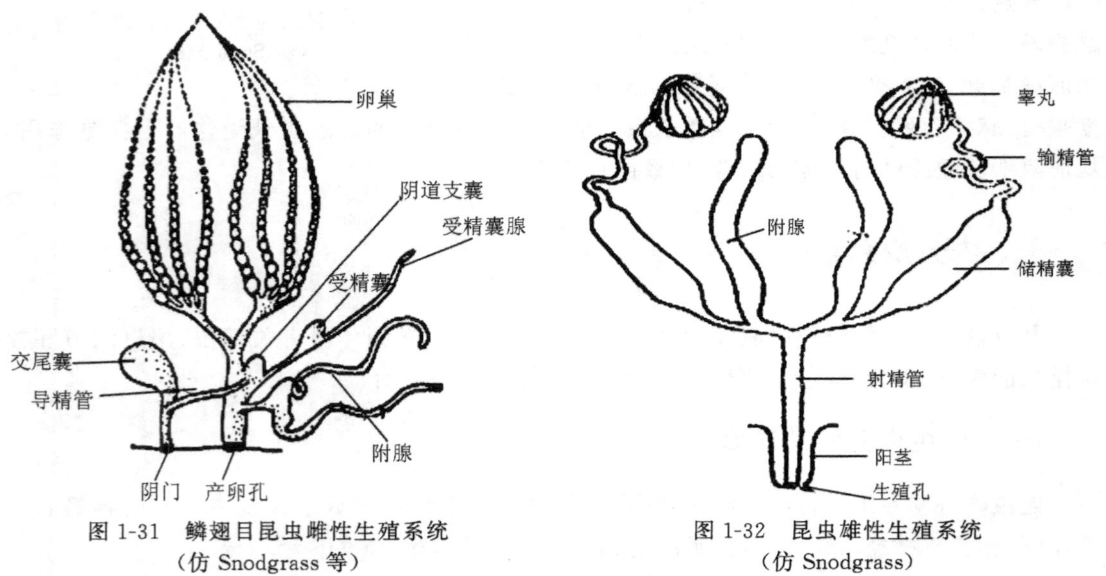

图1-31　鳞翅目昆虫雌性生殖系统
(仿 Snodgrass 等)

图1-32　昆虫雄性生殖系统
(仿 Snodgrass)

在雄性生殖系统中心的睾丸是产生精子的器官，由若干小管组成。某些孤雌生殖的昆虫的附腺分泌物还可以形成包藏精子的精包。储精囊及储精囊颈的形状是鉴定昆虫近缘种的重要手段之一。

（二）昆虫生殖系统与昆虫不育剂

精子与卵细胞相结合的过程称为受精。两性生殖的昆虫，常通过雌雄交尾(交配)来完成受精，不断繁衍生息，保持一定的种群发生数量。

昆虫不育技术是利用遗传学的方法防治害虫，是利用物理学的或化学的或生物学的方法来达到使害虫绝育的目的，从而达到控制害虫种群数量发展的目的。目前不育技术防治包括辐射不育、化学不育、杂交不育、胞质不亲和性及染色体易位等，研究较多的是辐射不育。辐射不育技术的原理是利用辐射源对害虫进行照射处理，产生不育并有交配竞争能力的昆虫，而后再将大量不育雄性昆虫投放到野外种群中去，造成野外昆虫产的卵不能孵化或即使能孵化也发育不良造成死亡。该防治方法的优点是不污染环境，害虫不易产生抗性，而且对有害生物的防控效果迅速，甚至可在几个世代内导致害虫种群数量的下降。

第四节　昆虫的基本生物学特性

昆虫生物学是研究昆虫生命特征与特性的科学，包括昆虫从生殖、胚胎发育、胚后发育直至成虫的个体发育各时期的生命特征。同时还包括昆虫的年生活史和发生世代等。

一、昆虫的生殖

绝大多数昆虫主要是进行两性生殖和卵生。此外还有若干特殊的生殖方式，如孤雌生殖、多胚生殖和胎生等，这些特殊的生殖方式，反映了昆虫在长期进化过程中，对不同生活环境条件的适应性。

（一）两性生殖

两性生殖是指卵须受精之后，与精子结合才能发育成新个体的现象。两性生殖往往须经过雌雄两性交配，这种生殖方式在昆虫纲中最为常见，为绝大多数昆虫所具有。

（二）孤雌生殖

孤雌生殖也称为单性生殖，指卵不经过受精也能发育成新个体的现象。孤雌生殖一般又可以分为偶发性孤雌生殖、经常性孤雌生殖和周期性孤雌生殖 3 种类型。偶发性孤雌生殖是指某些昆虫在正常情况下进行两性生殖，偶尔产出的未受精卵也能发育成新个体的现象。如家蚕和部分毒蛾类等，都可进行偶发性的孤雌生殖。经常性孤雌生殖是指雌成虫产下的卵有受精卵和未受精卵两种，受精卵发育成雌虫，未受精卵发育成雄虫，如膜翅目的蜜蜂、小蜂总科和某些螨类等。周期性孤雌生殖常以两性生殖与孤雌生殖交替的方式繁殖后代，又称为异态交替(heterogeny)或世代交替(alternation of generations)。周期性孤雌生殖在蚜科中较为常见，如棉蚜随季节轮回交替出现两性及孤雌生殖，即从春季到秋末，进行孤雌生殖，到秋末冬初则出现雌、雄两性个体，并交配产卵越冬。

（三）多胚生殖

多胚生殖(polyembryony)是指 1 个卵内可产生两个或多个胚胎，并能发育成正常新个体的现象。这种现象多见于膜翅目一些寄生蜂类,如小蜂科、茧蜂科、姬蜂科的部分种类等。行多胚生殖的寄生蜂,在一个寄主内可产卵 1—8 粒,一次所产的卵有受精卵和非受精卵两种,前者发育为雌蜂,后者发育为雄蜂。

(四) 胎生

胎生(viviparity)指由母体直接生出幼体,昆虫的胚胎发育是在母体内完成的。如麻蝇科、寄蝇科以及蚜科的一些种类,以幼虫产出。

昆虫的生殖力,不同种类间有很大的差异,既取决于种的遗传性,也受生态因素的影响。各种昆虫卵巢管的数目和每一条卵巢管内的卵数不同,这是种的潜在生殖能力的物质基础。事实上只有在最适宜的生态环境条件下,才能实现其最大的生殖力。如棉蚜的胎生雌蚜,一生可胎生若蚜 60 头左右,而卵生只产 4—8 粒雌蚜卵;黏虫一般产卵 500—600 粒,当蜜源充足和生态条件适宜时,产卵量可达 1800 多粒;白蚁的生殖力极强,一只蚁后每分钟可产卵 60 粒,一天产卵高达 1 万粒以上,一生能产 5 亿粒卵。

成虫从羽化到开始产卵时所经过的历期,称为产卵前期。从开始产卵到产卵结束的历期,称为产卵期。成虫产完卵后,多数种类很快死亡,所以在害虫防治时,应注意防治时期,在成虫产卵前期进行防治。

二、昆虫的卵和胚后发育

昆虫的个体发育是指由卵发育成成虫的全过程。在这个过程中,包括胚前期、胚胎期和胚后期 3 个连续的阶段。胚前发育期是指生殖细胞在母体内形成,以及完成受精的过程;胚胎发育期是从受精卵内的合子开始到卵裂,直至发育成幼虫为止的过程;胚后发育期则是指从幼虫孵化后到成虫性成熟的整个发育过程。

(一) 昆虫的卵

对行两性生殖和卵生的绝大多数昆虫来说,卵是个体发育的第 1 个虫态,胚胎发育在卵内进行。卵的基本构造包括卵孔、卵壳、卵黄膜、原生质、卵黄、卵核、周质(图 1-33)。

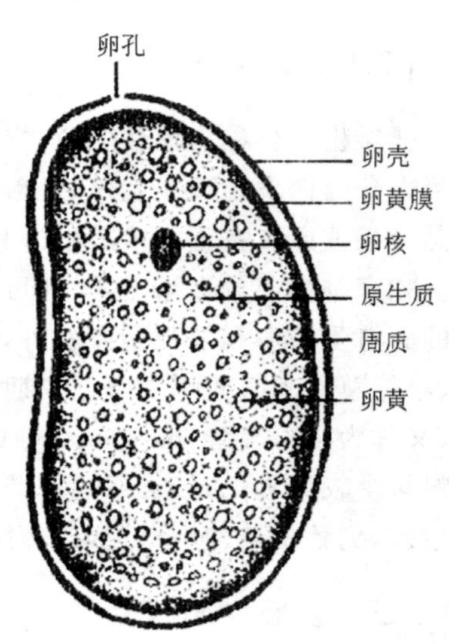

图 1-33　卵的模式构造图
(仿周尧)

卵是一个大型细胞,外面包有一层起保护作用的卵壳,下面为一薄层卵黄膜,其内为原生质和卵黄。卵黄充塞在原生质网络的空隙内,但在紧贴卵黄膜下面的原生质中则没有卵黄,这部分原生质特称为周质。卵未受精时,其细胞核位于卵的中央。卵的前端有 1 个或若干个贯通卵壳的小孔,称为卵孔,是精子进入卵内的通道,因而也称为精孔或受精孔。

卵壳有保护卵和防止卵内水分过量蒸发的作用。雌虫排卵前,卵细胞在卵壳下面分泌一层极薄的蜡层,为疏水性的，有防止卵内水分蒸发和水溶性物质侵入的作用。卵孔只终止于蜡层，当精子进入并穿破蜡层数小时后，蜡层又重新愈合。雌虫产卵时，其附腺分泌由鞣化蛋白组成的黏胶层附着于卵壳外面，卵孔也为之封闭，黏胶层可以阻止杀卵剂等外源物的侵入。

昆虫卵的颜色及形状也是多种多样的。最常见的有黄色、乳白色、绿色等多种颜色，形状有卵圆形、肾形、半球形、球形、馒头形、纺锤形等。另外，卵壳表面常有各种各样的脊纹以增加卵壳的硬度，草蛉类的卵还有一丝状卵柄固定在植物上，这些结构都是昆虫种类鉴定的重要依据。

昆虫的产卵方式有单个分散产的，也有许多卵粒聚集排列在一起形成各种形状的卵块的。有的将卵产在物体表面、卵囊里、土壤里，有的卵块还有雌虫体毛覆盖，有的将卵产在隐蔽的树缝、石块下甚至寄主组织内，这些都对卵起到了很好的保护作用。

(二) 昆虫的胚后发育

昆虫自卵内孵出，到成虫羽化并达到性成熟为止的整个发育过程，称为胚后发育(postembryonic development)。胚后发育所需的时间因昆虫种类不同而异，如蚜虫只需几天，美洲十七年蝉需长达十余年。同种昆虫在不同季节也不相同，多数昆虫的胚后发育为数日或数月。

昆虫胚胎发育到一定时期，幼虫或若虫破卵壳而出的现象，称为孵化(hatching)。有些昆虫具有特殊的破卵结构，如刺、骨化板、翻缩囊等，这些结构统称为破卵器(eggburster)，鳞翅目幼虫多用上颚咬破卵壳而出。

一些夜蛾科等的初孵幼虫，常有取食卵壳的习性。还有些种类在幼虫孵化后，并不马上开始取食活动，而常常停息在卵壳上或聚集在卵壳附近静伏一段时期才开始活动。

(三) 昆虫的变态及类型

昆虫在胚后发育中，从幼虫到成虫不但体积增大，还要经过外部形态、内部器官构造以及生活习性上的一系列变化，这种现象称为变态(metamorphosis)。变态类型如图 1-34 所示。

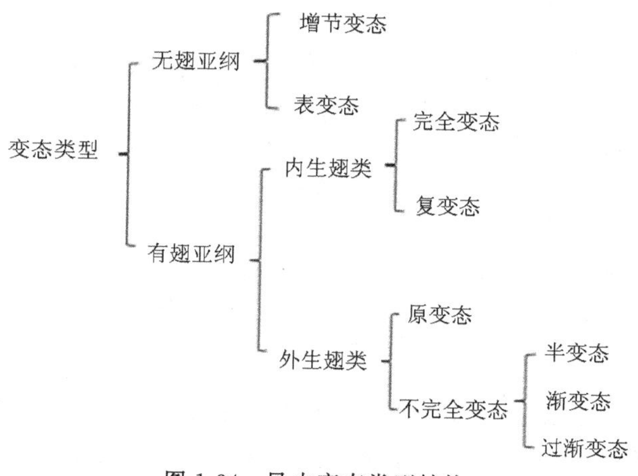

图 1-34 昆虫变态类型结构

①完全变态(complete metamorphosis)：经卵、幼虫、蛹、成虫四个时期，常见于内生翅类昆虫，即幼虫与成虫在外部形态、内部构造等方面有明显不同。

②不完全变态(incomplete metamorphosis)：经卵、幼虫、成虫三个时期。常见于外生翅类昆虫，即翅在体外发育，幼虫与成虫在外部形态及内部构造方面无明显差异。

③渐变态(paurometabola)：幼虫与成虫形态、生活习性等方面很相似，仅性器官未发育成熟，翅呈翅芽状，未发育完全。幼虫一般称为“若虫”，如直翅目蝗虫、螳螂目螳螂、半翅目蝽类、同翅目叶蝉(图 1-35)类等。

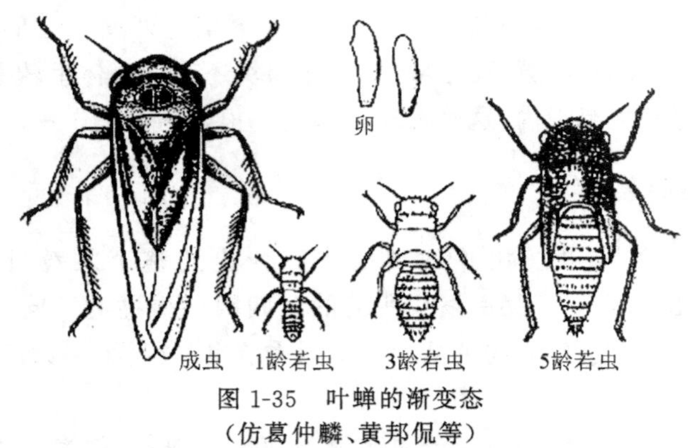

图 1-35　叶蝉的渐变态
(仿葛仲麟、黄邦侃等)

④过渐变态(hyperaurometabola)：同渐变态，但末龄若虫具有不食不动的拟(伪)蛹期，属过渡类型，如部分缨翅目蓟马(图 1-36)等。

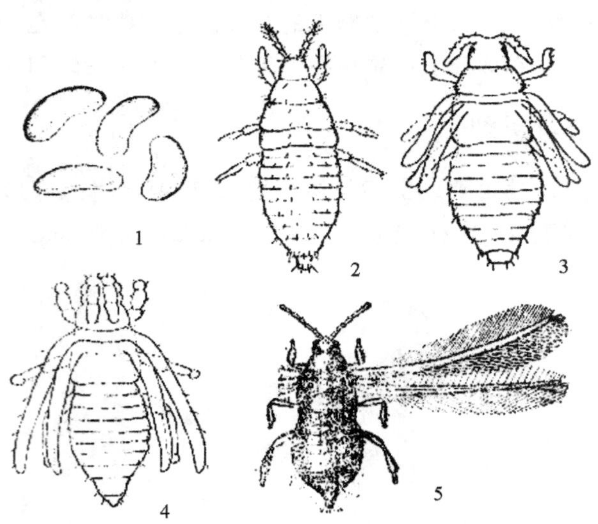

图 1-36　梨蓟马(*Taeniothrips inconsequens*)的过渐变态
1. 卵　2. 1 龄若虫　3. 前蛹期　4. 蛹期　5. 成虫
(仿 Foster & Jones)

⑤原变态(prometamorphosis)：是有翅亚纲中最原始的变态类型，主要特点是从幼体转变为真正的成虫要经过一个亚成虫期；亚成虫期很短暂，亚成虫外形与成虫相似，性已发育成熟，翅也展开并能飞翔，但体色浅，足较短，多呈静止状态。这类变态仅见于蜉蝣目。

（四）昆虫的幼虫期

幼虫（若虫）期是昆虫胚后发育的第一个时期，指从卵内孵化、发育到蛹（全变态昆虫）或成虫（不全变态昆虫）之前的整个发育阶段。

昆虫的体壁称为外骨骼，外骨骼限制了身体的生长，只有在旧皮脱去、新皮形成尚未骨化的情况下，身体才能进一步增长，昆虫通常要经多次脱皮才能达到成虫阶段。昆虫生长到一定阶段，重新形成新表皮而将旧表皮脱去的过程，称为蜕皮，脱下的皮称为蜕。在相邻两次蜕皮之间的时间称为龄期，初孵幼虫称为 1 龄幼虫，每蜕一次皮，虫龄就增加 1 龄，以此类推，最后一龄幼虫又称为老熟幼虫。同一地区同一种昆虫的蜕皮次数一般是固定的。

幼虫期的特点是生长发育快，幼虫期是昆虫主要的生长期，需要大量取食以积累丰富的营养供给蛹和成虫的需要，所以幼虫期往往是害虫危害比较严重的时期，该时期的变化主要体现在体重增加和生长蜕皮。

根据昆虫幼虫胸足及腹足的数量，将幼虫分为四种类型：原足型、无足型、多足型、寡足型（图 1-37）。

（1）原足型（protopod）：胸足等附肢仅是几个突起，内部器官尚未发育完全，不能独立生活的胚胎状，浸浴在寄主体液或卵黄中，吸取寄主营养发育，如卵寄生蜂的幼虫。

（2）无足型（apodous）：既无胸足，又无腹足，如天牛、蝇类等的幼虫。

（3）多足型（polypod）：三对胸足，2—8 对腹足，如蛾、蝶类的幼虫。

（4）寡足型（oligopod）：仅有三对胸足，无腹足，分蛃型、蛴螬型、蠕虫型三个类型，如蛴螬、草蛉及瓢甲等的幼虫。

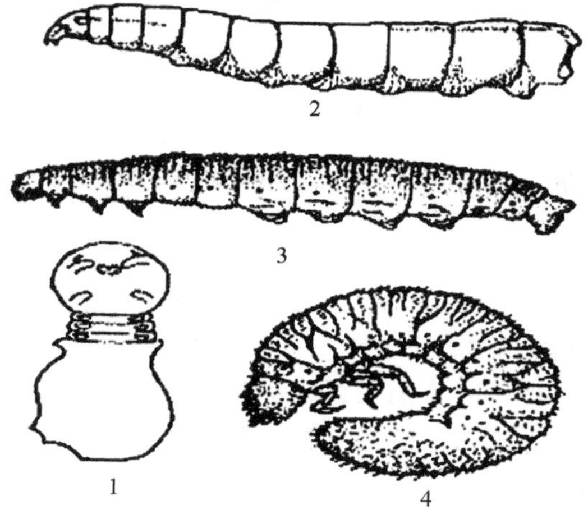

图 1-37　全变态昆虫幼虫的类型
1. 原足型　2. 无足型　3. 多足型　4. 寡足型
（仿陈世骧）

（五）昆虫的蛹期

蛹是全变态的昆虫由幼虫变为成虫的过渡阶段，是昆虫由幼虫转变为成虫时必须经过的一个特有的静息虫态。从老熟幼虫化蛹至变成成虫所经历的时间称为蛹期。蛹的生命活动表面上是相对静止的，但其内部却进行着剧烈的变化，由幼虫器官分化为成虫器官。

根据蛹的形态及附肢特点可将蛹分为三种类型(图 1-38)。

(1) 裸蛹(exarate pupa)：也称离蛹，蛹的足、翅不粘贴于体，可自由活动，腹节间也可活动，如鞘翅目甲虫、膜翅目蜂类等的蛹。

(2) 被蛹(obtect pupa)：附肢、翅芽粘贴于体，不能活动，大多数或全部腹节也不能活动，如鳞翅目蛾、蝶类的蛹。

(3) 围蛹(coarctate pupa)：蛹体本身是裸蛹，但由幼虫末次蜕皮形成的蛹壳包围，如多数蝇类的蛹。

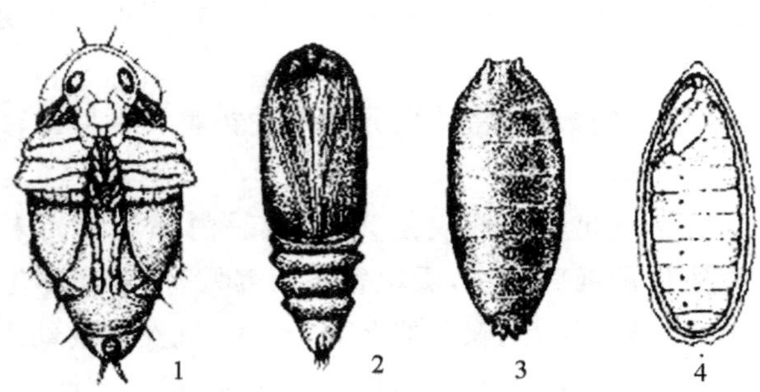

图 1-38　昆虫蛹的类型

1. 裸蛹　2. 被蛹　3. 围蛹　4. 围蛹的透视

(仿 Snodgrass 等)

一般地，昆虫会寻找合适的隐蔽场所化蛹，如蝇类多在隐蔽的墙角下化蛹，也有的如部分鳞翅目昆虫直接在浅土层中化蛹，如小菜蛾结茧化蛹，虎甲做土室化蛹，潜叶蝇、天牛等在植物组织内化蛹等等，借助茧、土室等隐蔽地点，可使蛹得到很好的保护。

(六) 昆虫的成虫期

成虫期是昆虫发育的最后一个阶段，也是昆虫的生殖时期，包括羽化、交尾、产卵。

羽化(emergence)：指完全变态的昆虫蜕去蛹壳或不完全变态的昆虫蜕去末龄若虫的皮脱壳而出化为成虫的过程。有的昆虫成虫羽化后即可进行交配产卵，如家蚕。有的昆虫的成虫期须取食补充营养，生殖腺才能发育成熟，如金龟子等。这种在成虫羽化后，为达性成熟而进行的成虫期取食，称为补充营养现象。植物汁液、花蜜和花粉等均可作为昆虫补充营养的营养源，补充营养对成虫寿命及产卵均有利。

昆虫的性二型现象和多型现象：性二型，又叫雌雄二型(sexual dimorphism)，是指雌雄两性个体除了生殖器官不同外，在体型大小、结构形态、色泽甚至在生活习性上具有明显差异的现象，如袋蛾、犀金龟等。

多型现象(folymorphism)：指昆虫不只在雌雄个体上有差异，而且在同一性别内具有不同形态类型的现象，如营社会性生活昆虫中的蜜蜂、蚂蚁等。

三、昆虫的世代和年生活史

一个新个体从离开母体发育到性成熟产生后代的个体发育史称为一个世代。对于全变态的昆虫，一个世代通常包括卵、幼虫、蛹及成虫几个虫态。世代的长短因种而异，由种的遗传性决定。

一年发生 1 代的昆虫，称为一化性昆虫，如梨茎蜂、舞毒蛾等。一年发生 2 代及其以上的昆虫，称为多化性昆虫，如棉铃虫一年发生 3—4 代，棉叶蝉一年可多达 8—15 代。也有些昆虫则需两年或多年才能完成 1 代，如大黑鳃金龟两年发生 1 代，沟金针虫、华北蝼蛄约 3 年发生 1 代，十七年蝉则需 17 年发生 1 代。

多化性昆虫一年发生的代数还与环境因素有关，同种昆虫在不同地区年世代数也有不同。如东方蝼蛄(*Gryllotalpa orientalis* Burmeister)在长江以南常为一年一代，以北地区常为两年一代；黏虫[*Mythlmna scparata*(Walker)]在东北、内蒙古为一年 2—3 代，江苏淮河流域一年 4—5 代，长江流域一年 5—6 代，华南一年 6—8 代。多化性的昆虫常因成虫产卵期较长或越冬虫态出蛰期不集中等原因，造成前一世代与后一世代的同一虫态同时出现，此现象称为世代重叠。也有一些昆虫出现局部世代的现象，如棉铃虫在山东、河南等地一年发生 4 代，以蛹越冬，但有少部分第 4 代蛹当年羽化为成虫，并产卵发育为幼虫，却由于气温降低而死亡，形成不完整的第 5 代。

一种昆虫在一年内的发育史称为昆虫的年生活史或生活年史。生产实践中一般认为昆虫的年生活史是从当年的越冬虫态开始活动起到第二年越冬虫态结束止的发育经过。了解昆虫的世代和生活年史有利于更好地掌握虫态、虫情，把握昆虫生长发育中的薄弱环节，对制订针对性的害虫防除方案具有重要的指导意义。

四、昆虫的休眠和滞育

昆虫在它们的生活史中，大多有一段或长或短的不食不动、生长停滞发育的时期，这种现象称为停育。根据停育的程度和解除停育所需的环境条件，可分为休眠和滞育两种状态。

休眠(dormancy)是由不良环境条件直接引起的，当不良环境条件解除时，即可恢复生长发育。如东亚飞蝗以卵越冬，甜菜夜蛾以蛹越冬等都属于休眠性越冬。

滞育(diapause)是由不良环境条件引起的，往往不是环境因子直接引起的，当不良环境远未到来之前，生理上已进入滞育，即使给予最适宜的环境条件也不能马上恢复生长发育，必须经过一定的环境条件的刺激，才能打破滞育状态。滞育性越冬和越夏的昆虫一般有着固定的滞育虫态，其滞育虫态因种类而异。

滞育又可分为专性滞育和兼性滞育两种类型。专性滞育(obligatory diapause)又称确定性滞育。这种滞育类型的昆虫一年发生 1 代，滞育世代和虫态固定。不论当时外界环境条件如何，专性滞育的昆虫会按期进入滞育，已成为种的稳固的遗传性。如舞毒蛾一年发生 1 代，以滞育卵越冬。兼性滞育(facuitative diapause)又称任意性滞育。这种滞育类型的昆虫为多化性昆虫，滞育的虫态固定，但世代不定。如桃小食心虫在北方，多数以一代幼虫，少数以二代幼虫越冬。

光周期(photoperiod)是影响昆虫滞育的主要因素。光周期是指一昼夜中的光照时数与黑暗时数的节律,一般以光照时数表示。引起昆虫种群中50%的个体进入滞育的光照时数,称为临界光周期(critical photoperiod)。

根据昆虫滞育对光周期的反应,可将昆虫分为以下几种滞育类型:短日照滞育型,即长日照发育型,其特点是昆虫滞育的个体数随日照时数的减少而增多。通常光周期长于12h,仍可继续发育而不滞育,如亚洲玉米螟等属于此类型。长日照滞育型,即短日照发育型,其特点是昆虫滞育的个体数随日照时数的增加而增多,如小麦吸浆虫等属于此类型。中间型指光周期过短或过长均可引起滞育,只有在相当窄的光周期范围内才不滞育。如桃小食心虫光照短于13h,老熟幼虫全部滞育;光照长于17h,半数以上滞育。

研究昆虫的休眠和滞育,有助于进行害虫的发生期预测,寻求害虫发育的薄弱环节,更好地开展害虫的综合防治。

五、昆虫的习性和行为

昆虫习性(habits)是昆虫种或种群具有的生物学特性。亲缘关系越近的昆虫往往具有相似的习性,如蛾类都有夜出的习性,蝶类具有日出性和访花习性,天牛都有钻蛀性,等等。了解昆虫的习性和行为,对于昆虫的识别、采集、害虫的防治、益虫的利用等都有着积极的意义。

(一)昆虫的昼夜节律与趋性

昆虫在长期的进化过程中,形成了与自然界昼夜变化规律相吻合的节律,如昆虫的蜕皮、羽化、取食、交配、产卵等活动,均随着昼夜节律的变化呈现出一定的变化规律,也叫作生物钟。根据昆虫昼夜活动的节律,可将昆虫分为三种主要类型:日出性昆虫(如蝶类和蜻蜓等)在白天活动,夜出性昆虫(如蛾类及蟑螂)等在夜间活动,弱光性昆虫(如蚊子等)在黄昏及黎明时活动,还有蚂蚁等种类昼夜均可活动。

昆虫的趋性(taxis)是指昆虫对外界刺激(如光、温度、湿度和某些化学物质等)所产生的定向(趋向或背向)行为活动。趋向活动称为正趋性,背向活动称为负趋性。昆虫的趋性常见的主要有趋光性、趋黄性、趋化性、趋温性、趋湿性等。

①趋光性

趋光性是昆虫对光的刺激所产生的趋向或背向活动。趋向光源的反应,称为正趋光性;背向光源的反应,称为负趋光性,通常所说的趋光性常指正趋光性。不同种类,甚至不同性别和虫态的昆虫趋光性不同。多数具有夜出性的昆虫,对灯光表现为正的趋性,特别是对黑光灯的趋性尤强。如鳞翅目成虫、蝼蛄等通常具有不同程度的趋光性。

②趋化性

昆虫对某些化学物质的刺激所表现出的趋避反应,通常与觅食、求偶、避敌、寻找产卵场所等有关。如鳞翅目成虫往往对糖醋液有正趋性,蝼蛄对炒香的米糠有正趋性,菜粉蝶产卵趋向含有芥子油的十字花科植物，等等。

生产实践中利用昆虫的趋性来防治害虫的例子有很多，如设置黑光灯诱杀鳞翅目害虫，利用炒香的米糠制成毒饵诱杀蝼蛄，用糖醋液加农药制成毒液诱杀蚂蚁等，利用黄板诱杀蚜虫等，均能起到较好的防治效果。

（二）昆虫的假死与群集

①假死性

昆虫受到某种刺激或震动时，身体蜷缩，静止不动，或从停留处跌落呈假死状态，稍停片刻即恢复正常而逃离的现象。如金龟子、象甲、黏虫幼虫等都具有假死性。假死性是昆虫逃避敌害的一种自卫性防御措施，是在长期的进化过程中形成的一种适应行为。利用害虫的假死性，可以设计各种方法或器械，干扰震落并集中消灭。

②群集性

同种昆虫的个体大量聚集在一起生活的习性，称为群集性(aggregation)，可分为临时性群集和永久性群集。

临时性群集是指昆虫仅在某一虫态或某一阶段内行群集生活，然后分散。如多数鳞翅目的低龄幼虫行群集生活，高龄后即行分散生活。永久性群集往往出现在昆虫个体的整个生育期，一旦形成群集后，很久不会分散，趋向于群居型生活。如东亚飞蝗的永久性群集，蝗蝻聚集成群，集体行动或迁移，蝗蝻变成成虫后仍不分散，往往可成群远距离迁飞。

（三）昆虫的拟态与保护色

①拟态

一种生物模拟别的生物的姿态或特点，以保护自己的现象，称为拟态(mimicry)。拟态可以分为两种主要类型，一种称为贝氏拟态(Batesian mimicry)，其特点是被模拟者不是捕食动物的食物，而拟态者则是捕食动物的食物。例如金斑蝶成虫血液中含有一种有毒的糖苷，能使取食它的鸟类呕吐；而模拟金斑蝶的金斑蛱蝶则是无毒的，如果一鸟先取食过金斑蛱蝶，那么以后也会捕食金斑蝶，但因吃了金斑蝶使鸟类中毒呕吐，则鸟类将不敢再捕食这两种蝶类。另一种称为缪氏拟态(Mullerian mimicry)，即模拟者和被模拟者都是不可食的，捕食动物只要误食其中之一，以后两者就都不受其害，如红萤科的红萤模拟萤科的萤火虫。

②保护色

一些昆虫具有与其生境背景颜色相似，不易被掠食者发现的体色，叫保护色。如栖息在草地上的绿色蚱蜢，树上的螽斯、枯叶蝶等，其体、翅颜色与生境极为相似，不易为敌害发现，利于保护自己。

有些昆虫既有保护色，又有与背景形成鲜明对照的体色，称为警戒色，更有利于保护自己。如蓝目天蛾，其前翅颜色与树皮相似，后翅颜色鲜明并具有大大的眼斑，当遇到其他生物袭击时，前翅突然展开，露出后翅，将袭击者吓跑。

(四) 昆虫的扩散和迁飞

①扩散

扩散指昆虫个体经常的或偶然的、小范围的有规律的迁移活动,也称为蔓延、传播等。昆虫可以借助风力、昆虫等向寄主植物进行一定范围的扩散,种子、苗木等人类活动可以导致昆虫长距离的人为扩散。如鳞翅目幼虫可以吐丝下垂借助风力向其他植株扩散;棉蚜等常由点片发生,逐渐向周围附近植株及田块蔓延;螺旋粉虱等随国际贸易活动进行长距离地被动扩散。

②迁飞

迁飞指同一种昆虫成群地从一个发生地长距离地迁移到另一个发生地的现象。目前已发现有不少重要农业害虫具有迁飞的特性,如东亚飞蝗、黏虫、小地老虎、褐飞虱、白背飞虱、稻纵卷叶螟等。迁飞是昆虫种在长期进化过程中对环境条件的适应。

第五节　昆虫纲重要目的分类与识别

一、昆虫分类基础知识

自然界中的昆虫种类繁多,全世界的昆虫约计 1000 万种,其中已定名的昆虫约 100 万种。正确地识别和鉴定昆虫,是我们制订害虫防除方案的前提,对我们的生活和生产实践均具有重要的指导意义,准确地鉴定昆虫及建立客观合理的分类系统,还是植物检疫、昆虫资源与区系调查、天敌昆虫的引进与利用等研究的重要基础。

昆虫在地球上约出现于 3.5 亿年前,经历了漫长的演化历程。昆虫作为生物,遵循生物学的发展规律,都是由低等到高等、由简单到复杂进行演变,事实证明,亲缘关系越近,其形态结构特征越相似,其生活习性、栖息场所、发生发展规律的共性特征以及对环境的适应能力等越接近。昆虫的分类是建立在亲缘关系的基础上的,利用昆虫间亲缘关系的远近,运用对比分析和演绎归纳的方法,研究昆虫的共同性和特殊性,将千差万别的种类进行分门别类。对昆虫分门别类是认识昆虫的基本方法。我们通过分类并以种群为基本单位研究物种起源、分布中心、昆虫进化的过程和趋向甚至整个昆虫区系的演替,使我们能够有效地利用益虫和防控害虫。在种类繁多的昆虫中,种间差异有时是极其细微的,若稍有疏忽,就会造成失误。

(一) 昆虫的分类阶元

昆虫的分类阶元与其他动、植物的分类相同,包括界、门、纲、目、科、属、种,其中以种为分类的基本阶元,另外,还有亚门、亚纲、亚目、亚科、亚属、亚种、总目、总科、族等。

现以东亚飞蝗(*Locusta migratoria manilensis* Meyen)为例,以示昆虫的分类地位和阶元。

门(Phylum)：节肢动物门(Arthropoda)
纲(Class)：昆虫纲(Insecta)
亚纲(Subclass)：有翅亚纲(Pterygota)
目(Order)：直翅目(Orthoptera)
亚目(Suborder)：蝗亚目(Locustodea)
总科(Superfamily)：蝗总科(Locustoidea)
科(Family)：蝗科(Locustidae)
亚科(Subfamily)：蝗亚科(Locustinae)
属(Genus)：飞蝗属(*Locusta*)
种(Species)：飞蝗(*migratoria*)
亚种(Subspecies)：东亚飞蝗(*manilensis*)

(二) 昆虫纲主要的分类依据

昆虫目以上的分类依据大致有：触角类型、口器类型、单眼的有无和数目、足的类型、翅的数量及有无、翅的质地、腹部的附器、变态类型等。科及科以下主要分类依据是复眼的形状，触角的相对长短，前后翅的形状、脉序，刚毛、刺和距的数量及排列方式等。近缘种的主要分类依据是雄性外生殖器。

(三) 昆虫的命名法与命名规则

昆虫的生物学名称即学名(scientific name)，由拉丁文或拉丁化的文字组成，采用国际通用的双名法命名。

双名法(binominal nomenclature)：即以两个拉丁文字作为一个种的学名，该学名是全世界通用的，拉丁文的第一个词是属名，第二个词是种名，有时还在后面加上命名人的姓氏或缩写。属名在前，种名在后，提到一个种的学名时，必须把属名带上。学名中如果引用亚属名或亚种名，则以三名法(trinominal nomenclature)表示，即属名、种名后分别加上亚属或亚种。

在分类中经常发生 1 个物种被人分别多次作为新种记载发表或 1 个学名被用于两个以上物种的情况，因此造成了异名、同名现象，这时就要应用优先律加以规范。优先律(priority)是动物命名法规的核心，即一个分类单元的有效名称，是最早给予它的可用名称。一种生物只能有一个学名。科学上采用最早给予的学名，一个学名一经正式发表，不得随意更改。根据优先律，在第一个有效学名之后给定的其他学名均为异名。

在书写昆虫学名时，学名的第一个字母及人名的第一个字母要大写；排版时学名要斜体，命名人的姓氏或缩写须正体。另外，昆虫学名中的属名，在前面已经被提到的情况下，可以略写。

(四) 分类检索表的编制及应用

分类检索表(identification key)是鉴定昆虫种类及确定昆虫分类地位的工具。检索表的编制和运用，是昆虫分类工作重要的基础。

检索表的编制是采用对比分析和归纳的方法，选用比较重要、明显而稳定的特征，以简洁的文字，按一定的格式排列制成。检索表的形式有二项式、连续式和包孕式三种，其中以二项式检索表最为常见。

二项式检索表的编制，即将标本不断地“一分为二”，其编制的基本原则有：①必须选用最显著的外部特征，性状要绝对稳定；②性状特征要严格对称，不可重叠；③语言简练，不允许含糊其辞。

现以鳞翅目、膜翅目、螳螂目、双翅目、鞘翅目、半翅目等六目昆虫为例，说明二项式检索表的简单制作方法：

1\. 口器咀嚼式……………………………………………………………………… 2
   口器吸收式……………………………………………………………………… 4
2\. 前、后翅发达，前、后翅为膜质……………………………………………… 膜翅目
   前、后翅不全为膜质 ……………………………………………………………… 3
3\. 前足捕捉足 …………………………………………………………………… 螳螂目
   前足非捕捉足(步行足) ………………………………………………………… 鞘翅目
4\. 前翅发达、膜质，后翅退化为平衡棒 ……………………………………… 双翅目
   前、后翅均发达，后翅非平衡棒………………………………………………… 5
5\. 前、后翅质地均一，翅面密布鳞片 ………………………………………… 鳞翅目
   前翅质地不均一，翅面上无鳞片覆盖物…………………………………… 半翅目

二项式检索表的使用须注意：①使用检索表，必须从第一条开始查起，不允许从中间开始查找。②二项式检索表，所检索标本的特征必须符合两项其中之一。③符合某项时，根据该项所引出的条数项继续向下检索，直至检索到其名称为止。

二、昆虫纲重要目的分类与识别

昆虫纲是节肢动物门中最大的一个纲，根据多数学者的意见，将昆虫纲分为 33 个目，其中，与农林关系密切的有以下 9 个目。

(一) 鞘翅目

鞘翅目(Coleoptera)是昆虫纲中最大的目，该目昆虫俗称甲虫，已超过 25 万种。翅 2 对，前翅为角质，坚硬，无翅脉，其上常具有不同的颜色及斑点，称为鞘翅，起到保护后翅及身体的作用。

该目昆虫前翅及身体坚硬，体型的变化甚大，适应性很强；咀嚼式口器，食性很广。植食性的如各种叶甲、花金龟、犀金龟等，肉食性的如七星瓢虫、中华虎甲、步甲等，腐食性的如阎甲等，尸食性的如埋葬甲等，粪食性的如蜣螂等。成虫与幼虫常因食性及生活环境不同而形态各异，属完全变态；蛹多数为裸蛹，如七星瓢虫、小蠹虫等。有部分种类如异色瓢虫、小黑瓢虫、六斑月瓢虫等为捕食性昆虫，具有较好的生防利用价值。

(二) 鳞翅目

鳞翅目(Lepidoptera)是昆虫纲中第二大目，因体及翅面被有大量的鳞片而得名，包括所

有的蛾类和蝶类。多以幼虫取食植物叶片为害，幼虫咀嚼式口器，多数种类往往在 3 龄以后食量大增，可在短时间内造成较大的危害。蝶类日出性，白天活动，通常具有明亮的色彩，触角球杆状，休息时四翅并拢，直立于背上。蛾类夜出性，多数种类夜间活动，体色暗淡，触角呈丝状、羽状等，休息时四翅覆盖于体，多呈屋脊状。

成虫具翅 2 对，翅面有鳞片覆盖，口器为虹吸式，呈卷须状，取食时可伸到花中吮吸花蜜，不用时卷曲如弹簧状。多数种类的成虫通常不取食为害。幼虫为多足型，蛹为被蛹，属完全变态类型。常见种如菜粉蝶和马尾松毛虫。

（三）等翅目

等翅目（Isoptera）昆虫通称白蚁。体小型至中型，头壳坚硬，复眼有或无，单眼 1 对或无，触角呈念珠状，口器咀嚼式，渐变态发育。生殖蚁具翅，有翅蚁具 2 对翅，膜质透明，前后翅形状及脉序相似，大小相等。翅可脱落，脱落时在翅基部留下一个鳞状残翅，称为翅鳞。翅鳞的大小及位置是白蚁分类的重要依据，具有多型现象。白蚁有蚁王、蚁后、工蚁、兵蚁、保育蚁等，有较为复杂的社会组织及明确的社会分工，营社会性生活。婚飞现象多发生在春夏之交的下雨前后，以建立新的巢穴。营土栖、木栖，蛀食木质部，对农林作物及居家家具等易造成较大的危害。

（四）双翅目

双翅目（Diptera）包括蚊、蝇、虻等种类。前翅 1 对，膜质透明，后翅退化为平衡棒，又叫棒翅，双翅目因此得名。变态类型为全变态，蛹为围蛹，成虫飞翔力强，如蚊、蝇、虻、蚋等。主要以幼虫为害植物的根茎及果实等。

（五）缨翅目

缨翅目（Thysanoptera）昆虫通称蓟马。体型微小，是国际公认的五小害虫之一。复眼发达。触角 6—10 节。口器为左右不对称的锉吸式口器。翅为缨翅，翅膜质，翅脉退化，翅缘具有密而长的缨状缘毛。变态类型为过渐变态。成虫喜欢访花，很多种类是农林业的重要害虫，例如西花蓟马、榕管蓟马等。

（六）半翅目

半翅目（Hemiptera）昆虫通称蝽，又因部分种类具臭腺，故又称臭娘娘、臭板虫等。具翅 2 对，前翅基半部革质，端半部膜质，呈半鞘翅状，后翅膜质。口器为刺吸式，以植物或微小生物的体内汁液为食。属渐变态，如猎蝽，无翅种类如臭虫。部分种类如猎蝽、小花蝽等捕食性昆虫，在农林害虫防治中具有较好的生防利用价值。

（七）直翅目

直翅目（Orthoptera）包括蝗虫、蝼蛄、蟋蟀、螽蟖等。具翅 2 对，成虫前翅革质柔韧，翅面上翅脉清晰可见，称为覆翅，后翅膜质透明。该目昆虫的变态类型为典型的渐变态，若虫和成虫多为植食性，对农、林、经济作物等均有为害，如东亚飞蝗、大蟋蟀等。另外，一些种类因具有悦耳的鸣声或争斗的习性，成为传统的观赏昆虫，如螽蟖、斗蟋等。

（八）同翅目

同翅目（Homoptera）为微小型至大型的昆虫，多数植食性，不完全变态。种类多样，包括蝉、叶蝉、蚜虫、蚧、粉虱等。复眼多，较发达，单眼0—3个；触角短，呈刚毛状或丝状。口器刺吸式，其基部着生于头部后方。多数具有雌雄异型现象。具翅种类的前翅膜质或革质，后翅膜质，静止时呈屋脊状覆于体背上，翅脉简单；很多种类的雌虫无翅。多数种类具蜡腺，可以分泌蜡质覆盖物；有些种类可分泌蜜露，与蚂蚁形成共生关系，同时可传播病毒病及引起植株煤污病。

（九）膜翅目

膜翅目（Hymenoptera）昆虫翅膜质，具翅2对，也可无翅，前、后翅有翅钩列等连锁结构。咀嚼式口器。全变态。该目包括蜂和蚂蚁两大类。部分种类具有社群现象，营社会性生活。部分种类如姬小蜂、赤眼蜂等寄生性昆虫因其寄生率或致病率较高等，具有较好的生防利用价值。

第六节　昆虫与环境的关系

昆虫在漫长的进化过程中形成了对各种生物因子及非生物环境的适应性，在复杂多变的环境中繁衍生息，相互之间也形成了各种复杂的制约关系。

昆虫在自然界的发生发展除与自身的生物特性有关外，还与周围的环境紧密相关。环境条件主要包含生物因子、非生物因子和人为因子三大类。其中，生物因子如动物、植物、微生物等，主要包括食物和天敌。食物因子如寄主种类、寄主数量、寄主分布、人类活动等，天敌因子如捕食性、寄生性天敌等生物的情况。非生物因子包括气象因子如温度、湿度、光照、风雨、气流、土壤因子等。土壤因子如土壤矿物质成分、土壤温度、土壤湿度、土壤理化性状等。人为因子主要是指人类的生产实践活动对昆虫的影响等。

昆虫在自然界中通过物质交换和能量代谢的方式与环境发生联系，昆虫及其环境是一个复杂的体系，环境体系中各因子彼此联系、互为制约而又同时综合作用于昆虫。不同种类的昆虫对环境条件的要求及其适应的程度有所不同，环境条件适宜，利于昆虫的发生发展，环境条件恶化，又在一定程度上制约昆虫的发生发展。

生态学是研究生物与环境的关系以及各种生物间相互关系的科学。昆虫生态学是研究昆虫及其环境关系的科学，为环境保护、资源昆虫利用、生产增产增收等服务，同时，也是生产实际中害虫预测预报及进行害虫综合防控的理论基础。

目前，随着环境污染、气候变暖、人类活动等因子的影响，生态平衡遭到不同程度的破坏，人类的生产及生活环境不断恶化，越来越多的国家越来越重视生态学理论的研究以及生态控制技术的研究及利用。

一、非生物因子的影响

(一) 温度对昆虫的影响

温度是气象因子中对昆虫影响最显著的,昆虫的发育进度及发生世代数等都受温度的直接影响。昆虫是变温动物,缺乏体温的生理调节机能,昆虫体温的变化取决于周围环境的温度,环境温度的变化对昆虫的生长发育、繁殖及种群数量消长等都有很大的影响。

1. 发育温区的划分

昆虫有一定的开始生命活动的温度界限,即环境温度必须达到这个界限,昆虫才能开始发育、生长,这个温度称为发育起点。温度在发育起点以上的一段范围内,都能较快地正常生长,该温度范围称适温区,也是昆虫生长发育的有效温度范围,一般为 8—40℃。在适温区内,最适合昆虫生长发育和繁殖的温度范围,称为最适温区,一般为 22—30℃。在适温区以上,有高温停育区或更高范围的致死高温区;反之,在发育起点以下,有一个停育低温区或更低范围的致死低温区。

昆虫在最适温度范围内的主要表现:

(1) 各虫期的发育速度最快;

(2) 昆虫活动旺盛,而体内能量消耗最小;

(3) 生殖力最大;

(4) 死亡率最低。

在一定温度范围内,温度升高可以加强酶和激素的催化活性,加快昆虫体内的生化反应,使昆虫发育速率加快,但温度过低,又可以导致昆虫体内养分过分消耗,甚至体液结冰,使昆虫生长发育停滞,甚至死亡。昆虫高温致死的原因主要是体内水分过度蒸发和蛋白质变性等,昆虫经高温后,往往表面上看不出变化,但以后的发育、生殖和寿命等情况会受到较大影响。低温致死原因主要是使体液结冰、原生质脱水、遭受机械损伤、生理机能被破坏而导致死亡。

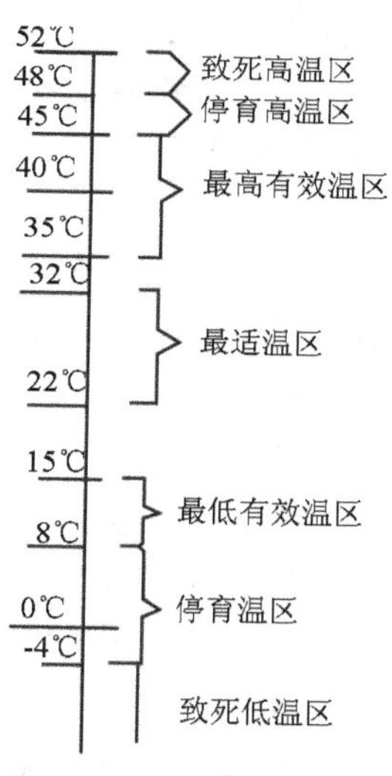

图 1-39 昆虫的发育温区

图 1-39 中温区的划分只是大体上的范围,表示在不同温区下的生理发育特点。实际上由于昆虫种类、性别、季节、发育阶段等因素的差异,昆虫对温度的反应和适应情况存在较大的差异。在一定的温度范围内,昆虫的新陈代谢率和体温成正比。

2. 有效积温法则

昆虫在一定的有效积温范围内,完成一定的发育阶段(一个虫期或一个世代),需要在发育起点温度以上积累一定的温度。理论上,发育所经历的时间与该时间内有效温度的乘积是一个常数,这就是有效积温法则,其相互关系式如下:

$$K=N(T-C) \text{或} N=K/(T-C)$$

式中:K——积温常数,单位为 d·℃;

N——发育时间,单位为 d;

T——温度，单位为℃；

C——发育起点温度，单位为℃。

例：国槐尺蠖的卵在 27.2℃条件下需要 4.5d，在 19℃条件下需要 8d，才能完成发育。

将数据代入公式计算得：

$$K=(27.2-C)\times 4.5$$

$$K=(19.0-C)\times 8.0$$

从而得出：$K=84.3$d·℃；$C=8.5$℃。

在实验中，为了使数据更真实可靠，往往设置多个温度处理，采用最小二乘法推算，以减小实验误差。

利用有效积温法则，可以有目的地指导实践生产，如推算某种昆虫在某地可能发生的世代数、预测害虫的发生期、养殖中控制昆虫发育速度，等等。有效积温法则是我们进行害虫预测预报、外来入侵害虫风险评估、益虫饲养管理的基础。其在生产实践上的具体应用如下：

(1) 已知某种昆虫完成一个世代所需的有效积温数值和某地常年温度后，可计算该虫在某地的发生代数。

(2) 已知一种害虫或一个虫期的有效积温与发育起点温度，可进行发生期预测预报。

(3) 释放天敌时，可通过调节饲养温度控制天敌发育进度，以更好地与田间害虫发生期吻合。

(4) 预测昆虫的地理分布界限。

有效积温法则在应用上的局限性：

(1) 在适温区 $T=C+K/N$ 呈直线关系，在适温区之外，事实上温度与发育速率往往不呈直线关系。

(2) 有效积温数据往往是在室内恒温条件下获得的，但昆虫在自然界的发育处于变温条件下，同时还受湿度等条件的影响，存在一定差距。

(3) 有些昆虫在生理上有滞育、休眠等生长发育停滞的时期，在此期间，有效积温法则是不适用的。

有效积温法则在实际应用中有一定局限性，因此，我们在应用时要注意各种因素对昆虫生长发育的综合影响。

(二) 湿度对昆虫的影响

水不仅是昆虫生命体的组成成分，而且是昆虫生命活动得以维持的重要物质，昆虫通过呼吸、排泄、体壁等可向外散失大量的水分，必须不断地从环境中获取水分，使消耗和失掉的水分得到及时补充，从而达到体内水分的代谢平衡。昆虫获得水分的方式主要是取食动植物、体内有机物代谢水等，不同种类昆虫或同种昆虫的不同发育阶段，对水的要求不同。部分昆虫如蛾类、蝶类的成虫可通过长长的喙管吸食植物上的露水或雨水，通过直接饮水来补充体内水分的不足。

环境湿度主要影响昆虫的成活率、生殖力和发育速度，从而影响昆虫种群的消长。昆虫对湿度的要求因种类、发育阶段等而异。

一般地,昆虫在适宜的相对湿度下,新陈代谢最为活跃,昆虫最适相对湿度在70%—90%,湿度过高、过低均可对昆虫的生长、生殖等造成不同程度的影响。例如米象在空气湿度60%以上的环境中,才能产卵;黄粉虫在20%的低湿条件下,每头雌虫仅产卵4粒,当湿度增至65%时,每头雌虫产卵量可达102粒。

干旱条件下,有些咀嚼式口器、刺吸式口器的害虫如蝗虫、螨类等,为了得到足够的水分而必须大量取食,此时由于干旱,寄主植物汁液浓度相对增大,在一定程度上提高了营养成分,利于害虫的大量繁殖。所以,实际生产中,螨类、蚜虫、蝗虫等害虫一般在天气干旱,时发生数量较多,危害较严重。

在自然界中温度和湿度总是同时存在,相互影响,综合作用的。对一种昆虫来说,所谓有利或不利的温度范围,可以随湿度条件不同而发生转移,反之亦然。所以,我们在分析昆虫的消长动态时,还要综合考虑温、湿度等的影响。

(三) 光对昆虫的影响

光的波长、光的强度、光照周期对昆虫的生命活动及生活行为有着不同程度的影响。

1. 光的波长

光是一种电磁波,因波长不同颜色各异。一些昆虫对人眼不可见的紫外光、黑光灯很敏感,人们可以利用紫外灯及黑光灯进行虫情测报和诱杀害虫。另外,生产中利用蚜虫趋光的特性,采用黄板诱杀蚜虫、灰色塑料薄膜驱避蚜虫等。

2. 光的强度

光的强度是指光的辐射能量。在可见光区,光的强度称为光照。昆虫的取食、交尾、产卵与光强度有直接关系。如蛾类的夜出性,蝶类的日出性,叶蝉、飞虱等喜欢群集在叶背取食,等等。

3. 光照周期

光照周期是指昼夜交替时间在一年中的周期变化。昆虫的休眠、滞育、多型现象及世代交替等生活史的循环,与光照周期有着密切的联系。如一些昆虫春季开始活动,夏季大量发生,冬季进入滞育期,除了温度、湿度、食料等条件外,光照周期的刺激也是一个重要因素。

(四) 风雨对昆虫的影响

某些昆虫如蚜虫、鳞翅目幼虫等可借风传播扩散。风还可将昆虫吹到高空,使昆虫借气流做长距离的迁移。另外,狂风可能吹断树木,造成伤口,诱发植物病虫害的发生,尤其是造成次期性害虫的大发生。

风雨对某些昆虫,尤其是小型昆虫具有明显的冲刷作用,如蚜虫、蓟马、螺旋粉虱、叶螨等种类在较长时间的暴风雨前后数量明显减少。

(五) 土壤因子

土壤是昆虫的另一个重要的特殊的生态环境。有些昆虫终生生活在土壤中,如蝼蛄、蟋蟀等,有些昆虫的一个或几个虫期生活在土中,如金龟子,地老虎的幼虫、蛹,有些将卵产在土中，如蝗虫等。土壤的温湿度、理化性状等对昆虫的生长及活动有着不同程度的影响。如地老虎等在土中的活动，常常随着土层温度的变化而向土壤上下层移动。如沟金针虫秋季潜伏在土壤中越冬，翌年春土壤温度回升至6—7℃时，才开始上升活动和为害。土壤的湿度可影响鳞翅目蛹的存活率；金针虫喜欢在酸性土壤中为害，而蝼蛄则多在偏碱性的土壤中为害。

了解土壤温湿度及其理化性状的变化和土壤中昆虫的活动规律，在防治上具有较重要的指导意义。

（六）气流

气流主要影响昆虫的迁飞和扩散，尤其是对于有翅的飞行昆虫以及小型吐丝昆虫的影响较大。昆虫远距离的迁飞，往往借助气流。昆虫的迁飞与扩散活动中有主动和被动之分，被动迁飞和扩散主要借助气流，可以进行远距离的迁飞和扩散。

国内外有关研究专家，通过对高空网捕、标记回收、灯光诱虫、高山网捕、昆虫雷达等多种方法的研究表明，在鳞翅目、同翅目、直翅目、蜻蜓目、半翅目、缨翅目、鞘翅目等目的昆虫中都存在着迁飞现象。一些农业昆虫还有群集迁飞习性，如我国三大迁飞性害虫黏虫、稻飞虱、稻纵卷叶螟。

昆虫的远距离迁飞一方面有利于昆虫减少竞争、躲避不良环境，开拓新的资源等，另一方面，往往具有不可预见性，常常导致某些地区的害虫发生呈现突发性和暴发性，对作物造成的损失往往比较严重。

二、生物因子的作用

（一）食物对昆虫的影响

食物是一种重要的环境因子，寄主食物的数量和质量与昆虫的生长、发育、繁殖、扩散等有着直接的营养关系，对种群密度影响较大。

每种昆虫都有其适宜的寄主食物。根据昆虫取食植物种类的不同，可将昆虫的食性分为：单食性——只食一种植物，如梨蜂只为害梨树。寡食性——能食一科内近缘种或近缘科的多种植物，如椰心叶甲为害椰子等棕榈科的多种植物。多食性——能食多科植物，如舞毒蛾、螺旋粉虱等。

一些多食性的昆虫也都有各自嗜食的食物种类。不同食物对昆虫的生长发育历期、成活率、性比、繁殖力等有不同程度的影响。研究昆虫的食性及食物因子对植食性昆虫的影响，在农业生产上有重要的指导意义。可以此推测新引进品种的害虫发生种类及其优势种类；可以根据某害虫的食性及嗜食性，改进耕作制度和选用抗虫品种等，以此措施创造不利于害虫发生的条件，减少害虫的危害。

（二）天敌因子对昆虫的影响

在自然界中，昆虫常因其他生物的捕食或寄生而死亡，使种群的发展受到抑制，这种对害虫的自然控制生物称为天敌因子。

昆虫天敌的种类很多，是自然界影响害虫种群数量变动的重要因素，主要包括捕食性昆虫、蜘蛛、螨类、鸟类等捕食性生物，还有寄生蜂、寄生蝇等寄生性生物，真菌、细菌、病毒等病原生物种类等。

捕食性天敌种类主要有：螳螂目的螳螂，蜻蜓目的蜻蜓，小花蝽、猎蝽等半翅目昆虫，瓢虫、步甲、虎甲等鞘翅目昆虫，食蚜蝇等双翅目昆虫种类。寄生性的天敌种类主要有：赤眼蜂、姬小蜂等膜翅目昆虫，还有寄蝇等双翅目昆虫。

病原微生物种类主要有：真菌如青虫菌、白僵菌、绿僵菌等；细菌如金龟子乳状病芽孢杆菌、苏云金杆菌等；病毒如核多角体病毒、颗粒体病毒等。这些病原微生物种类可以引起鳞翅目幼虫等害虫之间的流行病，杀虫效果良好。

这些天敌生物在自然界中广泛分布，对害虫的种群数量起到了持续的限制作用，利用天敌防治害虫，具有对环境污染小，不杀伤天敌，有利于维持生态平衡。利用天敌生物控制害虫，具有广阔的发展前景。目前我国天敌昆虫的扩繁与利用也取得了显著的成效，如从国外引进管氏肿腿蜂防治天牛、椰甲截脉姬小蜂防治椰心叶甲、巴氏钝绥螨防治叶螨等，都取得了良好的防治效果。

（三）人类活动对昆虫的影响

昆虫的栖息环境深受人类活动的影响，人类的活动对昆虫的生活、发生数量有着显著的影响。森林采伐、开垦荒地、深耕锄草、河流改道、修筑堤坝、排水防涝、灌溉施肥、改良土壤、培育抗虫品种、农药使用等活动，不仅会使整个地域的生态小气候发生变化，也会促使昆虫在自然生态系统中的生态位发生改变。这些变化可使昆虫的食料或生存环境发生较大的改变，直接影响昆虫的种类及其种群数量。引进有益昆虫和害虫的天敌，可改变害虫与天敌之间的益害比，改变一个地区昆虫的种类和数量。

随着经济全球化进程的发展，国际贸易和交流日益频繁，种子、苗木的引种调运，有害生物随农林产品、货物、包装物、旅游者携带传播，随交通工具传播等扩大了物种传播的范围，也降低了生物跨越时空障碍的难度，与之相关的生物安全风险也逐渐增大，最突出的表现是侵略性外来物种入侵机会增多、入侵渠道复杂多样，使我国生物安全处于较高的风险之中。因此，加强国际国内检验检疫措施显得格外重要。

本章复习题

1. 昆虫纲的主要特征有哪些？
2. 昆虫有哪些习性？如何利用昆虫的习性来防治害虫？
3. 昆虫的消化系统与化学防治的关系如何？

第二章　病害基础知识

第一节　植物病害的基本概念

一、植物病害的概念

园林植物与人类的生活及生产关系密切，园林植物除了为人类提供舒适优美的宜居、休闲环境外，还提供人们重要的生活和经济来源，关乎人们的衣、食、住、行等多个方面。

园林植物如种苗、球根、鲜切花或植株在生长发育或贮藏、运输过程中，往往会遭受病原物侵染或处在不适宜的环境条件中，影响植物的生长发育，首先是植物的正常生理代谢受到干扰，进而导致植物的叶、花、果等部位发生变色、畸形和腐烂等病变，甚至全株死亡，降低产量及质量，造成一定的经济损失，影响植物的生产及观赏价值，这时我们称植物发生了病害。

二、植物病原

引发植物病害的主要因素叫病原。根据病原的致病特点，我们将病原分为两大类，一类是生物性病原，也叫传染性病原或侵染性病原，这类病原所引起的病害叫侵染性病害，其特点是具有传染性，在田间发病的症状表现往往是有发病中心的，呈点、片发生，消除病原后植物很难在短时间内恢复原状，如月季白粉病、月季黑斑病等。

另一类是非生物性病原，这类病原主要是由一些不适宜植物生长的环境因子，如不适宜的温度、湿度、重金属污染、光照等情况引起的，这种病害在发病部位观察不到具体的病原物，有些可以通过环境条件的改善得以缓解，又叫非侵染性病害或生理性病害。

（一）侵染性病原

侵染性性病害的病原物主要包括：真菌、细菌、病毒、植原体、线虫、寄生性种子植物等。

1. 真菌

真菌(fungus)是一种真核生物，没有叶绿素，没有根、茎、叶分化，为异养微生物。按照林奈(Linneaus)分类系统，通常将真菌门分为鞭毛菌亚门、接合菌亚门、子囊菌亚门、担子菌亚门和半知菌亚门。其中，担子菌亚门大部分种类属于高等真菌，一部分种类为园林植物病原菌，多数种类具有食用和药用价值，如银耳、金针菇、牛肝菌、灵芝等，但也有豹斑毒伞、马鞍、鬼笔蕈等有毒种类。半知菌亚门中约有300个属是农作物和森林病害的病原菌，还有一些属能引起人类和一些动物皮肤病的病原菌，如稻瘟病菌，可以引起苗瘟、节瘟和谷里瘟等。

真菌大小差别很大，大的如蘑菇、木耳、灵芝等，小的要借助于电子显微镜才能看到，如病毒、类菌质体等。真菌形态可分为营养体和繁殖体。营养体由许多的丝状物即菌丝组成，如夏季黄瓜上白色的毛状物就是其营养体。高等真菌的菌丝多数具有隔膜，称有隔菌丝（图2-1），真菌菌丝是获得养分的机构；菌丝可以生长在寄主细胞内或细胞间隙。生长在寄主细胞内的真菌，由菌丝细胞壁和寄主原生质直接接触而吸收养分；生长在寄主细胞间隙的真菌，尤其是专性寄生真菌，从菌丝体上形成吸器，伸入寄主细胞内吸收养分，吸器的形状有小瘤状、分枝状、掌状等（图2-2）。

图2-1　真菌的菌丝体
1. 无隔菌丝　2. 有隔菌丝
（引自华南热带作物学院《热带作物病虫害防治》，1986）

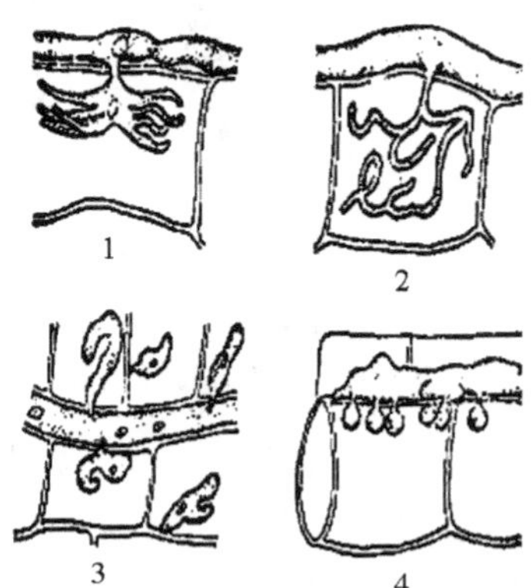

图2-2　真菌的吸器类型
1. 白粉菌　2. 霜霉菌　3. 锈菌　4. 白粉菌
（引自华南热带作物学院《热带作物病虫害防治》，1986）

真菌的菌丝可以形成各种组织，常见的菌丝变态结构体有菌核、菌索及子座（图2-3）等。

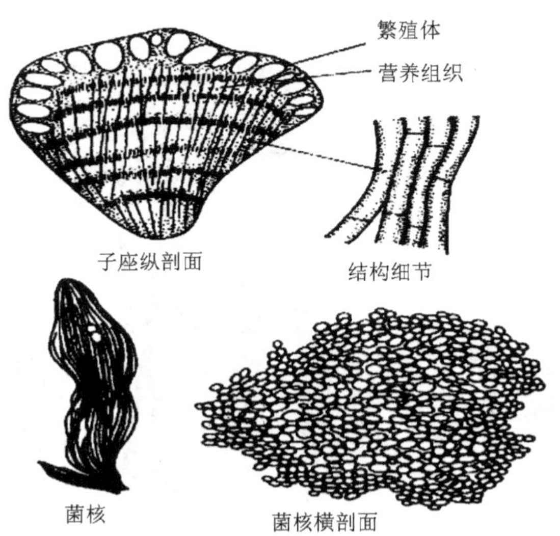

图2-3　菌丝的变态结构体
（引自黑龙江省牡丹江林业学校《森林病虫害防治》，1981）

真菌繁殖常有两种方式,无性繁殖和有性繁殖。无性繁殖是不经过性器官的结合而产生孢子,这种孢子称为无性孢子。主要有以下几种(图 2-4)。

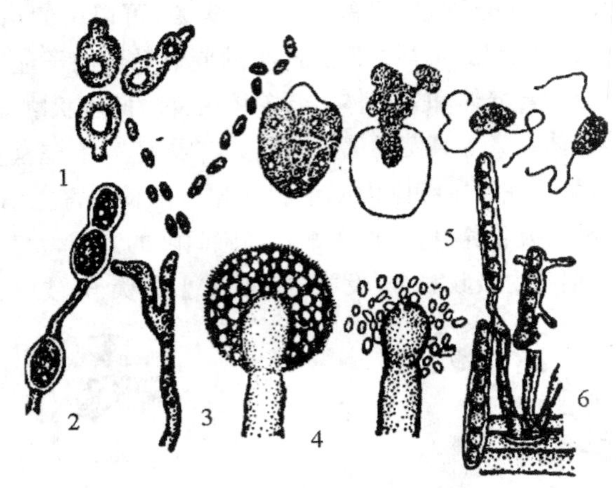

图 2-4　真菌的无性孢子类型

1. 芽孢子　2. 厚垣孢子　3. 粉孢子　4. 孢子囊及孢囊孢子　5. 孢子囊及游动孢子　6. 分生孢子

(引自华南热带作物学院《热带作物病虫害防治》,1986)

游动孢子:它是产生于孢子囊中的内生孢子。孢子囊呈球形、卵形或不规则形,从菌丝顶端长出,或着生于有特殊形状和分枝的孢囊梗上,囊中原生质裂成小块,每小块变成球形、洋梨形或肾形,无细胞壁,形成具有 1—2 根鞭毛的游动孢子。

孢囊孢子:孢囊孢子也是产生于孢子囊中的内生孢子。没有鞭毛,不能游动,其形成步骤与游动孢子相同,孢子囊着生于孢囊梗上。孢子囊成熟时,囊壁破裂散出孢囊孢子。

分生孢子:它是真菌最普遍的一种无性孢子,着生在由菌丝分化而来呈各种形状的分生孢子梗上。

厚垣孢子:有的真菌在不良的环境下,菌丝内的原生质收缩变为浓厚的一团原生质,外壁很厚,称为厚垣孢子。

有性繁殖通过性细胞或性器官的结合而进行繁殖,所产生的孢子称为有性孢子(图2-5)。

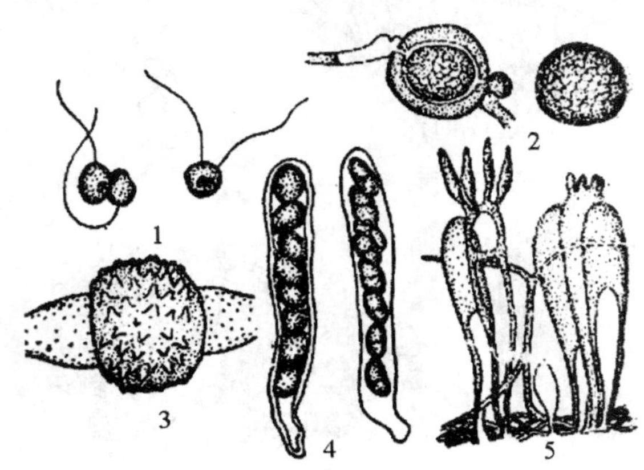

图 2-5　真菌的有性孢子类型

1. 合子　2. 卵孢子　3. 结合孢子　4. 子囊及子囊孢子　5. 担子及担孢子

(引自华南热带作物学院《热带作物病虫害防治》,1986)

子实体是着生孢子的器官，相当于一个桃子的果肉部分，孢子是繁殖体的最基本的单位，相当于一个桃子的桃核。通常营养体生长到一定程度，就要分化出繁殖体。繁殖体成熟后，子实体开裂，孢子弹出，落到植株上，在合适的条件下，孢子萌发侵入植株，又长出新的菌丝。菌丝靠从植物上吸取营养生长，致使植物产生病害。一般地，真菌的有性生殖要经过质配、核配和减数分裂三个阶段，典型的真菌生活史（图 2-6）包括无性生殖及有性生殖两部分。

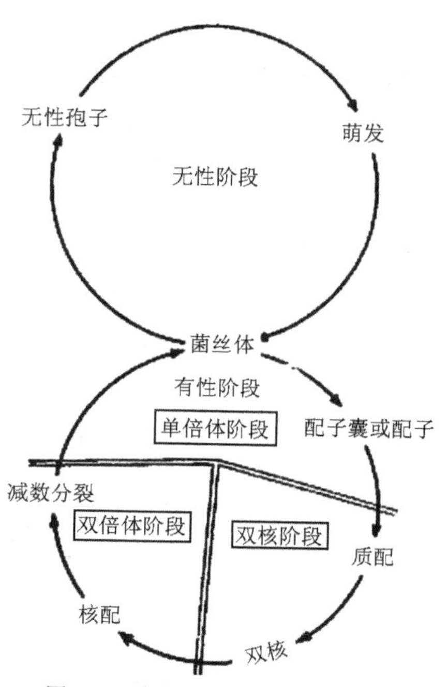

图 2-6　真菌典型生活史图解
（引自广西壮族自治区农业学校《植物保护学总论》，1996）

2. 细菌

细菌（bacteria）是所有生物中数量最多的一类。细菌的个体非常小，目前已知最小的细菌只有 0.2μm 长，因此大多只能在显微镜下看到。细菌一般是单细胞，细胞结构简单，外层是有一定韧性和强度的细胞壁。细胞壁外常围绕一层黏液状物质，其厚薄不等，比较厚而固定的黏质层称为夹膜。在细胞壁内是半透明的细胞膜，它的主要成分是水、蛋白质和类脂质、多糖等。细胞膜是细菌进行能量代谢的场所。细胞膜内充满呈胶质状的细胞质。细胞质中有颗粒体、核糖体、液泡、气泡等内含物，但无高尔基体、线粒体、叶绿体等。细菌的细胞核无核膜，是在电子显微镜下呈球状、卵状、哑铃状或带状的透明区域。它的主要成分是脱氧核糖核酸，而且只有一个染色体组（图 2-7）。

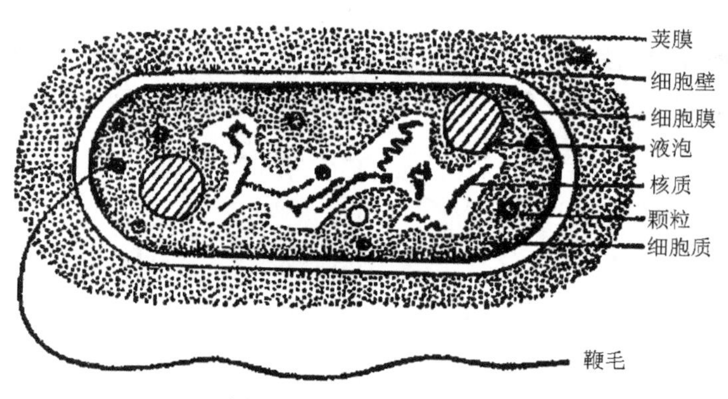

图 2-7　细菌的细胞结构
（引自中南林学院《经济林病理学》，1986）

基于这些特征，细菌属于原核生物（prokaryotae）。植物细菌性病害主要发生于被子植物。目前已知的植物细菌性病害有 200 余种。细菌的形态一般为球状、杆状和螺旋状三种，引起植物发病的基本上都是杆状菌，其两端略圆或尖细，一般宽 0.5—0.8μm，长 1—3μm。在显微镜的油镜下才能看得到，大多数喜欢通气的环境，最适的温度为 26—30℃，细菌繁殖迅速，感染植物在适宜条件下发病较快。绝大多数植物病原细菌不产生芽孢，但有一些细菌可以生成芽孢。芽孢对光、热、干燥及其他因素有很强的抵抗力。如果条件适宜，芽孢 20—

30min 就繁殖一代。繁殖的方式就是一个变两个，两个变四个的裂变式。所以植物体内含菌量越高，发病也就越快，植物细菌性病害需及时抢救。尽管如此，细菌性病害的防治效果仍甚微，故一定要做到提前预防，种前土壤和种子都要消毒处理，管理时尽量避免造成伤口，发现病株及时拔除、销毁，并对其所在环境进行消毒处理。

大多数植物病原细菌都能游动，其体外生有丝状的鞭毛。鞭毛数通常为 3—7 根，多数着生在菌体的一端或两端，称极毛；少数着生在菌体四周，称周毛。细菌鞭毛的有无，鞭毛的数目、着生位置是分类上的重要依据(图 2-8)。

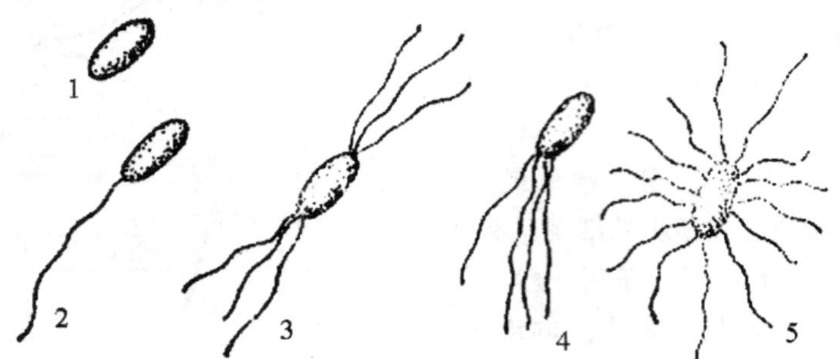

图 2-8　细菌的鞭毛

1. 无鞭毛　2. 单极毛　3. 双极毛　4. 单极丛毛　5. 周鞭毛

(引自中国农业科学院植物保护研究所《中国农作物病虫害》)

3. 病毒

病毒(virus)是一类不具细胞结构，具有遗传、复制等生命特征的微生物。病毒比细菌更小，一般光学显微镜下不可见，只有借助电子显微镜才能见到其真面目。不同类型的病毒粒体大小差异很大(图 2-9)，形态多为球状、杆状、纤维状、多面体等，病毒结构极其简单，仅由核酸和蛋白质衣壳组成。病毒只寄生于活体细胞，完全从宿主活体细胞获得能量进行代谢，离开宿主细胞不能存活，遇到宿主细胞会通过吸附、进入、复制、装配、释放子代病毒而显示典型的生命体特征，所以病毒是介于生物与非生物间的一种原始的生命体。

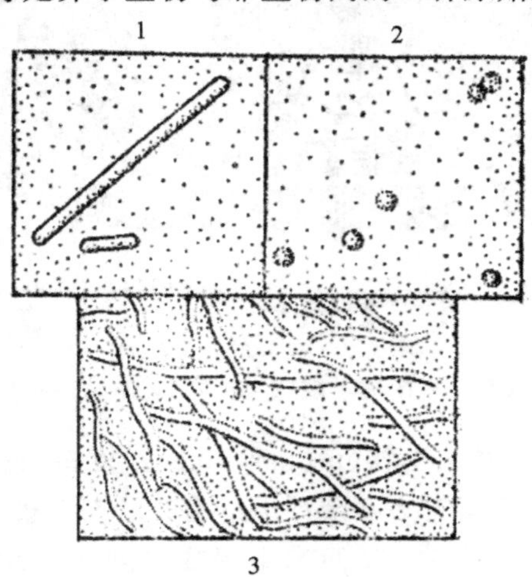

图 2-9　植物的病毒颗粒形态

1. 杆状(烟草花叶病毒)　2. 球状(番茄丛矮病毒)　3. 纤维状(马铃薯 X 病毒)

(引自中国农业科学院植物保护研究所《中国农作物病虫害》)

病毒通过自我复制方式繁殖，繁殖更迅速，病毒颗粒侵入植物体内会后，迅速随植物体液扩散到植物体全身，使植物整体带毒。其传播途径主要是接触传染，多借助媒介昆虫、伤口等传播。但其抗高温能力差，一般在 50—60℃的条件下，10min 左右就能失毒，55—75℃高温就能致死，所以高温能在一定程度上控制病毒病的发生。

4. 植原体

植原体(phytoplasma)原称类菌原体(mycoplasma-like organism，MLO)，植原体类似于细菌但没有细胞壁，为目前发现的最小的、最简单的原核生物。植原体主要分布于植物韧皮部以及刺吸式媒介昆虫的肠道、淋巴、唾液腺等组织内，常导致植物丛枝、黄化、蕨叶等，影响植物生长。植原体常借助媒介昆虫取食、无性繁殖材料、菟丝子寄生等进行传播，但对四环素、土霉素等抗生素敏感。植原体模式图如图 2-10 所示。

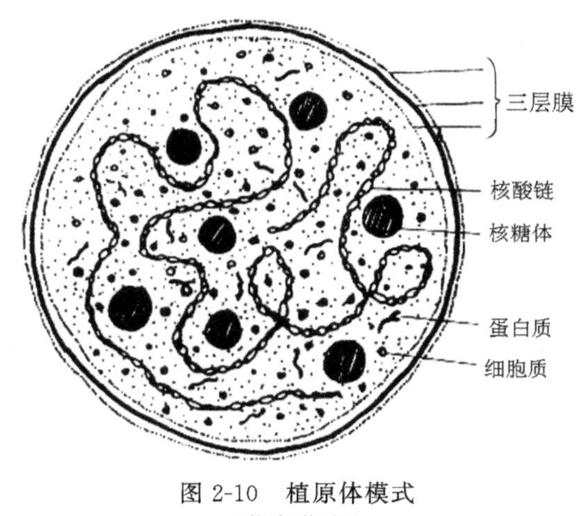

图 2-10　植原体模式
(仿各作者)

5. 线虫

线虫(nematode)是无脊椎动物中线形动物门的一类微小生物体，植物受线虫危害后所表现出来的症状与一般病害表现出来的症状类似，同时，由于线虫体形较小，常需要借助显微镜等植物病理学的研究工具来进行研究，所以常将线虫作为病害病原物的一种，即作为线虫病来研究，植物线虫一般为雌雄异体，有些则为雌雄同体。它对植物的破坏除寄生于植物体外，还可传播真菌、细菌、病毒等病害，加重植物发病，是一类重要的植物病原物。常见的植物病原线虫多为不分节的乳白色透明线形体，雌雄异体，少数雌虫可发育为梨形或球形，线虫长一般不到 1mm，宽 0.05—0.1mm。线虫虫体通常分为头部、颈部、腹部和尾部。头部的口腔内有吻针和轴针，用以刺穿植物并吮吸汁液(图 2-11)。

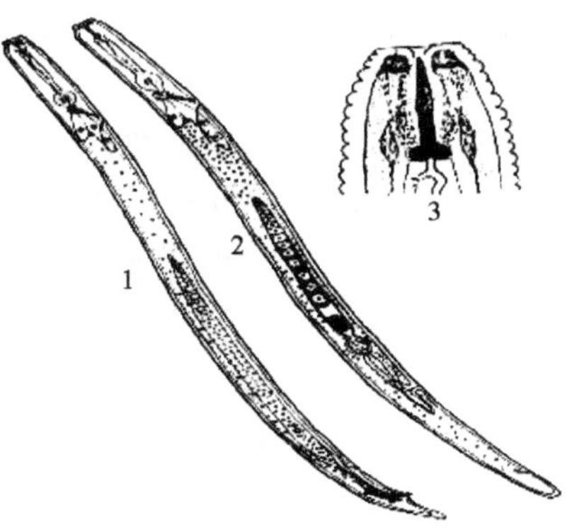

图 2-11　线虫的形态和结构
1. 雄虫　2. 雌虫　3. 头部
(仿各作者)

植物线虫生活史简单，由卵孵化成幼虫，再经 3—4 次蜕皮变成成虫，交配后雄虫死亡，雌虫产卵，线虫完成生活史的时间长短不一，有的需要一年，有的只需几天至几周。

繁殖力很强，每次产卵量达500—3000粒，繁殖快的种类完成一代需几天或几个星期的时间，通常为害植物的根和茎，也可为害叶片，如仙客来线虫病、水仙茎线虫病、菊花叶枯线虫病等。

6. 寄生性种子植物

寄生性种子植物指由于缺少足够的叶绿体或某些器官退化而依赖他种植物体内营养物质生活的某些种子植物。主要属于桑寄生科、旋花科和列当科，此外也有玄参科和樟科等，约计2500种。其中桑寄生科超过总数之半。主要分布在热带和亚热带。寄生性种子植物由于摄取寄主植物的营养或缠绕寄主而使寄主植物发育不良。但有些寄生性种子植物如列当、菟丝子等有一定的药用价值。根据对寄主的依赖程度可分为绿色寄生植物和非绿色寄生植物两大类。绿色寄生植物又称半寄生植物，有正常的茎、叶，营养器官中含有的叶绿素能进行光合作用，制造营养物质；但同时又产生吸器从寄主体内吸取水和无机盐类，如桑寄生。非绿色寄生植物又称全寄生性植物，无叶片或叶片退化，无光合作用能力，其导管和筛管与寄主植物的导管和筛管相通，可从寄主植物体内吸收水、无机盐、有机营养物质进行新陈代谢，如菟丝子。

但是，并非所有发生植物病理变化过程的现象都称为病害。如异常美丽的金心黄杨和银边虎尾兰、绿菊等都是受到病原的感染所致，但因其经济价值和观赏价值较高，一般不称为病害，而被视为观赏园艺中的名花或珍品。

（二）非侵染性病原

非侵染性病原，也叫非生物性病原，主要是不适宜园林植物生长发育的环境条件。如温度过高引起灼伤，低温引起冻害，土壤水分不足导致枯萎，排水不良、积水造成根系腐烂，直至植物枯死，营养元素不足引起缺素症，还有空气和土壤中的有害化学物质及农药使用不当，等等。这类非生物因子引起的病害，不能相互传染，没有侵染过程，也称为非传染性病害。常大面积成片发生，全株发病。

非生物性病原对园林植物的影响的特点有：(1) 病株在田间的分布具有规律性，一般比较均匀，往往是大面积成片发生。不先出现中心株，没有从点到面扩展的过程。(2) 症状具有特异性：①除了高温热灼和药害等个别病原能引起局部病变外，病株常表现全株性发病，如缺素症、旱害、涝害等。②株间不互相传染。③病株只表现病状，无病症，病状类型有变色、枯死、落花落果、畸形和生长不良等。(3) 病害发生与环境条件栽培管理措施有关，因此，若用化学方法消除致病因素或采取挽救措施，可使病态植物恢复正常，但常因为程度的不同，在症状上有一定差别。

在园林植物病害的消长过程中，人的作用非常重要。人类活动可以抑制或助长病害的发生发展，实践证明，许多病害都可经人为因素传播。病原物、寄主植物、环境条件三者之间的关系如图2-12所示，园林植物病害同时受寄主植物、环境因素和人类生产活动的影响如图2-13所示。

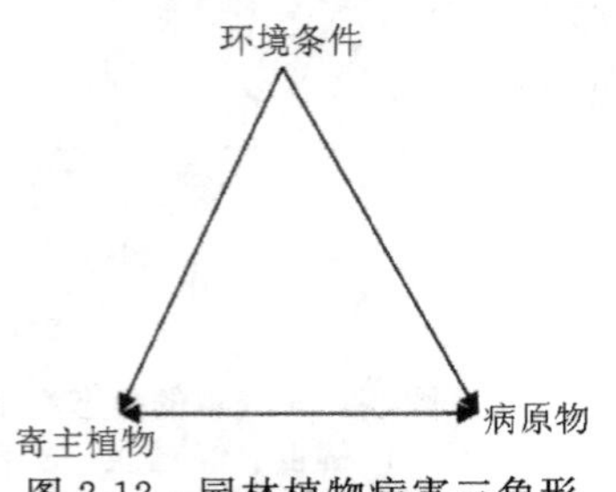

图2-12　园林植物病害三角形

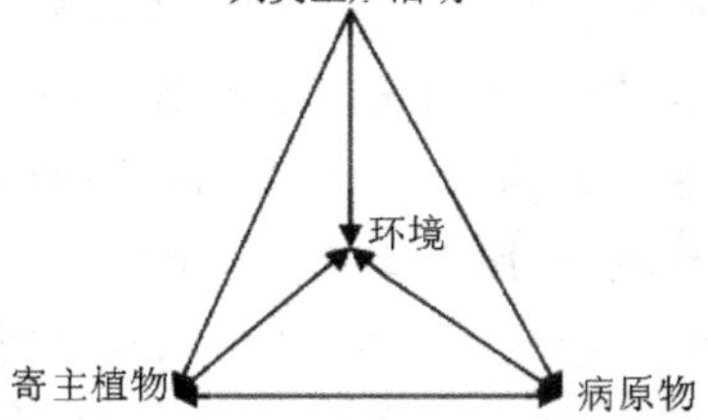

人类生产活动

环境

寄主植物

病原物

图2-13　园林植物病害四面体

第二节　园林植物病害的症状及类型

园林植物受到病原物侵染或受到不良环境条件影响后，会发生一系列的生理、组织病变，常导致其外部形态的不正常表现，这种不正常表现称为症状，主要包括病状和病症两个方面。

一、园林植物病害的症状

植物病害的症状分为病状和病症，病状为植物本身的不正常表现，如变色、坏死、畸形、腐烂和枯萎等(图 2-14)；而病症则为病部出现的病原物营养体和繁殖体结构，如霉层、小黑点、粉状物等。植物发生病害，病部或早或迟都会出现病状，但不一定出现病症。一般来讲，由真菌、细菌、寄生性种子植物和藻类等引起的病害，其病部多表现明显的病症，如不同颜色的霉状物、不同大小的粒状物等。

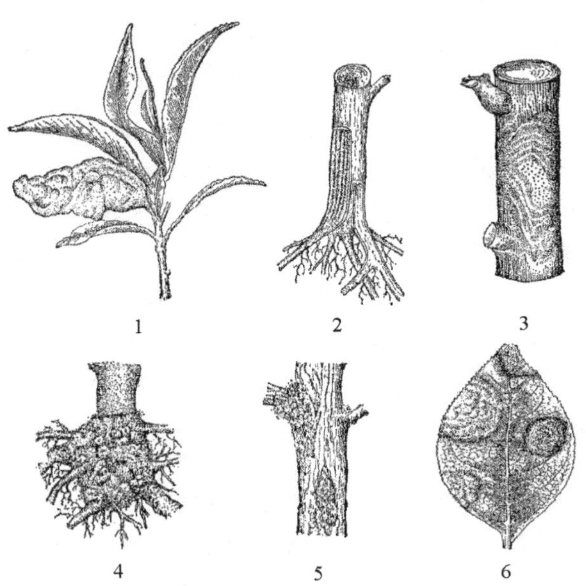

图 2-14　常见病状类型
1. 皱缩　2.青枯　3. 干腐　4. 根癌　5. 溃疡　6. 叶斑
(引自中南林学院《经济林病理学》，1986)

由病毒、植原体、类病毒和多数线虫等因素引起的病害，其病部生长后期无病症出现。非侵染性病害是由不适宜的环境因素引起的，所以也无病症出现。凡有病症的病害都是病状先出现，病症后出现。植物病害的症状有相对的稳定性，因此常作为病害诊断的重要依据。

二、病状的类型

1. 变色

病部细胞叶绿素被破坏或叶绿素形成受阻，花青素等其他色素增多而出现不正常的颜色，最后造成色素比例失调，但其细胞并没有死亡。叶片变色最为明显，叶片变为淡绿色或黄绿色的称为褪绿，叶片发黄的称为黄化，叶片变为深绿色与浅绿色浓淡不同的称为花叶。花青素形成过盛则叶片变紫红色。

植物病毒、植原体和非生物因子(尤其是缺素)常可引起植物变色。在实践中要注意植物正常生长过程中出现的变色与发病变色的区别。由植物病毒引起的变色，反映出病毒在基因水平上对寄主植物的干扰和破坏。

2. 坏死

植物的细胞和组织受到破坏而死亡，称为"坏死"。在叶片上，坏死常表现为叶斑和叶枯。叶斑指在叶片上形成的局部病斑。病斑的大小、颜色、形状、结构特点和产生部位等特征都是病害诊断的重要依据。病斑的颜色有黑斑、褐斑、灰斑、白斑等。病斑的形状有圆形、近圆形、梭形、不规则形等，有的病斑扩大受叶脉限制，形成角斑，有的沿叶肉发展，形成条纹或条斑。不同病害的病斑，大小相差很大，有的不足 1mm，有的长达数厘米甚至 10cm 以上，较小的病斑扩展后可汇合联结成较大的病斑。典型的草瘟病病斑由内向外可分为崩坏区(病组织已死亡并解体，呈灰白色)、坏死区(病组织已坏死，呈褐色)和中毒区(病组织已中毒，呈黄色)三个层次，坏死组织沿叶脉向上下发展，逸出病斑的轮廓，形成长短不一的褐色坏死线。许多病原真菌侵染禾草引起叶斑缺崩坏死，坏死部发达，其中心淡褐色，边缘浓褐色，外围为宽窄不等的枯黄色中毒部晕圈。有的病害叶斑由两层或多层深浅交错的环带构成，称为"轮斑"、"环斑"或"云纹斑"。叶枯是指叶片较大范围的坏死，病健部之间往往没有明晰的边界。禾草叶枯多由叶尖开始逐渐向叶片基部发展，而雪霉叶枯病则主要从叶鞘或叶片基部与叶鞘相连处开始枯死。叶柄、茎部、穗轴、穗部、根部等部位也可发生坏死性病斑。

3. 腐烂

植物细胞和组织被病原物分解破坏后发生腐烂，按发生腐烂的器官或部位可分为根腐、根颈腐、茎基腐、穗腐等，多种雪腐病菌还引起禾草叶腐。含水分较多的柔软组织，受病原和酶的作用，细胞浸解，组织溃散，造成软腐或湿腐。腐烂处水分散失，则为干腐。依腐烂部位的色泽和形态不同，还可区分为黑腐、褐腐、白腐、绵腐等。幼苗的根和茎基部腐烂，导致幼苗直立死亡的，称为立枯，导致幼苗倒伏的，则称为猝倒。

4. 枯梢

枝条从顶端向下枯死，甚至扩展到主干上。一般由真菌、细菌或生理原因引起，如马尾松枯梢病等。

5. 萎蔫

植物的根部和茎部的维管束受病原菌侵害，发生病变，水分吸收和水分输导受阻，引起叶片枯黄、萎凋，造成黄萎或枯萎。植株迅速萎蔫死亡而叶片仍维持绿色的称为青枯。由生物性病原引起的萎蔫一般不能恢复。一般来说，细菌性萎蔫发展快，植物死亡也快，常表现为青枯；而真菌性萎蔫发展相对缓慢，从发病到表现需要一定的时间，一些不能获得水分的部分表现出缺水萎蔫、枯死等症状。

6. 畸形

植物被侵染后发生增生性病变或抑制性病变导致病株畸形。前者有瘿瘤、丛枝、发根、徒长、膨肿，后者有矮化、皱缩。此外，病组织发育不均导致卷叶、蕨叶、拐节、畸形等。细菌、病毒和真菌等病原物均可造成畸形，它们共同的特征是当感染寄主后，或自身合成植物激素，或影响寄主激素的合成，从而破坏植物正常激素调控的时空程序。

7. 溃疡

枝干皮层、果实等部位局部组织坏死，开成凹陷病斑，病斑周围常为木栓化愈伤组织所包围，后期病部常开裂，并在坏死的皮层上出现黑色的小颗粒或小型的盘状物。一般由真菌、细菌或日灼等引起。

植物传染性病害多数经历一个由点片发病到全田发病的流行过程。在草坪上点片分布的发病中心极为醒目，称为“病草斑”、“枯草斑”，其形态特征是草坪病害诊断的重要依据，因而需仔细观察记载枯草斑的位置、大小、颜色、形状、结构以及斑内病株生长状态等特征。通常斑内病株较斑外健株矮小衰弱，严重发病时枯萎死亡，但是，有时枯草斑中心部位的病株恢复生长，重现绿色，或者死亡后为其他草种取代，仅外围一圈表现枯黄，呈“蛙眼”状。

三、病症的类型

常见的病症类型有如下几种：

①霉状物：病原真菌的菌丝、各种孢子梗和孢子在植物表面形成的肉眼可见的特征。一般来说，霉状物由真菌的菌丝、分生孢子或孢囊梗及孢子囊等组成。根据霉层的质地可分为霜霉、绵霉和霉层；根据霉层的颜色可分为青霉、灰霉、赤霉、黑霉、绿霉等。

②粉状物：病原真菌在病部产生各种颜色的粉状物，如白粉、黑粉、红粉等。

③点状物：病原真菌在病部产生的不同大小、形状、色泽、排列的点状结构，一般是病原真菌的繁殖机构，包括分生孢子盘、分生孢子器、子囊壳、闭囊壳等。

④颗粒状物：主要是病原真菌的菌核，是病原真菌的菌丝扭结成的休眠结构，如雪腐病、灰霉病、丝核菌综合征和白绢病的菌核等。

⑤线状物：有些病原真菌在病部产生线状物，如禾草红丝病病叶上产生的毛发状红色菌丝束。

⑥锈状物：锈菌在病部产生的黑色、褐色或其他颜色的点状物，按大小与形态可区分为小粒点、小疣点、小煤点等，为病菌的分生孢子器、分生孢子盘、子囊壳或子座等。

⑦脓状物：是细菌病害在病部溢出的含细菌菌体的脓状黏液，露珠状。空气干燥时，脓状物风干，呈胶状。

⑧伞状物或其他结构：包括病原真菌产生的伞状物、马蹄状物、角状物等。如草地上“仙人圈”发生处产生伞菌子实体，呈伞状。麦角菌在禾草或谷物类作物穗部产生的角状菌核，称为“麦角”。

此外，在植物病部产生的索状物、伞状物、马蹄状物、膜状物均属病症，寄生性种子植物在植物病部产生的菟丝子等寄生植物体也属病症。

第三节　植物侵染性病害的发生与流行

植物侵染性病害的发生发展是寄主植物与病原物在环境因素影响下相互依存、相互斗争的结果，是一个有规律的变动过程。

一、植物侵染性病害过程

植物侵染性病害的发生有一定的过程，其侵染过程也叫病程，主要是指病原物在寄主植物的感病部位从接触开始，在适宜的环境条件下侵入植物，并在植物体内繁殖和扩展、蔓延，最后引起植物发病的过程。同时植物对病原物的侵染也会有所反应，从而发生一系列的变化。由于这两方面的作用，最后植物显示出病状。病原物的侵染过程一般分为接触期、侵入期、潜育期和发病期 4 个时期，但病程实际上是一个连续的侵染过程。

（一）接触期

接触期是指病原物在侵入寄主之前，与寄主植物的可侵染部位的初次直接接触，开始向侵入的部位生长或运动并形成某种侵入结构前的一段时间，也称为侵入前期。病原物的营养体或繁殖体以各种方式到达植物体，与植物感病部位（感病点）接触。如真菌的孢子、细菌等可以通过气流、雨水、生物活动等方式被带到植物体表。而接触期是病原物处于寄主体外的复杂环境中，其中包括物理、化学和生物因素的影响。这个时期是病原物能否侵入寄主的关键时期，也是病害生物防治的关键时期。近几年来植物病害防治方面取得的进展，很多都是针对这个阶段进行研究而获得的。

接触期的长短因病原物种类和形态不同而有差异。病毒、支原体和类病毒的接触和侵入几乎是同时完成的，没有接触期，细菌从接触到侵入几乎也是同时完成的。真菌的接触期长短不同，一般真菌的分生孢子寿命比较短，同寄主接触后如不能在短时间内萌发，即失去生命力；而当条件合适时，分子孢子在几小时内即可萌发侵染。

在接触期，环境条件对侵入病原物的影响因素中，以温度、湿度的影响较大。因此，病原物同寄主植物接触并不一定都能导致病害的发生。但是病原物同寄主植物感病部位接触是导致侵染的先决条件。避免或减少病原物与寄主植物接触的措施，是防病的重要手段。

（二）侵入期

侵入期是指病原物从萌发侵入寄主开始到初步建立寄生关系为止的这一段时期。病原物有各种不同的侵入途径，包括角质层或表皮的直接侵入、气孔等自然孔口的侵入、自然和人为造成的伤口侵入。病原物侵入寄主后，必须与寄主建立寄生关系，才有可能进一步发展而引起病害。侵入所需外界条件，首先是湿度，即植物体表的水滴、水膜和空气湿度。细菌只有在水滴、水膜覆盖伤口或充润伤口时才能侵入。绝大多数真菌的孢子必须吸水才能萌发，雨、露、雾在植物体表形成水滴或水膜是真菌孢子侵入的首要条件，其次是温度，真菌、细菌和线虫的侵入还受温度的影响和制约，尤其是真菌。病原物的侵入途径一般有以下三种：

1. 直接侵入

是指病原物直接穿透寄主的保护组织（角质层、蜡质层、表皮及表皮细胞）和细胞壁从而侵入寄主植物。如寄生性种子植物（主要）、线虫和部分菌物（常见）直接侵入寄主。菌物直接侵入的典型过程：落在植物表面的菌物孢子，在适宜的条件下萌发产生芽管，芽管的顶端可以膨大而形成附着胞（appressorium），附着胞以分泌的黏液和机械压力将芽管固定在植物的表面，然后从附着胞顶端产生侵染丝（penetration peg），借助机械压力和化学物质的作用穿过植物的角质层。菌物穿过角质层后或在角质层下扩展，或随即穿过细胞壁进入细胞内，或穿过角质层后先在细胞间扩展，然后再穿过细胞壁进入细胞内（图 2-15）。

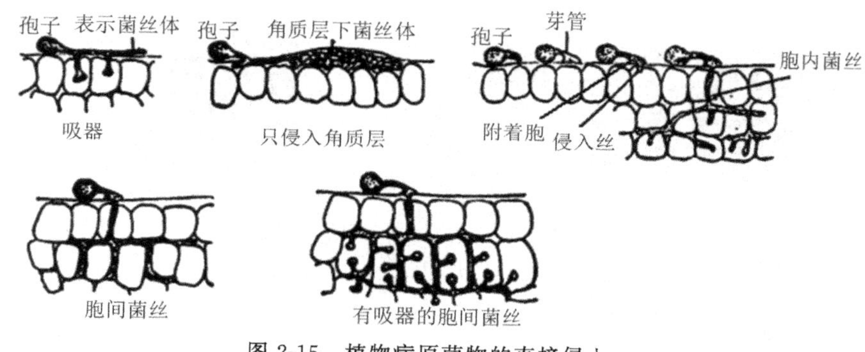

图 2-15　植物病原菌物的直接侵入
（仿各作者）

菌物直接侵入的机制：包括机械压力和化学两方面的作用。首先，附着胞和侵染丝具有机械压力，例如麦类白粉病菌分生孢子形成的侵染丝的压力可达到 7 个大气压，能穿过寄主的角质层。其次，侵染丝分泌的毒素使寄主细胞失去保卫功能，侵染丝分泌的酶类物质对寄主的角质层和细胞壁具有分解作用。

寄生性种子植物与病原菌物具有相同的侵入方式，形成附着胞和侵染丝，侵染丝在与寄主接触处形成吸根或吸盘，并直接进入寄主植物细胞间或细胞内吸收营养，完成侵入过程。病原线虫的直接侵入是用口针不断地刺伤寄主细胞，在植物体内也通过该方式并借助化学作用扩展。

2. 自然孔口侵入

植物的自然孔口很多，包括气孔、水孔、皮孔、柱头、蜜腺等。真菌和细菌中有相当一部分是从自然孔口侵入的，病毒、类病毒一般不能从自然孔口侵入。在自然孔口中，尤其以气孔最为重要。气孔在叶表皮分布很多，下表皮的分布则更多。真菌孢子萌发形成芽管，再形成附着胞和侵染丝，然后以侵染丝从气孔侵入。存在于气孔上水膜内的细菌通过气孔游入气孔下室，再繁殖侵染。位于叶尖和叶缘的水孔几乎是一直开放的孔口，水孔与叶脉相连接，分泌出有各种营养物质的液滴，细菌利用水孔进入叶片，如水稻白叶枯病菌。有些细菌还通过蜜腺或柱头进入花器，如梨火疫病菌。少数菌物和细菌能通过皮孔侵入，如软腐病菌、马铃薯粉痂菌、苹果轮纹病菌和苹果树腐烂病菌等。

3. 伤口侵入

植物表面的各种操作，包括外因造成的机械损伤、冻伤、灼伤、虫伤；植物自身在生长过程中产生一些自然伤口，如叶片脱落后的叶痕和侧根穿过皮层时所形成的伤口等，都可能是病原物侵入的途径(图 2-16)。所有的植物病原原核生物、大部分的病原真菌、病毒、类病毒可通过不同形式造成的伤口侵入寄主。

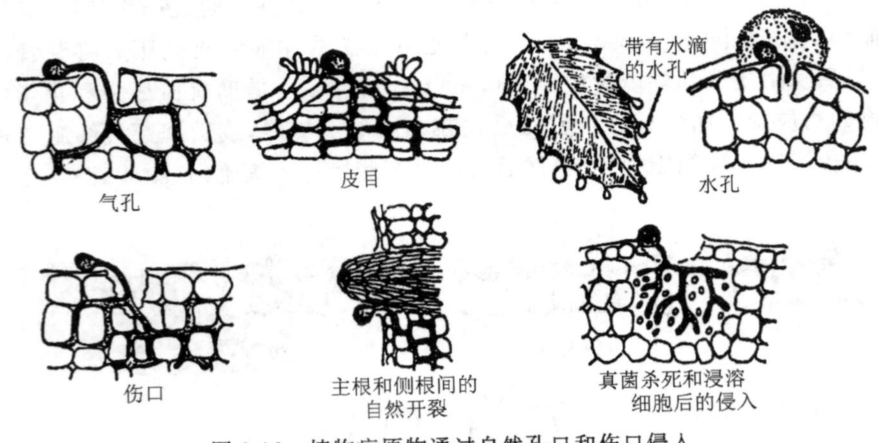

图 2-16　植物病原物通过自然孔口和伤口侵入
(仿各作者)

各种病原物都有一定的侵入途径：病毒只能从微伤口侵入；细菌能从伤口和自然孔口侵入；真菌可从伤口、自然孔口侵入，也能穿透植物表皮直接侵入；线虫、寄生性种子植物可侵入受害组织。

(三) 潜育期

潜育期指从病原物侵入后和寄主建立寄生关系到出现明显症状的阶段，是病原物在植物体内进一步繁殖和蔓延的时期，也是寄主植物调动各种抗病因素积极抵抗病原危害的时期。病原物在寄主组织内的生长蔓延可分为以下三种情况：

①病原物在植物细胞间生长，从细胞间隙或借助于吸器从细胞内吸收营养和水分。这类病原物多为专性寄生菌，如各类锈菌、霜霉菌、寄生性线虫和寄生性种子植物。

②病原物侵入寄主细胞内，在植物细胞内寄生，借助寄主的营养维持其生长，如各类植物病毒、类病毒、细菌、植原体和部分菌物。

③在细胞间和细胞内同时生长。多数植物病原菌菌丝可以在细胞间生长，同时又可穿透寄主细胞在细胞内生长。病原细菌则大多先在寄主细胞外生存、繁殖，寄主细胞壁受到破坏后再进入细胞。

病原物在繁殖和蔓延的同时发挥它的致病作用，当明显症状开始出现时潜育期就结束。各种病害潜育期的长短不一，短的只有几天，长的可达一年，有些树木病害，病原物侵入后要经过几年才发病。每种病害潜育期的长短大致是一定的，但可因病原物致病力的强弱、植物的反应和状态，以及外界条件的影响而改变，所以往往有一定的变化幅度。潜育期的长短与病害流行有密切关系。潜育期短，一个生长季节中重复侵染的次数就多，病害容易发生。

植物病害潜育期的长短随病害类型、温度、寄主植物特性、病原物的致病性不同而不同，一般为10d左右。水稻白叶枯病的潜育期在最适宜的条件下不超过3d，大麦、小麦散黑穗病的潜育期将近半年，而有些木本植物的病毒病或植原体病害的潜育期则可长达2—5年。由于病原物在植物内部的繁殖和蔓延与寄主的状况有关，所以同一种病原物在不同的植物上，或在同一植物的不同发育时期，或营养条件不同，潜育期的长短亦不同。

一般来讲，系统性病害的潜育期长，局部侵染病害的潜育期短。致病性强的病原菌所致病害的潜育期短，适宜温度条件下病害的潜育期短，感病植物上病害的潜育期短。

（四）发病期

发病期即从出现症状开始到寄主生长期结束甚至植物死亡为止的一段时期。症状出现以后，病原物仍有一段或长或短的生长和扩展的时期，然后进入繁殖阶段产生子实体，症状也随之发展。患病植物症状的出现标志着潜育期的结束和发病期的开始。发病期是病原物大量增殖、扩大危害的时期。

对菌物病害来说，在病组织上产生孢子是病程的最终环节。这些孢子是下一次病程的侵染来源，对病害流行有重要的意义。影响产孢的主要原因有：①温度：其幅度比生长所要求的温度范围要窄，而有性孢子产生的温度范围比无性孢子更窄，且要求较低的温度。如子囊菌，有性孢子在越冬后的落叶中产生，其发育过程需要一个低温阶段。白粉菌，晚秋才产生闭囊壳，可能主要受温度的影响。通常无性孢子产生的最适温度同该菌生长最适温度基本一致。有些需高温和低温交替，如苹果炭疽病菌恒温条件下不容易产生孢子，在变动的室温下，几天之后就能产生大量孢子。②湿度：高湿度有利于子囊壳的形成，能促进子囊孢子的产生。因此在实验室中，对未产生子实体的病组织，常用保湿的方法促使其产生子实体。大多数真菌需要较长的潮湿时间。③光照：光是许多菌物产生繁殖器官所必需的。当然各种不同的菌物在其繁殖过程中，对光照的需求是不同的，有的只有某一个阶段需要光照，有的全部发育阶段都需要光照，而且对光照强度和波长的要求也有差异。④寄主：病原物与寄主的亲和性对植物病害症状发展和病原物繁殖体的产生具有明显的影响。许多病原物有明显的致病力分化，寄主植物对病原物群体也表现出明显的抗性差异。不同的病原物与寄主的组合，决定了病原物与寄主的亲和性程度，进而决定了病害症状的表现和类型、症状的发展速度及病部繁殖体的数量。寄主植物的不同生育期和不同的部位，对病原物的敏感程度表现不同，从而影响病害症状的发展和表现。

二、侵染性病害的侵染循环及病害的流行

植物病害的侵染循环是指从前一个生长季节开始发病，到下一个生长季节再度发病的过程。侵染过程是病害循环的一个环节。侵染循环一般包括初侵染和再侵染、病原物的越冬和病原物的传播。

（一）初侵染和再侵染

越冬以后的病原物，在植物开始生长发育后进行的第一次侵染，称为初侵染。初侵染以后形成孢子或其他繁殖体经过传播又引起的侵染，称为再侵染。在植物的一个生长季节中，只有一个侵染过程的病害，称单病程病害，如梨桧锈病。病害在植物的同一个生长季节中，再侵染可发生多次，称多病程病害。

（二）病原物的越冬

病原物越冬期间处于休眠状态，是其侵染循环中最薄弱的环节，加之潜育场所比较固定集中，较易控制和消灭。因此，掌握病原物的越冬方式、场所和条件，对防治植物病害具有重要意义。

病原物越冬场所主要有以下几种：

1. 种苗和其他繁殖材料

带病的种子、苗木、球茎、鳞茎、块根、接穗和其他繁殖材料，是病菌、病毒和植物菌原体等远距离传播和初侵染的主要来源，如百日菊黑斑病、百日菊细菌性叶斑病、瓜叶菊病毒病、天竺葵碎锦病毒病等。由此而长成的植株，不但本身发病，而且成为苗圃、田间、绿地的发病中心，通过连续再侵染不断蔓延扩展，甚至造成病害流行。

2. 有病植物

病株的存在，也是初侵染来源之一。多年生植物一旦染病后，病原物就可在寄主体内定殖，成为次年的初侵染来源，如枝干锈病、溃疡病、根癌病等。感病植物是病原细菌越冬的重要场所。病原真菌可以营养体或繁殖体在寄主体内越冬。园林植物栽种方式多样化，使得有些植物病害连年发生。温室花卉病害常是次年露地栽培花卉的重要侵染来源，如花卉病毒病和白粉病等。

3. 发病植物残体

有病的枯枝、落叶和病果，也是病原物越冬场所。次年春天，产生大量孢子成为初侵染来源，如多种叶斑病菌都是在落叶上越冬的。

4. 土壤肥料

对于土传病害或植物根部病害来说，土壤是最重要的或唯一的侵染来源。病原物以厚垣孢子、菌核、菌索等在土壤中休眠越冬，有的可存活数年之久，如苗木紫纹羽病菌。还有的病原物以腐生的方式在土壤中存活，如引起幼苗立枯病的腐霉菌和丝核菌。一般细菌在土壤内不能存活很久，当植物残体分解后，它们也渐趋死亡。肥料中混有的未经腐熟的病株残体也是侵染来源。

综上所述，查明病原物的越冬场所加以控制或消灭，是防治植物病害的有力措施。如对在病株残体上越冬的病原物，可采取收集并烧毁枯枝落叶，或将病残组织深埋土内的办法消灭病原物。

（三）病原物的传播

病原物的传播是侵染循环各个环节联系的纽带。它包括从有病部位或植株传到无病部位或植株,从有病地区传到无病地区。

植物病害通过传播得以扩展蔓延和流行。因此,了解病害的传播途径和条件,设法杜绝传播,可以中断侵染循环,控制病害的发生与流行。

1. 气流传播

真菌病害的孢子主要由气流传播。孢子数量很多、体小质轻,能在空中飘浮。风力传播孢子的有效距离随孢子性质、大小及风力的不同而不同,有的可达数千千米远,大多数真菌的孢子则降落在离形成处不远的地方。

病原物传播的距离并不等于病菌侵染的有效距离,大部分孢子在传播途中死亡,活孢子在传播途中如遇不到合适的感病寄主和适宜的环境条件也不能侵染。因而传播的有效距离还是有限的,如梨桧锈病菌孢子传播的有效距离是 5km 左右。红松疱锈病菌孢子传播的有效距离只有几十米。

2. 雨水传播

雨水和流水的传播作用是使混在胶质物中的真菌孢子和细菌溶化分散,并随水流和雨水的飞溅作用来传播。土壤中的根瘤细菌可以通过灌溉水来传播,雨水还可将在空中悬浮或移动的孢子打落在植物体上。水流传播不及气流传播快。一般来说,在风雨交加的情况下病原物传播最快。

3. 动物传播

危害植物的害虫种类多,数量大,也是病毒、植原体和真菌、细菌、线虫病害的传播媒介。传毒昆虫不仅能携带病原物,而且在为害植物时,能把病原物接种到所造成的伤口中。如松材线虫病由松褐天牛传播。

4. 人为传播

人类活动在病害的传播上也非常重要。人类通过园艺操作和种苗及其他繁殖材料的远距离调运而传播病害。如某些潜伏在土壤中的病原物,在翻耕或抚育时常通过操作工具传播。许多病毒和植物菌原体可以借嫁接、修剪而传播。松材的大量调运,加速了松材线虫病的扩展和蔓延。加强植物检疫,是限制人为传播植物病害的有效措施。

(四) 植物病害的流行

植物病害在一个时期、一个地区内发生普遍而且严重,使某种植物受到巨大损失,这种现象称为病害的流行。

病害流行的条件:有大量易于感病的寄主,有大量致病力强的病原物,有适合病害大量发生的环境条件。这三个条件缺一不可,而且必须同时存在。

1. 病原物方面

在一个生长季节中,病原物的连续再侵染,使病原物迅速积累。感病植物长期连作,病株及其残体不加清除或处理不当,均有利于病原物的大量积累。对于那些只有初侵染而没有再侵染的病害,每年病害流行程度主要决定于病原物群体最初的数量。借气流传播的病原物比较容易造成病害的流行。从外地传入的新的病原物,由于栽培地区的寄主植物对其缺乏适应能力,从而表现出极强的侵染力,常造成病害的流行。

园林植物种苗调拨十分频繁,要十分警惕新病害的传入。对于本地的病原物,因某些原因产生的致病力强的新的生理小种，常造成病害的流行。

2. 寄主植物方面

感病品种大面积连年种植可造成病害流行。植物感病性的增强，主要是由栽培管理不当或引进的植物品种不适应当地气候而引起的。月季园、牡丹园等，如品种搭配不当，容易引起病害大发生。在城市绿化中，如将龙柏与海棠近距离配植，常造成锈病的流行。

3. 环境条件方面

环境条件同时作用于寄主植物和病原物，其不但影响病原物的生长、繁殖、侵染、传播和越冬，而且也影响植物的生长发育和抗病力。当环境条件有利于病原物而不利于寄主植物的生长时，可导致病害的流行。

在环境条件方面，最重要的是气象因素，如温度、湿度、降水、光照等。多数植物病害在温暖多雨雾的天气易于流行。此外，栽培条件、种植密度、水肥管理、土壤的理化性状和土壤微生物群落等，与局部地区病害的流行，都有密切联系。

寄主、病原物和环境条件三方面因素的影响是综合的、复杂的。但对某一种病害而言，其中某一个因素起着主导作用。如梨桧锈病，只有梨树和桧柏同时存在时，病害才会流行，寄主因素起着主导作用。在连年干旱或冻害后，苹果腐烂病常常大发生，环境因素就起着主导作用。掌握各种条件下病害流行的决定因素，对搞好测报与防治工作具有重要意义。

(五) 病害流行的动态

植物病害的流行是随着时间而变化的，亦即有一个病害数量由少到多、由点到面的发展过程。研究病害数量随时间而增长的发展过程，叫作病害流行的时间动态。研究病害分布由点到面的发展变化，叫作病害流行的空间动态。

1. 病害流行的时间动态

病害流行过程是病原物数量积累的过程，不同病害的积累过程所需时间各异，大致可分为单年流行病害和积年流行病害两类。单年流行病害在一个生长季中就能完成数量积累过程，引起病害流行。积年流行病害需连续几年的时间才能完成该数量积累的过程。

单年流行病害大都是有再侵染的病害，故又称为多循环病害。其特点是：①潜育期短，再侵染频繁，一个生长季可繁殖多代；②多为气传、雨水传或昆虫传播的病害；③多为植株地上部分的叶斑病类；④病原物寿命不长，对环境敏感；⑤病害发生程度在年度之间波动大，大流行年之后，第二年可能发生轻微，轻病年之后又可能大流行。属于这一类的有许多作物的重要病害，如锈病、白粉病、马铃薯晚疫病、黄瓜霜霉病等。

积年流行病害又称单循环病害。其发生特点是：①无再侵染或再侵染次数很少，潜育期长或较长；②多为全株性或系统性病害，包括茎基部及根部病害；③多为种传或土传病害；④病原物休眠体往往是初侵染来源，对不良环境的抗性较强，寿命也长，侵入成功后受环境影响小；⑤病害在年度间波动小，上一年菌量影响下一年的病害发生数量。属于该类病害的有黑穗病、粒线虫病、多种果树根病等。

2. 病害流行的空间动态

病害流行过程的空间动态是指病害的传播距离、传播速度以及传播的变化规律。

①病害的传播。病害传播的距离按其远近可以分为近程、中程和远程三类。一次传

播距离在百米以内的称为近程传播，近程传播主要是病害在田间的扩散传播，显然受田间小气候的影响。当传播距离在几十米甚至几千米以上的称为远程传播，如小麦锈病即为远程传播。介于两者之间的称为中程传播。中远距离传播受上升气流和水平风力的影响。

②病害的田间扩展和分布型。病害在林间的扩展和分布型与病原物初次侵染的来源有关，可分为初侵染源位于本地和为外来菌源两种情况。初侵染源位于本地时，在林间有一个发病中心或中心病株。病害在林间的扩展过程是由点到片，逐步扩展到全片。传播距离由近及远，发病面积逐步扩大。病害在林间的分布呈核心分布。初侵染源为外来菌源时，病害初发时在林间一般是随机分布或接近均匀分布，也称为弥散式传播。如果外来菌量大、传播广，则全片普遍发病。

3. 病害流行的预测

根据病害流行的规律和即将出现的有关条件，可以推测某种病害在今后一定时期内流行的可能性，称为病害预测。病害预测的方法和依据因不同病害的流行规律而异，通常主要依据：①病害侵染过程和侵染循环的特点；②病害流行因素的综合作用，特别是主导因素与病害流行的关系；③病害流行的历史资料以及当年的气象预报等。

根据测报的有效期限，可区分为长期预测和短期预测两种。长期预测是预测一年以后的情况，短期预测是预测当年的情况。病害发展中各种因素间的关系很复杂，而且各种因素也在不断变化，因此，病害流行的预测是一项复杂的工作。

第四节　植物病害的诊断及相互关系

植物病害诊断是根据植物发病的症状表现、所处场所和环境条件，经过必要的检查、检验与综合分析，判断植物生病的原因，确定病原类型和病害种类的过程。在防治过程中，采取合适的防治措施，可以挽救植物的生命和产量。如果诊断不当或失误，就会贻误时机，造成更大损失。

一、园林植物侵染性病害的诊断

园林植物病害的诊断过程如图 2-17 所示。

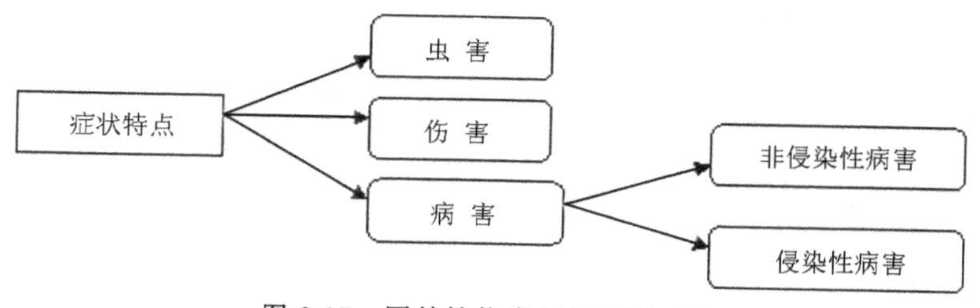

图 2-17　园林植物病害的诊断过程

(一) 园林植物病害的野外诊断

园林植物病害的野外诊断比较复杂，不仅要根据现场症状观察，还要收集包括环境、人为、自然灾害、污染、栽培管理等多个方面的资料，综合考虑判断，必要时需采集病原标本镜检或进行分离培养实验确定。

(二) 园林植物病害的症状观察

症状观察是首要的依据，虽然简单，但要在比较熟悉病害的基础上才能进行。诊断的准确性取决于症状的典型性和诊断人的经验。观察症状时，注意是点发性还是散发性症状；病斑的部位、大小、色泽和气味；病部组织的特点。许多病害没有明显的症状，当出现病症时就能确诊，如白粉病；而有些病害无病症，但只要认识其典型症状也能确诊，如病毒病。

(三) 园林植物侵染性病害的室内鉴定

许多病害单凭症状是不能确诊的，不同的病原可产生相似病状，病害的症状也可因寄主和环境条件的变化而变化，因此有时需进行室内病原鉴定才能确诊。

病原室内鉴定是借助放大镜、显微镜、电子显微镜、保湿与保温器械设备等，根据不同病原的特性，采取不同手段，进一步观察病原物的形态、特征、生理生化等特点。

新病害还必须请分类专家确诊病原。

(四) 园林植物侵染性病原生物的分离培养和接种

有些病害在病部表面不一定能找到病原物，即使检查到微生物，也可能是组织死后长出的腐生物或其他有关杂菌，因此，病原物的分离和接种是园林植物病害诊断中最科学、最可靠的方法。

接种鉴定又叫印证鉴定，就是通过接种使健康的园林植物产生相同症状，以明确病原的过程。这对新病害或疑难病害的确诊很重要。

(五) 园林植物病害诊断应注意的问题

园林植物病害的症状是复杂的，每种病害虽然都有自己固定的典型的特征性症状，但也有易变性。因此，诊断病害时，要注意如下问题：

①不同的病原可导致相似的症状，如萎蔫性病害可由真菌、细菌、线虫等病原引起。

②相同的病原在同一寄主植物的不同发育期、不同发病部位表现的症状不同，如炭疽病在苗期表现为猝倒，在成熟期危害茎、叶、果，表现为斑点型。

③相同的病原在不同的寄主植物上表现不同的症状。

④环境条件可影响病害的症状，如腐烂病在潮湿时表现为湿腐型，在干燥时表现为干腐型。

⑤缺素症、黄化症等生理性病害与病毒、支原体、类立克次体引起的病害症状类似。

⑥在病部的坏死组织上，可能有腐生菌，容易混淆误诊。

(六) 柯赫法则

柯赫法则是柯赫于 1889 年根据植物病害侵染发生过程的一般规律而制定的，是病害诊断中常用的印证法则，它可分为4个步骤：

①经常观察，了解一种微生物与某种病害的联系。

②从病组织上分离得到这种微生物，并将其单独在培养基上培养，使其生长繁殖，也就是纯培养。

③将纯培养的微生物接种到健康的寄主植物上感病后，发生原先观察到的症状。

④从接种发病的组织上再分离，又得到相同的微生物。

柯赫法则在实际应用中存在的问题：①关于病原物的纯培养问题；②柯赫法则与自然不能完全一致，它是在其他微生物不存在的情况下进行的；③关于环境条件的问题；④柯赫法则不能解决复合侵染的病害，只能证明一菌引起一种病害。

二、园林植物非侵染性病害的诊断

从病害植物上能看到病征，但又分离不到病原物。如大面积同时发生同一症状的病害，却没有逐步传染扩散的现象等，除了植物遗传性疾病之外，主要是不良的环境因素所致，大体上可考虑是非侵染性病害。

（一）非侵染性病害的主要特点

①只有病状无病征。

②田间分布与土质、地势、管理和污染源等因子关系密切。

田间分布与土质、地势、管理和污染源等高度相关而成某种规律性分布，突然大面积全面发生，无发病中心逐日扩展，由点到面的污染过程，也无病害数量间歇式翻番由少到多的增殖过程；

③改善环境条件可在一定程度上减轻病状。

在适当的条件下，有的病状可以随着环境条件的改善而逐渐好转，甚至恢复如常，如旱害可通过灌水、降雨等条件的改善发生改变。

通过以上推断其归属，如能排除传染病的可能，则可进入非传染病的诊断程序。

（二）非传染病的诊断程序

①可能病因的初步推测：根据病状和借助生理、病理学的知识推测其可能的生理病变的性质和原因，再根据田间分布和环境条件的关系，先推测出若干可能的病因，如白化苗，是缺铁症，与缺N、S元素病状相似。

②对比调查：从发病地区内外，选取无病、病轻、病重的田块多块，进行对比调查，从中选取与可能病因关系密切的因子，排除一些与发病无关的因素，选出一些相关显著的因素，缩小可能病因的范围，如柯文雄对台湾香蕉树枯死的试验。

③病理分析：如怀疑是缺素症，则可进行叶片分析和土壤分析，测知有关元素含量和可利用度。

④诱发试验：根据初步结论，模拟可能的致病过程，把几种可能病因加入环境，做几种处理，看哪种处理产生该种病害，如缺素症诊断。

⑤治疗试验：在诱发试验所得结果的基础上，还可进行治疗试验和预防试验，如缺铁，可喷施硫酸亚铁。

三、非侵染性病害与侵染性病害的关系

非侵染性病害和侵染性病害的病原虽然各不相同，但两类病害之间的关系是非常密切的，这两类病害在一定的条件下可以互相影响。非侵染性病害可以降低寄主植物对病原物的抵抗能力，能诱发和加重侵染性病害危害的严重程度。同样，侵染性病害有时也会削弱植物对非侵染性病害的抵抗力。植物在遭受冻害之后，容易被病原菌从冻伤处侵入引起软腐病。

另外，植物发生侵染性病害后，也易促进非侵染性病害发生。如辣椒炭疽病和白星病发生严重时，出现大量早期落叶，番茄早疫病引起叶片枯焦，其果实直接暴露在强烈的阳光下，能使果皮灼伤，称为日灼病。在一般情况下，田间病害的出现，往往是从不适宜的环境开始的，寄主植物在不适宜环境条件下其抗病力减弱，从而诱发病原物侵染危害。

第五节　植物非侵染性病害

园林植物在生长发育过程中，由于植物自身的生理缺陷或遗传性疾病，或由不适宜的非生物因素直接引起的病害称为非侵染性病害。它和侵染性病害的区别在于没有病原生物的侵染，在植物不同的个体间不能互相传染，所以又称为非传染性病害或生理病害。园林植物的生长发育，需要一定的环境条件，当环境条件不适宜，且超出园林植物的适应范围时，园林植物生理活动就会失调，表现为失绿、矮化，甚至死亡。环境中的不适宜因素分为化学因素和物理因素两大类。引起园林植物非侵染性病害的原因多种多样，常见的有以下几种。

一、化学因素

（一）营养失调

植物的生长发育需要多种营养物质。土壤中缺乏某些营养物质会影响植物正常的生理机能，引起植物缺素症。

①缺氮：主要表现为植株矮小，发育不良，分枝少、失绿、变色、花小和组织坏死。在强酸性缺乏有机质的土壤中易发生缺氮症。

②缺磷：植物生长受抑制，植株矮化，叶片变成深绿色，灰暗无光泽，具有紫色素，最后枯死脱落。病状一般先从老叶上出现。生荒土或土壤黏重板结易发生缺磷症。

③缺钾：植物叶片常出现棕色斑点，不正常皱缩，叶缘卷曲，最后焦枯。红壤一般含钾量低，易发生缺钾症。

④缺铁：主要引起失绿、白化和黄叶等。缺铁首先表现为枝条上部的嫩叶黄化，下部老

叶仍保持绿色，逐渐向下扩展到基部叶片，如栀子花黄化病。碱性土壤常会发生缺铁症。

⑤缺镁：症状同缺铁症相似。区别在于缺镁时常从植株下部叶片开始褪绿，出现黄化，渐向上部叶片蔓延，如金鱼草缺镁症。此外，镁与钙有拮抗作用，当钙过多有害时，可适当加入镁起缓冲作用。

⑥缺硼：引起植株矮化、芽畸形、丛生、缩果和落果。

⑦硼中毒：叶片白化干枯、生长点死亡。

⑧缺锌：引起新枝节间缩短，叶片小而黄，有时顶部叶片呈簇生状，如桃树小叶病。

⑨锌中毒：植株小，叶片皱缩、黄化或具褐色坏死斑。

⑩缺钙：植株根系生长受抑，嫩芽枯死，嫩叶扭曲，叶缘叶尖白化，提早落叶。

⑪缺锰：引起花卉叶脉间变成枯黄色，叶缘及叶尖向下卷曲，花呈紫色。症状由上向下扩展。一般发生在碱性土壤中。

⑫锰中毒：引起叶脉间黄化或变褐。

⑬缺硫：植物叶脉发黄，叶肉组织仍保持绿色，从叶片基部开始出现红色枯斑。幼叶表现更明显。

发生缺素症，常通过改良土壤和补充所缺乏营养元素治疗。有些元素如硼、铜、钙、银、汞含量过多，对植物也会产生毒害作用，影响植物的生长发育。

（二）环境污染

环境污染指空气污染、水源和土壤的污染、酸雨等。树木的枝枯叶黄、农作物的枯萎死亡（或生长缓慢），在酸雨严重的地区屡见不鲜。空气污染的主要来源是废气，如 HF、SO_2 和 NO_2 等；水源污染来源于工厂排污等；土壤污染来源于化肥、农药等；酸雨来源于工厂废气。这些污染物对不同植物的危害程度不同，引起的症状各异。

（三）土壤水分失调

1. 土壤水分过少

土壤干旱缺水或植物蒸腾失水速度大于根系吸水速度，植物会发生萎蔫现象，生长发育受到抑制，甚至死亡。杜鹃花对干旱非常敏感，干旱缺水会使叶尖及叶缘变褐色坏死。

2. 土壤水分过多

土壤水分过多，植物表现为水涝现象，土壤缺氧，根系呼吸受阻，易产生有毒物质，易引起根部腐烂。根系受到损害后，便引起地上部分叶片发黄，花色变浅，花的香味减退及落叶、落花，茎干生长受阻，严重时植株死亡。如女贞淹水后，蒸腾作用立即下降，12d 后植株便死亡。土壤水分过多，地上部分叶片发黄，落叶、落花，茎干生长受阻，严重时根系腐烂全株死亡。草本花卉容易受到水涝。

出现水分失调现象时，要根据实际情况，适时适量灌水，注意及时排水。浇灌时尽量采用滴灌或沟灌，避免喷淋和大水漫灌。

（四）化学物质的药害

如各种农药、化学肥料、除草剂和植物生长调节剂使用浓度过高，或用量过大，或使用时期不适宜，均可对植物造成化学伤害。植物药害分为急性和慢性：

①急性药害：一般在施药后 2—5d 发生，常常在叶面上或叶柄基部出现坏死的斑点或条纹，叶片褪绿变黄，严重时凋萎脱落。植物的幼嫩组织或器官容易发生此类药害。施用无机的铜、硫杀菌剂和有机砷类杀菌剂易引起急性药害。

②慢性药害：不马上表现明显症状，而是逐渐影响植株的正常生长发育，使植物生长缓慢、枝叶不繁茂，进而叶片变黄以至脱落；开花减少，结实延迟，果实变小，籽粒不饱满，种子发芽率降低等。

不适当地使用杀草剂或植物生长调节剂也会引起药害。

二、物理因素

(一) 温度不适

1. 高温

高温常使园林植物的茎干、叶、果受到灼伤。花灌木及树木的日灼常发生在树干的南面或西南面。夏季苗圃中土表温度过高，常使幼苗的根茎部发生日灼伤。如银杏苗木茎基部受到灼伤后，病菌趁机而入，诱发银杏茎腐病。预防苗木的灼伤可适时遮荫和灌溉以降低土壤温度。

2. 低温

低温也会危害植物，主要是冷害和冻害。冷害也称寒害，是指 0℃以上、10℃以下的低温所致的病害。常见症状是变色、坏死、表面斑点和芽枯等。冻害是指 0℃以下的低温所致的病害。症状是从出现水渍状病斑到死亡直到变黑、枯干、死亡。霜冻是常见的冻害。晚秋的早霜常使花木未木质化的枝梢等受到冻害，春天的晚霜易使幼芽、新叶和新梢冻死，花脱落。而冬季的反常低温会对一些常绿观赏植物及落叶花灌木等未充分木质化的组织造成冻害。露地栽培的花木受霜冻后，常自叶尖或叶缘产生水渍状斑，严重时全叶坏死，解冻后叶片变软下垂。

树干涂白是保护树木免受日灼伤和冻害的有效措施。

(二) 水分、湿度不适

长期水分供应不足而形成过多的机械组织，使一些肥嫩的器官的一部分薄壁细胞转变为厚壁的纤维细胞，可溶性糖转变为淀粉而降低品质。剧烈的干旱可引起植物萎蔫、叶缘焦枯等症状。木本植物表现为叶片黄化、红化或其他颜色变化，或者早期落叶、落花、落果。禾本科植物在开花和灌浆期遇干旱所受的影响最为严重。开花期影响授粉，增加瘪粒率；灌浆期影响营养向籽粒中的输送，降低千粒重。

土壤中水分过多导致氧气供应不足，从而使根部窒息，根变色或腐烂，出现地上部叶片变黄、落叶、落花等症状。

水分的骤然变化也会引起病害。先旱后涝容易引起浆果、根菜和甘蓝的组织开裂。这是由于干旱情况下，植物的器官形成了伸缩性很小的外皮，水分骤然增加以后，组织大量吸水，使膨压加大，导致器官破裂。

湿度过低，引起植物的旱害，初期枝叶萎蔫下垂，及时补水尚可恢复，后期植株凋萎甚至死亡。土壤湿度过低加之干热风的危害更大。单纯的空气湿度过低很少引起病害，但如果空气湿度过低，同时遇上大风或高温天气，容易导致植株大量失水，造成叶片焦枯、果实萎缩或暂时或永久性的植株萎蔫。

（三）光照不适

光照的影响包括光强度和光周期。光照不足通常发生在温室和保护地栽培的情况下，导致植物徒长，影响叶绿素的形成和光合作用，植株黄化，组织结构脆弱，容易发生倒伏或受到病原物的侵染。

不同园林植物对光照时间长短和强度大小的反应不同，应根据植物的习性加以养护。如月季、菊花等为喜光植物，宜种植在向阳避风处。龟背竹、茶花等为耐阴植物，忌阳光直射，应给予良好的遮阴条件。中国兰花、广东万年青、海芋等为喜阴植物，喜阴湿环境，除冬季和早春外，均应置荫棚下养护。

当植物正在旺盛生长时，光强度的突然改变和养分供应不足会引起落叶。室内植物要使之尽可能多的光照。

此外，植株种植过密，光照不足，通风不良等会引起叶部、茎干部病害的发生。

本章复习题

1. 病害的病症类型有哪些？
2. 病害的病状类型有哪些？
3. 真菌性病害、细菌性病害和病毒病的发生特点有哪些？
4. 简述真菌的典型生活史类型。

第三章　植物病虫害防治的原理及方法

我国在1975年的全国植保工作会议上正式制定了预防为主、综合防治的植保方针，预防为主是我国植保工作的指导思想，综合防治是我国植物病虫害防治的具体方法，植保方针一直指导着我国植保事业的发展方向。

随着人们认识水平的不断提高和科技水平的不断发展，植物病虫害防治的原则和策略也在不断地被赋予新的内涵，并且，随着社会的发展和各种新技术的不断应用，我国的植保方针与理念也在不断地更新。从预防为主、综合防治、有害生物综合治理(IPM)到目前提出的公共植保、绿色植保以及有害生物可持续控制(SPM)，都体现了人们在认识上的提高、在理念上的调整过程，强化了生态意识、无公害控制，从保护园林植物个体、局部转移到保护园林生态系统及整个地区的生态环境，是融技术、生态、社会和经济因素于一体的有关园林有害生物的协同御灾策略。

第一节　植物病虫害防治的原理

植物病虫害发生与流行的原因，一方面是存在病源、虫源，并且有足够发生基数的病虫对植物的成功入侵；另一方面是需要有适宜病虫害发生、繁殖的环境条件。园林植物病虫害防治的基本途径应充分考虑以上条件，综合运用多种方法，合理控制病虫发生数量，切断病虫传播途径，创造有利于植物及天敌而不利于病虫发生发展的环境条件，达到合理控制病虫害发生的良好效果。

植物病虫害防治运用的主要原理如下：一是消灭和控制病原物、虫源，从源头上加以控制。采用改变播种期、深翻改土，结合整形修剪等多种手段，力求铲除、阻断、抑制病原物与虫源，控制病虫害的发生发展。二是保护寄主植物。通过加强水肥管理等生态措施、保护和利用生物天敌、化学保护等多种保护性措施，促进寄主植物的健康生长。三是提高寄主植物的抗性。通过健壮栽培管理、抗性育种等措施提高寄主植物的抗病、抗虫能力，减少因病虫危害造成的损失。四是治疗病虫株。在做好病虫害预测预报的基础上，对已发生病虫害的植株，采取控温控湿等物理措施、喷施农药等化学防治措施、人工释放天敌等人工干预措施，及时治疗发病植株，减少或避免因病虫危害造成的损失。

第二节　植物病虫害防治的方法

目前,植物病虫害的防治方法常见的有植物检疫、园林栽培管理措施、物理机械防治、生物防治和化学防治这等基本的防治方法。这几类方法各具利弊,在园林植物病虫害的综合治理中应根据实际情况进行优化组合,以取得最佳的生态、经济和社会效益。

一、植物检疫

(一) 植物检疫的定义及其重要性

植物检疫又叫法规防治,指一个国家或地区,为防止危险性有害生物随植物及其产品人为的引入和传播,以法律或法规形式,强制控制某些危险性的病虫、杂草等有害生物人为地传入或传出,或者对已经入侵的危险性病虫、杂草等有害生物,采取有效措施,消灭或控制其蔓延的保护性措施。植物检疫是作物病虫害防治的一项基本预防措施,是植物保护的主要手段之一。

1983 年,联合国粮食和农业组织(FAO)对植物检疫的定义是:为了预防和延迟植物病虫害在它们尚未发生的地区定殖,而对货物的流通所进行的法律限制。在 1997 年,FAO 将植物检疫的概念修订为:一个国家或地区政府为防止检疫性有害生物的进入或传播而由官方采取的所有措施。我国植物检疫专家刘宗善对植物检疫的定义是:国家以法律手段与行政措施控制植物调运或转移,以防止病虫害等危险性有害生物的传入与传播,它是整个植物保护事业中的一项带有根本性的预防措施。具体来说,就是为了保护本国(地区)范围内农、林、牧业生产的安全,防止危险性有害生物的人为传播,国家以法律手段制定出一整套的法律、法规,由专门机构执行,禁止或限制感染特定病、虫、草等危险性有害生物的植物及其产品在国际或国内地区间的调运,从而防止危险性病虫的传入和定殖,避免造成严重的损失。

一些病虫害分布范围较窄,仅在局部地区造成严重危害。但这些病虫可以随苗木、种子、繁殖材料的调运,进行远距离的传播扩散,扩大其危害范围。植物检疫对保证园林生产及贸易安全具有重要的意义,是植物病虫害综合治理的前提。随着社会的发展,国际、国内地区间的贸易往来与交流日趋频繁,危险性病虫害传播的机会与频率增加,给园林绿化和养护带来了极大的挑战。如近年来发生的美国白蛾、螺旋粉虱、扶桑绵粉蚧、椰心叶甲、福寿螺、三裂叶蟛蜞菊、水葫芦、香蕉巴拿马病、松材线虫等外来入侵有害生物危害已经对我国的农林生产及园林绿化管理造成了巨大的损失。

因此,应严格贯彻执行我国的检疫法规,在机场、港口和车站等商品进出口的门户抓好苗木病虫的进、出口检疫,保障国际贸易的顺利发展。在国内抓好苗木产地检疫和异地调运检疫,防止危险性病虫杂草的传播蔓延,防患于未然,是控制危险性病虫害扩大蔓延的重要措施。

(二) 确定植物检疫对象的原则与检疫方法

确定植物检疫对象的三个原则是我们确立植物检疫对象的主要依据。这三个原则分别是：①对农林生产威胁大，能造成经济上严重损失而又比较难防治者；②主要通过人为传播的危险性病、虫、杂草等；③国内尚未发生或虽有发生但分布不广的危险性有害生物。

植物检疫的实施的方法步骤主要有：制定法律、法规，确定检疫对象的名单与划分疫区和保护区，实施检验检疫处理。

疫区是指由官方划定、发现有检疫性病虫等生物危害并由官方控制的地区。保护区是指尚未发现某种检疫性病虫等有害生物，并由官方维持的地区。疫区和保护区主要依据危险性病虫等有害生物的分布和适生区进行划分，并经官方认定，由政府对外宣布。被发现检疫的对象必须经过有效处理后，方可签发产地检疫证书，对于难以处理的，则应停止调运并控制使用或就地销毁。

检疫处理措施主要包括禁止入境、退换货、就地销毁、熏蒸消毒、机械处理等无害化处理，药物熏蒸、浸泡或喷洒化学药剂处理，改变用途如将种用改作饲料等方法加以有效控制。所采用的处理措施必须能够彻底消灭危险性病虫生物和完全阻止危险性病虫生物的传播和蔓延，安全可靠、不污染环境等。

目前，由于检测手段和检疫设施较落后、检疫工作中存在执法不严、外来入侵有害生物增多等问题，致使松材线虫病、美国白蛾、扶桑绵粉蚧、松突圆蚧等检疫害虫在我国仍有蔓延之势，为了保障我国农林生产安全与健康发展，应加强检验检疫措施，防止造成更大的危害。

(三) 植物检疫措施的特点

植物检疫是立足保护本国、本地区的农林业生产和贸易国的生产安全所制定的法规和采取的措施，具有预防与铲除、法规与技术、把关与服务、国际与国内相结合的特点，是一项集法规、行政、经济与技术于一体的病虫害防治方法。植物检疫以预防为主，以法规为后盾，采用先进的技术手段，符合国际惯例，力求达到国际标准，防患于未然，是病虫害综合治理中的一项重要的、有效的防治措施。

二、园林栽培管理措施

园林栽培管理措施，又叫园林技术措施，其原理是依据农林生态系统中病原物、寄主植物、环境条件三者之间的关系，结合植物整个生产过程中的一系列耕作栽培管理技术，有目的地改变害虫、病原菌的生存环境条件，使之不利于害虫或病原菌的发生发展而有利于园林植物的生长发育，或直接对病虫种群数量起到持续的抑制作用。

园林栽培管理措施是防治园林植物病、虫、草、鼠等有害生物的根本措施，即利用一系列的栽培管理技术，有目的地改变园林植物生态系统中的某种因子，以达到控制病虫害的发生，保护园林植物生长的目的。

园林栽培管理措施是比较传统的病虫害防治方法，也是病虫害防治的最基本的方法，是植物病虫害综合治理的基础。生产上常用的措施主要有：

(一) 选育和推广抗性良种

在同样条件下,与易感品种相比,抗性品种能不受害或受害较轻。实践证明,在生产中,一个品种如果不抗病虫害,即使具备速生丰产、观赏性高等优良特性,也很难在生产中得以推广。在园林设计中,在取得大致相同的景观效果下,应优先选用相似品种间的抗性品种,可大大减少或避免因病虫危害造成的损失。

(二) 选用无病虫繁殖材料

选用健壮无病虫种子、种苗等繁殖材料,用温水或药剂对繁殖材料及用具进行消毒处理,可以减少病虫害的发生,尤其对于植物病害的发生有显著的防治效果。

(三) 加强水肥管理措施,改变耕作制度,合理密植

植物本身是病原菌和害虫生存的主要条件,而耕作制度的改变、合理密植等园林技术措施的变动,不仅影响植物的生长发育,而且也影响其他环境条件如田间小气候、天敌的消长等,从而直接或间接地对害虫的消长产生影响。

根据园林植物的生长特点,结合田间日常管理,加强水肥管理,合理密植,适时改变耕作制度,合理轮作、间作,均可在一定程度上减少病虫害的发生。

(四) 合理配置和修剪植物

合理配置植物种类,避免种植病虫的中间寄主植物;营造混交林,避免树种单一化,避免因病虫害大面积流行而影响生产或景观效果。

露根栽植落叶树时,栽前必须适度修剪,根部不能暴露时间过长;运送过程中注意避免树体破损创伤,栽植常绿树时,须带土球,土球不能散,不能晾晒时间过长,栽植深浅适度,这些都是防治多种病虫害的关键措施。

(五) 冬耕深翻,及时清园,消灭病虫越冬基数

园地的杂草、残枝败叶及土壤中含有大量的病原菌及越冬害虫,对收获后的园地进行冬耕深翻,会恶化土壤中害虫及病原菌的生活环境,使害虫暴露于土表,或被鸟类啄食、晒死等,深耕还可以将浅土中的病菌和害虫卵、蛹等埋入深土层,使其不能正常发育而死亡。

结合修剪,及时清园,及时清除园中的病虫枝,刮除的老翘树皮,残枝败叶、杂草等,集中烧毁或深埋处理,消灭其中的越冬虫源,可以大大压低来年的病虫发生基数。

另外,适时排灌、中耕、除草等也可以在一定程度上减少病虫害的发生。通过上述多种措施,可以使植物生长健壮,抗病虫能力增强,各种天敌昆虫、有益微生物和鸟类等天敌明显增加,从而可提高整个植物系统的抗病虫能力。

三、物理机械防治

物理机械防治是利用光、热、声、温、湿度或各种物理因子的组合,或应用机械或动力机

具,或人工的各种措施直接捕杀害虫个体,达到对害虫种群控制的一种防治方法。物理机械防治的措施简单实用,容易操作,见效快,既包括传统的人工捕杀,又包括近代科技新成就的应用,主要适用于仓储害虫和大田作物害虫的防治,对于一些化学农药难以解决的害虫或发生范围小的病害,往往也是一种有效的防治手段。

(一) 人工机械捕杀

结合修剪管理及病虫害预测预报技术,利用人力或简单器械,及时捕杀一些具有群集性、假死性的害虫。如:摇动树枝振落金龟子、蝽类等具有假死习性的害虫,事先在树下铺上塑料布等物收集并集中消灭。

另外,有些害虫的幼虫及蛹含有丰富的蛋白质,营养而又美味,如蚱蝉若虫及马尾松毛虫蛹。可以发动群众人工大量捕捉蚱蝉若虫或搜集马尾松毛虫的蛹,并以一定价格回收,有利于控制此类害虫的大爆发。组织人工集中摘除袋蛾的越冬虫囊,于清晨到苗圃捕捉地老虎以及利用简单器具钩杀天牛幼虫等,都是实践证明的行之有效的措施。

(二) 诱杀法

诱杀法是指利用害虫的趋光性、趋化性等习性,设置诱虫器械或配制诱物诱杀害虫,同时,生产中还利用此法进行害虫的预测预报,以及时掌握害虫的田间消长动态。常见的诱杀方法有:

1. 灯光诱杀

大多数趋光性昆虫喜好 330—400nm 的紫外线,在实践生产中,人们利用害虫的趋光性,人为设置黑光灯及灭虫灯来诱杀害虫。目前生产上常用的光源主要是黑光灯,此外,还有高压电网灭虫灯。

黑光灯的诱虫原理是黑光灯能够发射一种人眼看不见的、波长在 365nm 左右的紫外线。大多数昆虫对这种紫外线非常敏感,其中鳞翅目和鞘翅目昆虫更为敏感,可借此诱集昆虫以便集中杀灭。

黑光灯对大多数趋光性昆虫具有很强的诱虫作用,能消灭大量虫源。黑光灯还可以用于开展预测预报和科学实验,进行害虫种类、分布和虫口密度的调查,尤其可对大多数鳞翅目和鞘翅目害虫进行田间预测预报,为防治工作提供科学依据。

黑光灯的设置以安全、经济、简便为原则。黑光灯诱虫时间一般在 5—9 月,适用于鳞翅目害虫及鞘翅目害虫成虫发生期。黑光灯一般设置在空旷处,诱虫时选择在闷热、无风、无雨、无月光的夜晚开灯,开灯时间一般在 21:00—22:00,此时诱虫效果最好。

2. 粘虫板诱杀

一些昆虫如蚜虫、粉虱等害虫对一定颜色的物体有定性趋性,还有一些昆虫对香甜味源等有较强的趋化性,可以利用这些趋性诱杀害虫。如蚜虫对黄色有趋向性而对灰色有忌避作用,可以用黄色粘虫板诱杀蚜虫或在日光温室用灰色塑料薄膜驱避蚜虫;将香甜味物理性诱粘剂喷在矿泉水瓶等表面,悬挂诱粘实蝇类及果蝇类害虫。采用粘虫板诱杀害虫,方便、经济,诱杀害虫效果较好。

3. 毒饵诱杀

利用昆虫的趋化性在害虫嗜好的糖醋液、炒香的麦麸等中,掺入适当的杀虫药剂,制成各种毒饵诱杀害虫。例如,诱杀时,可用麦麸、谷糠等作饵料,掺入适量辛硫磷等药剂制成毒饵,早晚放置在田间来诱杀。此外,诱杀地老虎、梨小食心虫等鳞翅目成虫时,通常以糖、酒、醋作饵料,以毒死蜱作毒剂来配制。配制方法是糖 6 份、酒 1 份、醋 2—3 份、水 10 份,再加适量毒死蜱等药剂。

4. 饵木诱杀

许多钻蛀性害虫,如天牛、小蠹虫、象甲、吉丁虫等,喜欢在新伐倒不久的倒木上产卵繁殖。因此,在此类害虫成虫发生期间,可在适当地点设置一些木段,供害虫大量产卵,然后集中收集以消灭其中害虫。据有关报道,在山东泰安岱庙,每年用此法诱杀了大量的双条杉天牛,取得了明显的防治效果。

5. 设置诱集带

设置诱集带,又称作物诱杀,是在田间专门设置一定区域,种植害虫嗜好植物,然后集中防治害虫或诱集捕杀的一种方法。

6. 潜所诱杀

利用昆虫越冬潜伏、白天隐蔽、适当场所化蛹等习性,人工设置相似环境诱杀害虫。例如,有些害虫选择树皮缝、翘皮下等处越冬或产卵,可于害虫越冬前或产卵前在树干上绑草把,引诱害虫并将其集中消灭。此法应注意诱集后及时消灭。

另外,人工直接摘除袋蛾的越冬虫囊,用利器钩杀天牛幼虫,剪除病虫枝条,用果实套袋技术防止蛀果类害虫,用根系培土法阻碍根系浅土表蛹的正常羽化,用树干刷白法阻止害虫产卵及上树为害、下树化蛹或越冬,等等,都是生产管理中常用的方法,均可以在一定程度上取得较好的病虫害防治效果。

四、生物防治

(一)生物防治的概念与特点

传统的生物防治概念是通过捕食性、寄生性天敌昆虫及病原菌的引入、增殖和释放来压制另一种害虫。随着社会的发展与科技的进步,生物防治的概念不断深化,生物防治的方法也在不断变化,广义的生物防治是指利用生物体或其天然产物来控制有害动植物种群,使其不能造成损失的方法。所以,生物防治方法主要是针对害虫、害螨等有害生物的防治。

生物防治法对人、畜和植物安全,不杀伤天敌,对环境友好,不会引起害虫的再猖獗和抗药性增长,对害虫有长期的抑制作用;生物防治的自然资源丰富,如寄生蜂、捕食螨、赤眼蜂等生物产品,易于开发,且防治成本低,在生产中已经取得较好的防治效果。但是,生物防治的效果有时比较缓慢,人工繁殖技术较复杂,受自然条件限制较大。害虫的生物防治主要是保护和利用天敌、引进天敌以及进行人工繁殖与释放天敌控制害虫发生。自 20 世纪 70 年代以来,随着微生物农药、生化农药以及抗生素类农药等新型生物农药的研制与应用,人们把生物产品的开发与利用也纳入害虫生物防治工作之中。

(二)生物防治的理论依据

植物、害虫(病原菌)、天敌是农田生态系统演替中重要的生物链,是一条联系紧密的食物链，其中，任何一个环节发生变化，必然引起其他环节的变化。在长期的害虫防治实践中，人们也逐渐认识到依靠天敌的自然发生发展来解决害虫问题几乎是不可能的。因此，在农业生态系统中，可分析害虫种群与天敌种群的相互关系，人为地加强天敌数量对害虫种群的控制作用，通过人为干预措施达到将害虫的种群数量控制在不能对植物造成损害的水平之下。这是我们进行生物防治的理论依据。

（三）生物防治利用的常见种类

在自然界中，每种生物的生存环境中都同时存在着许多制约因子，它们之间存在着错综复杂的食物链与食物网关系，其中，寄生性或捕食性天敌是这些复杂关系中的重要制约因子，是我们可以作为生物防治利用的优良天敌资源。害虫的天敌主要有如下几个类群：

1. 天敌昆虫

天敌昆虫在自然界中的资源丰富，利用天敌昆虫防治害虫是生物防治中应用最广泛的一种，主要分为捕食性和寄生性两大类。

捕食性天敌主要有瓢虫、草蛉、食蚜蝇、食虫虻、蚂蚁、猎蝽、小花蝽、泥蜂、步甲、虎甲、螳螂等。依据其捕食对象的广泛程度一般可以分为多食性、寡食性及单食性几种类群。食性较窄的单食性与寡食性种类与捕食对象的关系较为密切，常被作为天敌引种中的重点对象。

寄生性天敌种类大多属于膜翅目蜂类、双翅目蝇类，即被广泛利用的赤眼蜂、啮小蜂、姬小蜂、绒茧蜂、寄蝇等种类。

我国应用较多的是寄生性天敌昆虫，主要有赤眼蜂、肿腿蜂、姬小蜂、蚜小蜂、寄蝇等，如利用赤眼蜂防治玉米螟，利用椰心叶甲截脉姬小蜂防治椰子的外来入侵害虫椰心叶甲，利用周氏啮小蜂防治美国白蛾，等等；捕食性天敌昆虫利用较少，主要有小花蝽、异色瓢虫等，但因天敌繁育技术不够成熟等，捕食性天敌昆虫尚未步入工厂化生产。在天敌昆虫的利用方面，除人工繁育释放外，在生产中应注意保护自然天敌种类，为天敌的繁殖创造有利条件，从而提高自然界各种天敌昆虫对害虫的自然控制作用。

2. 病原微生物

自然界中病原微生物的种类较多，有细菌、真菌、病毒、立克次体、原生动物、线虫等，随着科学技术的进步与科研能力的提升，越来越多的病原微生物作为新型微生物农药相继被开发出来，用来防治害虫、害螨等有害生物，并取得了较好的防治效果。

目前，常用的微生物杀虫剂主要有属于真菌类的白僵菌、青虫菌等，属于细菌类的苏云金杆菌等，属于病毒的核多角体病毒等。我国每年应用白僵菌、青虫菌、苏云金杆菌等防治鳞翅目害虫的面积较大，效果显著。我国已将春尺蠖多角体病毒、马尾松毛虫质型多角体病毒、舞毒蛾核型多角体病毒等分别用于防治林业害虫尺蠖、枯叶蛾、毒蛾、刺蛾、袋蛾等，在林业害虫防治中发挥着重要的作用，对此类食叶性害虫的猖獗起到了明显的抑制作用。

生物农药的作用方式独特，防治对象比较单一，用量少，繁殖快，不受园林植物生长期限制，而且持效期较长，对人、畜、环境的潜在危害小，尤其适合园林病虫害的防治。

随着科技的发展，微生物制剂的使用范围不再局限于害虫、害草等有害生物的治理方面，如美国、澳大利亚等国已应用微生物商品制剂防治根癌病和根腐病。为了更好地发挥微生物制剂的防治作用，在今后微生物农药的研制、应用与商品化过程中，需要注意制剂品质与效能的稳定性、害虫的抗药性以及对环境和其他生物的影响。

除了微生物农药外，还有一类属于生化农药。生化农药指经人工合成或从自然界的生物源中分离或派生出来的化合物，如昆虫信息素、昆虫生长调节剂等。此类农药主要包括性外激素、昆虫保幼激素、蜕皮激素、昆虫行为调节剂等。目前，生产上所使用的灭幼脲、氟啶脲、氟虫脲、除虫脲等有机脲类等都属于昆虫生长调节剂，对鳞翅目、鞘翅目、叶甲类的幼虫均有较好的杀虫效果。性诱剂产品被做成各种诱芯，在具翅害虫的防治中发挥了优良的效果。

3. 其他的捕食性动物

这种类群主要有节肢动物中的蛛形纲，如蜘蛛和捕食螨类；有脊椎动物中的两栖类，如蛙和蟾蜍；还有其他的家禽、益鸟、益兽等，这些天敌生物在自然界中广泛存在，对害虫、害螨等有害生物的种群消长起着重要的制约作用。

（四）生物防治的特点

生物防治是利用有益生物把有害生物种群控制在不足以造成经济危害的水平之下，相比于其他防治方法，具有对环境友好、对人畜安全、无残留污染、不产生抗性等优点，同时，天敌生物在自然界中往往能建立起种群的自我繁殖扩散，可以对目标害虫持久而稳定地发挥控制效果。可以引进和利用的天敌资源非常丰富，天敌繁育与释放技术也逐步成熟和产业化，使得生物防治的发展前景十分广阔，生物防治愈来愈受到人们的重视，值得大力提倡。

例如，有关研究表明，捕食螨与其他天敌、农药与捕食螨合理联用会产生很好的防治效果。一些有害生物的病原微生物不易感染捕食螨，可与捕食螨一起使用。如佛罗里达新接合霉（*Neozygites floridana*）是木薯绿叶螨的重要病原微生物，可导致这种害螨73%—94%的感染率，但对真绥螨（*Euseius concordis*）和橘叶真绥螨是安全的。后来，又有人利用这一特点考虑“以螨带菌”，利用捕食螨携带病原菌，达到治螨又防病的目的。但是，生物防治的效果有时比较缓慢，天敌的人工繁殖与释放技术、人工饲料的配制技术尚比较复杂，随着科研与应用的进一步发展，这些技术问题将得以改进和完善，应用前景更加广阔。

五、化学防治

化学防治又称“药剂防治”，指利用化学农药的生物活性控制有害生物种群数量的方法。目前，化学农药因杀虫谱广，收效迅速，急救性强，品种、剂型多样，能满足多种害虫的防治需要，仍是减少病虫发生基数和控制园林植物病虫害大发生的主要措施。

长期、连续不合理地用药导致了农药的“3R”问题，即抗药性（resistance）再猖獗（resurgence）和残留（residue）问题。一方面，长期使用同一种化学农药，容易造成病虫产生不同程度的抗药性，影响防治效果；另一方面，使用化学农药，在杀死害虫的同时也杀死了害虫的天敌，使害虫丧失了自然控制因子，一旦繁殖起来，容易发生主要害虫的再猖獗和次要害虫上升为主要害虫的情况。许多害虫如鳞翅目幼虫、蓟马、螨类等对化学农药产生了强烈的抗药性，使得不少药剂陆续失去防治效果，造成一些主要害虫的数量急剧下降后又突然回升,次要害虫在天敌被杀死后突然暴发成灾,给生产造成更大的损失,防治难度大大增加。再者,农药残留期长,严重污染土壤、水体、大气等环境。我国化学防治面积占整个园林植物病虫害防治面积的70%左右,在病虫害防治中占有重要的地位。

当地自然天敌昆虫的种类繁多,是各种害虫种群数量的重要控制因素,因此,善于保护和利用天敌生物,正确使用高效低毒农药,适时进行防治,一般可取得良好的实践防治效果。在化学防治方法的实施上应注意以下几点:第一,尽可能选用生物制剂,优先选用高效低毒药剂,尽量少用广谱性药剂,避免杀伤自然界的天敌生物;第二,做好病虫害预测预报,适时适量施药;第三,合理使用农药剂量,采用精确定量配制,不随意增减农药的用量,减少药害及抗性的产生,避免浪费及化学残留;第四,注意交替使用农药,减缓害虫抗药性的产生;第五,合理混用农药,一般地,酸性与碱性农药不能混配,混用后每种药药效应不变或适当增强,而不会产生拮抗作用、沉淀作用或降低药效。

国内常用的杀虫剂有阿维菌素、吡虫啉、锐劲特、灭幼脲、除虫脲、氯氰菊酯、甲氨基阿维菌素苯甲酸盐等;杀菌剂有百菌清、多菌灵、粉锈宁、甲基托布津、农用链霉素、井冈霉素等。主要施药方法有喷雾、喷粉、熏蒸、拌种、浸种、烟雾、灌根、茎干注药等。

茎干注药法是在茎干周围钻孔注药,使全树体都能吸收到农药的有效成分,不论害虫在什么部位取食,都会中毒死亡。此法操作简便,省工、省药,不污染环境,不杀伤天敌,防治效果好。适合于防治树体高大、难以防除的天牛、椰心叶甲、吉丁虫等蛀干害虫和蚜虫、介壳虫、蓟马、螨类等刺吸式口器的害虫,注药的时间在树木萌芽至落叶前的生长期内均可以进行。农药应选用内吸性较强且对树木生长无影响的药剂,应根据不同害虫、树种具体选择适宜的农药。

注药方法:采取先钻孔后注药的方式,用直径0.8—1cm电钻,在距地面15—50cm的树干上,呈45°向下斜钻8—10cm深的注药孔,深度以达髓心为度。在树干四周呈螺旋上升钻孔,大树可钻3—5个孔,中树可钻2—3个孔,小树可钻1个孔,将孔中的锯末掏净注入药液。注药完毕后,注药孔口要用蜡、泥巴、塑料封闭,注药孔两个月左右即可愈合。

近年来,飞机超低容量喷雾防治技术得到应用,该技术节省了大量人力物力,降低了防治成本,提高了防治效果。

六、外科治疗

一些园林树木常受到钻蛀型害虫的危害,尤其对于古树名木等名贵树种,由于树体久经风霜,受到多种病虫害的侵染,常形成大大小小的树洞和创痕,对此类病虫害的防治需要及时进行外科手术治疗,对受损植株采用药剂填补或树洞填充,使树木健康地成长,重新恢复生机,健康成长。

对于轻度的表层损伤,一般损伤面积不大,进行树缝修补填封即可。基本方法是用高分子化合物——聚硫密封剂封闭伤口。在封闭前需要对伤疤进行清洗消毒,常用30倍的硫酸铜溶液喷涂两次,晾干后密封,最后用适当油漆等进行外表修饰。

对于树洞的治疗稍显复杂,先对树洞进行清理、消毒,把树洞内积存的杂物、腐烂部分全部刮除,用30倍的硫酸铜溶液喷涂树洞消毒。对于一般树洞,树洞边材完好时,采用假填充法修补，在洞口上固定钢板网，其上铺 10—15cm 厚的水泥砂浆，外层用聚硫密封剂密封，外表稍加修饰；树洞较大时，边材部分损伤，则采用实心填充。

七、其他防治措施

在害虫防治方面，还有性外激素和害虫不育剂的应用。性外激素是昆虫分泌在体外的挥发性的，用于同种昆虫的个体之间进行信息交流的物质，可以吸引异性前来交尾。性外激素已能人工合成，自 20 世纪 70 年代以来，人工合成性信息素开始用于一些害虫的预测预报和防治。近十几年来国内外都在积极地探索利用昆虫性外激素来防治害虫，以提高综合防治效果，这是植保工作的一条新途径。

性外激素与不育剂防治的原理主要是诱杀和干扰交配。性诱剂往往结合杀虫剂或杀虫灯等使用，诱杀大量雄虫，使自然界害虫雌、雄性比失去平衡，干扰害虫的正常交配，以减少下一代虫口数量，达到防治害虫的效果。利用不育剂防治害虫，又称自灭防治法、自毁技术，主要是利用辐射不育、化学不育剂等方法，破坏昆虫生殖腺的生理功能，或利用昆虫遗传成分的改变，使雄性不产生精子、雌性不排卵或受精卵不能正常发育。将这些大量的不育个体释放到自然种群中干扰交配，造成自然种群后代不育。

在日常的养护管理中，将常规的喷粉、喷药、诱杀等方法与以上介绍的几种方法相结合，还可大大提高病虫害的防治效果。

第三节　植物病虫害的综合治理

一、害虫综合治理的概念和特点

植物病虫害的防治方法很多，各种方法各有其优点和局限性，实践证明，单靠任何一种防治措施并不能达到植物病虫害的持续有效治理，必须注意这几种方法的有机结合运用。

（一）害虫综合治理的概念和特点

1967 年，联合国粮食和农业组织（FAO）有害生物综合治理专家小组对综合治理给出如下定义：害虫综合治理（IPM）是一种害虫管理系统，按照害虫种群的种群动态及相关的环境关系，采取适当的技术和方法，使其尽可能地互不矛盾，保持害虫种群数量处在经济受害水平之下。1985 年，在第二次全国农作物病虫害综合防治学术研讨会上，有害生物综合治理的内涵得到了进一步丰富：综合治理是对有害生物进行科学管理的体系。它从农业生态系统总体出发，根据有害生物和环境之间的相互关系，充分发挥自然控制因素的作用，因地制宜地协调应用必要的措施，将有害生物控制在经济受害水平之下，以获得最佳的经济、生态和社会效益。

简而言之，有害生物综合治理就是根据生态学的原理和经济学的原则，选取最优化的技术组配方案，把有害生物种群数量较长时期地稳定在经济损害水平之下，以获得最佳的经济、生态和社会效益。

(二) 害虫综合治理的概念和特点

结合大量的生产实践，有害生物综合治理不断地得以完善，主要具有以下几个特点：

第一，允许害虫在经济损害水平以下继续存在。IPM 的目标不是消灭害虫，而是控制其种群密度。

第二，以生态系统为单位。害虫是生态系统中的一个重要的组成成分，防治害虫必须全面考虑整个生态系统。人类的一切活动如耕作、栽培技术的运用(包括品种的选择、病虫害的预测预报等)都会对病虫害的防治产生强烈的影响。系统中每一项措施的运用都可能导致目标之外的另一类有害生物的种群变动，而综合治理就是控制生态系统，既要使害虫维持在经济损害水平以下，又要避免破坏生态系统。

第三，充分利用自然控制因素的作用。强调利用自然界环境因子对病虫数量的控制因素，如利用降雨、气温、天敌等的作用达到调控病虫害发生的目的。

第四，强化各种防治措施的优化组合。各种防治措施各有利弊，合理运用各种防治措施，使其相互协调，取长补短，在综合考虑各种因素的基础上，优化组合，以求最佳。

第五，提倡多学科协助。随着社会的进步和科学技术的发展，生态系统的组成与功能也在不断地发生变化，面对复杂多变的生态系统，我们不仅需要农学、气象、遗传与变异等方面的知识，同时，也需要数学、电子、物理、化学、分子等方面的知识，提倡各学科专家积极开展项目合作开发，综合各科技术优势，实行多方位联合防控，共同探究生物病虫害的综合治理技术与应用。

二、综合治理遵循的原则

植物病虫害综合治理是一个病虫控制的系统工程，即从生态学观点出发，在整个园林植物生产、引种、栽培及养护管理等过程中，都要有计划地应用园林栽培管理技术、物理机械防治等改善生态环境，使自然防治和人为防治手段有机地结合起来，有意识地加强自然防治能力。

在实行综合治理的过程中，主要从以下几个方面出发：

(一) 从生态学角度出发

园林植物、病虫、天敌之间有的相互依存，有的相互制约。当它们共同生活在一个环境中时，它们的发生、消长、生存又与这个环境的状态关系极为密切。这些生物与环境共同构成一个生态系统。综合治理就是在育苗、移栽和养护管理过程中，通过有针对性地调节和操纵生态系统里某些组成部分，创造一个有利于植物及病虫天敌生存，而不利于病虫滋生和发展的环境条件，从而预防或减少病虫的发生与危害。

(二) 从安全角度出发

根据园林生态系统里各组成成分的运动规律和彼此之间的相互关系，既针对不同对象，又考虑对整个生态系统当时和以后的影响，灵活、协调地选用一种或几种适合园林实际的有效技术和方法。如园林管理技术、病虫天敌的保护和利用、物理机械防治、化学防治等措施。对不同的病虫害，采用不同对策。几项措施取长补短，相辅相成，并注意实施的时间和方法，达到最好的防治效果。同时将对生态系统内外产生的副作用降到最低限度，既控制了病虫危害，又保护了人、天敌和植物的安全。

（三）从保护环境，恢复和促进生态平衡，有利于自然控制角度出发

植物病虫害综合治理并不排除化学农药的使用，而是要求从病虫、植物、天敌、环境之间的自然关系出发，应科学地选择及合理地使用农药。在城市园林中应特别注意选择高效、无毒或低毒、污染轻、有选择性的农药（如苏云金杆菌乳剂、灭幼脲等），防止对人畜造成毒害，减少对环境的污染，充分保护和利用天敌，逐步加强自然控制的各个因素，不断增强自然控制力。

（四）从经济效益角度出发

防治病虫是为了控制病虫的危害，使其危害程度低到不足以造成经济损失。因而经济允许水平（经济阈值）是综合治理的一个重要概念。人们必须研究病虫的数量发展到何种程度时，才能采取防治措施，以阻止病虫达到造成经济损失的程度，这就是防治指标。病虫危害程度低于防治指标，可不防治；否则，必须掌握有利时机，及时防治。需要指出的是：在以城镇街道、公园绿地、厂矿及企事业单位的园林绿化为主体时，则不完全适合上述经济观点。因该园林模式是以生态及绿化观赏效益为目的，而非经济效益，且不可单纯为了追求经济效益而忽略病虫的防治。

三、综合治理的策略及定位

植物病虫害防治策略，随着认识水平和科技水平的提高，从以防为主、综合治理、有害生物的综合治理（IPM）、强化生态意识、无公害控制，到目前要求的共同遵循可持续发展的准则，这是在认识上逐步提高的过程。要求我们在理念上调整为：从保护园林植物的个体、局部，转移到保护园林生态系统以及整个地区的生态环境上来。

植物病虫害防治的定位：既要满足当时当地某一植物群落和人们的需要，还要满足今后人与自然的和谐、生物多样性以及保持生态平衡和可持续发展的需要。

病虫害是园林植物生产栽培、育种改良、养护管理过程中遇到的主要问题，几乎每一种园林植物都会因为不良环境影响或病虫侵害而遭受损害。园林植物病虫害的发生常由于绿化带的地理条件复杂、小环境气候多样化、植物品种单一、养护管理不及时、监管不到位、人口密集等原因，园林植物病虫害易流行发生，同时，相对农作物病虫害的防治而言，具有防治难度大、成本高，不宜使用常规的、污染大、异味重的防治方法。

四、园林植物病虫害防治的特点及其综合治理

随着社会的发展，园林植物在生产生活中的地位越来越重要，园林植物大体上可分为两

大类群：一是城镇、景区等露地栽培的各种乔木、灌木、草本植物、藤本植物、地被植物、草坪等；二是主要以保护地（日光温室或各种温棚等）形式种植的盆栽花卉、切花植物及观赏苗木。

（一）园林植物病虫害防治的特点

一方面，园林植物大多位于城镇、公园、广场、景点等人口密集、人类活动频繁的地区，其病虫害的发生特点具有受人类活动影响大，经常修剪，管理粗放，立地环境条件复杂，小环境、小气候变化多样等特点，病虫害的发生、传播及扩散往往受人类活动的影响大，容易遭受外来入侵生物的侵袭。另一方面，园林植物多种植在休闲园区、景区等人员活动频繁的区域，其病虫害的防治要求无异味、无刺激、无污染等。而生产种植的盆栽花卉、切花植物及观赏苗木病虫害的发生则具有植物品种单一，种植密集，环境湿度大，且多在保护地内栽培，病源及虫源基数均较高，病虫害发生重且易流行，防治难度大等特点。

随着社会的变化和园林事业的不断发展，园林植物的高效养护管理工作尤显重要。

（二）园林植物病虫害的综合治理

近年来，我国的农业可持续发展战略对园林植物病虫害的防治提出了新的要求，必须实施有害生物的可持续控制，减少化学农药的使用，发展以生物资源为主体的技术体系，实现环境与经济的协调发展。人们对园林植物病虫害防治的认识也逐步提升，从预防为主、综合治理、有害生物综合治理（IPM）到有害生物的可持续控制（SPM），强化了生态意识，体现了从保护园林植物个体、局部到保护园林生态系统以及整个地区的生态环境协同治理的策略。

在园林植物病虫害的防治上，应以生态园林为目标，遵循预防为主、综合防治的植保方针，坚持安全、经济、简便、有效的防治原则，以园林技术措施为基础，因地制宜地协调好物理机械防治、化学防治、生物防治等多种防治方法，充分发挥生态因子对害虫种群的控制作用，将病虫种群数量控制在不足以造成危害的水平之下，以获得最佳的经济、生态、社会效益。

总之，园林植物病虫害的防治要在预防为主、综合防治的植保方针指引下，注重安全，尤其在使用化学农药时，要注意对人、环境、天敌及植物的安全，因地制宜地综合多种防治措施，采用既行之有效，又安全可靠的方法。

? 本章复习题

1. 简述园林植物病虫害防治的原理。
2. 常用的园林植物病虫害的防治方法有哪些？

第四章　农药及其应用基础

第一节　农药的定义及分类

一、农药的定义

农药是农用药剂的简称，关于农药的定义和范围，我国古代和近代有所不同，不同国家也有所差异。随着农药的发展和应用，人们对农药的认识逐渐完善，迄今普遍认为：农药是指用于预防、消灭或控制危害农林作物及农林产品的病、虫、杂草、鼠和其他有害生物以及有目的地调节植物、昆虫生长的化学合成物质，或者来源于生物、其他天然物质的一种或几种物质的混合物及其制剂。

随着农药毒理学和生态学研究技术的发展，农药的应用范围更加广泛，种类繁多。近年来，随着以虫治虫、以螨治虫(螨)等生物防治技术的发展，又出现了天敌行为调节剂，利用昆虫信息素增强天敌的寄生或捕食效果，从而达到控制病虫害发展的目的，也是用来发展高效农业及园林花卉及苗木生产的优良制剂，都属于农药范畴。

二、农药的分类

为方便研究和使用，人们根据农药的成分及来源、防治对象和作用方法等对农药进行分类。按农药的成分及来源，农药可分为：无机农药、有机农药。按农药的作用方式，农药又可分为胃毒剂、触杀剂、内吸剂、熏蒸剂、驱避剂、引诱剂、拒食剂、不育剂、几丁质抑制剂、昆虫激素类杀虫剂等，但是生产实践中，一种农药药剂的作用方式往往不是单一的，有些品种可能同时兼有胃毒、触杀及内吸性质，多见于杀虫剂类。按照农药的用途与防治对象，农药可分为：杀虫剂、杀螨剂、杀线虫剂、杀鼠剂、杀软体动物剂、除草剂、植物生长调节剂等。

下面就生产实践中常用的农药品种，做简要介绍。

(一) 杀虫剂

杀虫剂是能够防治农、林、卫生及贮粮等害虫的药剂，这类药剂大多数只能杀虫不能防病，但也有些药剂既能杀虫又能杀螨。杀虫剂是农药中发展最快、用量最大、品种最多的一类药剂。

1. 按杀虫剂的成分及来源分类

①无机杀虫剂

以天然矿物质为原料加工、配制而成的具有杀虫效力的无机化合物为无机杀虫剂，又称矿物源农药，如常见的石灰、硫黄、磷化铝、硫酸铜等。

②有机杀虫剂

有机杀虫剂又可分为植物源农药、矿物源农药、微生物农药及人工化学合成农药。植物源农药如印楝素、除虫菊素、烟碱类等农药，矿物源农药如石油乳剂、煤油乳膏等，微生物农药如苏云金杆菌、白僵菌、青虫菌、农用链霉素等。人工化学合成农药又称化学杀虫剂，按其化学成分可分为有机氯杀虫剂，如林丹、氯丹、滴滴涕、六六六等；有机磷杀虫剂，如毒死蜱、乙酰甲胺磷等；氨基甲酸酯类杀虫剂，如灭多威、叶蝉散、克百威等；有机氮杀虫剂，如杀虫脒、杀螟丹、杀虫双等；拟除虫菊酯类杀虫剂，如溴氰菊酯、灭扫利、高效氯氰菊酯等；特异性杀虫剂，如几丁质抑制剂类灭幼脲、定虫隆等，化学不育剂类如六磷胺等，此外还有拒食胺、性外激素类等。

2. 按杀虫剂的作用方式分

①胃毒剂

药剂随食物一起经吞食后，在肠液中溶解且被肠壁细胞吸收到致毒部位，引起害虫中毒死亡，这种作用称为胃毒作用。以胃毒作用为主的药剂称为胃毒剂，如虫酰肼、丙溴磷、乙酰甲胺磷等。

②触杀剂

药剂经害虫体表接触进入体内，干扰害虫正常的生理代谢过程或破坏虫体某些组织，引起害虫中毒死亡，这种作用称为触杀作用。以触杀作用为主的药剂称为触杀剂，如氰戊菊酯、烟碱、除虫菊素等。

③熏蒸剂

杀虫剂本身挥发出气体或者杀虫剂与其他药品作用后产生毒气，经害虫呼吸系统进入虫体，引起中毒死亡，这种作用称为熏蒸作用。以熏蒸作用为主的药剂称为熏蒸剂，如磷化铝、溴甲烷等。

④内吸剂

药剂能经植物的吸收作用进入植物体内，并随植物体内汁液传导至植株各个部位，使整个植物体汁液在一定时间内带毒，并对植物无害。当害虫刺吸了含毒的植物汁液后即中毒死亡，这种作用称为内吸作用。以内吸作用为主的药剂称为内吸剂，如克百威、甲胺磷等。

⑤拒食剂

有些农药能影响昆虫的取食，害虫接触药剂后不能再取食或取食量减少，使害虫因饥饿而死。以这种性能为主的药剂称为拒食剂，如抑食肼、印楝素等。

⑥驱避剂

有些药剂本身虽无毒力或毒效很低，但由于具有特殊气味或颜色，施用后可使害虫不再为害，以这种性能为主的药剂称为驱避剂，如驱蚊油（邻苯二甲酸二甲酯）、避蚊胺（N，N－二乙基-间-甲苯酰胺）、樟脑丸等。

⑦引诱剂

有些药剂本身虽无毒力或毒效很低，但使用后可引诱害虫前来取食或交配，这种作用称为引诱作用，以引诱作用为主的药剂称为引诱剂，如果蝇性诱剂等。引诱剂可结合高压电网、杀虫剂等其他方法来捕杀害虫，往往能收到很好的防治效果。

3. 按杀虫剂的杀虫毒理分类

①神经毒剂

杀虫剂作用于害虫神经系统，阻断神经冲动的传导，干扰其正常的神经传导功能，引起神经麻痹死亡，如氨基甲酸酯类、拟除虫菊酯类等。

②呼吸毒剂

杀虫剂作用于呼吸系统，抑制呼吸酶的活性，阻碍呼吸系统的正常代谢，引起害虫窒息死亡，如鱼藤酮、磷化氢等。

③原生质毒剂

杀虫剂作用于生物细胞内的原生质，如砷素剂、重金属等。

④物理性毒剂

通过药剂的摩擦或溶解作用，损伤昆虫表皮，使昆虫失水，或阻塞昆虫的气门，影响呼吸代谢，窒息而亡，如惰性粉、矿物油剂等。

（二）杀螨剂

杀螨剂是农业生产中主要用来防治植食性害螨类的农药。根据杀螨剂的化学成分，可分为有机氯、有机磷、有机锡、甲脒类、杂环类、偶氮及肼类及其他杀螨剂，如三氯杀螨醇、三唑锡、双甲脒、氨基甲酸酯、尼索朗、克螨特等。

农业螨类一般个体较小，身体结构与昆虫也有差别，在分类上不属于昆虫。一般地，常用杀虫剂可以用来杀螨，但常用杀螨剂不一定能够杀虫。

（三）杀菌剂

杀菌剂是一类用来防治植物病害的药剂。凡是对植物的病原微生物（真菌、细菌、病毒、支原体等）能起到毒杀作用或抑制作用，又不伤害植物的药剂都属于杀菌剂。杀菌剂常按作用方式分为保护剂和治疗剂。

①保护剂

在病原菌侵入寄主植物之前在植物表面施药，以达到防病目的，这一类药剂称为保护性杀菌剂，如波尔多液、代森锌、拌种灵等。

②治疗剂

病原菌侵入寄主植物后，在其潜伏期间施用药剂，以抑制其继续在植物体内扩展或消除危害，这一类药剂称为治疗性杀菌剂，如多菌灵、三唑酮、托布津、戊唑醇等。

（四）杀线虫剂

杀线虫剂是一类防治植物病原线虫，避免或减轻危害的药剂。线虫多数生活在土壤中，从植物根部侵入，主要以土壤处理法杀灭线虫。杀线虫剂大都具有熏蒸作用，常用的药剂有二氯异丙醚等，如土线散、克线磷等品种。

（五）除草剂

除草剂是一类专门用来防治农田杂草，而又不影响农作物正常生长和人畜安全的药剂。按除草剂对植物作用的性质可分为：

①灭生性除草剂（非选择性除草剂）

这类除草剂对植物无选择性，苗草不分，凡是接触此类药剂都能受伤害致死，又称“见绿就杀”。因此不能在作物出苗后的田间直接喷洒，但可以利用土壤中根系深度的不同（即位差）或播后苗前（即时差）进行合理使用。更适合用于非农耕地，如休闲地、田边、森林防火带等地的除草，如百草枯、草甘膦等。

②选择性除草剂

在一定浓度和剂量范围内杀死或抑制部分植物而对另一些植物安全的药剂，如敌稗、二甲四氯、盖草能（吡氟氯禾灵）、稳杀得（吡氟禾草灵）等。

（六）杀鼠剂

杀鼠剂是指用于毒杀危害各种农、林、牧业生产和家庭的田鼠、家鼠的药剂。一般具有强大的胃毒作用，鼠类直接吞食药剂或鼠爪粘着药剂舔食入口，均可毒杀致死，如磷化锌、敌鼠、灭鼠灵等。

（七）植物生长调节剂

植物生长调节剂指能够促进或抑制植物生长发育或其他生理机能的药剂。这类药剂不同的品种或不同的使用浓度可以表现出对植物不同的作用。例如可使植物提早发芽，促生根，促生长；提早成熟；防止落花、落果和落叶，形成无籽果实；使植物延迟开花，延迟器官的发育；使植株矮壮或使植物脱叶等。

根据植物生长调节剂的用途，可分为催熟剂如乙烯利等，保鲜剂如抑芽丹、玉米素等，脱叶剂如脱落酸、脱叶灵（噻苯隆）等，生长抑制剂如矮壮素、多效唑、丁酰肼等，生长促进剂如赤霉素、芸苔素内酯（天丰素）等，生根剂如对硝基苯酚甲、吲哚乙酸等。

第二节　农药的剂型及农药的施用方法

一、农药的剂型

未经加工的农药称为原药，液体原药为原油，固体原药为原粉。原药除极少数能直接使用外，绝大部分必须加工成不同的剂型，便于采用不同的施药器械，有些为改善农药的理化性质、提高药效，还加入助剂和稳定剂等。

经过加工的农药称为农药制剂。目前，常用的农药剂型有以下几种。

（一）乳油

乳油(EC)主要是由农药原药按一定比例溶解在有机溶剂中，加入一定量的乳化剂配制而成的。农药乳油要求外观清晰透明、无颗粒、无絮状物，在正常条件下贮藏不分层、不沉淀，并保持原有的乳化性能和药效。乳油加水稀释后，能自动乳化分散，形成云雾状分散物，并能经时稳定，形成均一的乳状液，可以较好地满足喷雾要求。

乳油是目前农药使用的重要剂型，具有药效高、加工方便、耐贮藏、使用便捷等优点，但乳油使用大量有机溶剂，施用后会增加环境负荷。

（二）粉剂

粉剂(D)是由农药原药与载体填料按一定比例混合，经机械粉碎加工而成的粉状物。常见的粉剂有布氏白僵菌粉剂、1.1%苦参碱粉剂(康绿功臣)等。粉剂主要用于喷粉、撒粉、拌毒土等，不能用于加水喷雾。

（三）可湿性粉剂

可湿性粉剂(WP)是由农药原药、填料、湿润剂和分散剂混合加工而成的粉状物，可湿性粉剂加水稀释成稳定的悬浮液，用于喷雾。

可湿性粉剂具有包装成本低、贮运安全方便、药效比粉剂高的特点，但经贮藏，悬浮率往往下降，尤其经高温悬浮率下降很快，需注意低温保存。

（四）颗粒剂

颗粒剂(G)是由农药原药、载体和助剂等混合加工而成的颗粒状物。颗粒剂用于撒施，主要用于土壤处理或拌种沟施。颗粒剂如6%四聚乙醛等，可以控制农药释放速度，减少用药量，具有使用方便、操作安全、应用范围广及药效长等优点。

（五）水剂

水剂(AS)主要是由农药原药和水组成，有的还加入少量染色剂等调色。该制剂是以水为溶剂的均相液体制剂，农药原药在水中有较高的溶解度，使用时再加水稀释。水剂如10%草甘膦铵盐水剂、30.2%抑芽丹水剂、18%杀虫双水剂等加工方便，成本低廉，但包装及运输不太方便，有的农药在水中不稳定，长期贮存易分解失效。

（六）悬浮剂

悬浮剂(SC)又称胶悬剂，是一种可流动的液体状制剂。它是由固体农药原药和分散剂等助剂均匀地分散于水或油中混合加工而成的悬浊液。悬浮剂使用时兑水喷雾，如20%抑食肼悬浮剂、20%杀铃脲悬浮剂、20%除虫脲悬浮剂等。

（七）水分散性粒剂

水分散粒剂(WDG)的一般组成是：有效成分50%—90%、细润剂1%—3%、分散剂及黏着剂5%—20%、崩解剂0—5%、填料0—40%。水分散性粒剂以上物质混合，经一定工艺加工成的粒状制剂。水分散粒剂入水后能迅速崩解、分散于水中形成悬浮液。

水分散粒剂兼具可湿性粉剂和浓悬浮剂的悬浮性、分散性、稳定性好的优点，而克服了两者的缺点；与可湿性粉剂相比，它具有流动性好，易于从容器中倒出而无粉尘飞扬等优点；与悬浮剂相比，它具有包装便宜、贮运方便、化学稳定性好等优点。

（八）烟剂

烟剂(S)由农药原药、燃料、氧化剂、消燃剂、引芯制成，有的还可加工成片剂、纹香棒等，燃烧均匀、方便施用。烟剂点燃后成烟率高但没有火焰，农药有效成分因受热而气化，在空气中受冷又凝聚成固体微粒，沉积在植物上，可达到防治病害或虫害的目的。在空气中的烟粒也可通过昆虫呼吸系统进入虫体产生毒效。

烟剂在施用时具有劳动强度低、功效高等特点，但其受自然环境尤其是气流的影响较大，使用时尽量选在无风或风力小的天气，另外，农田中使用也可因“烟云”上浮流失药剂并污染环境。主要适用于防治森林、仓库、温室、卫生等相对郁闭环境内的病虫害。

（九）超低容量喷雾剂

超低容量喷雾剂(ULV)是一种油状剂，又称为油剂。它是由农药和溶剂混合加工而成的，有的还加入少量助溶剂、稳定剂等。这种制剂专供超低量喷雾机使用，或飞机超低容量喷雾，特点是雾滴直径更细小，单位受药面积上附着量多，用药量少，工效高。

用于配制超低容量喷雾剂的原药一般均为高效低毒的农药品种，如25%杀螟松油剂、10%天然除虫菊素等。油剂不含乳化剂，不能兑水使用，使用中不需稀释而直接喷洒。

目前，世界上已有50多种农药剂型，我国已经生产和研制的有30余种。生产中比较重要的农药剂型还有可溶性粉剂、种衣剂、气雾剂、气体发生剂、缓释剂、微胶囊悬浮剂等，在农林病虫害的防治中起到了重要的作用。

二、农药的施用方法

（一）喷雾

将农药制剂加水稀释或直接利用农药液体制剂，以喷雾机进行喷雾。喷雾的原理是将药液加压，高压药液流经喷头雾化成雾滴而进行喷雾。适用于这种施药方法的剂型有乳油、可湿性粉剂、可溶性粉剂、悬浮剂、微乳剂、水乳剂、水剂及油剂等。

（二）喷粉

喷粉是用喷粉器械所产生的风力将药粉吹出，均匀地散布于防治对象体表的一种施药方法。喷粉法施药比常量喷雾法施药工效高，作业不受水源限制，但粉尘飘移对环境污染严重。

（三）灌根

在土壤表层或耕作层，配制一定浓度的药液进行灌注，药剂在土壤中渗透和扩散，以防治土壤病原菌、线虫及地下害虫的施药方法。

(四) 毒饵撒施

将农药制剂与细土或饵料混合后,用手撒或撒粒机进行撒施。水田施药多采用此种施药形式。毒饵撒施或撒颗粒剂用法简单,工效高,减少了飘移污染,多用于防治地下害虫或生活在土壤中的病原菌及害虫。

(五) 拌种

用拌种器将药剂与种子混拌均匀,使种子外面包上一层药粉或药膜,再播种,以防治种子带菌和土壤带菌侵染种子,及防治地下害虫的施药方法。拌种法分干拌法和湿拌法两种。干拌法可直接利用药粉;湿拌法则需要确定药量后加少量水。拌种药剂量一般为种子重量的0.2%—0.5%。

(六) 浸苗或浸种

为预防种子带菌、地下害虫危害以及作物苗期病虫害而对种子及种苗进行药剂处理的方法。

(七) 包衣

包衣是近年来迅速兴起、不断推广的一种使用技术,集杀虫、杀菌功能为一体,在种子外包覆一层药膜,使药剂缓慢释放出来,达到治虫、抗病的作用,常见于种子包衣处理。

(八) 熏蒸

使用熏蒸剂,使农药挥发成气体状态,以毒气防治病虫害的施药方法。熏蒸法主要适用于防治仓库害虫、地下害虫、温室病虫害、病虫害检验检疫处理等。

(九) 烟熏

烟熏是将烟剂点燃或用烟雾器械产生含有有效成分的烟雾,通过烟雾在空气中的飘浮、扩散来防治害虫和病原菌的方法,该法适合于温室、土壤处理及郁闭环境中的植物病虫害防治。

(十) 茎干打孔注射法

利用电钻或注射器在树干基部倾斜45°钻孔,将一定量内吸性药液直接注入植物体内,利用植物疏导组织的传输将药剂运送到植株受害部位的施药方法。适用于防治白蚁、小蠹虫、叶蝉等钻蛀性及刺吸式危害的害虫。

第三节　常用农药的配制

绝大多数农药在使用时均要加水或混拌填充物稀释成一定浓度后才能使用,以便使用均匀、防止药害等。生产中发挥药效作用的是农药的有效成分,各浓度农药的配制都是以农药的有效成分作为基础的。

一、农药的配制方法

(一) 常见药剂浓度的表示方法

目前我国在生产上常用的药剂浓度表示方法有倍数法、百分比浓度法和百万分浓度法。

倍数法,也叫稀释倍数法,是指药液(药粉)中稀释剂(水或填料)的用量为原药剂用量的多少倍或是药剂稀释多少倍的表示法。此种表示法一般反映的是制剂的稀释倍数,而不是农药有效成分的稀释倍数,在生产实践上最常用。生产上往往忽略农药和水的比重的差异,即把农药的比重看作 1。稀释倍数越大,误差越小。

生产上通常采用内比法和外比法两种配法。稀释倍数在 100 倍(含 100)以下时,采用内比法计算,即稀释时要扣除原药剂所占的 1 份。如稀释 10 倍液,即用原药剂 1 份加水 9 份。但若稀释倍数在 100 倍以上时,采用外比法计算,计算稀释量时不扣除原药剂所占的 1 份。如稀释 1000 倍液,即可用原药剂 1 份加水 1000 份。

百分比浓度是指 100 份药剂(药液或药粉)中含有多少份药剂的有效成分,单位是%。百分比又分为重量百分比浓度、体积百分比浓度和体积重量百分比浓度。固体与固体之间或固体与液体之间,常用重量百分比浓度,液体与液体之间常用容量百分比浓度。

(二) 浓度的稀释计算

按稀释倍数计算公式:

内比法计算公式:稀释剂(水)的重量=原药剂重量×(稀释倍数-1)。

外比法计算公式:稀释剂(水)的重量=原药剂重量×稀释倍数。

稀释倍数=稀释剂用量/原药剂用量。

①计算 100 倍以下时:稀释剂(水)的重量=原药剂重量×(稀释倍数-1)。

例如:用 1kg35%氯虫苯甲酰胺水分散粒剂加水稀释成 90 倍药液,求稀释液重量(即需要加水多少千克)。

计算:稀释剂(水)的重量=原药剂重量×(稀释倍数-1)=1×(90-1)=89kg。

②计算 100 倍以上时:稀释剂(水)的重量=原药剂重量×稀释倍数。

例如:用 40%辛硫磷乳油 10mL 加水稀释成 1500 倍药液,求稀释液重量,即需要加水多少毫升。

计算:稀释剂(水)的重量=原药剂重量×稀释倍数=10×1500=15000mL。

即需加水 15L 或 15kg 配制即可。

二、农药的合理使用

(一) 农药的合理使用原则

①正确选用农药

在了解农药的性能、防治对象及掌握害虫发生规律的基础上,正确选用农药的品种、浓度和使用药量,避免盲目用药。一般情况下优先选用高效、低毒、低残留的药剂,如生物药剂。

②适时适量用药

用药时必须选择最有利的防治时机,既可以有效地防治害虫,又不杀伤害虫的天敌。例如,大多数食叶害虫初孵幼虫以及 2—3 龄幼虫有群居为害的习性,此时的幼虫抗药力较弱,故杀虫效果好;蛀干、蛀茎类害虫在蛀入茎干后一般防治较困难,所以应在蛀入前 1—2 龄的低龄幼虫期用药;有些蚜虫及螨类在为害后期有畸形卷叶的现象,对这类害虫的防治应在卷叶前用药,以提高防治效果;而对具有世代重叠的害虫来说,则选择在高峰前期进行防治。

说明书上标明的推荐使用剂量,都是经有关实验测试确定的科学用量,在生产中不应随意增减用量,应注意严格按照说明书的推荐使用剂量配制,这样,不浪费农药又不易导致害虫及病原菌产生抗药性。

③交替使用农药

在同一地区长期使用一种农药防治某一害虫或植物病害时,容易导致抗药性的产生,降低药剂的防治效果,尤其对于螨类、蚜虫、病原菌等世代重叠严重的微小生物,其生长发育历期短,更新换代的进化速率快,更容易产生抗药性,使农药在很短的时间内很快失去防治效果。

在病虫害防治中,为了延缓害虫及病原菌抗药性的产生,使用过程中应注意交替使用农药。交替用药的原则是:对某一类害虫在不同的年份或季节发生期,交替使用不同类型的农药。注意是交替使用农药,不是频繁更换农药。

④混合使用农药

农药混用不仅可以节省劳力,而且可以兼治多种病虫害,同时,在一定程度上还有利于减缓抗药性的产生。

正确混合使用农药的原则是:混用前后不产生拮抗或沉淀,混合后不能降低药效,而应适当增效。一般地,在生产使用中,酸性农药与碱性农药不宜混用,否则会降低药效,还要注意不能将属于同一类型农药中的不同品种混合使用,以免产生交互抗性。最近几年来,新型优良的农药助剂不断出现并得到使用,使农药的品种出现不断更新和改良,农药也正在朝着高效低毒、生态环保的方向发展。

(二)农药使用时的安全防护

①操作人员必须穿防护服、戴口罩,并应经常换洗。作业时应携带毛巾、肥皂,随时洗脸、洗手、漱口,保持药剂接触部位的清洗。

②作业时间不宜过长,轮流作业,应以 3—4 人一组轮换,避免长时间呼吸药剂、吸不到新鲜空气。

③施药时间宜选择在无风或微风的早上和傍晚,避免午后作业及顶风作业。

④发现中毒症状时,应立即停止作业,并及时转移至空气新鲜位置或及时送医诊治。

第四节　园林植物常用农药实用技术

农药仍然是目前防治植物病虫害的主要手段，随着人们对自然界的认识不断深入，对农药的负面影响认识不断深入，过去曾经大量使用的、在农业病虫害防治中曾发挥重要作用的农药品种，对人类健康、生态环境的危害性日益明确，减少和禁止它们的使用，成为大多数人的共识。

一、杀虫(螨)剂类

(一) 吡虫啉

中文通用名：吡虫啉，英文通用名：imidacloprid。

曾用名：大功臣、高巧、一遍净、蚜虱净、扑虱蚜、咪蚜胺、灭虫精、康福多、益达胺等。

毒性：吡虫啉属低毒杀虫剂。大鼠急性经口 LD_{50}(致死中浓)约 450mg/kg，大鼠急性经皮 LD_{50}＞5000mg/kg。对兔眼睛及皮肤无刺激作用，对鱼低毒，叶面喷洒时对蜜蜂有危害。

作用特点：吡虫啉是氯烟酰胍类烟碱化合物，属硝基亚甲基类内吸杀虫剂，主要用于防治刺吸式口器害虫。吡虫啉作用于昆虫烟酸乙酰胆碱酯酶受体，干扰害虫运动神经系统，中枢神经正常传导受阻，使其麻痹死亡。速效性好，药后第一天即有较高防效，残效期长，可达 25d 左右，对刺吸式口器害虫有较好的防治效果。无交互抗性，药效与温度呈正相关。

防治对象：适用水稻、棉花、果树、蔬菜、大豆、马铃薯等农作物，防治飞虱、叶蝉、木虱、蓟马、潜叶蛾、象甲、叶甲等害虫。

应用技术：主要用于防治刺吸式口器的害虫，对鞘翅目、双翅目、鳞翅目部分害虫也有效。又由于其优良的内吸性，特别适合于种子处理和颗粒剂施用。

①飞虱：10％吡虫啉 WP(可湿性粉剂)，20g 兑水喷雾，在初发期喷雾施用。

②棉蚜：10％吡虫啉 WP，10—20g 兑水喷雾，在棉蚜初发期喷雾。

③桃蚜：10％吡虫啉 WP，5000 倍液在害虫发生始盛期喷雾，间隔 10d 左右再喷施一次。

④柑橘潜叶蛾：10％吡虫啉 WP，1000—2000 倍液在害虫发生初发期喷雾。

制剂：高巧 70％湿拌剂，高巧 60％种子处理悬浮剂，康福多 20％浓可溶剂(德国拜耳公司)；10％可湿性粉剂(大功臣、蚜虱净)，70％水分散粒剂(阵风，上海生农；艾美乐，先正达)，25％吡虫啉可湿性粉剂，5％吡虫啉乳油(一遍净)等。

注意事项：不可与强碱性物质混用，以免分解失效；对家蚕有毒，养蚕季节严防污染桑叶；部分地区烟粉虱对吡虫啉有抗药性，此类地区不宜再用吡虫啉防治烟粉虱。

(二) 啶虫脒

由日本曹达株式会社开发的一种新型杀虫剂，属吡啶类化合物。

毒性：属中等毒杀虫剂，大白鼠急性经口 LD_{50} 146—217mg/kg。

作用特点：具有触杀和胃杀作用，有较强的渗透作用。高效，持效期长，可达 20d 左右。对人畜低毒，对天敌杀伤力小，对鱼毒性低。

防治对象：适用于防治果树、蔬菜上的半翅目蚜虫、叶蝉等，据报道对水稻二化螟有效。

制剂：3%乳油(日本曹达株式会社，常州制药厂、浙江海正集团、浙江温州农药厂、江苏吴中区农药厂、江苏红太阳集团、江苏化工集团等)，20%可溶性粉剂(日本曹达株式会社、上海生农生化制品有限公司、浙江海正集团等)。

应用技术：

①桔蚜、苹果蚜、茶蚜：3%乳油 2000—3000 倍液，兑水喷雾。

②蔬菜小菜蛾、菜青虫、跳甲、蓟马：3%乳油 2000—2500 倍液喷雾。

(三) 氟虫腈(锐劲特)

由法国罗纳—普朗克公司于 1987 年发现，于 1999 年开发成功的苯基吡唑类杀虫剂。

毒性：属中等毒杀虫剂。原药大白鼠急性经口 LD_{50}＞97mg/kg，急性经皮 LD_{50}＞2000mg/kg。5%悬浮剂大白鼠急性经口 LD_{50}＞1932mg/kg。氟虫腈对鱼、虾、蟹、蜜蜂高毒，对家蚕毒性较低。

作用特点：杀虫机制在于阻碍昆虫 Y- 氨基丁酸控制的氯化物代谢。杀虫谱广，以胃毒作用为主，兼有触杀和一定内吸作用。可进行叶面喷雾，也可施于土壤中防治地下害虫。

防治对象：水稻、蔬菜、棉花、烟草、茶叶、果树、玉米等作物上的多种害虫及卫生害虫和贮藏害虫。对半翅目、鳞翅目、缨翅目、鞘翅目害虫以及环戊乙烯类、菊酯类、氨基甲酸酯类杀虫剂已产生抗药的害虫极敏感。可以一药多治，是目前防治水稻二化螟、三化螟的王牌药剂。

应用技术：

①小菜蛾：5%悬浮剂 18—30mL/亩(1 亩＝666.7m^2＝0.0667hm^2。为了方便识记用药量，书中部分地方用亩作面积单位)，兑水喷雾。

②水稻二化螟、蓟马、稻黑蝽、稻蓟马、稻飞虱、稻象甲，5%悬浮剂，亩用 30—40mL；三化螟亩用 40—60mL；稻纵卷叶螟亩用 30—50mL，兑水喷雾。

③马铃薯甲虫：5%悬浮剂，亩用 18—35mL，兑水喷雾。

(四) 虫螨腈(除尽)

由美国氰胺公司开发的一种芳基取代吡咯化合物，具有杀虫特的作用机制。

毒性：属低毒杀虫剂。原药大白鼠急性经口 LD_{50}＞626mg/kg。制剂大白鼠急性经口 LD_{50}＞5359mg/kg，经皮 LD_{50}＞2000mg/kg。

作用特点：作用机制独特，它作用于昆虫体内细胞的线粒体，抑制 ADP 向 ATP 转化。以胃毒和触杀作用为主，渗透性强，有一定的内吸作用。可以控制对氨基甲酸酯类、有机磷和拟除虫菊酯类杀虫剂产生抗性的昆虫和某些螨类。

制剂：10%乳油，美国氰胺公司登记商品名为“除尽”。现已由德国巴斯夫接手。

防治对象：棉花、蔬菜上的多种害虫，如棉铃虫、甜菜夜蛾、斜纹夜蛾、小菜蛾等。

应用技术：

①小菜蛾、甜菜夜蛾：10%乳油，亩用 30—50mL，兑水喷雾。

②蔬菜蓟马、茶螨螨：10%乳油，亩用 50mL，兑水喷雾。

(五) 米螨

由美国罗门·哈斯公司开发的促进鳞翅目幼虫蜕皮的新型仿生杀虫剂。

毒性：属低毒杀虫剂。原药大白鼠急性经口 LD_{50} >5000mg/kg，急性经皮 LD_{50} >5000mg/kg。

作用特点：促进鳞翅目幼虫蜕皮。幼虫取食米螨后，在不该蜕皮时产生蜕皮反应，由于不能完全蜕皮而导致幼虫脱水、饥渴而死亡，与抑太保等抑制蜕皮的杀虫剂的作用机理相反，杀虫机理独特。适用于害虫抗性综合治理。米螨对高龄和低龄的幼虫蜕均有效。以胃毒作用为主，幼虫取食米螨后仅 6—8h 就停止取食，不再危害作物，比蜕皮抑制剂的作用更迅速。无药害，对作物安全。

制剂：24%悬浮剂，美国氰胺公司登记商品名为"米螨"。

防治对象：蔬菜、果树及森林上的甜菜夜蛾、甘蓝夜蛾、菜青虫、黏虫、玉米螟、尺蠖、苹果卷叶蛾、松毛虫、美国白蛾、天幕毛虫、舞毒蛾等。

应用技术：

①甜菜蛾：亩用 24%米螨悬浮剂 40mL，加水 10—15kg 喷雾。

②苹果卷叶蛾：24%米螨悬浮剂 1500—2500 倍液喷雾。

③松毛虫：24%米螨悬浮剂 1500—2500 倍液喷雾。

(六) 阿维菌素(害极灭、虫螨克、齐螨素)

由美国默沙东(Merck)公司开发的新型抗生素杀虫杀螨剂。主要是阿氟曼链霉菌(*Streptomyce avermitilis*)经液体发酵产生的一组新型十六元大环内酯类抗生素，有效成分为 Avermectin B1。

毒性：属高毒农药。原药大白鼠急性经口 LD_{50} <10mg/kg，制剂大白鼠急性经口 LD_{50} >650mg/kg，对水生生物、蜜蜂高毒，对鸟类低毒。

作用特点：作用机制与一般杀虫剂不同，它干扰害虫的神经生理活动，通过刺激害虫释放 γ-氨基丁酸，从而阻断运动神经信号的传递。害虫害螨接触后立即出现麻痹症状，不食不动，2—4d 后死亡。有胃毒和触杀作用，渗透性强，阿维菌素在土壤中易被吸附，可被微生物分解，在环境中无积累作用，对作物安全。

制剂：1.8%乳油，2%乳油，5%乳油。美国默沙东公司注册商品名为"害极灭"，浙江海正集团为"灭虫灵"，桂林集琦药业为"虫螨克"，北京农业大学为"齐螨素"，华北制药集团为"阿维虫清"。

防治对象：蔬菜、柑橘、棉花等作物上的害螨、小菜蛾、棉铃虫、菜青虫、美洲斑潜蝇、烟草夜蛾等。

应用技术：

①红蜘蛛、锈螨：1.8%乳油 5000—10000 倍液喷雾。

②小菜蛾、菜青虫、美洲斑潜蝇：亩用1.8%乳油10—20mL兑水喷雾。

③棉铃虫：亩用1.8%乳油40—80mL兑水喷雾。

此外，还可以防除牲畜虱螨。

（七）多杀菌素（催杀、菜喜）

由美国陶氏公司开发的新型抗生素，是从放线菌代谢物中提纯出来的生物源杀虫剂。

毒性：属低毒杀虫剂。原药大白鼠急性经口 LD_{50} ＞5000mg/kg（雌），LD_{50} ＞3783mg/kg（雄）。对鸟类、水生动物及蚯蚓低毒。

作用特点：①杀虫速度快，喷药当天见效，可与化学农药媲美，非一般生物杀虫剂可比。②毒性低，中国和美国农业部门登记的安全采收期都只有1d，最适合无公害蔬菜生产应用。③活性高，一般亩用量有效成分1g左右。

制剂：48%悬浮剂，2.5%悬浮剂，美国陶氏公司登记商品名分别为催杀和菜喜。

防治对象：棉花、蔬菜等作物上的棉铃虫、烟青虫、小菜蛾、甜菜夜蛾、蓟马等。

应用技术：

①棉铃虫、烟青虫：亩用48%催杀悬浮剂4.2—5.6mL，兑水20—50kg喷雾。

②小菜蛾：于低龄幼虫期，亩用2.5%菜喜悬浮剂30—50mL，兑水20—50kg喷雾。

③甜菜夜蛾：于低龄幼虫期，亩用2.5%菜喜悬浮剂50—100mL傍晚时喷施。

④蓟马：亩用2.5%菜喜悬浮剂30—50mL，喷施作物的花、幼果、顶尖及嫩梢。

二、杀线虫剂类

棉隆（dazomet）原粉为灰白色针状结晶，纯度为98%—100%，常温条件下性质稳定，但遇潮湿易分解。棉隆是一种广谱熏蒸性杀线虫剂，并兼治土壤真菌、地下害虫及杂草。毒性低，对动物、蜜蜂无害，对鱼毒性中等。

该药使用范围广，能防治多种根结线虫和茎线虫，在土壤中残留较长，易污染地下水，南方应少用。常见制剂微粒剂，采用撒施或沟施，施药后立即覆土，盖膜封闭更好。施药后过一段时间松土通气再种植。

本章复习题

1. 农药的概念。
2. 常用的农药剂型有哪些？
3. 农药配制的原则有哪些？

第五章　热带园林植物害虫及其防治

第一节　园林植物主要食叶害虫及防治

广义食叶性害虫泛指以取食叶片为害的各种害虫，包括取食叶片的吮吸式害虫、潜食叶肉的潜叶性害虫、各种蚕食叶片和卷叶的害虫。本章主要讲述以蚕食叶片和卷叶危害为主的害虫。这类害虫均具有咀嚼式口器，蚕食叶片形成缺刻，严重危害时，常将叶片吃光，仅剩下茎干或主叶脉，并取食嫩头、花蕾或舔食果皮。它们大都营裸露生活，仅少数卷叶、缀叶营巢，虫口数量受环境因子影响较大。加之该类害虫繁殖力强，且往往具有主动迁移、迅速扩大危害的能力，因而常形成间歇性爆发危害。此外，由于该类害虫大都裸露取食叶片，故易于防治，一般在低龄幼虫期，施用触杀和胃毒性杀虫剂，均能取得理想的防治效果。

园林植物食叶害虫的种类繁多，主要为鳞翅目的袋蛾、刺蛾、尺蛾、斑蛾、枯叶蛾、舟蛾、灯蛾、夜蛾、毒蛾及蝶类；鞘翅目的叶甲、金龟子；膜翅目的叶蜂；直翅目的蝗虫等。它们的危害特点：①危害健康的植株，猖獗时能将叶片吃光，削弱树势，为天牛、小蠹虫等蛀干类害虫侵入提供适宜条件。②大多数食叶类害虫营裸露生活，受环境因子影响大，其虫口密度变动大。③大多数种类繁殖能力强，产卵集中，易暴发成灾，并能主动迁移扩散，扩大危害范围。

一、袋蛾类

鳞翅目蓑蛾科蓑蛾属，又名袋蛾，俗称“避债蛾”、“吊死鬼”等，是危害园林植物的主要杂食性食叶害虫之一。

袋蛾大多雌雄异型，雌蛾无翅、无足，头、胸节退化。雄蛾有翅，小到中型，翅面有稀疏的毛和不完全的鳞片，几乎无斑纹。口器退化。幼虫都能吐丝缀叶形成护囊，雌虫终生不离幼虫所织的护囊。食性杂，危害多种植物。

（一）大袋蛾 *Clania variegate* Snellen

又名大蓑蛾、避债蛾，属鳞翅目，袋蛾科。

【分布与危害】　分布于华东、中南、西南等地，山东、河南发生严重。该虫食性杂，以幼虫取食刺槐、悬铃木、泡桐、榆等多种植物的叶片，易暴发成灾，对城市绿化影响很大。

【识别特征】　成虫雌雄异型。雌虫无翅，体长25—30mm，蛆型，粗壮、肥胖、口小，口器退化，全体光滑柔软，乳白色。雄蛾黑褐色，体长20—23mm。触角羽毛状。前翅翅脉黑褐色，翅面前、后缘略带黄褐色至黑褐色，有4—5个透明斑。卵产于雌蛾护囊内。老熟幼虫体长25—40mm，雌幼虫黑色。护囊纺锤形，成长幼虫的护囊长达40—60mm，囊外附有较大的碎叶片，有时附有少数枝梗，排列不整齐。识别特征如图5-1所示。

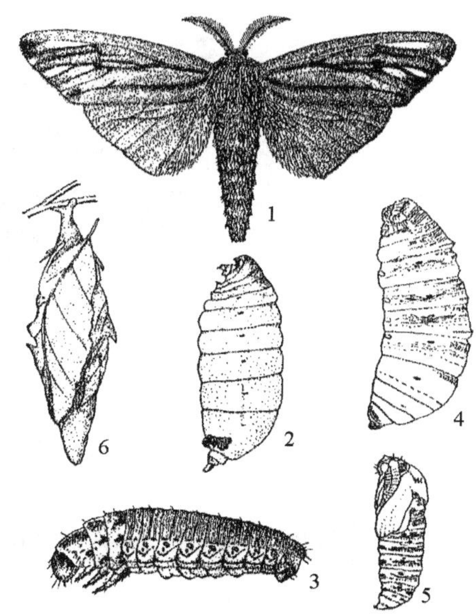

图5-1　大袋蛾
1. 雄成虫　2. 雌成虫　3. 幼虫
4. 雌蛹　5. 雄蛹　6. 囊囊
（仿浙江农业大学）

【发生规律】　多数一年1代。以老熟幼虫在袋囊内越冬。翌年3月下旬开始出蛰，4月下旬开始化蛹，5月下旬至6月羽化，卵产于护囊蛹壳内，每头雌虫可产卵2000—3000粒。6月中旬开始孵化，初龄幼虫从护囊内爬出，靠风力吐丝扩散。取食后吐丝并咬啮碎屑、叶片筑成护囊，袋囊随虫龄增长扩大而更换，幼虫取食时负囊而行，仅头胸外露。初龄幼虫剥食叶肉，将叶片吃成孔洞、网状，3龄以后蚕食叶片。7—9月幼虫老熟，多爬至树梢上吐丝固定虫囊越冬。

（二）茶袋蛾 *Clania minuscula* Butler

又名小袋蛾，属鳞翅目，袋蛾科。

【分布与危害】　华东、陕西、四川、湖南、台湾等地均有分布。以幼虫取食悬铃木、杨、柳、女贞榆、枸橘、紫荆等多种树木、花卉的叶片。

【识别特征】　成虫雌雄异型。雌虫体长15mm，蛆型，无翅，足退化。头部褐色，胸部各节背面有黄色硬皮板。腹部第4—7腹节周围有黄色绒毛。雄虫体长11—15mm，翅展22—30mm，体、翅深褐色。前翅翅脉颜色略深，在近翅尖处沿外缘有长方形透明斑，外缘近中央处也有长方形透明斑1个。老熟幼虫体长16—26mm，头黄褐色。胸部背面有褐色纵纹2条，每节纵纹两侧各有褐斑1个。腹部各节背面有黑色突起4个，排列成“八”字形。护囊长25—30mm，囊外紧贴一层纵列长短不齐的小枝梗。识别特征如图5-2所示。

【发生规律】　一年1—3代，以幼虫在护囊内悬挂枝上越冬。翌年6—7月羽化交尾，雌虫产卵于囊内。每头雌虫产卵平均600余粒。幼虫孵化后，从护囊内爬出，迅速分散。也有的吐丝悬垂，借风力分散。幼虫分散后吐丝缀叶作护囊，取食时头胸探出。初龄幼虫剥食叶肉，长大后食叶，还能剥食树皮、果皮。护囊随虫体长大增大，4龄后能咬取长短不一的小枝并列于囊外。

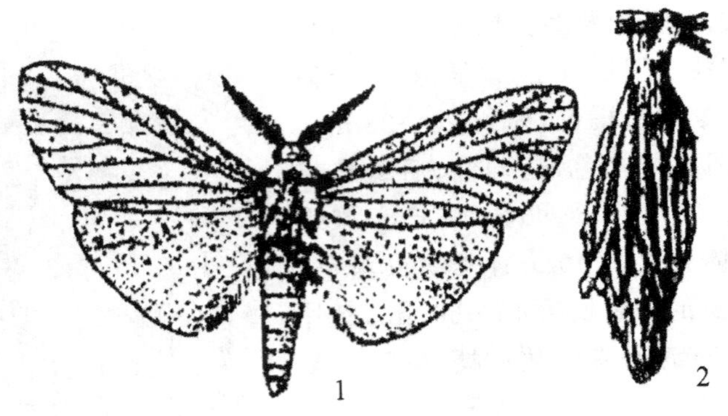

图 5-2　茶袋娥
1. 成虫　2. 蛹
(引自涔炳沾,等《景观植物病虫害防治》,2003)

(三) 白囊袋蛾 *Chalioides kondonis* Matsumura

属鳞翅目,袋蛾科。

【分布与危害】　华东、华南、西南及台湾地区等地均有分布,危害柑橘、梨、柿、枣、茶、法国梧桐、杨等多种植物。

【识别特征】　成虫雌虫体长 9—14mm,黄白色。雄虫体长 8—11mm,翅展 8—20mm,体淡褐色密布长毛,翅透明,后翅基部被白毛。老熟幼虫体长 30mm,头褐色,有褐色点斑,中、后胸背板各分成两块,每块上各有深色点斑,腹部黄白色,各节背面两侧都有深色点斑。成熟幼虫的护囊长 30mm,长圆锥形,灰白色。识别特征如图 5-3 所示。以丝缀成护囊,较紧密,不附有枝叶。

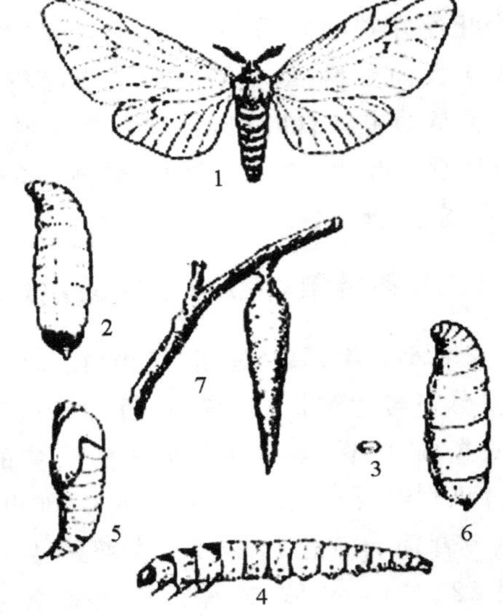

图 5-3　白囊袋蛾
1. 雄成虫　2. 雌成虫　3. 卵　4. 幼虫
5. 雄蛹　6. 雌蛹　7. 护囊
(引自涔炳沾,等《景观植物病虫害防治》,2003)

【发生规律】　一年 1 代,以幼虫在袋囊内越冬。翌年早春开始活动,7 月羽化成虫,7 月幼虫开始孵化,10—11 月越冬。

【袋蛾类害虫的防治措施】

(1) 冬春人工摘除越冬虫囊,消灭越冬幼虫,平时也可结合日常管理工作,顺手摘除护囊,特别是植株低矮的树木花卉更容易操作。

(2) 用黑光灯或性激素诱杀雄成虫。

(3) 化学防治。幼虫危害时,喷洒 2.5%溴氰菊酯乳油 2000 倍液、40.7%毒死蜱乳油 1000—2000 倍液,有良好的防效,喷药时应注意喷施均匀,要求喷湿护囊,以提高防效。

(4) 生物防治。招引益鸟、保护天敌,充分发挥天敌的自然控制作用。选用苏云金杆菌(含孢量 100 亿/mL)制剂 1.5—2.0L/hm^2 或大蓑蛾核型多角体病毒(含 PIB 109/g)制剂 1.5—3.0kg/hm^2,加水 1500—2000kg 喷雾。用青虫菌或 Bt 制剂 500 倍液喷雾,保护袋囊幼虫的寄生蜂、寄生蝇。

二、斑蛾类

(一) 朱红毛斑蛾 *Phauda flammans* Walker

又名红火斑蛾、榕树斑蛾,属鳞翅目,斑蛾科。

【分布与危害】 分布于广东、云南等省。危害榕树、高山榕、印度橡胶榕等各种榕属庭院树木,危害相当严重。

【识别特征】 成虫触角双栉齿状,黑色,端部灰白色。体及翅红色,前翅和后翅的臀区有1个大的深蓝色斑。胸部背面及腹部两侧红色的体毛较长。胸、腹部的腹面体毛为黑色。初孵幼虫呈米黄色,老熟幼虫体长17—19mm,头小,常缩在前胸盾下。识别特征如图5-4所示。每体节有4个白色毛突,每个毛突着生1根棕色毛,能分泌一种黏液而使体表黏稠。

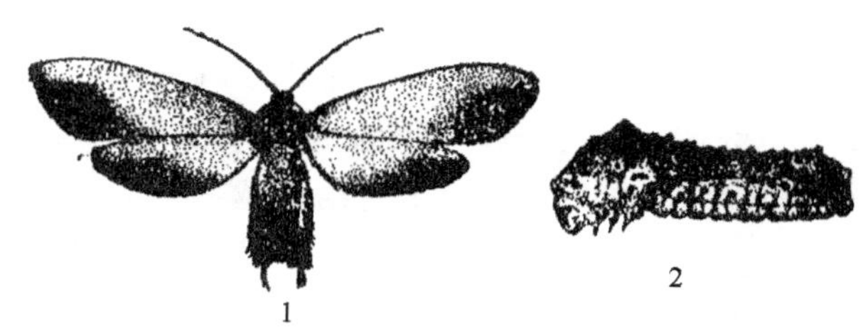

图5-4 朱红毛斑蛾

1.成虫 2.幼虫

(引自涔炳沾,等《景观植物病虫害防治》,2003)

【发生规律】 该虫在广州一年发生2代,以老熟幼虫结茧越冬。翌年3月中、下旬为化蛹盛期。4月上、中旬为羽化盛期。第一代幼虫出现危害在4月下旬至6月下旬,第二代幼虫危害在7月中旬至10月中旬,9月下旬便开始陆续结茧过冬。产卵在树冠顶部的枝条叶片上,卵块多产在叶正面接近叶尖处。初孵幼虫啃食叶表皮,随虫龄增大,将叶片吃成孔洞或缺刻,发生严重时植株叶片全部被吃光,仅剩光秃树干。老熟幼虫沿树干下地,在树干基部附近杂草石缝或树根间隙结茧化蛹。寄生天敌有绒茧蜂和花胸姬蜂。

(二) 竹斑蛾 *Artona funeralis* Butler

又名竹小斑蛾。

【分布与危害】 分布于江苏、浙江、安徽、湖北、湖南、江西、台湾、广东、广西、云南、贵州等地。主要危害毛竹、刚竹、淡竹、青皮竹、茶秆竹等。以幼虫取食竹笋及竹叶。轻则影响竹林长势,严重时使来年发笋率降低,如连年严重受害则可致竹子死亡。

【识别特征】 成虫体长9—11mm,翅展20—22mm。体黑色,带青蓝色光泽。雄蛾触角羽毛状,雌蛾触角丝状。翅黑褐色,前缘、后缘、外缘及翅脉黑色。前翅狭长,无斑纹,从侧面看有紫色光泽;后翅顶角较尖锐,基部及中央半透明,缘毛灰褐色,无斑纹。前足胫节有一对端距,后足胫节有2对距,分别位于端部和中部。卵长圆形,长0.7mm,宽0.5mm。初产时乳白色,有光泽;近孵化时变为淡蓝色。幼虫体长16—19mm。头褐色。身体背面和腹面砖红色,体侧面少数灰色或黑色。初龄幼虫胸部第一节甚宽大,常将头部盖住,体躯各节背面均有横列的 4 个毛瘤,毛瘤上长有成束的灰白色刚毛。结茧前体变为黑红色。蛹长 9—10mm,体扁,鲜黄色而有光泽,接近羽化时变为灰黑色。背面可见 10 节,各节前半部均有黄色刺状突起。茧扁椭圆形,长约 13mm,黄褐色。茧四周及茧上被有白色粉。识别特征如图 5-5 所示。

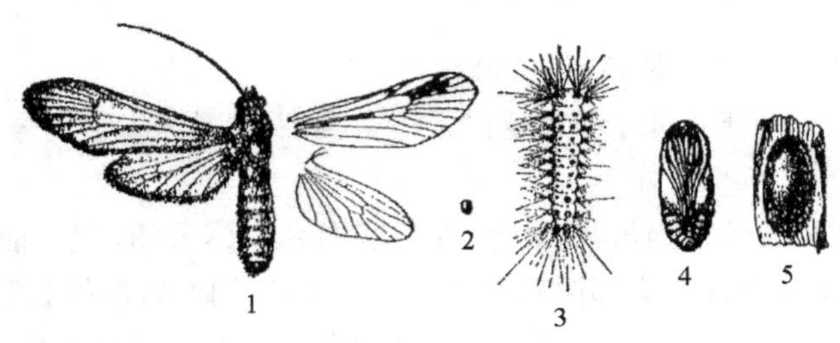

图 5-5 竹斑蛾

1. 成虫 2. 卵 3. 幼虫 4. 蛹 5. 茧

(引自涔炳沾,等《景观植物病虫害防治》,2003)

【发生规律】 在浙江一带一年发生 3 代,以老熟幼虫结茧越冬。次年 4 月下旬至 5 月上旬化蛹,5 月中、下旬成虫羽化、产卵。第一代幼虫危害期在 6 月,第二代在 8 月,第三代在 10 月。在广东等地一年发生 4 代,以老熟幼虫下竹结茧越冬。次年 2 月下旬至 3 月下旬成虫羽化、交尾、产卵。第一代发生期为 3—5 月,第二代为 5—7 月,第三代为 7—9 月,第四代为 10 月至次年 3 月。各代幼虫危害期分别为第一代 4—5 月,第二代 7 月,第三代 9 月,第四代 11 月。成虫白天飞翔、交尾、产卵,夜间栖息于竹叶或其他植物上不动。卵单层成块产于竹叶背面,无覆盖物,多产于 1m 以下的小竹嫩叶上和大竹下部叶片上。每头雌虫产卵 300—400 粒。幼龄幼虫有群集性,在竹叶背头向一方排成一列或数列。3 龄幼虫将叶吃成缺刻;老熟幼虫能将叶吃光,仅剩残枝。幼虫老熟后下竹在枯竹筒和竹壳内及其他枯枝落叶下结茧化蛹。

【斑蛾类害虫的防治措施】

(1) 消灭越冬虫源,如剪虫卵、人工捏虫苞、捕捉成虫,刮除老翘皮、消灭越冬幼虫等。

(2) 初龄幼虫期喷洒 50%杀螟松、50%辛硫磷乳油 1000 倍液、2.5%的溴氰菊酯乳油 3000 倍液。

三、刺蛾类

刺蛾属鳞翅目刺蛾科。因其幼虫体上生有枝刺和毒毛,故称刺蛾。又因其幼虫触及皮肤,轻者红肿疼痒,重者淋巴发炎甚至皮肤溃疡,故俗称“痒辣子”。全世界已知 1000 余种,国内已知 90 余种。

(一) 黄刺蛾 *Cnidocampa flavescens* (Walker)

又名痒辣子、八角等。

【分布与危害】 该虫几乎遍布全国。是一种杂食性食叶害虫。初龄幼虫只食叶肉,4 龄后蚕食叶片,常将叶片吃光。影响植物生长发育,甚至造成枯死。

【识别特征】　成虫虫体橙黄色。触角丝状。前翅基半部黄色，端半部褐色，有两条暗褐色斜线，在翅尖上汇合于一点，呈倒“V”字形，内面一条斜线伸到中室下角，为黄色与褐色的分界线，后翅灰黄色。老熟幼虫体长16—25mm，黄绿色。体背面有一块紫褐色哑铃形大斑。蛹黄褐色，茧灰白色，茧壳上有黑褐色纵条纹，形似雀蛋。识别特征如图5-6所示。

【发生规律】　一年1—2代，以老熟幼虫在枝杈等处结茧越冬，翌年5—6月化蛹，6月出现成虫，成虫有趋光性。卵散产或数粒相连，多产于叶背。卵期5—6d。初孵幼虫取食卵壳，而后在叶背食叶肉，4龄后取食全叶。7月老熟幼虫吐丝和分泌黏液做茧化蛹。

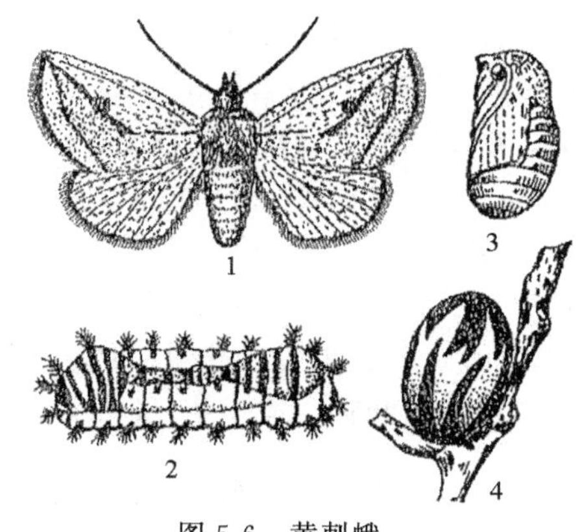

图5-6　黄刺蛾
1. 成虫　2. 幼虫　3. 蛹　4. 茧
（仿黄可训）

（二）褐边绿刺蛾 *Latoia consocia*（Walker）

又名青刺蛾。

【分布与危害】　分布广泛。危害悬铃木、白榆、刺槐、杨、柳、枫、槭、白蜡树、乌桕、喜树、梨、苹果、柿、枣、核桃、梅花、紫荆、海棠、樱花、月季等。幼虫食害寄主叶片，影响树木生长。

【识别特征】　雌成虫体长15.5—17mm，翅展36—40mm；雄成虫体长12.5—15mm，翅展28—36mm。头部、胸背部及前翅绿色。复眼黑褐色。触角褐色，雌蛾为丝状，雄蛾触角近基部十几节为栉齿状，较发达。胸部背中有1条浅褐色线。前翅基部有明显褐色斑纹，斑纹有2处凸出伸向翅的绿色部分，前翅前缘边褐色，外缘处有1条宽黄色带，带的内缘边及带内翅脉着生处褐色，缘毛褐色。后翅及腹部黄色。老熟幼虫体长24—27mm，宽7—8.5mm，翠绿色或黄绿色。前胸背板有2个小黑点，背线蓝色，两侧有斑块。体生短硬刺毛丛，背上有10对，体下方有9对。刺毛尖端黑色，腹末后部另有4组黑色球形刺毛丛。蛹茧近圆筒形，棕褐色，质硬，壳面缠少量白丝。识别特征如图5-7所示。

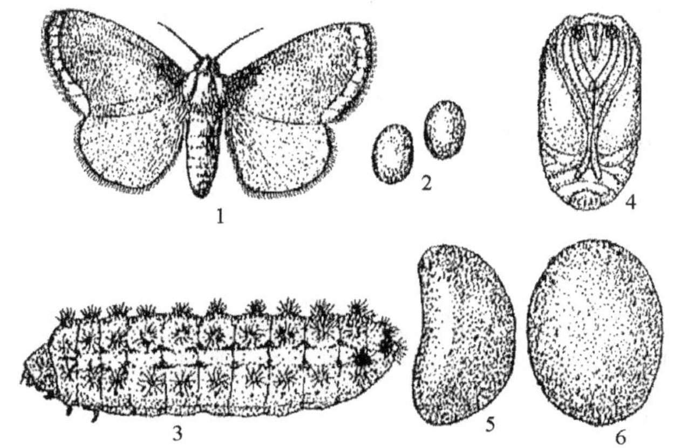

图5-7　褐边绿刺蛾
1. 成虫　2. 卵　3. 幼虫　4. 蛹　5. 茧侧面观　6. 茧背面观
（仿赵庆贺等）

【发生规律】 北方一年1代，以老熟幼虫在树下表土中结茧越冬。6月化蛹，7月羽化成虫，7月底幼虫危害，8月中旬至9月中旬危害严重，8月底至10月中旬做茧越冬。长江以南一年1—2代，以幼虫在浅土层结茧越冬。翌年4月下旬至5月上、中旬化蛹，越冬代成虫5月下旬至6月上旬羽化产卵，6—7月下旬是第1代幼虫危害活动期，至7月上中旬渐老熟，结茧化蛹，8月初第1代成虫开始羽化产卵，8月中旬至9月第2代幼虫开始危害活动，9月中旬以后逐渐老熟结茧越冬。成虫白天潜伏，夜间飞翔活动，有趋光性。成虫产卵于叶背，常数十粒呈鱼鳞状排列。6龄后自叶缘向内蚕食。幼虫于树冠下浅松土层结茧。第1代幼虫部分在叶背结茧化蛹，成虫寿命3—8d。

（三）扁刺蛾 *Thosea sinensis*（Walker）

【分布与危害】 分布广泛，在东北、华北、华东、中南及四川、云南、陕西等地区均有发生。食性很杂。危害悬铃木、榆、杨、柳、泡桐、樱花、牡丹、芍药等多种林木花卉，以幼虫取食叶片。

【识别特征】 成虫体、翅灰褐色。前翅灰褐稍带紫色，有1条明显的暗褐色线，从前缘近顶角斜伸至后缘，后翅暗灰褐色。触角褐色，雌虫丝状，雄虫基部数十节栉齿状。前足具白斑。老熟幼虫体长21—26mm，体绿色或黄绿色。椭圆形，各节背面横向着生4个刺突，两侧的较长，第4节背面两侧各有1个小红点。茧椭圆形，黑褐色，坚硬。

【发生规律】 一年1—3代，以老熟幼虫结茧在土中越冬。6、8两月为全年幼虫危害的严重时期。成虫傍晚羽化，有趋光性。卵散产于叶面，初孵幼虫剥食叶肉。5龄以后取食全叶，幼虫昼夜进食。9月底以后开始下树结茧越冬。

【刺蛾类害虫的防治措施】

(1) 灭除越冬虫茧。根据不同刺蛾结茧习性与部位，结合修枝清除树上的虫茧，在土层中的茧可挖土除茧。也可结合保护天敌，将虫茧集中于网中，让寄生蜂羽化飞出。另外，初孵幼虫有群集性，摘除带初孵幼虫的叶片，可防止扩大危害。

(2) 灯光诱集。刺蛾成虫大都有较强的趋光性，成虫羽化期间可安置黑光灯诱杀成虫。

(3) 化学防治。幼虫危害严重时，喷施细菌性杀虫剂灭蛾灵1000倍液，50%辛硫磷乳油1500倍液、40.7%毒死蜱乳油1000—1200倍液。此外，也可选用拟除虫菊酯类杀虫剂。化学防治应掌握在幼虫2—3龄时期为好。

(4) 生物防治。Bt乳剂500倍液于潮湿条件下喷雾使用。

(5) 保护天敌，如蜘蛛、姬蜂等。

四、毒蛾类

毒蛾类属鳞翅目毒蛾科。体中型，粗壮多毛，前翅广，足多毛，雌蛾腹端有毛丛。幼虫具有特殊的长毒毛，在化蛹及羽化时毒毛也常常附着在蛹及成虫上，接触皮肤即行折断刺入皮肤，不易被拔出，引起皮炎。

（一）榕透翅毒蛾 *Perina nuda*（Fabricius，1787）

【分布与危害】 国内主要分布在广东、广西、海南、福建、四川、江西、浙江、湖南、湖北等地。食性杂，主要取食桑科榕属的多种植物。主要以幼虫取食叶片，严重时可将叶片吃光，严重影响植物光合作用及生长势。

【识别特征】 卵红褐色，扁平圆形，似算盘子，直径约 0.1cm。幼虫 7 龄，初孵幼虫有取食卵壳的习性，3 龄后分散转移，扩大危害，4 龄食量大增，危害加剧。有多种类型。体长 21—36mm，腹部第 1—2 节背面有茶褐色大毛丛，各节皆生有 3 对镶黑、蓝颜色的赤色肉瘤，位于体侧的较大，体背丛生长毛；背线宽，黄色或白色，中央有一条黑色细纵线。头后缘有 2 枚红斑，左右各有一枚红色圆球状突起，其球上分布长短不一的长毛。蛹长约 21mm，略呈纺锤形，头部粗圆，尾端尖，于叶面吐丝为巢，微卷叶，不做茧化蛹，用几根坚韧的丝，黏住附近的叶子然后悬于中间化蛹。蛹褐色，腹部上方有一条黄褐色或绿色的带斑，可辨雌雄，雄虫的带斑是绿色。成虫雌雄异形，雌蛾体黄白色，体型肥大，长约 3cm，翅黄白色，密被鳞片，无斑点。雄蛾体灰黑色或灰褐色，长约 2.5cm，体型细瘦，翅无色透明。

【发生规律】 在重庆每年发生 5—6 代，以 5—6 龄幼虫在叶片上越冬，无明显滞育现象，越冬幼虫在天气温暖时仍可取食，世代重叠严重。新羽化成虫一般静伏在蛹壳上 10min 后展翅，3—4h 后才能飞行，成虫不取食，无明显趋光性。羽化后即可交配。交配多在12:00之前进行，8:30—10:30(气温 27—30℃)最盛。雄蛾活跃，飞翔力及搜索力强。7—8 月为成虫发生盛期，1 头活雌蛾 2h 即可诱集到 20—28 头雄蛾。成虫无补充营养现象，羽化当天即可交配并产卵，多数在交配后第二天产卵。卵产于叶片、叶柄及嫩枝上，卵块产，10—50 粒不等，多数 30—40 粒/块，每头雌虫产卵量为 260—420 粒，多在 3d 内产完。

【防治方法】

园林技术防治：在园林绿化中，合理配置植物种类，加强水肥管理，增强树势，提高植株抗性。

生物防治：该虫的天敌主要有寄生蝇、细菌、白僵菌等。在该虫发生量较少的情况下，尽量避免使用化学杀虫剂，注意保护和利用天敌种类，合理控制害虫的种群数量。

化学防治：在低龄幼虫危害盛期喷施 20%氟铃脲 · 辛乳油 2000 倍液、Bt(苏云金杆菌)800 倍液、24%雷通悬浮剂 1800 倍液、2%甲氨基阿维菌素苯甲酸盐水分散粒剂 93.25—112.5g/hm^2 等。需要注意的是掌握好防治适期，化学防治应在低龄幼虫期采用。

(二) 黄尾毒蛾 *Euproctis similis*

又名黄尾白毒蛾、桑毛虫、桑毒蛾、金毛虫等。

【分布与危害】 几乎分布于全国各地，主要危害苹果、梨、桃、杏、杨、海棠 、红叶李、板栗、泡桐等。幼虫取食叶片、幼芽，严重时将叶片吃光。

【识别特征】 成虫体长 12—18mm，翅展 30mm 左右。体、翅均白色，复眼黑色，前翅后缘有 2 个黑褐色斑纹。雌成虫触角栉齿状，腹部粗大，尾端有黄色金毛丛。雄成虫触角羽毛状，尾端黄色部分较少。卵扁圆形，灰白色，半透明，卵表面有黄毛覆盖。幼虫老熟时体长 25—35mm，胴部黄色，背线红褐色，体背各节具黑色毛瘤 2 对。背线与气门下线呈红色，亚背线、气门上线与气门线为断续不连接的黑色线纹，每节有毛瘤 3 对。识别特征如图 5-8 所示。

【发生规律】　该虫一年发生代数因地区不同而有差异，江苏、浙江、四川一年发生 3—4 代，华南地区可发生 6 代，以 3 龄幼虫在粗皮缝或伤疤处结茧越冬，翌年寄主展叶期开始活动危害，幼龄时先取食叶肉，仅留下表皮，稍大后蚕食叶片，造成缺刻和孔洞，仅剩叶脉。幼虫危害期分别发生在 4 月上旬、6 月中旬、8 月上旬、9 月下旬。幼虫体上着生长毛，对人有毒，人体一旦接触，可引起红肿疼痛，淋巴发炎，即桑毛虫皮炎症。成虫有趋光性，昼伏夜出，将卵产在叶片背面，卵呈块状，卵粒数目不等，卵期 6d 左右。

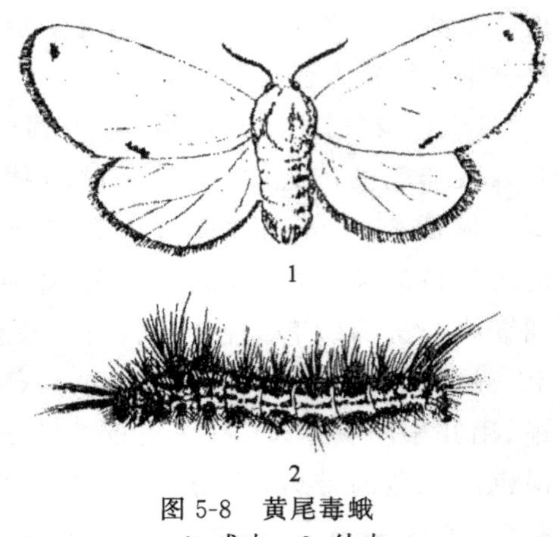

图 5-8　黄尾毒蛾
1. 成虫　2. 幼虫
（引自徐明慧《园林植物病虫害防治》）

（三）刚竹毒蛾 *Pantana phyllostachysae* Chao

【分布与危害】　主要分布于浙江、江苏、福建、江西、湖南、湖北、广东、广西、四川、云南等地。危害毛竹、慈竹，是我国重要竹林害虫。被害竹林翌年竹笋减少，大发生时，可将竹叶吃光，使竹节内积水，致使竹林成片死亡。

【识别特征】　雌成虫体长 13—16mm，翅展 32—37mm；雄成虫体长 10—13mm，翅展 26—34mm，体黄色。雄成虫翅淡黄色，雌成虫翅黄白色，翅后缘中央有橙红色色斑。卵 0.8mm左右，鼓形，黄白色。老熟幼虫体长 18—25mm，体黑灰色，被黄白和黑色长毛，前胸背板两侧各具一向前伸的、由羽状毛组成的灰黑色毛束，其长约 10mm。蛹 9—14mm，黄棕色或红棕色，被白色绒毛。茧长椭圆形，丝质，较薄，土黄或黄色。

【发生规律】　在浙江、福建、江西一年发生 3 代，在四川一年发生 4—5 代。以卵和 1—2 龄幼虫在叶背面越冬。有世代重叠现象。雌蛾多飞到未被危害或危害较轻的竹林，将卵产于竹冠中下层竹叶背面或竹竿上。卵成块，单行或双行纵列，每行 10 多粒，多时可超过 50 粒。成虫有较强的趋光性。初孵幼虫先取食卵壳，然后群集竹叶背面取食，有吐丝下垂转移的习性。4 龄后幼虫分散取食，有假死性，遇惊蜷曲弹跳坠地。刚竹毒蛾多发生在背阴处，以后向山脊及阳坡转移。同一竹林，山洼被害重，山脊被害轻。一年中以第 2、3 代危害重。有间歇性发生的特性，大发生年数量很大，但次年骤减。

（四）舞毒蛾 *Lymantria dispar* Linnaeus

又名舞舞蛾、柿毛虫、秋千毛虫等。

【分布与危害】　分布广泛，食性杂。可危害 500 多种植物。以幼虫取食叶片，严重时可将叶片吃光。

【识别特征】　成虫雌雄异型。雌蛾体污白色。触角黑色双栉齿状。前翅有 4 条黑褐色锯齿状横线、中室端部横脉上有“<”形黑纹，开口向翅外缘，内方有一黑点。后翅斑纹不明

显。腹部粗大,末端具黄棕色或暗棕色毛丛。雄蛾体瘦小,茶褐色。触角羽毛状。前翅翅面上具有与雌蛾相同的斑纹。卵呈块状,卵块上覆有很厚的黄褐色绒毛。老熟幼虫体长约60mm,头黄褐色,具八字形黑纹,胴部背线两侧的毛瘤前5对为黑色,后6对为红色,毛瘤上生有棕黑色短毛。识别特征如图5-9所示。蛹为暗褐色或黑色,胸背及腹部有不明显的毛瘤,着生稀而短的褐色毛丛。无茧,仅有几根丝缚其蛹体与基物相连。

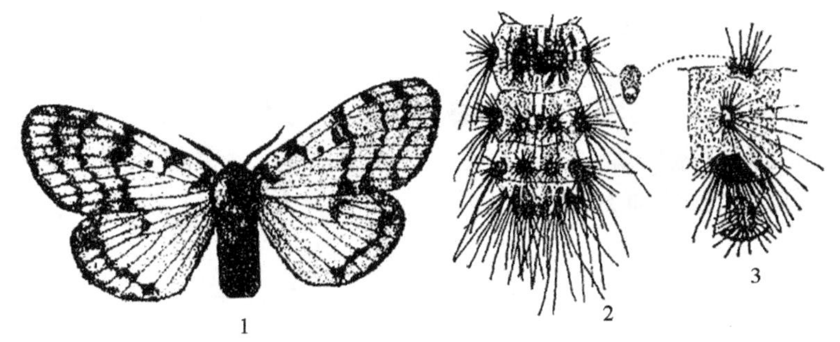

图5-9　舞毒蛾

1. 雌成虫　2. 幼虫腹部第7—10节背面　3. 幼虫腹部第7节侧面

(1仿周尧,余仿Pcterson)

【发生规律】　一年1代,以完成胚胎发育的幼虫在卵内越冬。卵块在树皮上、梯田堰缝、石缝中等处。1—2龄幼虫昼夜在树上群集叶背,白天静伏,夜间取食。幼虫有吐丝下垂,借风传播的习性。3龄后的幼虫白天藏在树皮缝或树干基部石块杂草下,夜间上树取食。6月上、中旬幼虫老熟后大多爬至白天隐藏的场所化蛹。成虫于6月中旬至7月上旬羽化,盛期在6月下旬。雄虫有白天飞舞的习性。舞毒蛾繁殖的有利条件是干燥而温暖的疏林环境。

(五)侧柏毒蛾 *Parocneria furva*(Leech)

俗称柏毛虫、柏毒蛾。鳞翅目,毒蛾科。

【分布与危害】　分布于陕西、青海、浙江、湖南、湖北、山东、河南、广西等地。幼虫食叶,主要危害嫩芽、嫩枝及老叶,是柏树的一种主要食叶害虫。受害林木枝梢光秃,枝叶枯黄脱落,造成树势衰弱,严重的整株枯顶、枯枝,甚至死亡。危害侧柏、刺柏、黄檗、桧柏、沙地柏等。

【识别特征】　成虫:体褐色,体长14—20mm,翅展17—33mm。雌虫触角灰白色,呈短栉齿状。前翅浅灰色,翅面有不显著的齿状波纹,近中室处有一暗色斑点,外缘较暗,有若干黑斑,后翅浅黑色,有花纹。雄虫触角灰色,羽状,体灰褐色,前翅花纹完全消失。

卵:扁球形,直径0.7—0.8mm。初产时青绿色,后渐变为灰褐色,表面有刻纹。

幼虫:体长20—32mm,灰褐色,形成较宽的纵带。在纵带两边镶有不规则的灰黑色斑点,相连如带。腹部第6、7节背面中央各有一个淡红色的翻缩腺。身体各节具有黄褐色毛瘤,上着生粗细不一的刚毛。

蛹:体长10—14mm,羽化前灰褐色。头顶具毛丛,腹部各节具有灰褐色的斑点,腹末具有深褐色的钩状毛。

【发生规律】 一般一年发生2代，以卵及初孵幼虫在柏树皮缝内和小枝叶上过冬。翌年3月开始活动，为害新萌发的嫩叶，将叶咬成断茬或缺刻状，嫩枝的韧皮部常被食光，咬伤处多呈黄绿色，严重时可以把整株的树叶吃光，造成树势衰弱，并且易遭受双条杉天牛和小蠹甲等蛀干害虫的危害，加速树木死亡。4月初是幼虫危害盛期，幼虫夜晚进行取食活动，白天潜伏于树皮下或树内，老熟后，在叶间、树皮缝等处吐丝结薄茧化蛹，化蛹前常在树皮缝里静伏。6月成虫羽化，有趋光性，白天多栖息在树叶上。羽化当天即可交尾产卵，卵成堆产于向阳的小枝或叶片上，每堆3—47粒不等。初孵幼虫有趋光性和群集性，能吐丝下垂，随风扩散危害。7—8月，第二代幼虫危害最盛。有世代重叠现象。卵期天敌有跳小蜂，幼虫天敌有家蚕追寄蝇、狭颊寄蝇，蛹期天敌有广大腿小蜂、黄绒茧蜂等。此外，还发现有鸟类、蜘蛛、蚂蚁、螳螂、胡蜂等种类。

【防治方法】

园林技术防治：初春刮除树干老翘皮，消灭潜伏在树皮下、缝隙内的幼虫；在初孵幼虫危害盛期，利用其群集性，敲击振落幼虫，进行人工消灭。

物理机械防治：在成虫发生盛期设置黑光灯诱杀成虫，集中消灭。

生物防治：该虫的天敌种类较多，寄生蝇、寄生蜂、胡蜂、猎蝽、蚂蚁、螳螂、蜘蛛、鸟类等是其天敌，在该虫发生量较少的情况下，尽量避免使用化学杀虫剂，注意保护和利用天敌种类，合理控制害虫的种群数量。

化学防治：在低龄幼虫危害盛期喷施灭幼脲、除虫脲等进行化学防治。

（六）松茸毒蛾 *Dasychira axutha* Collenette

俗称松毒蛾、马尾松茸毒蛾、茸毒蛾。鳞翅目，毒蛾科。

【分布与危害】 分布于广东、广西、浙江、江西、云南、湖南、台湾等地。幼虫取食针叶，严重影响松树生长；常与马尾松毛虫混杂大发生，食光针叶，整个松林形同火烧。危害马尾松、火炬松、油松、湿地松、思茅松、云南松、海南二针松（南亚松）、加勒比松、油杉等。

【识别特征】

成虫：体长约15mm，翅展40—60mm，灰黑色。前翅浅灰黑色，具有多条不显著的波状斑，后翅灰白色，近前缘各有1个暗灰色斑。

卵：扁球形，长约1mm，灰色，中间略微凹陷。

幼虫：体长35—45mm，头壳红褐色，体黄褐杂有黑色斑块，体被灰黑色长毛，在前胸两侧及臀背生有黑色束状刚毛，第1—4腹节背面生有黄棕色刷状毛丛。

蛹：长14—22mm，棕褐色，茧较薄，长约30mm，棕黄色。

【发生规律】 广西一年4代，结茧化蛹越冬。成虫飞翔力强，有趋光性，卵聚产于松针上，呈团状堆起，每头雌虫产卵250—500粒。幼虫多在清晨孵化，初孵幼虫能吐丝下垂扩散，3龄后食量增大并取食全叶，常从中部咬断，造成大量落叶。茧多结于树缝内、石块下，少数结在枝干和针叶丛中，有群集结茧的习性。此虫在背风向阳、山腰间、郁闭度大的松林发生较重。

【防治方法】

园林技术防治：加强栽培管理措施，增强树势，提高植株的抗病抗虫能力。

物理及机械防治：在成虫的发生期，设置黑光灯诱杀成虫。

生物防治：合理保护和利用天敌。该虫的卵期天敌有赤眼蜂、黑卵蜂；幼虫、蛹期天敌有寄生蜂、寄蝇等多种，人工释放赤眼蜂可以有效减少其危害；另外，白僵菌、苏云金杆菌等生物制剂对该虫幼虫也有较好的控制作用。

化学防治：在低龄幼虫危害盛期喷施灭幼脲、除虫脲等化学防治。

【毒蛾类害虫的防治措施】

(1) 消灭越冬虫体。清除枯枝落叶和杂草，在树干上绑草把诱集越冬幼虫，第二年早春摘下烧掉，并在树皮缝、石块下等处搜杀越冬幼虫等。

(2) 阻止幼虫上、下树。对于有上、下树习性的幼虫，可用溴氰菊酯毒笔在树干上划 1—2 个闭合环（环宽 1cm），可毒杀幼虫，死亡率 86%—99%，残效 8—10d。也可绑毒绳等阻止幼虫上、下树。

(3) 灯光诱杀成虫。

(4) 人工摘除卵块及群集的初孵幼虫。结合日常养护寻找树皮缝、落叶下的幼虫及蛹。

(5) 化学防治。在幼虫期，喷施 5%定虫隆乳油 1000—2000 倍液、2.5%溴氰菊酯乳油 4000 倍液、25%灭幼脲 3 号胶悬剂 1500 倍液、40.7%毒死蜱乳油 1000—2000 倍液等；用 10%多来宝悬浮剂 6000 倍液或 5%高效溴氰菊酯 4000 倍液喷射卵块。

五、舟蛾类

舟蛾属鳞翅目舟蛾科。幼虫大都颜色鲜艳，背部常有显著的峰突，幼虫栖息时只靠腹足固着，首尾上翘，形如龙船而得名。

（一）杨舟蛾 *Clostera anachoreta*（Fabricius）

【分布与危害】 分布几乎遍及全国各地。以幼虫危害各种杨树、柳树的叶子，发生严重时可吃光全叶。

【识别特征】 成虫体淡灰褐色，体长 13—20mm，头顶有一紫黑色斑。前翅灰白色，顶角处有一块赤褐色扇形大斑，斑下有一黑色圆点，翅面上有 4 条灰白色波状横线。后翅灰白色，较浅，中央有 1 条色泽较深的斜线。雄虫腹末具分叉的毛丛。卵扁圆形，直径 1mm。老熟幼虫体长 32—38mm，头部黑褐色，背面淡黄绿色，两侧有灰褐色纵带。第 1 和第 8 腹节背中央各有一个大黑红色瘤。

【发生规律】 发生代数因地而异，一年 2—8 代，越往南发生代数越多，辽宁、甘肃等地一年 2—3 代，宁夏 3—4 代，江西、湖南 5—6 代，海南达 8 代，均以蛹结薄茧在土中、树皮缝和枯叶卷苞内越冬。成虫有趋光性。卵产于叶背，单层排列成块状。初孵幼虫有群集性，剥食叶肉，使被害叶成网状，3 龄以后分散取食，常缀叶成苞，夜间出苞取食。老熟后在卷叶内吐丝结薄茧化蛹。此虫世代重叠。

（二）栎掌舟蛾 *Phalera assimilis*（Bremer et Grey）

俗称栎黄掌舟蛾、肖黄掌舟蛾、麻栎毛虫、彩节天社蛾，栎黄斑天社蛾。鳞翅目，舟蛾科，掌舟蛾属。

【分布与危害】 分布于江苏、浙江、江西、福建、台湾、广西、海南、四川、云南、湖北、湖南等地。主要以幼虫为害叶片，把叶片食成缺刻状，严重时将叶片吃光，仅留叶柄。该虫虫口密度大，短期内可将叶片吃光，严重影响植株的生长。危害麻栎、栓皮栎、柞栎、白栎、锥栎、板栗、榆、杨等。

【识别特征】

成虫：体长23—30mm，雄蛾翅展40—53mm，雌蛾翅展48—70mm。前翅灰褐色，头顶淡黄色，触角丝状。胸背前半部黄褐色，后半部灰白色，有两条暗红褐色横线。前翅灰褐色，有银白色鳞毛，略具光泽，前缘顶角处有一略呈肾形的浅黄色大斑，斑内缘有明显棕色边，基线、内横线和外横线黑色锯齿状，外横线紧接顶角黄斑内缘向后缘伸出。后翅黄褐色，近外缘有不明显浅色横带。

卵：球形，淡黄色，直径约1mm，数百粒单层排列，呈块状。

幼虫：体长约55mm，头棕黑色，身体暗红色，老熟时黑褐色。体上具8条橙红色纵线，其中以气门上线较粗，各体节具橙红色横纹数条，中间一条较为明显。胸足3对，腹足俱全。体被有较密的灰白至黄褐色长毛。

蛹：黑褐色，纺锤形，长22—25mm。末端臀棘6根，呈放射状排列。

【发生规律】 一年1—2代，以蛹在树下土中越冬。翌年6月成虫羽化，成虫夜间羽化，一般雄性先于雌性。白天潜伏在树冠内的叶片上，夜间活动，趋光性强。成虫羽化后不久即可交尾产卵，卵多成块产于叶背，卵常数百粒单层排列。卵期约15d，卵块孵化较整齐，多在上午孵化。幼虫共5龄，具有群集性和假死性。1—3龄吐丝下垂借风扩散，受惊后常吐丝下垂逃散。3龄后食量大增，分散为害，受惊落地，不久又迅速上树，常成串排列在枝干和叶片上。幼虫老熟后，下树入土化蛹，以6—10mm土层中居多。一般疏林、矮林受害较重。

【防治方法】

园林技术防治：对幼株及矮株，在该虫产卵盛期、1—3龄幼虫发生期，幼龄幼虫尚未分散前可以组织人力人工摘除卵叶，虫枝虫叶，集中销毁；幼虫分散后可振动树干，击落幼虫，集中杀死。

物理及机械防治：在该虫成虫发生期，在田间设置黑光灯诱杀成虫。

生物防治：该虫天敌种类丰富，主要有黑卵蜂（*Pelenomus reynoldsi*）、赤眼蜂（*Pichogxamma westwood*）、伞裙追寄蝇（*Exorista civilis*）、家蚕追寄蝇（*Exorista sorbillans* Wiedemann）、蚕饰腹寄蝇（*Blepharipa zebina*）等；捕食性天敌有：大山雀（*Parus major* L.）、灰喜鹊（*Cyanopica cyana*）等。对此类天敌种类应加以保护利用。另外，可以在幼虫及入土化蛹前喷施青虫菌、Bt乳剂等生物药剂。

化学防治：结合田间管理，及时发现虫株，及时喷药挑治。大量发生时，在幼虫危害期，喷施灭幼脲、氯氰菊酯乳油、氯虫苯甲酰胺等药剂。老熟幼虫入土化蛹期，喷施白僵菌粉剂、辛硫磷乳油或撒施辛硫磷颗粒剂等进行地面施药。喷药后耙一下地面，提高防治效果。

六、尺蛾类

（一）黄连木尺蛾 *Culcula panterinaria* Bremer et Grey

属鳞翅目，尺蛾科。

【分布与危害】 分布于河北、河南、山东、四川、台湾等地。食性杂，危害杨、柳、榆、槐、核桃及菊科、蔷薇科、锦葵科、蝶形科等多种植物，以幼虫食叶。

【识别特征】 成虫体长18—22mm。雌蛾为羽毛状。翅底白色，翅面上有许多灰色和橙色斑点，在前翅基部有一个近圆形的橙色大斑，前后翅的外横线上各有一串橙色和深褐色圆斑。老熟幼虫体长65—85mm，体色变化较大，黄绿、黄褐及黑褐色。头顶两侧具峰状突起，头与前胸在腹面连接处具一黑斑。

【发生规律】 在河南、河北、山东一带，一年1代，以蛹在土中越冬。7月中、下旬为羽化盛期。成虫有趋光性，白天静伏于树干、树叶等处，产卵于寄主植物的树皮缝或石块上，呈块状。幼虫盛发期在7月下旬至8月上旬，幼虫期30—45d。老熟幼虫于8月中旬开始化蛹，盛期为9月。

（二）丝棉木金星尺蛾 *Calospilos suspecta*（Warren）

又名卫矛尺，属鳞翅目，尺蛾科。

【分布与危害】 在华南、华北、西北及华东地区均有分布。主要危害丝棉木、大叶黄杨、扶芳藤、卫矛、女贞、白榆等多种园林植物，该虫是黄杨上的主要害虫之一，严重时将叶片吃光，影响植物的正常生长。

【识别特征】 成虫体长13mm左右，翅展38mm左右。头部黑褐色，腹部黄色，翅银白色，翅面具有浅灰和黄褐色斑纹，前翅中室有近圆形斑，翅基部有深黄、褐色、灰色花斑。后翅散有稀疏的灰色斑纹。卵长圆形，灰绿色，卵表面有网纹。幼虫老熟时体长约33mm，体黑色，前胸背板黄色，其上有5个黑斑。腹部有4条青白色纵纹，气门线与腹线为黄色，较宽，臀板黑色。蛹棕褐色，长13—15mm。

【发生规律】 每年发生4代，以老熟幼虫在被害寄主下松土层中化蛹越冬。3月成虫出现，5月上旬第1代幼虫及7月上中旬第2代幼虫危害最重，常将大叶黄杨啃成秃枝，甚至整株死亡。初孵幼虫常群集危害，啃食叶肉，3龄后食成缺刻。3、4代幼虫在10月下旬及11月中旬吐丝下垂，化蛹越冬。

【尺蛾类害虫的防治措施】

(1) 结合肥水管理，人工挖除虫蛹。利用黑光灯诱杀成虫。

(2) 幼虫期喷施杀虫剂，如Bt乳剂600倍液、10%多来宝悬浮剂2000倍液、2.5%功夫乳油2000—3000倍液。

(3) 保护和利用天敌，如奥眼姬蜂、细黄胡蜂、赤眼蜂、两点广腹螳螂等。成片国槐林中或公园内可释放赤眼蜂，其寄生率在40%—77%。

（三）大造桥虫 *Ascotis selenaria*（Schiffermuller et Denis）

俗称棉大造桥虫、步曲、尺蠖等。鳞翅目，尺蛾科。

【分布与危害】 广西、云南、浙江、江苏、上海、四川、贵州等地。该虫主要是以幼虫蚕食叶片及嫩茎，造成叶片穿孔和缺刻。发生严重时，叶片被食尽，仅留叶脉。花蕾、花冠有时也受其害。危害唐菖蒲、月季、锦葵、蔷薇、菊花、一串红、万寿菊、萱草、柑橘、梨、茶、桑、白菜、茄子、甜椒等。

【识别特征】

成虫：体长 15—20mm，体色浅灰色，体色变异较大。雄蛾触角羽状，每节上有灰至褐色丛毛，雌蛾触角丝状，淡黄色。头部细小，复眼黑色。翅展 38—45mm，前、后翅上各有一斑点，翅上的横线和斑纹均为暗褐色，中室端具一斑纹，中室斑纹为白色，四周有黑褐色圈。前翅灰黄色，外缘线由半月形点列组成，后翅外横线锯齿状，其内侧灰黄色。

卵：直径 0.7mm 左右，长椭圆形，颜色青绿，上有许多小颗粒状突起。

幼虫：老熟幼虫体长 38—49mm，黄绿色。头黄褐至褐绿色，头顶两侧各具一黑点。背线宽，直达尾端，淡青至青绿色；亚背线灰绿至黑色，气门上线深绿色，气门线黄褐色杂有细黑纵线；气门黑色，围气门片淡黄色。腹足 2 对生于第 6、10 腹节。

蛹：长 14—19mm，棕褐色，有光泽，尾端尖削，臀棘 2 根。

【发生规律】 该虫属间歇暴发性害虫。长江流域及南方每年 4—5 代，世代重叠，成虫有趋光性，昼伏夜出。初孵幼虫借风吐丝扩散，不活跃，栖息时拟态如嫩枝状。成虫羽化后 2—3d 产卵，多产在叶背、枝条土缝及杂草上，常数十粒堆产，每头雌虫产卵多达 2000 粒。以蛹于土中越冬。

【防治方法】

园林技术防治：加强栽培管理，冬季翻耕晒土，铲除周边杂草等以消灭卵块，减少虫源基数；成虫飞翔力不强，也可用捕虫网进行人工捕捉。

物理及机械防治：利用成虫具有趋光性，可在成虫羽化盛期利用黑光灯诱杀成虫。

生物防治：在低龄幼虫期，喷施青虫菌等生物制剂或在产卵高峰期投放赤眼蜂蜂包，均可收到较好效果。另外，可对寄生蜂、寄蝇、螳螂、猎蝽、益鸟等自然天敌加以合理保护和利用。

化学防治：在幼虫发生盛期，喷施辛硫磷、灭幼脲等化学药剂进行防治。

（四）木橑尺蛾 *Culcula panterinaria* Brener et Grey

俗称木橑步曲、吊死鬼。属鳞翅目，尺蛾科。

【分布与危害】 分布于云南、广西、台湾、四川等地。以幼虫大量取食叶片，严重时食成光杆。危害落叶松、刺槐、柳、珍珠梅等蔷薇科、榆科、桑科、漆树科等 30 余科 170 多种植物。

【发生规律】 一年发生 1 代，以蛹在土中越冬。成虫羽化盛期为 7 月中、下旬，幼虫孵化盛期为 7—8 月，9 月为化蛹盛期。幼虫共 6 龄，孵化后即行分散，性活泼，爬行快，稍受惊动，即吐丝下垂，可借风力转移危害。初孵幼虫一般在叶尖取食叶肉，留下叶脉，将叶食成网状。2 龄幼虫则逐渐开始在叶缘为害，静止时，身体向外直立伸出，如小枯枝状，不易发现。3龄以后幼虫行动迟缓，通常将一叶食尽后才转移危害。幼虫老熟即坠地于土中、石缝等处化蛹。成虫多夜间羽化，羽化后即行交尾，交尾后1—2d内即可产卵。卵多产于寄主植物的树缝里及石块上，块产，卵块排列不规则并覆盖一层棕黄色体毛。每头雌虫产卵量多达3000粒。成虫趋光性强，白天静伏于树干、枝叶等处。

【识别特征】

成虫：体黄白色，体长18—22mm，翅展55—65mm。雌蛾触角丝状；雄蛾双栉状，栉齿较长并丛生纤毛。头顶灰白色，颜面橙黄色；喙棕褐色；下唇须短小。翅面白色，上有灰色和橙黄色斑点。前、后翅的外线上各有1串橙色和深褐色圆斑。中室端各有1个大灰斑。前翅基部有1个橙黄色大圆斑，内有褐纹。翅反面斑纹和正面相同；但中室端灰斑中央橙黄色（图5-10-1）。

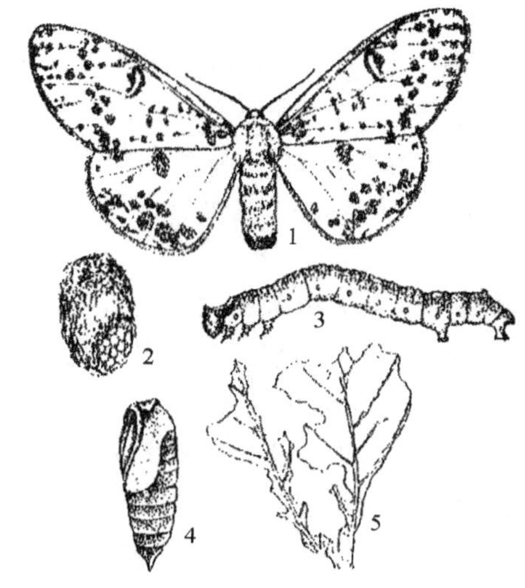

图5-10　木橑尺蛾
1. 成虫　2. 卵块　3. 幼虫
4. 蛹　5. 被害处
（仿北京农业大学）

卵：长0.9mm，扁圆形，绿色。卵块上覆有一层黄棕色体毛，孵化前变为黑色（图5-10-2）。

幼虫：幼虫的体色与寄生植物的颜色相近似，并散生灰白色斑点。老熟幼虫体长60—80mm。头顶中央有深棕色凹陷成的“∧”形纹；臀板中央凹陷，后端尖削。气门椭圆形，两侧各有1个白色斑点（图5-10-3）。

蛹：长约30mm，宽8—9mm。初为绿色，后为黑褐色，体表光滑（图5-10-4）。

【防治方法】

园林技术防治：秋季翻耕或人工挖蛹，可大量消灭翌年的虫源基数。

物理及机械防治：震动树干或在林内燃放爆竹，幼虫受惊后会吐丝下垂，便于人工捕捉，集中销毁。在成虫羽化盛期，利用黑光灯诱杀成虫。

化学防治：初孵幼虫期，可用杀螟松乳油、溴氰菊酯乳油等喷杀幼虫；幼虫扩散危害或成虫期，可用杀螟松等药剂进行烟雾剂熏杀或飞机超低容量喷雾。

（五）油桐尺蠖 *Buzura suppressaria* Guenee

俗称大尺蠖、量尺虫、油桐尺蛾、柴棍虫、卡步虫等。鳞翅目，尺蛾科。

【分布与危害】　国内分布在广东、广西、福建、江苏、浙江、江西等地。幼虫食叶成缺刻或孔洞，严重的把叶片吃光，致上部枝梢枯死，严重影响产量和质量。危害茶、油桐、小核桃、柿、杨梅、梨、漆树等。

【识别特征】

成虫：雌成虫体长24—25mm，翅展67—76mm。触角丝状。体翅灰白色，密布灰黑色小点。翅基线、中横线和亚外缘线系不规则的黄褐色波状横纹，翅外缘波浪状，具黄褐色缘毛。足黄白色。腹部末端具黄色茸毛。雄蛾体长19—23mm，翅展50—61mm。触角羽毛状，黄褐色。翅基线、亚外缘线灰黑色，腹末尖细。

卵：长 0.7—0.8mm，椭圆形，浅绿色，孵化前变黑色。常聚集成堆，上覆尾部的黄色茸毛。

幼虫：末龄幼虫体长 56—65mm。初孵幼虫长 2mm，灰褐色，背线、气门线白色。体色随环境变化，有深褐、灰绿、青绿色。头密布棕色颗粒状小点，头顶中央凹陷，两侧具角状突起。前胸背面生突起 2 个，腹面灰绿色，腹部第八节背面微突，胸、腹部各节均具颗粒状小点，气门紫红色。

蛹：长 19—27mm，圆锥形。头顶有一对黑褐色小突起，翅芽达第四腹节后缘。臀棘明显，基部膨大，凹凸不平，端部呈针状。

【发生规律】 一年生代数因地而异，广东 3—4 代，以蛹在树基部土壤中越冬，翌年 4 月初开始羽化。一代成虫发生期与早春气温关系很大，温度高始蛾期早。广东英德成虫寿命 3—6d，卵期 8—17d，幼虫期 23—54d，非越冬蛹 14d 左右。成虫多在晚上羽化，白天栖息在茶园周围高大树木的主干上或建筑物的墙壁上，有趋光性、假死性。成虫羽化后当夜即交尾，翌日晚上开始产卵，卵多产在茶园周围高大树木主干的缝隙中、叶片背部，用尾端黄毛将卵覆盖，每头雌蛾产卵 800—1500 粒，最多可产 2000 粒。有时发现卵产于黄刺蛾的空茧内。幼虫孵化后向树木上部爬行，后吐丝下垂，借风扩散。幼虫共 6—7 龄。喜在清晨或傍晚取食，低龄幼虫仅取食嫩叶和成叶的上表皮或叶肉，使叶片呈红褐色焦斑，3 龄后幼虫从叶尖或叶缘向内咬食成缺刻，4 龄后幼虫食量大增。3 龄后幼虫畏强光，老熟后在根基部筑土室化蛹。

【防治方法】

园林技术防治：由于成虫多栖息于高大树木或建筑物上，可人工集中捕杀；卵多集中产于树皮缝隙间，可在成虫盛期后进行人工刮除卵块。

物理及机械防治：因为成虫具有趋光性，在成虫羽化盛期，每晚利用黑光灯诱蛾杀虫。

生物防治：利用油桐尺蠖核型多角体病毒于 3 龄幼虫前进行喷雾，幼虫死亡率可达 80%，持效期可达 3 年以上；另外，油桐尺蠖的天敌种类较多，如鸟类、黑卵蜂等多种寄生蜂。可对其捕食性及寄生性天敌进行合理地保护和利用，充分发挥天敌生物的自然控制作用。

化学防治：在幼虫孵化盛期利用杀螟松乳油等药剂进行喷雾防治。由于该虫喜欢在清晨和傍晚取食，所以在 10：00 前及 15：00 后喷药效果好。

七、夜蛾类

夜蛾类属鳞翅目夜蛾科，种类极多。危害方式有食叶性、切根(茎)性及钻蛀性。

(一) 斜纹夜蛾 *Prodenia litura* Fabriceus

又称莲纹夜蛾。

【分布与危害】 东北、华北、华中、西南、华南等地均有分布。尤以长江流域和黄河流域地区危害严重。有的地区间歇性地大发生。斜纹夜蛾食性杂，已知的寄主植物达 290 余种。既危害荷花、睡莲等水生花卉植物，也危害菊花、康乃馨、牡丹、月季、九里香等观赏植物。以幼虫取食叶片、花蕾及花瓣，近年来对草坪的危害特别严重。

【识别特征】 成虫体长 14—20mm。胸、腹部深褐色，胸部背面有白色毛丛。前翅黄褐色，多斑纹，内、外横纹间从前缘伸向后缘有 3 条白色斜线，故名斜纹夜蛾，后翅白色。卵半球形，卵壳上有网状花纹，卵为块状。老熟幼虫体长 38—51mm，头部淡褐色至黑褐色，胸腹部颜色多变。一般为黑褐色至暗绿色，背线及亚背线灰黄色，在亚背线上，每节有 1 对黑褐色半月形的斑纹。识别特征如图 5-11 所示。

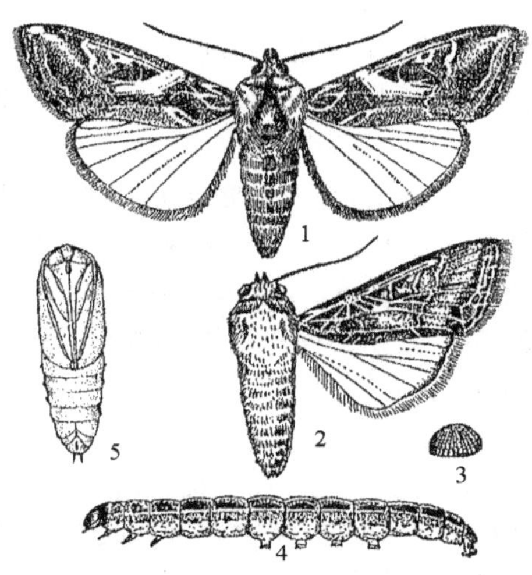

图 5-11　斜纹夜蛾
1. 雄成虫　2. 雌成虫　3. 卵　4. 幼虫　5. 蛹
（仿华南农学院）

【发生规律】 发生代数因地而异，在华中、华东一带，一年可发生 5—7 代，以蛹在土中越冬。翌年 3 月羽化，成虫对糖、酒、醋等发酵物有很强的趋性。卵产于叶背。初孵幼虫有群集性，2—3 龄时分散危害，4 龄后进入暴食期。幼虫有假死性，3 龄以后表现更为显著。幼虫白天栖居阴暗处，傍晚出来取食，老熟后即入土化蛹，世代重叠明显，每年 7—10 月为盛发期。

（二）银纹夜蛾 *Argyrogramma aganata* Staudinger

又名黑点银纹夜蛾、豆银纹夜蛾。

【分布与危害】 分布广，遍及全国各地。危害菊花、大丽花、一串红、豆类等。

【识别特征】 成虫体长 15—17mm，体灰褐色，胸部有两束毛耸立着。前翅深褐色，其上有两条银色波状横线，后翅暗褐色，有金属光泽。老熟幼虫体长 25—32mm。青绿色，头胸小，尾节粗。腹部 5、6 及 10 节上各有 1 对腹足，爬行时体背拱曲。背面有 6 条白色的细小纵线。识别特征如图 5-12 所示。

图 5-12　银纹夜蛾成虫
（仿黄少彬）

【发生规律】 发生代数因地而异，一年 2—8 代。东北及河北、山东一年 2—5 代，上海、杭州、合肥 4 代，闽北地区 6—8 代，以老熟幼虫或蛹越冬。北京一年 3 代，5—6 月间出现成虫，成虫昼伏夜出，有趋光性，产卵于叶背。初孵幼虫群集于叶背取食叶肉，能吐丝下垂，3龄后幼虫分散危害，幼虫有假死性。10月幼虫入土化蛹越冬。

（三）黏虫 *Leucania separate* Walker

【分布与危害】 黏虫在我国分布极广，国内除新疆、西藏尚无记载外，其余各地均有发生。黏虫是一种暴食性害虫，大量发生时常把叶片吃光，主要危害水稻、麦、谷子、马塘草、玉米、蟋蟀草和狗尾草等禾本科作物和杂草以及甘蔗、芦苇等。近年来对草坪的危害日趋严重。

【识别特征】 成虫体长15—17mm，体灰褐色至暗褐色；前翅灰褐色或黄褐色；环形斑与肾形斑均为黄色，在肾形斑下方有1个小白点，其两侧各有1个小黑点；后翅基部淡褐色并向端部逐渐加深。卵馒头形，长0.5mm。老熟幼虫体长约38mm，圆筒形，体色多变，呈黄褐色至黑褐色，头部淡黄褐色，有“八”字形黑褐色纹，胸腹部背面有5条白、灰、红、褐色的纵纹。蛹红褐色，体长19—23mm。

【发生规律】 一年发生多代，越往南发生代数越多，东北发生2—3代，华南发生7—8代，并有随季风进行长距离迁飞的习性。成虫昼伏夜出，有较强的趋化性和趋光性。幼虫共6龄，1—2龄幼虫白天潜藏在植物心叶及叶鞘中，高龄幼虫白天潜伏于表土层或植物茎基处，夜间出来取食植物叶片。幼虫有假死性，1—2龄幼虫受惊后吐丝下垂，悬于半空，随风飘散，3—4龄幼虫受惊后立即落地，身体蜷曲不动，安静后再爬上作物或就近转入土中。虫口密度大时可群集迁移危害。黏虫喜欢较凉爽、潮湿、郁闭的环境，高温干燥对其不利。1—2龄幼虫只啃食叶肉，呈半透明的小斑点，3—4龄幼虫把叶片咬成缺刻，5—6龄幼虫在暴食期可把叶片吃光，虫口密度大时能把整块草地吃光。

（四）竹笋禾夜蛾 *Oligia vulgaris*（Butler）

又名竹笋夜蛾。

【分布与危害】 分布于陕西、河南南部及长江以南各地。危害毛竹、淡竹、刚竹、红壳竹、桂竹、石竹、苦竹等的笋及鹅观草、早熟禾、白顶早熟禾、小茅草等杂草。

【识别特征】

成虫：雌虫体长17—21mm，翅展36—44mm；雄虫体长14—19mm，翅展32—40mm。体灰褐色，雌虫色较浅。触角丝状，灰黄色；复眼黑褐色，下唇须向上翘。雌虫翅褐色，缘毛锯齿状，外缘线黑色，外缘线内有1列7—8个黑点；雄虫翅灰白色，外缘线由7—8个黑点组成。雌虫亚外缘线、楔状纹与外缘线在项角处组成灰黄色斑；雄虫斑灰白色肾状纹淡黄色，肾状纹外缘白纹与前缘、亚外缘线组成1个倒三角形深褐色斑，翅基深褐色。后翅灰褐色，翅基色浅。足深灰色，跗节各节末端有1个淡黄色环（图5-13-1）。

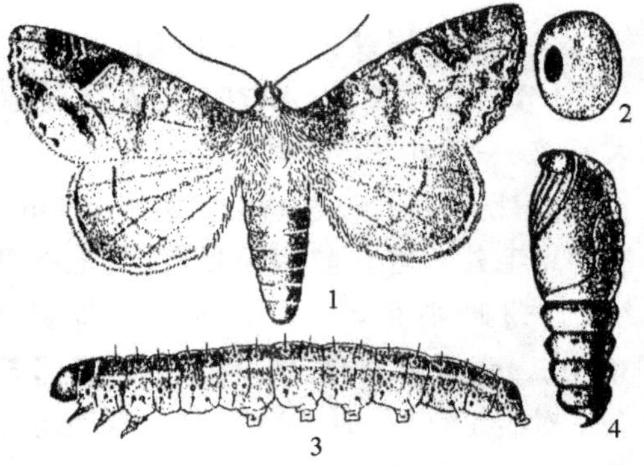

图5-13　竹笋禾夜蛾

1. 成虫　2. 卵　3. 幼虫　4. 蛹

（引自宋建英《园林植物病虫害防治》，2005）

卵：近圆球形，长径 0.8mm，乳白色(图 5-13-2)。

幼虫：初孵幼虫体长 1.6mm，淡紫褐色。老熟幼虫体长 36—50mm，头橙红色，体紫褐色。背线很细，白色；亚背线较宽，白色，第 2 腹节前半段断缺。前胸背板及臀板黑色，由较宽的橙红色线从背面分开，第 9 腹节背面臀板前方有 6 个小黑斑，在背线两侧呈三角形排列，近背线的 2 个斑特别大(图 5-13-3)。

蛹：长 14—24mm，初化蛹翠绿色，后为红褐色，臀棘 4 根，中间 2 根粗长(图 5-13-4)。

【发生规律】 一年发生 1 代，以卵在禾本科杂草枯叶的边缘卷皱中越冬；翌年 2 月底开始孵化，竹笋尚未出土时幼虫即钻入禾本科、莎草科杂草心叶中危害，引致枯心、白穗症状。幼虫在草心中蜕皮 2—3 次，不再生长，至 4 月上、中旬竹笋出土，幼虫即由杂草转而蛀入笋中危害，先由笋尖小叶中蛀入，取食后再蜕一次皮，爬出小叶，转入咬破笋箨蛀入笋内危害，如遇小竹笋箨较薄，可直接蛀入笋内。幼虫在笋内蛀食 18—25d 老熟，笋小时可转笋危害；至 5 月上、中旬老熟幼虫爬出笋，钻入疏松的土层中结薄茧化蛹，蛹期 20—30d；成虫 6 月上、中旬羽化，成虫夜间活动，有趋光性，当天或隔天交尾产卵，每头雌虫产卵 380 余粒；卵产于禾本科杂草下部枯叶边缘、叶卷内，即以卵越冬。故竹林杂草有无和多寡直接影响此虫的发生。

（五）甘蓝夜蛾 *Mamestra brassicae* (Linnaeus)

又名甘蓝夜盗虫、菜夜蛾。

【分布与危害】 此虫全国各地都有分布。甘蓝夜蛾属多食性害虫，已知寄主有 200 多种。主要为害甘蓝、油菜、萝卜、芥菜等十字花科蔬菜和甜菜、菠菜等黎科蔬菜，还可为害豆类、瓜类、茄子、辣椒、蕹菜等，也是玉米、高粱、烟草、亚麻等作物上的害虫。

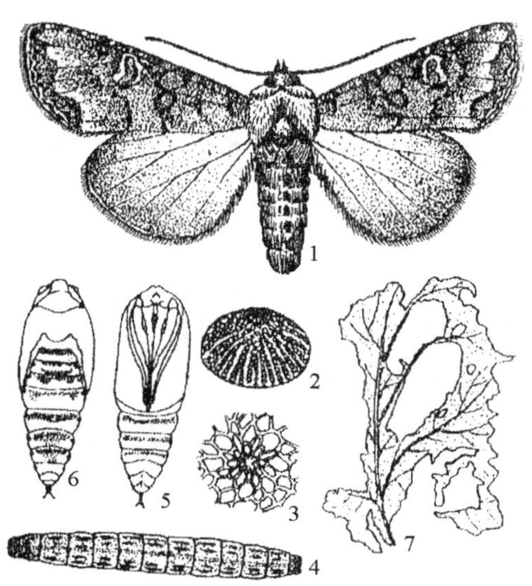

图 5-14 甘蓝夜蛾
1. 成虫 2. 卵 3. 卵孔花纹 4. 幼虫
5. 蛹(腹面观) 6. 蛹(背面观) 7. 被害处
(仿浙江农业大学)

【识别特征】 成虫体长约 20mm，翅展 40—50mm。体、翅均为灰褐色。前翅基线、内横线为双线，黑色，波浪形。外横线黑色，锯齿形。亚外线浅黄白色，单条较细。缘线呈 1 列黑点。环状纹灰黑色具黑边，肾状纹灰白色具黑边，且外缘为白色，前缘近顶角有 3 个小白点。后翅淡褐色。卵半圆形，卵面上有放射状 3 序纵棱，棱间有横道。初期乳白色，逐渐卵顶出现放射状紫色纹，近孵化时紫黑色。幼虫共 6 龄，各龄幼虫体色变化较大，初孵幼虫头黑色；2 龄体色变淡，只具 2 对腹足；3 龄后，头为淡褐色，体淡绿或黄绿色，具 4 对腹足；5—6 龄头褐色，体黑褐色，胸、腹部背面黑褐色，其上有灰黄色细点，各节背中央两侧有黑褐色短纹，呈倒八字形。老幼虫体长 40mm 左右。蛹体长约 20mm，赤褐色，腹部背面 5—7 节前缘有粗刻点，腹末端具 1 对较长的粗刺，末端膨大，呈球形(图 5-14)。

【发生规律】 发生代数因地而异。东北地区一年发生2—3代,四川3—4代。各地均以蛹在土中越冬。翌年春当气温达15—16℃时,越冬蛹羽化出土,各地因气温不同,成虫羽化出土时间不同,幼虫严重危害时期也各异;分别为辽宁在6月下旬至7月上旬和9月,黑龙江、新疆8—9月,湖南、四川4—5月和9—10月为害最严重。成虫白天潜伏,日落后开始活动,多在草丛间或其他开花作物上取食花蜜。成虫羽化后1—2d交配,交配后2—3d即产卵,多产卵在叶背面,卵成块,排列整齐不重叠。每头雌虫可产卵4—5块,每块几十粒至几百粒,一生平均产卵千余粒,多的可达3000粒。成虫对黑光灯和糖醋液有趋性。初孵幼虫群集,稍大后分散,老龄幼虫有假死性,并可互相残杀。甘蓝夜蛾发育的适宜温度为18—25℃,相对湿度为70%—80%。温度低于15℃,或高于30℃,相对湿度低于68%,高于85%,对其发育不利。在适宜条件下,卵期4—5d,幼虫期20—30d,蛹期10月,越冬蛹长达半年。

(六)鼎点金刚钻 *Earias cupreoviridis* Walker

俗称棉钻心虫。鳞翅目,夜蛾科。

【分布与危害】 除新疆以外的各地。初孵幼虫常为害植株幼嫩部位,造成断头及丛生侧枝,稍大蛀食蕾、花。危害菊花、扶桑、向日葵、九里香、蜀葵、杨、苘麻、棉等。

【识别特征】

成虫:体长6—8mm,翅展16—18mm。下唇须、前足跗节及前翅缘基均为梅红色,前翅黄绿色,外缘角橙黄色,外缘有波状褐色带,翅上具鼎足状3个红色小斑点。后翅褐色至黄白色。

卵:半球形,鱼篓状,初产蓝色,纵棱分长、短两类。

幼虫:老龄幼虫体色呈浅灰绿色,腹部第8节为灰色,体长10—15mm。

蛹:纺锤形,红褐色,长7.5—9.5mm。

【发生规律】 华南一年5—6代,以蛹在枯枝落叶、土缝、草丛等隐蔽处越冬。成虫昼伏夜出,具有趋光性,交配、产卵多在夜间进行,交配后第2d开始产卵。卵常散产在嫩叶、嫩枝及花蕾上,每头雌虫产卵542粒。

【防治方法】

园林技术防治:结合修剪整枝,可以去除部分卵及幼虫。冬季结合清园,及时清除枯枝、落叶,消灭越冬蛹。另外,在成虫发生期可插杨、柳等枝把诱集并集中处理。

物理及机械防治:在成虫发生期,设置黑光灯、频振式杀虫灯诱杀成虫。

生物防治:合理保护及利用绒茧蜂、茧蜂、姬蜂、寄蝇等寄生性天敌;在低龄幼虫发生期,喷施苏云金杆菌等生物制剂毒杀幼虫。

化学防治:在低龄幼虫发生期喷施甲胺磷、阿维菌素、乐斯本等化学防治。

(七)棉铃虫 *Helicoverpa armigera*(Hübner)

俗称棉桃虫、钻心虫、青虫、棉铃实夜蛾等。鳞翅目,夜蛾科。

【分布与危害】 我国各地普遍发生。幼虫食嫩梢、幼叶及花器呈孔洞或缺刻,蛀果形成大孔洞,常引起果实腐烂脱落。危害柑橘、无花果、苹果、梨、桃、李、甘蓝、辣椒、茄子、葡萄等。

【识别特征】

成虫：灰褐色，体长 14—18mm，翅展 30—38mm。前翅有褐色肾形纹及环状纹，肾形纹前方前缘脉上具褐纹 2 条，肾形纹外侧具褐色宽横带，端区各脉间生有黑点。后翅灰白色，沿外缘有黑褐色宽带，宽带中央有两个相连的白斑。

卵：半球形，直径 0.44—0.48mm，表面有纵横隆纹，交织成长方格。初产乳白后黄白色，孵化前深紫色。

幼虫：幼虫共 6 龄，老熟幼虫体长 30—45mm。腹足趾钩为双序中带，两根前胸侧毛连线与前胸气门下端相切或相交。体色因食物或环境不同变化较大，淡绿、淡红至红褐或黑紫色，以绿色型和红褐色型常见。绿色型，体绿色，背线和亚背线深绿色，气门线浅黄色，体表布满褐色或灰色小刺。红褐色型，体红褐或淡红色，背线和亚背线淡褐色，气门线白色，毛瘤黑色。

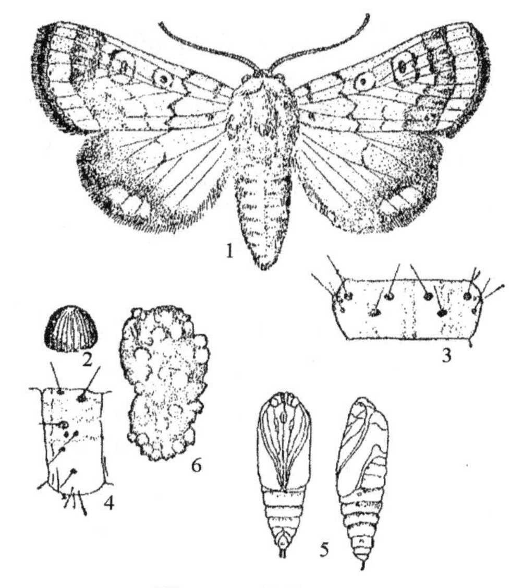

图 5-15　棉铃虫
1. 成虫　2. 卵　3. 幼虫第 2 腹节背面　4. 幼虫第 2 腹节侧面　5. 蛹腹面和侧面　6. 土茧
（仿华南农学院）

蛹：红褐色，纺锤形，长 17—21mm，腹部第 5—7 节的背面和腹面密布半圆形刻点，末端臀棘钩刺 2 根，尖端略弯。

识别特征如图 5-15 所示。

【发生规律】　在我国各地发生的代数不同，华南一年 6—7 代，长江流域一年 5 代，以滞育蛹在土中做土茧越冬。成虫昼伏夜出，对黑光灯趋性强，萎蔫的杨、柳枝对成虫诱集作用强。该虫喜温喜湿，成虫产卵适温在 23℃以上，20℃以下很少产卵；卵散产，卵常产在植株幼嫩部位，每头雌虫产卵 100—200 粒。初孵幼虫有食卵壳习性，之后取食嫩芽、嫩叶，3 龄后幼虫钻蛀危害，有转株危害习性，3 龄以后幼虫食量增大，5—6 龄进入暴食期。

【防治方法】

园林技术防治：深翻土，及时消灭土中的越冬蛹；种植玉米等作物作为诱集带，诱集该虫产卵并及时捕蛾灭卵。

物理及机械防治：在成虫发生期设置黑光灯、频振式杀虫灯等诱杀成虫；另外，将萎蔫的杨、柳、玉米叶等枝把于傍晚插放在田间诱杀成虫，翌日早晨用塑料袋套把捕蛾并集中处理，杀虫效果明显。

生物防治：合理保护及利用寄生蜂、寄蝇、蜘蛛、草蛉、瓢虫、螳螂、小花蝽、鸟类等天敌；在产卵盛期，可人工释放赤眼蜂等卵寄生蜂；在幼虫发生期喷施白僵菌、苏云金杆菌等生物制剂，均可以起到较好的控制作用。

化学防治：该虫的化学防治需要注意抓住施药关键期，即在 3 龄幼虫未钻蛀危害以前施药；另外，还要注意合理交替使用农药，延缓该虫抗药性的产生。常用药剂有灭幼脲、阿维菌素、氰戊菊酯、乙酰甲胺磷等。

(八) 甜菜贪夜蛾 *Laphygma exigua* Hübner

俗称甜菜夜蛾、贪夜蛾、白菜褐夜蛾、玉米叶夜蛾。鳞翅目,夜蛾科。

【分布与危害】 危害甘蓝、花椰菜、白菜、番茄、青椒、茄子、萝卜全国各地均有分布。初孵幼虫群集于叶背,吐丝结网,在其内取食叶肉,仅留上表皮,3 龄后幼虫可将叶食成空洞或缺刻,并可钻蛀果实,造成落果、烂果。

【识别特征】

成虫:灰褐色,体长 8—14mm,翅展 25—34mm。前翅中央近前缘外有灰黄色肾形斑 1 个,内有灰黄色圆形斑 1 个,外缘呈黑色;后翅银白色,半透明,外缘呈灰褐色(图 5-16-1)。

卵:圆馒头形,初产白色,渐变为绿色,表面有放射状的隆起线(图 5-16-2)。

幼虫:体长约 22mm。体色变化很大,有绿色、黄绿色、黄褐色、褐色、黑色等。腹部气门下线为明显的黄白色纵带,有时为粉红色,带的末端直达腹部末端,不弯到臀足上去;每体节的气门后上方有一明显的白点(图 5-16-3)。

蛹:黄褐色,体长 10mm 左右(图 5-16-4)。

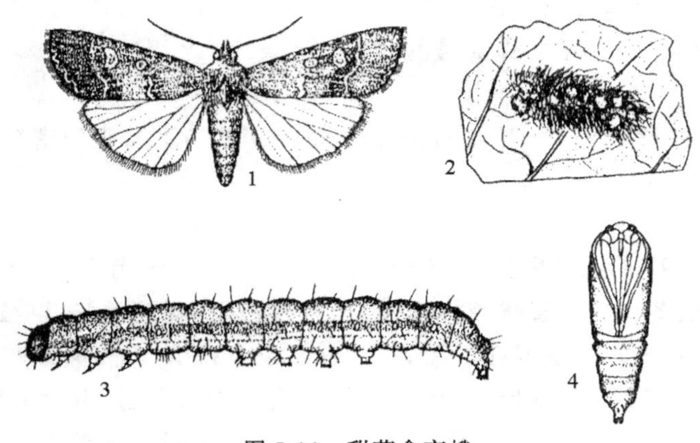

图 5-16　甜菜贪夜蛾
1. 成虫　2. 卵块　3. 幼虫　4. 蛹
(仿沈阳农学院)

【发生规律】 在广东无明显越冬现象,终年繁殖危害。成虫昼伏夜出,白天躲于土块、土缝、杂草丛中,枯枝落叶下,夜间活动,趋光性强,对糖醋液有趋性。成虫产卵于寄主叶背,为单层或双层卵块,上覆绒毛。1—3 龄幼虫多群集叶背,吐丝结网,在内取食,食量小;4 龄后幼虫食量大增,昼伏夜出,白天潜于植株下部或土缝,傍晚移出取食危害。当密度大而缺乏食料时,有成群迁移和相互残杀现象。幼虫受惊后吐丝坠地,有假死性,老熟幼虫在浅土层化蛹。

【防治方法】

园林技术防治:深翻改土,可消灭部分化蛹虫态;清除杂草,消灭杂草上的卵及初龄幼虫;结合农事操作,人工摘卵和捕捉幼虫,均可起到较好的防治效果。

物理及机械防治:成虫发生期,在田间设置黑光灯及高压频振式杀虫灯诱杀成虫。

生物防治：合理保护及利用寄生蜂、瓢虫、蜘蛛、鸟类等天敌；在产卵盛期，可人工释放赤眼蜂等卵寄生蜂；在幼虫发生期喷施白僵菌、苏云金杆菌等生物制剂，均可以起到较好的控制作用。

化学防治：该虫的化学防治需要注意抓住施药关键期，即掌握在幼虫3龄以前施药。幼虫发生期常用药剂有灭幼脲、阿维菌素、氰戊菊酯、乙酰甲胺磷等。

（九）臭椿皮夜蛾 *Eligma narcissus*（Cramer）

俗称臭椿皮蛾、旋皮夜蛾。鳞翅目，夜蛾科。

【分布与危害】　危害臭椿、香椿、红椿、千头椿、桃和李等。分布于云南、贵州、四川、福建、浙江、江苏、上海等地。以幼虫为害叶片，低龄幼虫取食叶肉，残留表皮，叶片呈纱网状；较大龄幼虫取食叶片，造成缺刻和孔洞，严重时仅留叶脉。

【识别特征】

成虫：体长28mm左右，翅展为76mm左右。头部和胸部灰褐色，腹部橘黄色，各节背部中央有黑斑。前翅狭长，翅的中间近前方自基部至翅顶有一白色纵带，把翅分为两部分，前半部为灰黑色，后半部为黑褐色，足为黄色。

卵：乳白色，近圆形。

幼虫：老熟幼虫体橙黄色，体长约48mm，头深褐至黑色，腹面淡黄色，各节背面有1条黑纹，沿黑纹处有突起毛瘤，其上生灰白色长毛。

蛹：红褐色，扁纺锤形，长约26mm。

茧：土黄色，似树皮，长扁圆形，质地薄。

【发生规律】　一年发生2代，以蛹在树枝及树干上越冬。成虫有趋光性，将卵散产在叶片背面。1—3龄幼虫群集危害，4龄后分散在叶背取食，幼虫喜食幼芽、嫩叶，受惊易坠落和脱毛。幼虫老熟后，常于树干咬取枝上嫩皮和吐丝粘连，结成丝质的薄茧化蛹。茧多在2—3年生的幼树枝干上，紧贴于表皮，极似树皮隆起。

【防治方法】

园林技术防治：结合日常养护管理工作，人工刮除蛹茧；根据树下虫粪及植株危害状，振动枝条进行人工捕杀，消灭虫源。

物理及机械防治：成虫盛发期，在田间设置黑光灯、高压频振式杀虫灯诱杀成虫。

生物防治：合理保护及利用胡蜂、螳螂、寄生蜂、寄生蝇等天敌。

化学防治：在幼虫发生期，喷施灭幼脲、阿维菌素、氰戊菊酯、乙酰甲胺磷等化学防治。

【夜蛾类害虫的防治措施】

(1) 清除园内杂草或于清晨在草丛中捕杀幼虫。人工摘除卵块、初孵幼虫或蛹。

(2) 灯光诱杀成虫，或利用趋化性糖醋液诱杀，糖：酒：水：醋(2：1：2：2)＋少量毒死蜱。

(3) 在幼虫期，喷Bt乳剂500—800倍液、2.5％溴氰菊酯乳油或10％氯氰聚酯乳油或2.5％功夫乳油2000—3000倍液、5％定虫隆乳油1000—2000倍液、20％灭幼脲3号胶悬剂1000倍液等。

八、螟蛾类

螟蛾类属鳞翅目螟蛾科。除危害园林植物的螟蛾除卷叶、缀叶以外，还有许多钻蛀为害的种类。

(一) 棉卷叶野螟 *Sylepta derogate* Fabficius

又名卷叶虫、打包虫。

【分布与危害】 分布于全国各地。主要危害大花秋葵、秋葵、黄秋葵、木槿、芙蓉、女贞、木棉、扶桑、蜀葵、冬葵和海棠等园林植物。

【识别特征】 成虫体长10—14mm，翅展22—30mm。全体黄白色，有闪光。胸背有12个棕黑色小点排列成4排，第一排中有1毛块。雄蛾尾端基部有一黑色横纹，雌蛾的黑色横纹则在第八腹节的后缘。前后翅的外缘线、亚外缘线、外横线、内横线均为褐色波状纹，卵椭圆形，略扁，长约0.12mm，初产时乳白色，后变为淡绿色。成长幼虫体长约25mm，全体青绿色，老熟时变为桃红色。蛹长13—14mm，呈竹笋状，红棕色，从腹部第九节到尾端有刺状突起。

【发生规律】 北京一年3—4代，华南5代，以老熟幼虫在茎干、落叶、杂草或树皮缝中越冬。翌年5月羽化，成虫有趋光性，卵散产于叶背，以植株上部最多。幼虫6月中旬至7月孵化，初孵幼虫多聚集于叶背啃食叶肉，3龄后分散危害，将叶片卷成筒状，幼虫潜藏其中为害，并有转叶为害习性，严重时将叶片吃光，7月下旬出现第二代成虫，8月底至9月上旬出现第三代成虫，11月以幼虫越冬。

(二) 竹织叶野螟 *Algedonia codesalis* Walker

【分布与危害】 分布于我国浙江、广东、湖南、安徽、江西、河南、山东、江苏、湖北、福建等竹产区。危害刚竹属各竹种及青皮竹等。

【识别特征】 成虫体长9—13mm，翅展22—26mm，黄或黄褐色。端线与外端线合并成1条深褐色宽带，另有3条深褐色横线，外线下半段内倾与中线相接。卵扁椭圆形，长0.84mm，蜡黄色。卵块呈鱼鳞状排列。幼虫体长16—25mm，橙黄色，体上各毛片褐色或黑色。蛹长11—14mm，橙色，臀棘8根。茧椭圆形，长14—16mm，为丝土粘结而成，灰褐色，内壁光滑，灰白色(图5-17)。

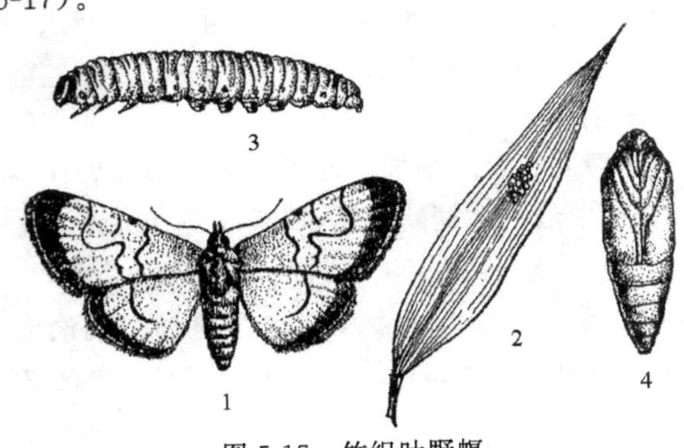

图5-17　竹织叶野螟

1. 成虫　2. 卵　3. 幼虫　4. 蛹

(引自涔炳沾，等《景观植物病虫害防治》，2003)

【发生规律】 广州一年4代；浙江有1代、2代、3代、4代，少数两年1代，以第一代危害重，均以老熟幼虫在土茧中越冬。4月下旬化蛹，5月中旬出现成虫。成虫晚上羽化，当晚迁飞到栎（栗）林取食花蜜，经5—7d交尾，雌虫再次迁飞到当年新竹梢头叶背产卵。每雌产卵92—149粒，分4—8块产下。成虫趋光强，一盏40W的黑光灯最多每晚可诱蛾7万余只。6月上旬卵孵化，初孵幼虫吐丝卷叶，取食竹叶上表皮，每个叶苞有虫2—25条。2龄幼虫转苞为害，每苞有虫1—3条。5龄后幼虫每天或隔天需换苞取食，每次换苞，幼虫就向竹中、下部或邻竹转移1次，严重危害时，全林竹时均被吃光。7月上、中旬老熟幼虫化蛹产生第二代。第二代幼虫于8月中、下旬入土结茧，部分幼虫与第一代茧中另一部分幼虫化蛹产生第三代，每代幼虫均有部分滞育越冬。

（三）松梢螟 *Dioryctria rubella* Hampson

又名微红梢斑螟、松干螟、钻心虫、云杉球果螟、松梢斑螟。

【分布与危害】 在全国均有分布。主要危害五针松、马尾松、火炬松、黑松、油松、赤松、华山松、云杉、黄山松、湿地松、云南松、樟子松、红松等。

【识别特征】 成虫体长10—16mm，翅展20—30mm。灰褐色。触角丝状；前翅暗灰色，中室端有一肾形大白点，白点与外缘之间有1条明显的白色波状横纹，白点与翅基部之间有两条白色波状横纹，翅外缘近缘毛处有1条直的黑色横带。后翅灰褐色，无斑纹。卵椭圆形，长约0.9mm，黄白色，有光泽，近孵化时变为樱红色。1龄幼虫体长2.8mm，头宽0.3mm；2龄体长6.4mm，头宽0.6mm；3龄体长12.7mm，头宽1.1mm；4龄体长17.9mm，头宽1.7mm；5龄体长20.6mm，头宽2.0mm。幼虫头部及前胸背板赤褐色，中、后胸及腹部淡褐色；体表有许多褐色毛片；腹部各节有对称的4对毛片；胸足3对，腹足4对，臀足1对。蛹呈椭圆形，长约15mm，宽约3mm。黄褐色，羽化前变为黑褐色。腹末着生3对钩状臀棘，中央1对较长。

【发生规律】 各地发生世代数不同，江苏、浙江、上海等地一年2—3代，生活史不整齐。以幼虫在被害梢的蛀道或枝条基部的伤口内越冬。翌年3月底至4月初越冬幼虫开始活动，在被害梢内向下蛀食。5月上旬幼虫陆续老熟，在被害梢内做蛹室化蛹，5月下旬羽化。成虫白天静伏，夜晚活动，有趋光性，产卵在嫩梢针叶上或叶鞘基部，散产。初龄幼虫先啃咬梢皮，形成一个指头大的疤痕，被咬处有松脂凝结；以后逐渐蛀入髓心，形成一条15—30cm的蛀道，蛀口圆形，有大量蛀屑及粪便堆集。主要为害直径8—10mm的中央主梢，6—10年生的幼树被害严重。

（四）黄杨绢野螟 *Diaphania perpectalis*（Walker）

又名黄杨黑缘螟蛾。

【分布与危害】 在全国均有分布。幼虫吐丝缀叶做巢为害寄主植物，被害叶初期呈黄色枯斑，后至整叶脱落。吐丝将树叶及被害后的落叶缀合在一起，致使叶不能伸展，生长发育受到严重影响，受害严重时整株死亡。其主要危害黄杨科植物，如瓜子黄杨、雀舌黄杨、大叶黄杨、小叶黄杨、朝鲜黄杨以及冬青、卫矛等植物，其中又以瓜子黄杨和雀舌黄杨受害最重。以幼虫食害嫩芽和叶片，常吐丝缀合叶片，于其内取食，受害叶片枯焦，暴发时可将叶片吃光，造成黄杨成株枯死。

【识别特征】

成虫：体长 18—20mm，翅展 42—46mm，白色；头部暗褐色；头顶触角间鳞毛白色；触角褐色；下唇须第一节和第二节下半部白色，第二节上部和第三节暗褐色；胸部白褐色，有棕色鳞片；翅白色半透明有闪光，前翅前缘褐色，中室内有两个白点，一个细小，另一个弯曲成新月形，前翅外缘有一褐色带，后缘有一褐色带；后翅外缘边缘黑褐色。腹部白褐色，末端深褐色。

卵：椭圆形，长 0.7—0.8mm，宽 0.35—0.4mm；表面微隆，初产时黄绿色，近孵化时黑褐色。

幼虫：老熟幼虫体长 42mm 左右，头部黑褐色，胴部浓绿色，背线深绿色，亚背线、气门上线黑褐色，气门线淡黄绿色，各节具亮黑褐色瘤状突起数个。

蛹：长 20mm 左右，初时翠绿色，后渐变淡，近白色，近羽化时翅边缘黑褐色，腹末端具 8 枚臀棘。

【发生规律】 年发生世代数因地域不同而有差异。青海年发生 1 代；河北秦皇岛年发生 2 代，以老熟幼虫在寄主植物上吐丝结茧越冬，翌年 4 月上旬越冬幼虫开始活动，5 月中旬为盛期，5 月下旬开始在缀叶中化蛹，蛹期 10d 左右，卵期约 7d，7 月下旬至 9 月中旬为第二代发生危害期，9 月中下旬结茧越冬。上海、江苏、四川、贵州、湖南一带年发生 3—4 代，世代重叠严重；翌年 3 月活动，4 月中旬开始化蛹，4 月下旬开始羽化，5 月上旬第一代幼虫出现，6 月上旬第一代幼虫开始化蛹，6 月中旬第一代成虫羽化，6 月下旬产卵，同时可见第二代幼虫出现，7 月中旬化蛹，7 月下旬第二代成虫出现；8 月上旬产卵，同时第三代幼虫出现，8 月中旬化蛹，8 月下旬第三代成虫开始羽化，9 月上旬产卵，9 月中旬越冬代幼虫出现，10 月中旬进入越冬期。成虫羽化次日交配，交配后第二天产卵，卵成块状产于寄主植物叶背。每头雌成虫产卵 103—214 粒。幼虫 1、2 龄取食叶肉，3 龄后吐丝做巢，在其中取食。成虫白天隐藏，傍晚活动，飞翔力弱，趋光性不强。

【螟蛾类害虫的防治措施】

(1) 消灭越冬虫源。如秋季清理枯枝落叶及杂草，并集中烧毁。

(2) 在幼虫危害期可人工摘除虫苞。

(3) 当发生面积大时，于初龄幼虫期喷 50%辛硫磷乳油 1000 倍液 1 份＋灭幼脲 3 号 1 份 1000 倍液、10%氯氰菊酯乳油 2000—3000 倍液。

(4) 开展生物防治。卵期释放赤眼蜂，幼虫期施用白僵菌等。

九、天蛾类

天蛾类属鳞翅目天蛾科，是一类大型的蛾子。前翅狭长，后翅短三角形，身体粗壮，飞翔迅速，成虫身体花纹怪异，触角尖端有一小钩，易与其他蛾类区别。幼虫粗大，身体上有许多颗粒，体侧大多有一列斜纹，尾部背面有尾角。

(一) 霜天蛾 *Psilogramma menephron* Cramer

又名泡桐灰天蛾。

【分布与危害】 在我国分布于华北、华南、华东、华中、西南各地。主要危害梧桐、丁香、苦楝、樟、白蜡树、金叶女贞、泡桐、悬铃木、柳、楸等多种园林植物，以幼虫食叶。

【识别特征】 成虫体长约 50mm，翅展约 125mm，灰白或灰褐色；体背有线纹，前翅有棕黑色波浪纹，顶角有黑色半月形斑 1 个。卵绿色，圆形。幼虫绿色，体长 75—96mm，头部淡绿，胸部绿色，背有横排列的白色颗粒 8—9 排；腹部黄绿色，体侧面有白色斜带 7 条；尾角褐绿，上面有紫褐色颗粒，长 12—13mm，气门黑色，胸足黄褐色，腹足绿色（图 5-18）。蛹红褐色，体长 50—60mm。

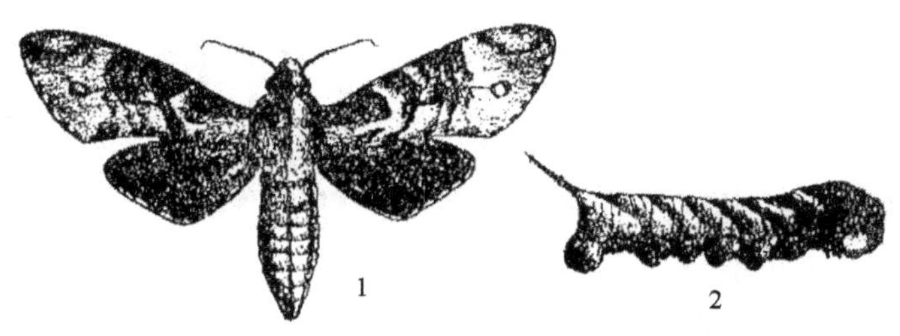

图 5-18　霜天蛾
1. 成虫　2. 幼虫
（引自涔炳沾，等《景观植物病虫害防治》，2003）

【发生规律】 一年发生 1—3 代，以蛹在土中越冬。翌年 4 月下旬至 5 月羽化，6—7 月危害最烈，可食尽树叶，树下有深绿色大粒虫粪。8 月下旬至 9 月上旬第二代幼虫危害。10 月底幼虫老熟入土化蛹越冬。成虫趋光性很强。卵产于叶背面，卵期约 10d。幼虫多在清晨取食，白天潜伏在阴处。幼虫孵化后，先啃表皮，随后蚕食叶片，将其咬成大的缺刻或孔洞。幼虫老熟后在表土中化蛹。

（二）豆天蛾 *Clanis bilineata* Walker

又名刺槐天蛾。

【分布与危害】 分布在除西藏外的其他各地。危害刺槐、大豆、藤萝等。幼虫食叶，严重时将全株叶片吃光，不能结荚。

【识别特征】

成虫：体长 40—45mm，翅展 100—120mm。体、翅黄褐色，头及胸部有较细的暗褐色背线，腹部背面各节后缘有棕黑色横纹。前翅狭长，前缘近中央有较大的半圆形褐绿色斑，中室横脉处有 1 个淡白色小点，内横线及中横线不明显，外横线呈褐绿色波纹，沿 R3 脉有褐绿色纵带，近外缘呈扇形，顶角有 1 条暗褐色斜纹，将顶角二等分；后翅暗褐色，基部上方有赭色斑。

卵：椭圆形，2—3mm，初产黄白色，后转褐色。老熟幼虫体长约 90mm，黄绿色，体表密生黄色小突起。胸足橙褐色。腹部两侧各有 7 条向背后倾斜的黄白色条纹，臀背具尾角一个。蛹长约 50mm，宽 18mm，红褐色。头部口器明显突出，略呈钩状，喙与蛹体紧贴，末端露出。5—7 腹节的气孔前方各有一气孔沟，当腹节活动时可因摩擦而微微发出声响；臀棘三角形，具许多粒状突起。本种的另一亚种为南方豆天蛾[*Clanis bilineata bilineata*（Walker）]，分布于浙江、华南。前翅色深，一年只发生 1 代，仅发现取食豆科葛属及黎豆属植物。

【发生规律】 在河南、河北、山东、安徽、江苏等地一年发生1代，在湖北发生2代，均以老熟幼虫在9—12cm深的土层越冬。翌春移动至表土层化蛹。第一代发生期，一般在6月中旬化蛹，7月上旬为羽化盛期，7月中下旬至8月上旬为成虫产卵盛期，7月下旬至8月下旬为幼虫发生盛期，9月上旬幼虫老熟入土越冬。第二代发生期，5月上中旬化蛹和羽化，第一代幼虫在5月下旬至7月上旬为害，第二代幼虫发生于7月下旬至9月上旬为害；全年以8月中下旬为害最严重。9月中旬后老熟幼虫入土越冬。成虫飞翔力很强，但趋光性不强，喜在空旷而生长茂密的豆田产卵，一般散产于第3、4片豆叶背面，每叶1粒或多粒，每雌平均产卵350粒。卵期6—8d。幼虫共5龄。越冬后的老熟幼虫在表土温度达24℃左右时化蛹，蛹期10—15d。4龄前幼虫白天多藏于叶背，夜间取食（阴天则全日取食）；4—5龄幼虫白天多在豆秆枝茎上为害，并常转株危害。

（三）桃天蛾 *Marumba gaschkewitschii* Bremer et Grey

又名桃六点天蛾、枣天蛾、枣豆虫、桃雀蛾、独角龙。

【分布与危害】 全国各地均有分布。以幼虫啃食枣叶，发生严重时，常逐枝吃光叶片，甚至将全树叶片取食殆尽，严重影响产量和树势。危害桃、樱桃、樱花、紫薇、海棠、核桃、李、杏、梅、苹果、梨、枣、枇杷、葡萄等多种植物。

【识别特征】 成虫体长36—46mm，翅展82—120mm，体肥大深褐色，头细小，触角栉齿状，米黄色，复眼紫黑色。前翅狭长，灰褐色，有暗色波状纹7条，外缘有一深褐色宽带，后缘角有1块黑斑，由断续的4小块组成，前翅下面具紫红色长鳞毛。后翅近三角形，上有红色长毛，后缘角有一灰黑色大斑，后翅下面灰褐色，有3条深褐色条纹。腹部灰褐色，腹背中央有一淡黑色纵线。卵扁圆形，绿色，似大谷粒，孵化前转为绿白色。老熟幼虫体长80mm，黄绿色，体光滑，头部呈三角形，体上附生黄白色颗粒，第四节后每节气门上方有黄色斜条纹，有一个尾角。蛹长45mm，纺锤形，黑褐色，尾端有短刺。

【发生规律】 在天津、河北、山西、陕西、山东等地一年发生2代，以蛹在地下5—10cm深处的蛹室中越冬，越冬代成虫于5月中旬出现，白天静伏不动，傍晚活动，有趋光性。卵产于树枝阴暗或树干裂缝内，或叶片上，散产。每雌蛾产卵量为170—500粒。卵期约7d。第一代幼虫在5月下旬至6月为害。6月下旬幼虫老熟后，入地做穴化蛹，7月上旬出现第一代成虫，第二代幼虫在7月下旬至8月上旬为害，9月上旬幼虫老熟，进入地下4—7cm做穴（土茧）化蛹越冬。

（四）甘薯天蛾 *Herse convolvuli*（Linnaeus）

又名旋花天蛾、白薯天蛾、地瓜天蛾，幼虫俗称猪仔虫。

【分布与危害】 属于世界性害虫，几乎国内均有分布。主要危害甘薯、牵牛花等旋花科植物，还能危害扁豆、赤豆、葡萄、楸树等，是一种偶发性害虫。以幼虫食害甘薯叶片，能将叶片吃光，还可为害嫩茎。当虫口密度大时，可将成片薯田叶片吃光，只剩薯蔓，使薯块含糖量降低，产量下降。

【识别特征】 成虫体长40—52mm，翅展100—200mm，为灰褐色大型蛾，胸部背面有成串褐色八字纹，腹部背面中央有1条暗灰色宽纵纹，各节两侧顺次有白、红、黑横带3条。

前翅灰褐色，内、中、外各横线为锯齿状的黑色细线，翅尖有1条曲折斜向的黑褐色纹。后翅淡灰色，有4条黑色纹。卵球形，初产蓝绿色，后变黄白色，长2mm。幼虫共5龄，1—3龄体呈黄绿或青绿色，成长后有绿色型及褐色型两种。绿色型：体绿色，头部黄绿色。褐色型：体暗褐色，密布黑点，头部黄褐色。两种色型幼虫体两侧都各有2条黑纹，腹1—8节，侧面有深褐色斜纹。腹部末端有1个弧形尾角。老熟幼虫长83—100mm。蛹红褐色，50—60mm，下颚较长向下弯曲成钩状。

【发生规律】 甘薯天蛾发生世代因地而异。东北及华北地区每年2代；江淮流域3—4代；湖南、湖北、四川4代；福建4—5代。各地区均以8—9月为害最盛。以蛹在地下10cm深处越冬。成虫趋光性强，也善于飞翔，日伏夜出，多在黄昏后取食活动，卵喜产在浓绿叶片的正、反面及叶柄上，平均每头雌蛾可产1500粒卵，多者达2800余粒。初孵幼虫集聚不动，吃掉卵壳，约2h后分散为害，将叶片吃成缺刻，1头幼虫可吃掉几十个叶片，5、6龄幼虫食量增大，占总食量80%以上，故防治时间应在3龄之前。在日均温24℃时，幼虫期20—23d。幼虫老熟后钻入甘薯地或沟边杂草丛地下5—10cm深处做茧化蛹，蛹期10—20d。

(五) 芋双线天蛾 *Theretra oldenlandiae* (Fabrieius)

俗称凤仙花天蛾、芋叶灰褐天蛾。鳞翅目，天蛾科。

【分布与危害】 危害扶桑、鸡冠花、凤仙花、水芋、花叶芋、芍药、长春花、地锦、三色堇、葡萄等。广东、广西、海南、云南、江苏、浙江、江西、福建、四川、台湾等地。初孵幼虫在叶背啃食表皮，叶片呈透明斑，2龄后幼虫所食叶呈孔洞，3龄后幼虫所食叶呈缺刻，4龄后幼虫进入暴食期，危害加重。

【识别特征】

成虫：体褐绿色，体长25—35mm，翅展50—65mm，头、胸部两侧具灰白色缘毛，胸部背线灰褐色，两侧具黄白色纵条。前翅灰褐色，前翅顶角至后缘基部具较宽的浅黄褐色斜带1条，翅面有数条灰、白色条纹。后翅黑褐色，有灰黄横带1条，缘毛白色。

卵：浅黄绿色，球形，长约1.5mm 。

幼虫：幼虫体色多有变化，有绿色型、褐色型之分。老熟幼虫体长80mm，圆筒形，较粗大。胸背有两行黄白点，体两侧有黄色圆斑和眼状纹，圆斑内有红、黑或黄、黑两色，第八腹节背面有尾角1个。

蛹：黄褐色，长35—45mm。

【发生规律】 华南地区一年5代，世代重叠，以蛹在土中越冬。幼虫共5龄，具负趋光性，遇强光或暴雨常躲入枝杈荫蔽处或草丛中。成虫羽化后当晚交尾，每头雌虫产卵30—60粒，卵多散产在嫩叶叶背。成虫昼伏夜出，趋光性很强。

【防治方法】

园林技术防治：初春深翻改土，破坏越冬蛹的栖息环境；当虫口密度低时，可根据地面粪便状况，进行人工捕杀。

物理及机械防治：在成虫发生期，利用黑光灯、高压频振灯诱杀成虫。

生物防治：在幼虫发生期喷施苏云金杆菌、白僵菌等生物制剂。保护和利用鸟类、寄生性昆虫、捕食性昆虫，充分发挥天敌的自然控制作用。

化学防治：在幼虫发生期，尤其掌握在 3 龄前喷施辛硫磷、阿维菌素等药剂，毒杀幼虫。

（六）咖啡透翅天蛾 *Cephonodes hylas* L.

俗称黄栀子大透翅天蛾。鳞翅目，天蛾科。

【分布与危害】 危害咖啡、黄栀子以及六月雪（满天星）等茜草科植物等。分布于海南、广西、云南、台湾、安徽、江西、湖南、湖北、四川、福建等地。以幼虫取食植株叶片，仅残留主脉和叶柄，有时甚至将花蕾、嫩枝食尽，造成光杆或枯死。

【识别特征】 成虫：体长 22—31mm，翅展 45—57mm，纺锤形。触角墨绿色，末端弯成钩状。翅基部浅绿色，翅膜质透明，翅脉棕黑色，顶角黑色；后翅内缘至后角具绿色鳞毛。胸部背面黄绿色，腹面白色，各体节间具黑环纹；第 5—6 腹节两侧生有白斑，尾部具有黑色毛丛。

卵：长 1—1.3mm，球形，浅绿色至浅黄绿色。

幼虫：老熟幼虫体长 52—65mm，浅绿色。头部椭圆形，前胸背板具颗粒状突起，各节具环褶 8 条，第 8 腹节具一尾角。气门上线、气门下线黑色，围住气门，气门线浅绿色。

蛹：长 25—38mm，红棕色，纺锤形。

识别特征如图 5-19 所示。

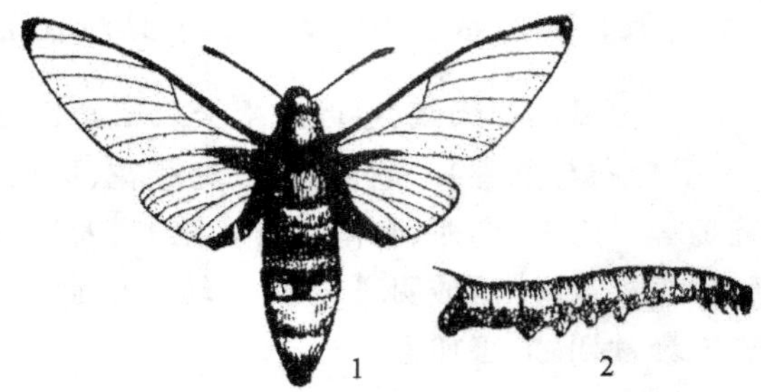

图 5-19 咖啡透翅天蛾

1. 成虫　2. 幼虫

（引自涔炳沾，等《景观植物病虫害防治》，2003）

【发生规律】 该虫属于白天活动的蛾类之一，成虫喜食花蜜，常快速振翅在花间穿行，吸花蜜时常悬停半空，尾部鳞毛展开，颇似蜂鸟。在华南地区一年 5 代，以蛹在土中越冬。常产卵于植株嫩叶两面或嫩茎上，每头雌虫产卵 200 粒左右。幼虫多于夜间孵化，昼夜取食，老熟后入土化蛹。

【防治方法】

园林技术防治：及时翻耕晒土，使蛹翻出或深埋土中，被天敌啄食或不能羽化。因其虫体较大，容易发现，可在幼虫危害期结合管理进行人工捕杀。

生物防治：在幼虫危害期喷施苏云金杆菌等生物制剂，杀虫效果好。

化学防治：必要时采用氰戊菊酯乳油等药剂喷雾。

【天蛾类害虫的防治措施】

（1）结合耕翻土壤，人工挖蛹。根据树下虫粪寻找幼虫进行捕杀。

（2）利用新型高压灯或黑光灯诱杀成虫。

（3）虫口密度大、危害严重时，喷洒 Bt 乳剂 500 倍液、2.5％溴氰菊酯乳油 2000—3000 倍液、10％多来宝乳油 1000 倍液、50％辛硫磷乳油 2000 倍。

十、大蚕蛾类

(一) 绿尾大蚕蛾 *Actias selene ningpoana* Felder

俗称绿尾天蚕蛾、绿翅天蚕蛾、月神蛾、水青蛾、大水青蛾、燕尾蛾、长尾蛾等。鳞翅目，大蚕蛾科。

【分布与危害】 危害樱花、海棠、木槿、乌桕、柳、榆、苹、枫、樟、杏等。国外分布于南亚各国；国内分布于广东、浙江、江苏、江西、台湾等地。以幼虫食叶，低龄幼虫将叶食成缺刻或孔洞，稍大时可把全叶吃光，仅残留叶柄或叶脉。该种属中大型蛾类，幼虫体型大，食叶量大，对园林植物危害重，多发生在森林公园和风景园林区内。

【识别特征】 成虫：体粗大，体长 32—38mm，翅展 100—135mm，体被白色絮状鳞毛，头部两触角间具有紫色横带 1 条，触角黄褐色羽状；复眼大，圆球形，黑色。前、后翅浅绿色，中央具一透明眼状斑，后翅臀角延伸呈长长的燕尾状。足紫红色。

卵：直径 2mm 左右，球形略扁，初产黄绿色，孵化前淡褐色，卵壳具有胶质粘连成块。

幼虫：老熟幼虫体长 72—100mm。幼虫一般为 5 龄，少数 6 龄。1—2 龄幼虫虫体黑色，3 龄幼虫虫体橘黄色，毛瘤黑色，4 龄体渐呈嫩绿色，化蛹前夕呈暗绿色。体各节背面具黄色瘤突，其中中、后胸和第 8 腹节上的瘤突较大，顶黄基黑，其他毛瘤端部蓝色基部棕黑色。气门上线由红褐色及黄色组成。臀足粗大，臀板暗紫色。

蛹：长 40—50mm，椭圆形，红褐色，额区有一浅白色三角形斑。蛹体外有灰褐色厚茧。

【发生规律】 绿尾大蚕蛾在华南一年 3—4 代。以老熟幼虫在寄主枝干上或附近杂草丛中结茧化蛹越冬。初孵幼虫群集取食，3 龄后幼虫食量大增，分散为害。低龄幼虫昼夜取食量相差不大，但高龄幼虫夜间取食量明显高于白天。幼虫具避光蜕皮习性，蜕皮多在傍晚和夜间。

【防治方法】

园林技术防治：在秋季及初春，及时清除落叶、杂草，并结合冬季修剪，摘除树上虫茧，集中处理，减少虫源基数。

物理及机械防治：在成虫盛发期，设置黑光灯或高压汞灯诱杀，诱杀效果明显。

生物防治：在幼虫 3 龄前，喷施 Bt 乳剂，防效可达 70%—80%。

化学防治：在低龄幼虫发生期，选用氯氰菊酯乳油、溴氰菊酯乳油等喷雾，防治效果达到 90%以上。宜选在傍晚施药防治。

(二) 樗蚕蛾 *Philosamia cynthia* Walker et Felder

俗称樗蚕、柏蚕、乌桕樗蚕蛾。鳞翅目，大蚕蛾科。

【分布与危害】 危害含笑、木槿、玉兰、柑橘、悬铃木、臭椿、乌桕、香樟、银杏、冬青、卫矛、喜树、梧桐、樟、樱桃、梨、桃、槐、柳、泡桐、石榴等。分布于海南、广东、广西、云南、台湾、浙江、贵州、四川等地。该虫属大型蛾类，以幼虫取食叶片及嫩芽，轻者将叶食成缺刻或孔洞，严重时把叶片吃光。

【识别特征】

成虫：属大型蛾子，体长 25—30mm，翅展 110—130mm。体青褐色。前翅黄褐色，前翅顶角后缘外凸呈钝钩状，顶角圆而突出，具有黑色眼状斑，斑的上边有白色弧形。前后翅中央各有 1 个较大的新月形斑，新月形斑上缘深褐色，中间半透明，下缘土黄色；外侧有 1 条纵贯全翅的宽带，宽带中间红褐色、外侧白色、内侧深褐色；基角褐色，其边缘有 1 条白色曲线。翅外缘有棕褐色细边线。

卵：长 1.5mm 左右，扁椭圆形，灰白色，有褐斑。

幼虫：体粗大，初龄幼虫淡黄色，有黑色斑点；稍大虫体附有白粉，青绿色；老熟幼虫体长 55—75mm。各体节均有 6 个刺突，突起之间有深褐色斑点。围气门片黑色。胸足黄色，腹足青绿色，端部黄色。

茧：茧丝质，土黄或灰白色，长约 50mm，上端开口，两头小，中间粗，呈口袋状或橄榄形，用丝缀叶而成。茧柄长，40—130mm，常以一张寄主叶片包被半边茧。

蛹：棕褐色，椭圆形，长 26—30mm，宽 14mm 左右，体上多横皱纹。

【发生规律】 南方一年 2—3 代，以蛹越冬。初孵幼虫有群集习性，3—4 龄后逐渐分散为害，可昼夜取食及迁移为害。幼虫老熟后在树上缀叶结茧化蛹。新羽化的成虫即可进行交配。卵产在寄主的叶背和叶面上，聚集成堆或块状，每雌产卵多达 300 粒，成虫有趋光性，并有远距离飞行能力。

【防治方法】

园林技术防治：在化蛹高峰及成虫产卵盛期，可组织人力进行人工摘除，集中销毁。

物理及机械防治：因为成虫有趋光性，可掌握好成虫的羽化盛期，及时设置黑光灯进行诱杀。

生物防治：合理保护和利用绒茧蜂、樗蚕黑点瘤姬蜂等天敌昆虫及鸟类。

化学防治：在幼虫为害初期，及时喷施化学农药或使用烟雾剂防治。

十一、枯叶蛾类

枯叶蛾类属鳞翅目夜蛾科，是大中型的蛾子。因体躯粗壮，被厚毛，静止时似枯叶而得名。幼虫大型且多毛，有毒，常统称毛虫。多数为林木害虫。

（一）马尾松毛虫 *Dendrolimus punctatus* Walker

又名毛辣虫、毛毛虫。

【分布与危害】 分布于华东、华中、西南、华南等地。主要危害马尾松，也危害湿地松、火炬松等。

【识别特征】 成虫体长 20—35mm，雌蛾翅展 48—80mm，雄蛾 38—62mm，体色有黄褐、灰褐、棕褐、茶褐色等多种，体色变化较大。前翅上有深褐色横线 4—5 条，中室端具白点 1 个，亚端线由 8—9 个近新月形黑褐色斑组成，靠臀角处斜列 3 个斑点。雄蛾色较深，前翅

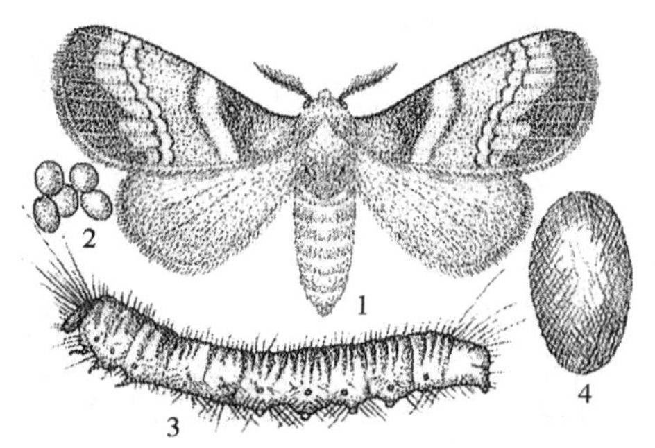

图 5-20　马尾松毛虫
1. 成虫　2. 卵　3. 幼虫　4. 茧
(仿李成德《森林昆虫学》)

横线色深且明显，中室端白斑明显，触角羽状。雌蛾大于雄蛾，色略浅，触角短栉齿状，腹部较雄蛾粗壮。卵长 1.4mm 左右，椭圆形，初粉红色，近孵化时变成深紫色，成串或成堆产在松针上。末龄幼虫体长 40—80mm，体色有棕红色、棕黑色两种，头黄褐色，中胸、后胸背面簇生蓝黑色毒毛带，两带间丛生黄白色毛，腹部各节毛簇中具窄而扁平的片状毛，先端具齿状凸起，体侧生有白色长毛，并具 1 条纵贯身体的纵带，纵带上从中胸至第 8 腹节气门上方各具一白斑，体背中央为银白色或金黄色至黑褐色。蛹长 20—27mm，栗褐色或暗红褐色，节间具黄绒毛，腹末有细长的臀棘，末端呈钩状卷曲。茧长椭圆形，灰白色至污褐色。表面有毒毛。识别特征如图 5-20 所示。

【发生规律】 河南一年发生 2 代，长江流域、安徽 2—3 代，广东、广西、福建南部 3—4 代，海南 4—5 代，以 3—4 龄幼虫在树皮缝或针叶丛中越冬。翌年 3 月越冬幼虫上树活动，4 月中、下旬开始结茧化蛹，5 月上旬进入化蛹盛期，成虫于 5 月羽化，成虫寿命 5—9d。第一代幼虫于 6 月上旬出现，第二代于 8 月上旬，第三代幼虫于 9 月下旬出现，其中第二代部分幼虫在 8 月中旬开始滞育至 1 月中旬越冬；正常的第二代幼虫于 9 月上旬结茧化蛹，中旬羽化，第三代卵多于 9 月中旬孵化，为害至 11 月中旬开始越冬。成虫有趋光性，多在夜间交尾产卵。每头雌虫产卵数十至数百粒，卵期 6—11d，幼虫共 6 龄，1—2 龄群集，遇惊扰吐丝下垂，3—4 龄不再吐丝，有弹跳习性，5—6 龄受惊后常把头弯向胸下部，胸部毒毛竖起。幼虫期 34—56d，以末龄幼虫在松针丛中、树皮下、灌木杂草上结茧化蛹，蛹期 11—22d。该虫成、幼虫能迁移扩散为害，幼虫常由群集趋向分散，食料缺乏时则成群向外迁移觅食。成虫飞翔距离多在0.5—2km。一般在海拔 500m 以下的低山或丘陵，树龄 10 年左右，郁闭度小且干燥地区易大发生。

(二) 天幕毛虫 *Malacosoma neustria testacea* Motschulsky

又名天幕枯叶蛾、带枯叶蛾、梅毛虫。

【分布与危害】 国内分布于黑龙江、吉林、辽宁、北京、内蒙古、宁夏、甘肃、青海、新疆、陕西、河北、河南、山东、山西、湖北、江苏、浙江、湖南、广东、贵州、云南等地。刚孵化幼虫群集于一枝上，吐丝结成网幕，食害嫩芽、叶片，随生长渐下移至粗枝上结网巢，白天群栖巢上，夜出取食。5 龄后期幼虫分散为害，严重时将全树叶片吃光。

【识别特征】 成虫雌雄异形。雌虫体长 18—20mm，翅展约 40mm，全体黄褐色。触角锯齿状。前翅中央有 1 条赤褐色宽斜带，两边各有 1 条米黄色细线；雄虫体长约 17mm，翅展约 32mm，全体黄白色。触角双栉齿状。前翅有 2 条紫褐色斜线，其间色泽比翅基和翅端部的淡。卵圆柱形，灰白色，高约1.3mm。每 200—300 粒紧密黏结在一起环绕在小枝上，如 顶针状。低龄幼虫身体和头部均呈黑色，4 龄以后幼虫头部呈蓝黑色。末龄幼虫体长 50—60mm，背线黄白色，两侧有橙黄色和黑色相间的条纹，各节背面有黑色瘤数个,其上生许多黄白色长毛,腹面暗褐色。腹足趾钩双序缺环。蛹初为黄褐色,后变黑褐色,体长17—20mm,蛹体有淡褐色短毛。化蛹于黄白色丝质茧中。识别特征如图 5-21 所示。

【发生规律】 一年发生 1 代,以小幼虫在卵壳内越冬。春季花木发芽时,幼虫钻出卵壳,危害嫩叶,以后转移到枝杈处吐丝张网,1—4 龄幼虫白天群集在网幕中,晚间出来取食叶片,5 龄幼虫离开网幕分散到全树暴食叶片,5 月中、下旬陆续老熟于叶间杂草丛中结茧化蛹。6、7 月为成虫盛发期,羽化成虫晚间活动,产卵于当年生小枝上,幼虫胚胎发育完成后不出卵壳即越冬。

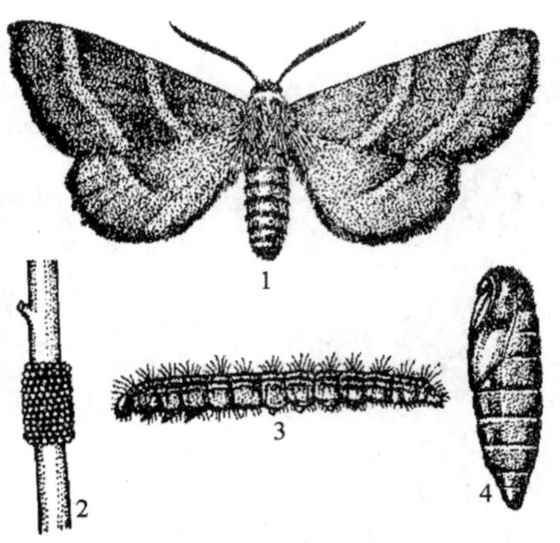

图 5-21 天幕毛虫
1. 雌成虫 2. 卵块 3. 幼虫 4. 蛹
(仿中国农业科学院果树研究所等)

(三) 云南松毛虫 *Dendrolimus houi* Lajonquiere

鳞翅目,枯叶蛾科。

【分布与危害】 危害柳杉、侧柏。分布于广东、广西、云南、四川、贵州、浙江、福建等地。幼虫取食柳杉叶,啃食树皮,咬断嫩枝。柳杉连续受害 2—3 年可枯死,木材变质变色,极易腐朽。幼虫毒毛接触人的皮肤红肿疼痛。在南方大面积危害松树,林木生长量降低,产脂量减少,幼树枯死。

【识别特征】

成虫:雌虫体长 36—50mm,翅展 110—120mm。全体密被灰褐色鳞毛,触角锯齿状,腹部粗壮。前翅具 4 条深褐色弧线,其中内横线模糊,外横线 2 条,后端略呈波状。亚外缘斑 9 个,新月形,灰黑色。后翅无斑纹。雄虫较雌虫体小,体长 34—42mm,翅展 70—87mm。全体密被赤褐色鳞毛,体色较雌虫深,触角羽状,腹部瘦小。翅面斑纹与雌虫相似。

卵:灰褐色,椭圆形,直径 1.5—1.7mm,表面具有黄白色环状纹 3 条,中间环带两侧各有 1 个灰褐色圆点。

幼虫:初龄幼虫头部褐色,体灰褐色,胸部各节背面具有深褐色条纹,两侧密生黑褐色毛丛。腹部各节背面具有黑褐色斑点 1 对,其上簇生黑色刚毛。2 龄幼虫头部深褐色,体橙黄色,中、后胸背面各具 1 条深褐色斑纹,其间着生白色毛丛,第四至第五节背面各有 1 个显著的灰白色蝶形斑。老熟幼虫(6—7 龄)体黑色,体长 90—116mm,腹部背面的蝶形斑不及以前各龄清晰。

蛹:纺锤形,长 35—50.5mm,初为浅褐色,以后体色逐渐加深而呈黑褐色,腹末具钩状刺。

茧:椭圆形,长 60—80mm,茧上夹杂幼虫脱落的黑色毒毛。

【发生规律】 在云南一年两代,以 2、3 龄幼虫越冬。卵产于叶或小枝上。卵可单产或堆产。茧多结在树枝顶端及基部,也有老熟幼虫陆续下树,在灌木杂草丛中结茧化蛹,茧常几个聚集在一起。恶劣天气幼虫有下树避雨、避阴喝水的习性。

【防治方法】

园林技术防治：结合农事操作，可人工摘除卵块、幼虫和茧，降低下一代松毛虫虫口密度。

物理及机械防治：成虫羽化盛期，利用黑光灯或火堆诱杀成虫。另外，利用炎热天气幼虫需下树避雨喝水的习性，在天气炎热时采用在树干涂刷毒环、毒绳或设置塑料环等阻杀幼虫。

生物防治：合理保护和利用鸟类、蛙类、寄生蝇类、寄生蜂类等捕食性和寄生性天敌，发挥天敌的自然控制作用。另外，在幼虫发生期，可以采用苏云金杆菌、白僵菌等生物制剂防治，防治效果较好。

化学防治：在幼虫发生期，喷施溴氰菊酯、杀螟松等化学防治。

【枯叶蛾类害虫的防治措施】

(1) 消灭越冬虫体。在园林业中一般无大面积纯林，可结合修剪、肥水管理等消灭越冬虫源。

(2) 物理机械防治。人工摘除卵块或孵化后尚未群集的初龄幼虫及蛹茧，或灯光诱杀成虫。

(3) 化学防治。发生严重时，可喷洒 2.5%溴氰菊酯乳油 4000—6000 倍液、50%磷胺乳剂 2000 倍液、25%灭幼脲 3 号 1000 倍液喷雾防治，或喷粉防治 4 龄前的幼虫。

(4) 生物防治。①利用松毛虫的卵寄生蜂；②用白僵菌、青虫菌、松毛虫杆菌等微生物制剂；③保护、招引益鸟。

十二、灯蛾类

(一) 人纹污灯蛾 *Spilarctia subcarnea* (Walker)

俗称红腹白灯蛾、红腹灯蛾、桑红腹灯蛾和人字纹灯蛾。鳞翅目，灯蛾科。

【分布与危害】 主要为害芍药、萱草、鸢尾、菊花、月季、白菜、甘蓝、花椰菜、萝卜等。分布于台湾、海南、广东、广西、云南等地。主要以幼虫啃食叶肉，幼龄幼虫多群集为害，3 龄以后幼虫分散为害，蚕食叶片，造成叶片残缺不全和孔洞。

【识别特征】

成虫：体长 17—20mm，翅展 40—52mm；雌蛾稍大，体长 20—23mm，翅展 55—58mm。雄虫触角锯齿状，雌虫触角羽状；头、胸黄白色，腹部背面红色；前翅黄白色，外缘至后缘有 1 列黑斑，两翅合拢时呈人字状；后翅红色或白色，前后翅背面均为淡红色。

卵：直径 0.6mm 左右，淡绿色，扁球形。

幼虫：老熟幼虫体长 50mm 左右，头黑色，体褐色，体各节均有毛瘤 10—18 个，毛瘤上有棕色长毛丛。

蛹：体长 18mm 左右，赤褐色，椭圆形，腹末端棘上有短刺 12 根。

【发生规律】 在我国南方一年发生 3—6 代。以蛹越冬。卵产在叶背呈块状，每块有十至百余粒卵。老熟幼虫有假死习性，成虫有趋光性。

【防治方法】

园林技术防治：及时消除田间枯枝烂叶，铲除田边杂草，可有效减少其化蛹及产卵场所。深耕改土，可消灭一部分在表土或残株内的越冬害虫，减小翌年虫源基数。

物理及机械防治：在3龄前幼虫群集为害期间，人工捕杀；在成虫盛发期，利用杀虫灯或黑光灯诱杀成虫。

化学防治：该类幼虫常与菜青虫、小菜蛾等混合发生，一般不需要单独施药防治，防治其他害虫时可以兼治此虫。

十三、卷蛾类

（一）褐带长卷叶蛾 *Homona coffearia*（Meyrick）

俗称茶卷叶蛾、茶淡黄卷蛾、柑橘长卷叶蛾、咖啡卷叶蛾。鳞翅目，卷蛾科。

【分布与危害】　危害柑橘、荔枝、茶树、枇杷、龙眼、杨桃、梨、银杏、石榴、丁香、菊花、柿、枣、苹果等。分布于广西、广东、湖南、福建、浙江等地。以幼虫为害嫩梢、嫩叶、花蕾、幼果，常吐丝缀叶，潜居其中啃食叶片，将叶片食成孔洞，为害幼果，导致大量落果。

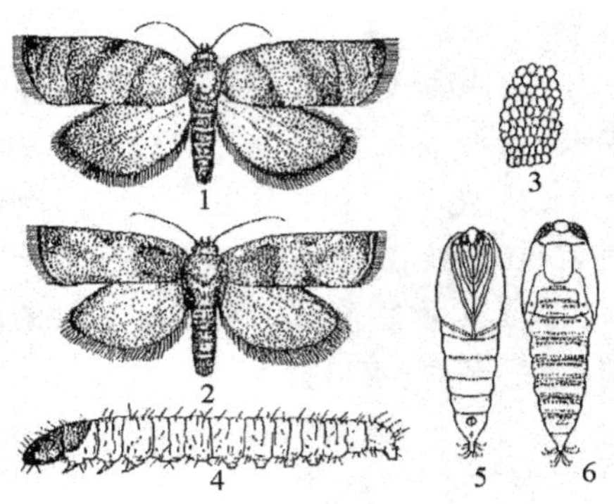

图 5-22　褐带长卷蛾
1. 雌幼虫　2. 雄成虫　3. 卵块
4. 幼虫　5、6. 蛹
（仿中国农业科学院植物保护研究所）

【识别特征】

成虫：暗褐色，头小，休息时下唇须上翘。体长6—10mm，前翅暗褐色，后翅淡黄色。雌虫头顶有浓褐色鳞毛，胸部背面黑褐色，腹面黄白色；前翅暗褐色，长方形，翅基部有黑褐色斑纹，前缘中央到后缘中后方有一深褐色宽带。雄虫略小，前翅前缘基部有一近椭圆形突起，休息时反折于肩角上。

卵：椭圆形，卵块鱼鳞状排列，上覆胶质薄膜。初产淡黄色，渐变深黄。

幼虫：老熟幼虫黄绿色，体长20—23mm。头部深褐色至黑色，前胸盾及胸足黑色。具臀栉。

蛹：黄褐色，体长8—13mm，腹部末端有8根钩状臀棘。

识别特征如图5-22所示。

【发生规律】　在福建、广东、台湾一年发生6代，以老熟幼虫在卷叶或杂草内越冬。该虫世代重叠，幼虫活动性较强，受惊即迅速后退并吐丝下坠，不久后又沿丝爬回。成虫飞翔力不强，昼伏夜出，有较强的趋光性，对糖醋液及酒等发酵物亦有明显趋性。

【防治方法】

园林技术防治：收获后清园，及时清除杂草、枯枝落叶；结合修剪，剪除带有越冬幼虫和蛹的枝叶并集中处理。

物理及机械防治：成虫盛发期，在田间设置黑光灯或频振式杀虫灯诱杀成虫；也可用糖醋液诱杀成虫。

生物防治：合理保护及利用鸟类、螳螂、澳洲赤眼蜂、玉米螟赤眼蜂、松毛虫赤眼蜂等天敌。另外，在成虫产卵期释放松毛虫赤眼蜂或玉米螟赤眼蜂来防治，效果较好。

化学防治：在幼虫发生期，采用氰戊菊酯、溴氰菊酯、阿维菌素、除虫脲等化学防治。

（二）云杉黄卷蛾 *Archips oporanus*（L.）

俗称松芽卷叶蛾、松粗卷叶蛾。鳞翅目，卷蛾科。

【分布与危害】 危害圆柏、云杉、湿地松、火炬松、马尾松、红松、雪松等。分布于华南、华中、华北等地。以幼虫吐丝缀叶，潜居其中，啃食嫩梢及腋芽处针叶，严重时可将嫩梢蚕食殆尽，也可危害花芽及雄花，影响植株生长及种子产量。

【识别特征】

成虫：体长 10—12mm，翅展 22—30mm。雌蛾前翅黄褐色，有许多褐色短纹，后翅金黄色，第 2、3 腹节背面有背穴 1 对。雄虫头部、前胸赤褐色，腹部褐色，前翅红褐色，有深褐色不规则斑纹；后翅深灰褐色。

卵：扁椭圆形，长约 0.96mm，初产时乳白色，渐变黄色。卵块呈鳞状排列成堆。

幼虫：体长 20mm，淡绿色，头黑褐色，前胸背板橙色镶有黑褐色边，肛上板淡黄色。

蛹：长 15—16mm，初化蛹时为黄绿色，以后逐渐变为褐色。臀棘 8 根，末端强度卷曲。

【发生规律】 浙江每年发生 2—3 代，以 2—3 龄幼虫吐丝缀于枝干腋芽处越冬。翌年 3—5 月开始活动。取食针叶时，常吐丝将几束针叶缀在一起，并将中间部分与枝干黏合，潜居其中食害心叶。常转移为害，在被害针叶中化蛹。成虫白天静伏，晚上交尾，有趋光性。卵多产在树干表皮上，每头产卵 205—410 粒。初孵幼虫活跃，有吐丝下缀扩散的习性。幼虫共 4 龄，历期 20—25d。

【防治方法】

园林技术防治：加强水肥管理等健壮栽培措施，增强植株的抗虫性；另外，结合采种、修剪等管理操作，剪除缀结的虫枝、虫包，减少其越冬虫源；还可以营造混交林，改变害虫的发生环境，可有效减轻其发生及危害。

物理及机械防治：在成虫发生期，于林间设置黑光灯诱杀成虫。

生物防治：在幼虫发生期及时喷施苏云金杆菌、青虫菌等生物制剂，可有效控制该虫为害；另外，保护和利用益鸟及寄生蜂等自然天敌。

化学防治：在幼虫发生期喷施溴氰菊酯、辛硫磷、杀螟松等药剂，及时控制害虫的发生。

（三）棉褐带卷蛾 *Adoxophyes orana*

俗称苹果小卷叶蛾。鳞翅目，卷蛾科。

柑橘、蔷薇、茶、桦、忍冬、悬钩子、杨、柳、樱桃、苹果、梨、桃、李、杏、山楂等。

【分布与危害】 危害柑橘、蔷薇、茶、桦、忍冬、悬钩于、杨、柳、樱桃、苹果、梨、桃、李、杏、山楂等。我国除云南和西藏外，各地均有分布。以幼虫卷叶为害叶片，常吐丝将 2—3 片叶连缀一起，潜居其中啃食，将叶片吃成缺刻或网状，也可啃食果皮或浅层果肉，不蛀果为害。幼虫尤其喜欢在果叶贴接处为害。

【识别特征】

成虫：体棕黄色，体长 6—8mm，翅展 13—23mm，下唇须较长，向前延伸。前翅基斑褐色，前翅自前缘向后缘有 2 条深褐色斜纹，外侧的 1 条较内侧的细。后翅及腹部为淡黄褐色。雄虫较雌虫体小，体色较淡，前翅前缘基部具前缘瘤(图 5-23-1)。

卵：淡黄色，椭圆形，扁平。卵块常数十粒排列，呈鱼鳞状(图 5-23-2)。

幼虫：幼龄幼虫淡绿色，老龄幼虫翠绿色。体长 13—15mm，头和前胸背板淡黄色(图 5-23-3)。

蛹：黄褐色，体长 9—11mm(图 5-23-4)。

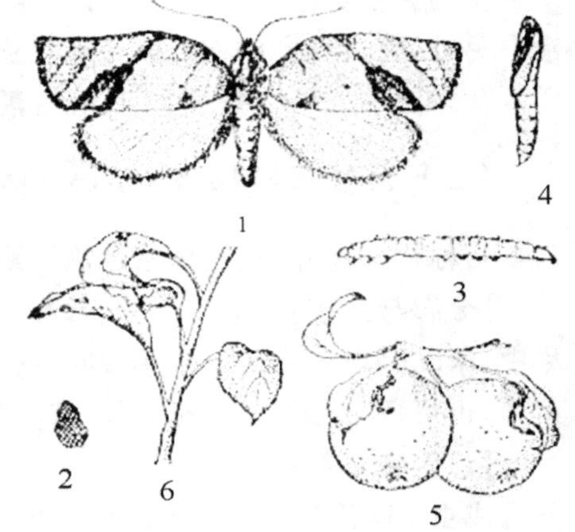

图 5-23 棉褐带卷蛾
1. 成虫 2. 卵 3. 幼虫 4. 蛹
5. 被害果实 6. 被害叶
(仿北京农业大学)

【发生规律】 棉褐带卷蛾在各地的发生代数不同，以 2 龄幼虫在树皮裂缝、翘皮下、果树的剪锯口等隐蔽处结薄茧越冬，幼虫很活泼，触其卷叶，幼虫会从卷叶中爬出，吐丝下垂，常有转移危害的习性。老熟幼虫在卷叶内化蛹，成虫白天常静伏在树荫处的叶面或叶背上，夜间活动。成虫有强趋化性和弱趋光性，对糖醋液趋性强。卵块产，每块卵有数十粒至百余粒不等。

【防治方法】

园林技术防治：结合农事操作，发现卷叶后及时人工捏杀潜居其中的幼虫。另外，初春人工刮除树干及剪、锯伤口等处的老翘皮并集中销毁，以杀死潜藏其中的越冬幼虫，减少虫源发生基数。

物理及机械防治：利用药剂及油漆等涂抹剪、锯伤口，消灭其中的越冬幼虫；采用棉褐带卷蛾性外激素诱杀成虫。

生物防治：该虫主要的天敌有拟澳赤眼蜂、卷叶蛾肿腿蜂、松毛虫赤眼蜂、舞毒娥黑瘤姬蜂等，生产中注意合理保护和利用自然天敌的天然控制作用，可在一定程度上抑制害虫的发生。另外，利用人工饲养的松毛虫赤眼蜂防治棉褐带卷蛾具有很好的效果。

化学防治：在低龄幼虫发生期，及时喷施高效氯氰菊酯、毒死蜱、氟虫脲、灭幼脲等化学防治害虫。

(四) 茶长卷叶蛾 *Homona magnanima* Diakonoff

俗称茶卷叶蛾、褐带长卷叶蛾、东方长卷蛾、柑橘长卷蛾等。鳞翅目，卷蛾科。

【分布与危害】 危害菊花、梅、蔷薇、茶、栎、樟、柑橘、梨、桃、石榴、芍药、牡丹、桂花、柿等。分布于广东、广西、云南、江苏、江西、四川、湖南等地。以幼虫吐丝缀叶，潜居其中取食，初孵幼虫取食上表皮及叶肉，残留下表皮，大龄幼虫咬食叶片成缺刻或孔洞，少数幼虫还潜入花蕾和花瓣内为害。

【识别特征】

成虫：体黄褐色，体长 5—10mm，翅展 19—32mm，雄虫略小。唇须紧贴头部，向上弯曲，第二节长，末节短小。前翅近长方形，黄棕色，有褐斑。雌虫前翅基部斑点、中带及端纹依稀可辨，后翅杏黄色；雄虫前翅基部斑点退化，但中带及端纹清晰可辨，中带在近前缘处色泽变黑，形成一个黑斑，后翅浅灰褐色。

卵：长 0.80—0.85mm，扁平椭圆形，浅黄色。

幼虫：老熟幼虫体黄绿色，体长 18—26mm，头黄褐色，前胸背板褐色，近半圆形，两侧下方各具 2 个黑褐色斑点。

蛹：深褐色，长 11—13mm，臀棘长，有 8 个钩刺。

【发生规律】 该虫在台湾一年发生 6 代，成虫具有趋光性、趋化性，成虫多于清晨 6 时羽化，白天栖息在茶丛叶片上，日落后、日出前 1—2h 最活跃。成虫羽化后当天即可交尾，经 3—4h 即开始产卵。卵喜产在老叶正面，每头雌虫产卵量 330 粒。初孵幼虫可吐丝下垂借风力扩散。幼虫共 6 龄，老熟幼虫常重新缀结 2 片老叶，结成虫苞化蛹其中。

【防治方法】

园林技术防治：加强栽培管理措施，增强植株抗性；结合修剪，剪除虫苞或捏杀幼虫。

生物防治：在低龄幼虫发生期，施用白僵菌及颗粒体病毒等生物制剂防治；在产卵盛期及时释放赤眼蜂，可有效杀灭害卵；另外，保护和利用赤眼蜂、小蜂、茧蜂、寄生蝇等天敌昆虫，发挥自然天敌的控制作用。

物理及机械防治：利用成虫具有趋光性、趋化性的特点，在成虫发生盛期设置诱虫灯或糖醋液诱杀成虫。

化学防治：在低龄幼虫发生期，喷施杀螟松、辛硫磷等药剂，控制其发生。

十四、叶甲类

叶甲类属鞘翅目昆虫，危害园林植物的种类很多。

（一）漆树叶甲 *Podonitia lutea* (Olivier)

【分布与危害】 分布于华东、华中、西南、华南、陕西及台湾等地。除危害漆树外，还危害野漆树、黄连木等。

【识别特征】 成虫体长 12.0—15.5mm，近椭圆形，橙黄色，具光泽。头隐藏在前胸下面。触角基部两节黄色，其余各节黑褐色。前胸背板横宽，前缘凹入。每鞘翅有 10 行整齐刻点。雌虫末节腹板后缘两侧有较深的狭凹陷。幼虫长 20—21mm，体肥大，黄色或金黄色。背部有很多排列整齐的黑点。

【发生规律】 一年 1 代，以成虫在石块下、土中或杂草中越冬。4 月下旬至 5 月初漆树发芽时出蛰活动，取食嫩芽、新叶，并交尾产卵。5—7 月出现幼虫，6 月上旬开始化蛹，6 月下旬新一代成虫出现，并于 11 月上、中旬相继越冬。成虫飞翔能力弱，受惊扰即坠地。成虫于当年或第二年春季交尾，具有多次交尾习性。卵产于叶背，每头雌虫平均产卵 270 粒。初孵幼虫群集取食叶肉，后分散取食。幼虫取食后排出条状粪便，用尾部上翘，附于背上。老熟幼虫化蛹时,将背上附着物脱掉,坠地爬行至泥土疏松处入土化蛹。

(二)茄二十八星瓢虫 *Henosepilachna sparsa orientalis* Dieke

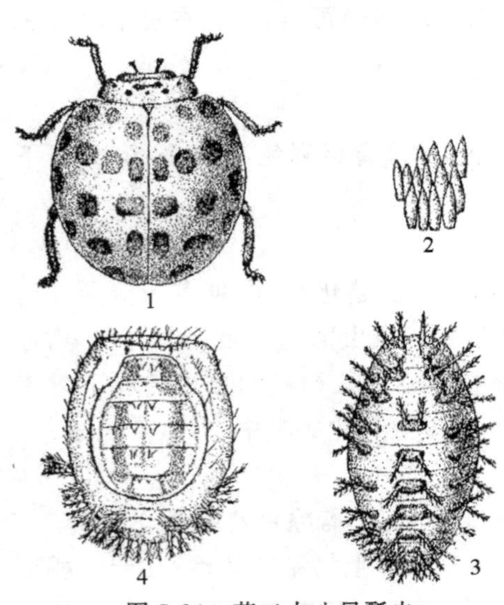

图 5-24　茄二十八星瓢虫
1. 成虫　2. 卵　3. 幼虫　4. 蛹
(仿沈阳农学院)

【分布与危害】　分布北起黑龙江、内蒙古,南至台湾、海南及广东、广西、云南,东起国境线,西至陕西、甘肃,折入四川、云南、西藏。长江以南密度较大。以成、幼虫舔食叶肉,残留上表皮成网状,严重时食尽全叶。此外还舔食瓜果表面,受害部位变硬,带有苦味。

【识别特征】　成虫半球形,体长 6mm,黄褐色,体表密生黄色细毛。前胸背板上有 6 个黑点,中间的两个连成一个横斑,每个鞘翅上有 14 个黑斑,第二列 4 个黑斑呈一直线。卵长约 1.2mm,弹头形,淡黄至褐色,卵粒排列较紧密。幼虫初龄淡黄色,后变白色,体表多刺,其基部有黑褐色环纹,枝刺白色。蛹长 5.5mm,椭圆形,背面有黑色斑纹,尾端包着末龄幼虫的蜕皮(图 5-24)。

【发生规律】　一年发生多代。以成虫在土块下、树皮缝中、杂草丛中越冬。每年 5 月发生数量最多,危害严重。成虫白天活动,有假死性和自残性。初孵幼虫群集危害,取食上表皮和叶肉,只剩下表皮。2 龄后幼虫分散危害,造成许多缺刻或仅留叶脉。幼虫 4 龄后老熟,并在叶背或茎上化蛹。田间世代重叠。

(三)黄曲条跳甲 *Phyllotreta striolata*(Fabricius)

又名菜蚤子、土跳蚤、黄跳蚤、狗虱虫、黄曲条菜跳甲、黄跳甲等。

【分布与危害】　除新疆、西藏、青海无记载外,其余各地均有分布。以甘蓝、花椰菜、白菜、菜薹、萝卜、芜菁、油菜等十字花科蔬菜为主,但也危害茄果类、瓜类、豆类蔬菜。黄曲条跳甲每年在春夏和冬季为害高峰期,常由于冬季蔬菜较多(特别十字花科菜较多),食料丰富,温湿度非常适宜,为害猖獗。成虫啃食叶片,造成叶片孔洞、光合作用降低,最后只剩叶脉,甚至死亡。

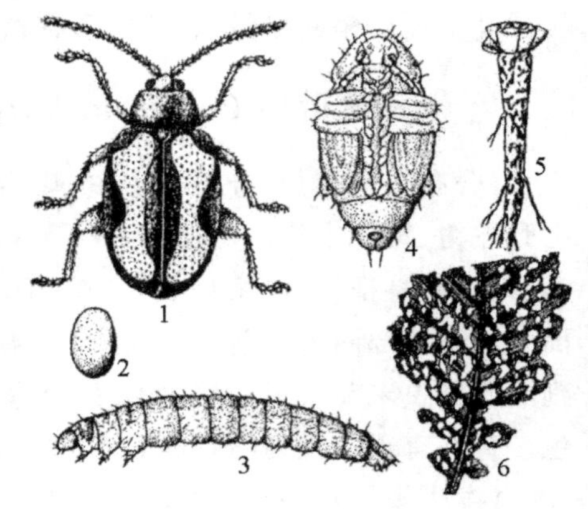

图 5-25　黄曲条跳甲
1. 成虫　2. 卵　3. 幼虫
4. 蛹　5、6. 害状
(仿华南农学院)

【识别特征】　成虫体长 1.8—2.4mm,黑色、光亮。鞘翅上各有一条黄色纵斑,其外侧中部狭而弯曲,内侧中部直,前后两端内弯。后足腿节膨大,因此善跳。胫节、跗节黄褐色。卵椭圆形,长约 0.3mm,淡黄色，半透明。幼虫老熟幼虫体长约4mm，长筒形，黄白色，各节有不明显的肉瘤，生有细毛，尾部稍白。头淡褐色。蛹体长2mm，乳白色，头部隐于前胸下面，翅芽和足达第五腹节，胸部背面有稀疏的褐色刚毛。腹末有1对叉状突起，叉端褐色（图5-25）。

【发生规律】 发生代数因地而异，我国由北向南一年发生2—8代。黑龙江一年发生2—3代，河北3—4代。华北地区一年发生4—5代，华东4—6代，华中5—7代，华南7—8代。长江以北地区，各地均以成虫在枯枝、落叶、杂草丛或土缝里越冬。长江以南地区，冬季各种虫态都有，无越冬现象。黄曲条跳甲成虫、幼虫都可为害，成虫啃食叶片，造成细密的小孔，使叶片枯萎，还可取食嫩荚，影响结实。成虫善跳，白天活动，以中午前后活动最盛，高温时还能飞翔。早晚或阴雨天躲在叶背或土缝下。成虫具有趋光性，耐饥饿力弱，抗寒性较强。卵多产于植株根部周围的土缝中或细根上，每头雌虫产卵约200粒，最多可达600粒。各代成虫产卵量差异很大，第一、二代产卵仅25粒左右，而越冬代产卵量600粒以上。卵聚集成块，每块数粒至20余粒。幼虫专食植株的地下部分，蛀害根皮成弯曲虫道，使植株生长不良，影响产量和质量。幼虫在土内栖息深度与作物根系有关，最深可达12cm。初孵幼虫，沿须根食向主根，剥食根的表皮。老熟幼虫多在3—7cm深的土中做土室化蛹。羽化后爬出土面继续危害。

（四）黄守瓜 *Aulacophora femoralis*（Motschulsky）

又名萤火虫。

【分布与危害】 分布范围广泛，遍及全国。可危害约19科69种植物，但以葫芦科为主，其中西瓜、黄瓜、甜瓜、南瓜等受害严重。成虫主要啃食叶片形成环形或半环形缺刻，可咬断嫩茎造成死苗，还能危害花和嫩瓜。幼虫在土中咬食根或蛀入根中，使瓜苗或结瓜期植株大量枯死，并可蛀入近地面的幼茎和瓜内取食，导致瓜果腐烂。

【识别特征】 体长卵形，后部略膨大。体长6—8mm。成虫体橙黄或橙红色，有时较深。上唇或多或少栗黑色，腹面后胸和腹部黑色，尾节大部分橙黄色。有时中足和后足的颜色较深，从褐黑色到黑色，有时前足胫节和跗节也是深色。头部光滑几无刻点，额宽，两眼不甚高大，触角间隆起似脊。触角丝状，伸达鞘翅中部，基节较粗壮，棒状，第二节短小，以后各节较长。前胸背板宽约为长的两倍，中央具一条较深而弯曲的横沟，其两端伸达边缘。盘区刻点不明显，两旁前部有稍大刻点。鞘翅在中部之后略膨阔，翅面刻点细密。雄虫触角基节极膨大，如锥形。前胸背板横沟中央弯曲部分极端深刻，弯度也大。鞘翅肩部和肩下一小区域内被有竖毛。尾节腹片三叶状，中叶长方形，表面为一大深洼。雌虫尾节臀板向后延伸，呈三角形突出；尾节腹片呈三角形凹缺（图5-26）。

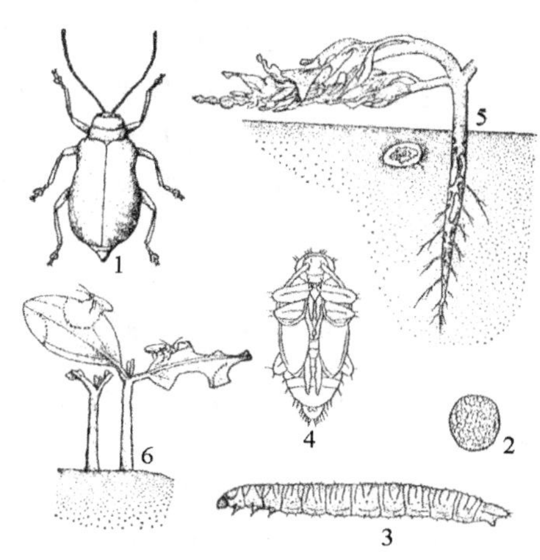

图5-26 黄守瓜
1. 成虫 2. 卵 3. 幼虫 4. 蛹
5. 根部危害状 6. 叶危害状
（仿华南农学院）

【发生规律】 在中国北方一年发生1代，南方1—3代，台湾南部3—4代。以成虫在背风向阳的杂草、落叶和土缝间越冬。成虫食性广，几乎危害各种瓜类，但西瓜、南瓜、甜瓜、黄瓜等受害严重，喜食瓜叶和花瓣，还可食其他作物，如向日葵、桃、梨等。成虫有假死性，卵产在瓜根周围。幼虫生活在土内，食瓜根，造成瓜苗凋萎枯死。老熟幼虫在瓜根附近土下化蛹。

（五）小青花金龟 *Oxycetonia jucunda* Faldermann

又名小青花潜、银点花金龟、小青金龟子。

【分布与危害】 除新疆外分布于全国各地。主要为害草莓、苹果、梨、槟榔、沙果、海棠、杏、桃、葡萄、柑橘、栗、葱等。成虫喜食芽、花器、嫩叶及成熟有伤的果实，幼虫为害植物地下部位组织。

【识别特征】 成虫体中型，体长13mm左右，宽6—9mm，长椭圆形稍扁，背面暗绿或绿色至古铜微红及黑褐色，变化大，多为绿色或暗绿色，腹面黑褐色，具光泽，体表密布淡黄色毛和点刻。头较小、长，眼突出，黑褐或黑色。前胸背板近梯形，前缘呈弧形，凹入，后缘近平直，两侧各有白斑1个。前胸和鞘翅暗绿色，鞘翅上散生多个白或黄白色绒斑。鞘翅狭长，且内弯。腹板黑色，分节明显。各节有排列整齐的细长毛，腹部侧缘各节后端具白斑。前足胫节外侧具3齿。卵椭圆形或球形。初乳白渐变淡黄色。幼虫乳白色，长32—36mm。头棕褐色或暗褐色，宽2.9—3.2mm。蛹长14mm，裸蛹，初淡黄白色，尾部后变橙黄色。

【发生规律】 一年发生1代，以幼虫、蛹和成虫在土中越冬。温度是制约小青花金龟活动的主要因素，当10cm下土温达11℃，气温15℃以上时，即可出土飞翔；温度20℃以上时，活动最频繁，飞翔交尾。4月下旬至5月上旬为产卵盛期，卵散产。小青花金龟出土期在4月中旬，出土盛期在4月下旬至5月下旬，此虫有多次交配和多次产卵习性，产卵期在1个月以上，卵散产。4—5月成虫出现，集中食害花瓣、花蕊及柱头，在晴天多于上午10时至下午危害，日落后成虫入土潜伏。产卵多在腐殖质土中，6—7月出现幼虫。小青花金龟喜食花、果等有酸甜味的部位，有时也取食嫩头和嫩叶，其取食和活动场所随寄主花期出现而变化，转移频繁。

（六）大猿叶甲 *Colaphellus bowringii* Baly

【分布与危害】 分布遍及全国。成虫及幼虫危害白菜、萝卜、油菜、芥菜等十字花科蔬菜。

【识别特征】 成虫体长4.7—5.2mm，宽2.5mm，长椭圆形，蓝黑色，略有金属光泽；背面密布不规则的大刻点；小盾片三角形；鞘翅基部宽于前胸背板，并且形成隆起的“肩部”，后翅发达，能飞翔。卵长椭圆形，1.5mm×0.6mm，鲜黄色，表面光滑。老熟幼虫体长约7.5mm，头部黑色有光泽，体灰黑色稍带黄色，各节有大小不等的肉瘤，以气门下线及基线上的肉瘤最明显；肛上板坚硬。蛹长约6.5mm，略呈半球形，黄褐色。腹部各节两侧各有1丛黑色短小的刚毛；腹部末端有1对叉状突起，叉端紫黑色。

【发生规律】 一年发生代数由北到南为2—8代，以成虫在5cm深表土层越冬，少数在枯叶、土缝、石块下越冬。翌春开始活动,卵成堆产于根际地表、土缝或植株心叶,每堆20粒左右。每头雌成虫平均产卵200—500粒。成虫、幼虫都有假死习性,受惊即缩足落地。成虫和幼虫皆日夜群聚取食菜叶,致使菜叶千疮百孔,严重时吃成网状,仅留叶脉。成虫寿命平均达3个月。春季发生的成虫,夏初气温达26.3℃以上,即潜入土中或草丛阴凉处越夏,夏眠期3个月左右,至8—9月气温降到27℃左右,又陆续出土危害。卵发育历期3—6d;幼虫期约20d,共4龄;蛹期约11d。每年4—5月和9—10月为危害高峰,通常秋季白菜受害较重。

(七)小猿叶甲 *Phaedon brassicae* Baly

【分布与危害】 在国内分布北起辽宁、内蒙古,南至台湾、海南及广东、广西、云南,东部滨海,西向沿河北、山西、陕西斜向甘肃,折入四川、云南。主要为害芥菜、萝卜、青菜、花椰菜等十字花科蔬菜,小猿叶甲还可为害胡萝卜、莴苣、洋葱、葱等。以成虫和幼虫取食叶片呈缺刻或孔洞,严重时食成网状,仅留叶脉,造成减产。

【识别特征】 成虫体长2.8—4.0mm,卵圆形,蓝黑色,有绿色金属光泽。头小,深嵌入前胸,刻点深密。触角基部2节的顶端带棕色,触角向后伸展达鞘翅基部,端部5节明显加粗。前胸背板短,宽为长的2倍以上。鞘翅刻点排列规则,每翅8行半,肩瘤外侧还有一行相当稀疏的刻点。幼虫初孵时淡黄色,后变暗褐色。老熟幼虫长约7mm,头部黑色,胴部灰褐色,各节有大型黑色肉疣8个,排成一横列,肉瘤上有几条黑色长毛。卵长椭圆形,一端较钝,初产时鲜黄色,后变暗黄色,大小(1.2—1.8)mm×(0.45—0.55)mm。蛹体长3.4—3.8mm,近半球形,淡黄色;前胸背板中央无纵沟,腹末不分叉。

【生活习性】 在长江流域一年发生3代,春季1代,秋季2代。在广东一年发生5代,无明显越冬现象。长江流域以成虫在枯叶下或根隙越冬,广东无明显越冬现象。2月底至3月初成虫开始活动,3月中旬产卵,3月底孵化,4月成虫和幼虫混合为害最烈,下旬化蛹及羽化。5月中旬气温渐高,成虫蛰伏越夏。8月下旬又开始活动,9月上旬产卵,9—11月盛发,各虫态均有,12月中下旬成虫越冬。成虫具假死性,受惊后假死落地,其后翅退化,无飞翔能力。略有群集性,日夜均可取食,常与大猿叶甲混合发生。卵散产于叶基部,以叶柄上最多,产前咬孔,一孔一卵,横置其中。4月成虫和幼虫混合为害最烈,5月中旬气温渐高,成虫蛰伏越夏。8月下旬又开始活动,9月上旬产卵,12月中下旬成虫越冬。幼虫喜在心叶取食,昼夜活动,以晚上为甚。具假死性,受惊后即缩足落地。老熟幼虫入土3cm左右筑土室化蛹,蛹期7—11d。

(八)绿鳞象甲 *Hypomeces squamosus* Fabricius

俗称茶树绿鳞象甲、蓝绿象、绿绒象虫、棉叶象鼻虫、大绿象虫等。属鞘翅目,象甲科。

【分布与危害】 食性极杂,除危害油茶外,还危害茶、油茶、刺桐、柑橘、棉花、甘蔗、桑树、大豆、花生、玉米、烟、麻等百余种植物。分布于河南、江苏、安徽、浙江、江西、湖北、湖南、广东、广西、海南、福建、台湾、四川、云南、贵州等地。以成虫取食林木的嫩枝、芽、叶,蚕食嫩叶成波状残缺,能食尽叶片,严重时还啃食树皮,影响树势或使全株枯死。

【识别特征】 成虫体长约 13mm,越冬成虫紫褐色。卵灰白色,长椭圆形。幼虫体长 10—17mm,乳白色至淡黄色。蛹长约 14mm,黄白色,识别特征如图 5-27 所示。

【发生规律】 一年发生 1 代。以成虫或老熟幼虫在表土内越冬。

【防治方法】

园林技术防治:结合施肥、耕翻改土,使幼虫被曝晒或被鸟类等捕食。

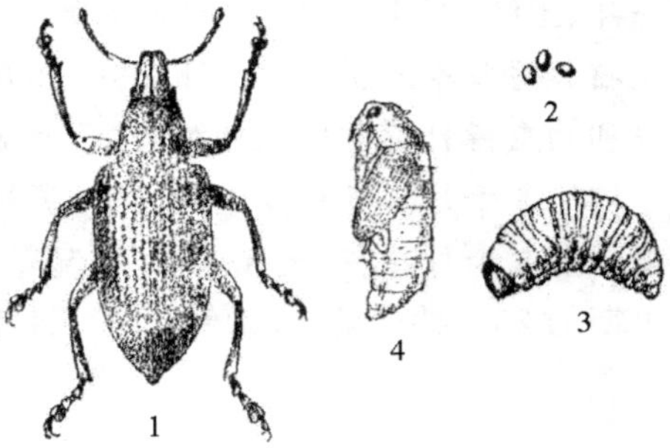

图 5-27 绿鳞象甲
1. 成虫 2. 卵 3. 幼虫 4. 蛹
(引自涔炳沾,等《景观植物病虫害防治》,2003)

人工捕杀:利用成虫的假死性,在成虫盛发期震落捕杀,用胶粘杀。用桐油加火熬制成胶糊状,涂在树干基部,象甲上树时即被粘住。涂一次有效期 2 个月。

化学防治:喷施白僵菌、辛硫磷等化学制剂防治。

(九) 椰心叶甲 *Brontispa longissima* (Gestro)

俗称红胸叶虫、椰子扁金花虫、椰子棕扁叶甲、椰子刚毛叶甲。鞘翅目,叶甲总科,铁甲科,铁甲亚科。

【分布与危害】 寄主植物有椰子、槟榔、假槟榔(亚历山大椰子)、山葵(皇后葵)、鱼尾葵、散尾葵、大王椰子(雪棕、王棕)、棕榈、华盛顿椰子(大丝葵)、油棕、蒲葵、短穗鱼尾葵(丛立孔雀椰子)、软叶刺葵、象牙椰子、酒瓶椰子、公主棕、红槟榔、青棕、海桃椰子、老人葵、海枣、短蒲葵、红棕榈、刺葵(糠榔)、岩海枣、孔雀椰子、日本葵、克利巴椰子。其中椰子为最主要的寄主。国内分布于广东、广西、海南、福建、云南、香港、台湾等地。该虫原产于印度尼西亚、巴布亚新几内亚,现广泛分布于太平洋群岛及东南亚,也括中国、越南、印度尼西亚、澳大利亚、巴布亚新几内亚、马来西亚、斐济群岛、瓦努阿图、新加坡、马尔代夫、马达加斯加、毛里求斯、韩国、泰国等。该虫在我国主要集中在华南及华东区。该虫幼虫、成虫均取食椰子等寄主未展开的心叶表皮组织,形成狭长的褐色条斑,心叶展开后呈大型褐色坏死条斑,有的叶片皱缩、干枯卷曲,被害叶表面常有破裂虫道和虫体排泄物。树受害后常出现褐色树冠,严重时,整株死亡。

【识别特征】

成虫:成虫的形态特征、体长、前胸背板的宽度等是椰心叶甲分类鉴定的主要依据。虫体扁平狭长,雄虫略小于雌虫。体长 80—10mm,宽约 2mm,触角 11 节,线状。头部红黑色,前胸背板黄褐色,略呈方形,长宽相当,具有不规则的粗刻点,前缘向前稍突出,两侧缘近中部略内凹,后缘平直。前侧角圆,向外扩展,后侧角具一小齿。中央有一个大黑斑。足黄褐色,粗短,跗节 4 节。鞘翅上具有多行平行的刻点。

卵:椭圆形,褐色,长约 1.5mm,宽约 1.0mm。卵壳表面有细网纹,上表面有蜂窝状平凸起,下表面无此结构。

幼虫:可分为 3—7 龄,常见 4—5 龄,幼虫各龄的头宽、大小差异显著。体色白色至浅黄色。

蛹:长约 10.5mm,宽约 2.5mm,与幼虫虫体相似,但个体稍粗短,出现翅芽和足,腹末仍有尾突，但基部的气门开口消失。有明显的预蛹期。

识别特征如图 5-28 所示。

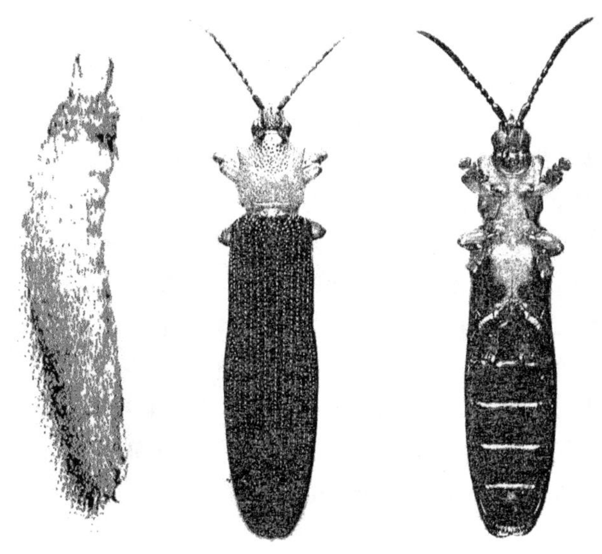

图 5-28　椰心叶甲幼虫及成虫(背面及腹面)
(仿徐公天，等《中国园林害虫》，2007)

【发生规律】 椰心叶甲是国家禁止进境的国际二类植物检疫对象，危害以椰子为主的棕榈科植物。椰心叶甲每年发生 4—6 代，一生经过成虫、卵、幼虫、蛹四个虫态，世代重叠。卵期为 3—6d，幼虫期为 30—40d，预蛹期 3d，蛹期 6d，成虫期可达 220d。每头雌虫产卵 100 多粒。卵散产，每次产卵多为 1—2 粒，最多达 6 粒。卵产在取食心叶而形成的虫道内，3—5 个一纵列，卵与叶面粘连固定。成虫惧光，具有一定的飞翔能力，可借飞行或气流进行一定范围的扩散，飞翔趋于早、晚进行，远距离传播主要是借助于种苗、花卉等调运而人为传播。

【防治方法】

检验检疫：对棕榈科苗木的调运，加强国际及国内检验检疫措施，防止该虫进一步扩散危害。

园林技术防治：注意健壮栽培，及时浇水、合理施肥，结合农事操作，及时发现、及早防治或进行烧毁处理。

生物防治 ：据有关报道，椰心叶甲有寄生蜂、蚂蚁、树蛙、金龟子绿僵菌等多种天敌。目前海南省引进的应用较为成功的天敌有两种：椰扁甲啮小蜂和椰甲截脉姬小蜂。

化学防治：茎干打孔注药防治：在离地面约 50cm 处的茎干上呈螺旋上升式分别在东、西、南、北四个方位钻孔，孔深 10cm，孔径 0.1cm，孔径与树体呈 45°角。该法针对棕榈科植物植株高大，施药不易操作的问题，利用植物组织的疏导作用将药液输送到靶标部位而达到防治害虫的目的。挂药包防治：将椰甲清药包固定在植株心叶上方，药剂所含成分包括触杀性药剂及内吸性药剂，通过雨水或人工喷淋水自然流至心叶害虫危害部位而杀死害虫，只要药包中还有药剂剩余，遇喷灌及雨水均可会流向心叶起到杀虫作用。挂药包法比其他化学防治方法效果明显，药剂有效利用率高，持效期长(8—10个月)，无雾滴漂移，对环境污染小，操作方便，具有良好的推广应用前景。

(十) 白星花金龟 *Postosia brevitarsis* Lewis

俗称白纹铜花金龟、白星花潜。鞘翅目，花金龟科。

【分布与危害】 危害鸡冠花、蔷薇、蜀葵、秋葵、菊花、大花萱草、美人蕉、金叶女贞、樱桃、桃、苹果、李、柑橘、梨、葡萄等。在全国分布。成虫不仅咬花卉叶、芽、花冠，还危害花器及果实，尤其喜欢为害腐烂的果实，致使植株花果提早凋落。

【识别特征】 体椭圆形，背面较平，体色多为古铜色或青铜色，有光泽；体型中等，体长17—24mm，宽9—13mm；触角深褐色，雄虫鳃片部长、雌虫短；复眼突出。前胸背板长短于宽，两侧弧形，基部最宽，后角宽圆；前胸背板、鞘翅及臀板上有白色绒状斑纹，前胸背板上通常有2—3对排列不规则的白色绒斑；小盾片呈长三角形，顶端钝，表面光滑，仅基角有少量刻点。鞘翅宽大，肩部最宽，后缘圆弧形，缝角不突出；背面遍布粗大刻纹，鞘翅的中、后部的白绒斑多为横波纹状。后足基节后外端角齿状；足粗壮，膝部有白绒斑，前足胫节外缘有3齿，跗节具两弯曲的爪。幼虫体长约30mm，乳白色。

【发生规律】 一年发生1代，幼虫生活在腐殖质土和堆沤厩肥中。成虫产卵于土中，卵期约为10d，浅土层化蛹，蛹期约20d。成虫有假死性，对果汁和糖醋液有较强的趋化性。

【防治方法】

园林技术防治：加强植株的健壮栽培措施，增强植株的抗虫性。不在田间地头堆沤肥料、植株的残枝败叶等腐殖质材料。避免施用未经充分腐熟的厩肥。

物理及机械防治：在成虫盛发期，利用黑光灯诱杀或利用成虫假死习性，于清晨或黄昏凉爽天气时震落成虫，集中捕杀。

生物防治：合理保护和利用天敌。其天敌种类主要有白僵菌、绿僵菌、土蜂等。

化学防治：因该虫对糖醋液有较强的趋化性，可在成虫盛发期，利用糖醋液诱杀成虫。可用2.5%功夫乳油、50% 辛硫磷乳油喷雾防治幼虫。

【叶甲类害虫的防治措施】

(1) 消灭越冬虫源。清除墙缝、石砖、落叶、杂草下等处越冬的成虫，减少越冬基数。

(2) 利用假死性人工震落捕杀成虫或人工摘除卵块。

(3) 化学防治。各代成虫、幼虫发生期喷洒40.7%乐斯本800倍液或2.5%溴氰菊酯2000—3000倍液。

(4) 保护、利用天敌寄生蜂、瓢虫、鸟等。

十五、叶蜂类

叶蜂类属膜翅目叶蜂总科。叶蜂幼虫与鳞翅目幼虫相似，但叶蜂幼虫有6—8对腹足，腹足上无趾钩，且仅有1对单眼，可与鳞翅目幼虫相区别。

（一）蔷薇三节叶蜂 *Arge pagana* Panzer

又名月季叶蜂、田舍三节叶蜂、黄腹虫。

【分布与危害】 分布于华北、华东、华南等地。危害蔷薇、月季、十姐妹、黄刺玫、玫瑰等花卉，以幼虫食叶，严重时可把叶片食光。

【识别特征】

成虫：雌成虫体长 7—9mm，翅展 16—20mm。雄成虫比雌成虫略小，体长 5.5—7.5mm，翅展 13—16mm，前翅黑色，半透明。其他与雌成虫相同。体、翅、足为蓝黑色，有金属光泽。中胸背面呈"×"形凹陷。腹部橙黄色，其背面胸、腹交界处，有胸部向后延伸的舌状黑斑。产卵器呈双镰刀状，分上下两瓣。不产卵时，藏匿于腹末阴沟中。

幼虫：1—4 龄幼虫体绿色，头、胸、足黑色；5 龄幼虫头褐色。老熟幼虫体长 20mm 左右，头橘红色。胸、腹部黄色或橙黄色，臀板黑色，并着生细小刚毛。胸部第 2—8 节背面各有 3 横列黑褐色毛瘤，每列 6 个，明显排列成 6 纵行，其余各节有 1—2 列毛瘤，纵向排列。胸部和腹部第 2—8 节气门下方各有 1 个较大的黑色毛瘤。

卵：长椭圆形，橙黄色，长约 1mm，一端稍粗，近孵化前变为绿色。

蛹：头胸部褐色，腹部棕黄色，长 9mm 左右。茧椭圆形，丝质，长 11mm 左右，灰黄色。

【发生规律】 一年 1—9 代，以老熟幼虫在土中做茧越冬。翌年 4—5 月间化蛹，6—7 月间成虫羽化，9—10 月以第二代老熟幼虫入土做茧越冬。雌成虫产卵时用镰刀式的产卵管在寄主新梢上刺成纵向裂口，呈"八"字形双行排列，外表可见 2—2.5cm 的条状产卵痕，经 3—5d 产卵痕外露清晰可见。每头雌虫产卵 30—40 粒，卵孵化后新梢几乎完全破裂，变黑倒折，卵期约 1 周。初孵幼虫爬到附近叶片上危害，有群集习性，长大后分散取食，栖息时常将腹末数节翘起。

（二）樟叶蜂 *Mesonera rufonota* Rhower

【分布与危害】 分布于广东、福建、浙江、江西、湖南、广西及四川等地。此虫年发生代数多，成虫飞翔力强，所以危害期长，危害范围广。它既危害幼苗，也危害林木。苗圃内的香樟苗，常常被成片吃光，当年生幼苗受害重的即枯死，幼树受害则上部嫩叶被吃光，形成秃枝。林木树冠上部嫩叶也常被食尽，严重影响树木生长，特别是高生长，使香樟分叉低，分叉多，枝条丛生。

【识别特征】 成虫雌虫体长 7—10mm，翅展 18—20mm；雄虫体长 6—8mm，翅展 14—16mm。头黑色，触角丝状，共 9 节，基部两节极短，中胸发达，棕黄色，后缘呈三角形，上有"×"形凹纹。翅膜质透明，脉明晰可见。足浅黄色，腿节（大部分）、后胫和跗节黑褐色。腹部蓝黑色，有光泽。卵长圆形，微弯曲，长 1mm 左右，乳白色，有光泽，产于叶肉内。老熟幼虫体长 15—18mm，头黑色，体淡绿色，全身多皱纹，胸部及第 1—2 腹节背面密生黑色小点，胸足黑色间有淡绿色斑纹识别特征图 5-29 所示。蛹长 7.5—10mm，淡黄色，复眼黑色，外被长卵圆形黑褐茧。

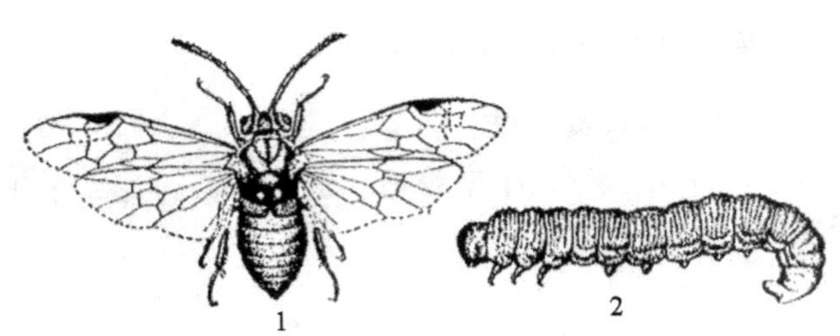

图 5-29　樟叶蜂
1. 成虫　2. 幼虫
（仿上海市园林学校《园林植物保护学》）

【发生规律】　在江西、广东一年发生 1—3 代，浙江、四川为 1—2 代。以老熟幼虫在土内结茧越冬。由于樟叶蜂幼虫在茧内有滞育现象，第一代老熟幼虫入土结茧后，有的滞育到次年才继续发育繁殖；有的则正常化蛹，当年继续繁殖后代。因此在同一地区，一年内完成的世代数也不相同。成虫白天羽化，以上午最多。活动力强，羽化后当天即可交尾，交尾后即可产卵，卵产于枝梢嫩叶和芽苞上，在已长到定形的叶片上一般不产卵。95%的卵产在叶片主脉两侧，产卵处叶面稍向上隆起。产卵痕长圆形，棕褐色，

樟叶蜂在浙江越冬代成虫 4 月上、中旬羽化。第一代幼虫 4 月中旬孵出，5 月上、中旬老熟后入土结茧，部分滞育到次年，部分 5 月下旬羽化产卵。第二代幼虫 5 月底至 6 月上旬孵出，6 月下旬结茧越冬。发生期不整齐，第一、第二代幼虫均有拖延现象。

【叶蜂类害虫的防治措施】

(1) 冬春季结合土壤翻耕消灭越冬茧。

(2) 寻找产卵树枝、叶片，人工摘除卵梢、卵叶或孵化后尚群集的幼虫。

(3) 在幼虫危害期喷洒 50%杀螟松乳油 1500 倍液，或 20%杀灭菊酯乳油 2000 倍液。

十六、蝗虫类

蝗虫属直翅目蝗总科，均为植食性害虫。

(一) 短额负蝗 *Atractomorpha sinensis* Bolivar

又名中华负蝗、尖头蚱蜢、小尖头蚱蜢。

【分布与危害】　分布于东北、华北、西北、华中、华南、西南以及台湾等地。除为害水稻、小麦、玉米、烟草、棉花、芝麻、麻类外，还为害甘薯、甘蔗、白菜、甘蓝、萝卜、豆类、茄子、马铃薯等各种蔬菜、农作物及园林花卉植物。以成虫、若虫食叶，影响植株生长，降低蔬菜商品价值。

【识别特征】　成虫体长 20—30mm，头至翅端长 30—48mm。绿色或褐色(冬型)。头尖削，绿色型自复眼起向斜下有一条粉红纹，与前、中胸背板两侧下缘的粉红纹衔接。体表有浅黄色瘤状突起；后翅基部红色，端部淡绿色；前翅长度超过后足腿节端部约 1/3。卵长 2.9—3.8mm，长椭圆形，中间稍凹陷，一端较粗钝，黄褐至深黄色，卵壳表面呈鱼鳞状花纹。若虫共 5 龄：1 龄若虫体长 0.3—0.5cm，草绿稍带黄色，前、中足褐色，有棕色环若干，全身布

满颗粒状突起;2龄若虫体色逐渐变绿,前、后翅芽可辨;3龄若虫前胸背板稍凹以至平直,翅芽肉眼可见,前、后翅芽未合拢盖住后胸一半至全部;4龄若虫前胸背板后缘中央稍向后突出,后翅翅芽在外侧盖住前翅芽,开始合拢于背上;5龄若虫前胸背面向后方突出较大,形似成虫,翅芽增大到盖住腹部第三节或稍超过。识别特征如图5-30所示。

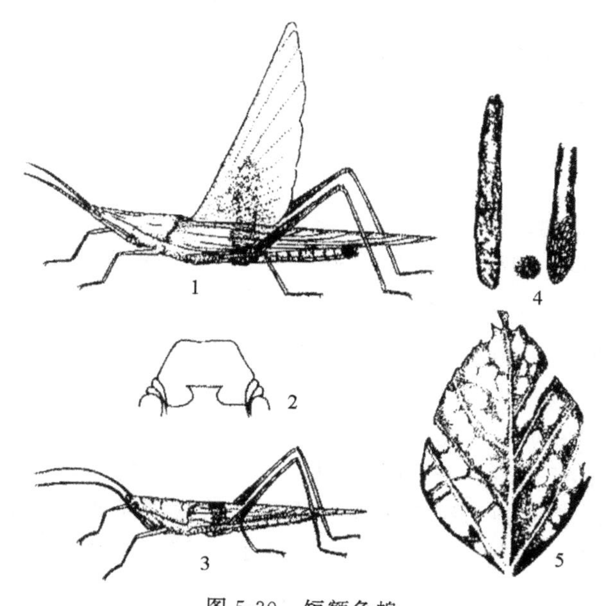

图5-30 短额负蝗

1. 雌成虫 2. 雌成虫中胸腹板 3. 雄成虫 4. 卵囊及其剖面 5. 叶片被害状

(仿徐树云)

【发生规律】 在华北地区一年发生1代,长江流域一年2代,均以卵在土中越冬。卵多产在比较平整或稍凹处,土质较细、不紧不松,土壤湿度适中,杂草稀少的地区,深度平均为2.5cm,产卵后,多数还可连续交配数次,并进行第二次产卵。每个卵囊内一般有卵25—100粒。若虫共5龄,成虫和若虫善于跳跃,11:00以前和15:00—17:00时取食最强烈。7—8月因天气炎热,大量取食时间在10:00以前和傍晚,其他时间多在作物或杂草中躲藏 。

(二)黄脊竹蝗 *Ceracris kiangsu*

又名竹蝗、蝗虫、蚱标、飞蝗、跑枯子、花蚱标、花鸡子、蚱鸡子。

【分布与危害】 分布于江苏、浙江、湖北、湖南、江西、安徽、云南、四川、广西、广东、福建等地。寄主有25种,主要危害毛竹,其次危害刚竹、水竹等。当竹蝗大发生时,可将竹叶全部吃光,竹林如同火烧,竹子当年枯死,第二年毛竹林很少出笋,竹林逐渐衰败,被害毛竹枯死,竹腔内积水,纤维腐败,竹子无使用价值。还可危害水稻和玉米。

【识别特征】 成虫体长29—40mm,绿色。翅长超过腹部。额顶突出如三角形,由额顶至前胸背板中央有一显著的黄色纵纹,愈向后愈大。后足腿节黄色,间有黑色斑点,两侧有人字形沟纹;胫节瘦小,表面黑色,有棘两排。卵长椭圆形,稍弯曲,赭黄色,长6—8mm。跳龄蝻1—3龄时体色变化大,由黄绿黑杂色变为黑黄,3龄时翅芽变得显而易见,前翅芽狭长片状，后翅芽三角形片状。前胸背板略向体后延伸并盖住中胸前半部。

【发生规律】　一年发生1代，以卵在土中越冬。越冬卵5月开始孵化，5月中旬至6月上旬为孵化盛期，至7月初仍有个别卵块孵化。5—6月都可见到不同龄期的跳蝻，7—8月成虫羽化。8月中旬为产卵盛期。刚孵出的跳蝻多群聚于小竹子或禾本科杂草上，第二天才开始取食小竹子或禾本科杂草。3龄后到大竹子上为害，取食梢端，然后慢慢分散。跳蝻有群聚和迁移习性，成虫有迁飞习性，咸味和人尿对跳蝻和成虫有一定引诱作用。成虫羽化后也有群聚性，卵产于杂草稀少、土质疏松、深度约3.3cm的土层中，卵呈块状。

(三) 青脊竹蝗 *Ceraccris nigricornis*

又名青脊角蝗、青草蜢。

【分布与危害】　分布于福建、浙江、广东、广西、湖南、四川等地。主要危害刚竹、毛竹、淡竹等竹类，是竹类的最大害虫，在食料缺乏时，还可危害水稻、玉米、高粱等农作物。成、若虫食害叶片，被害竹叶呈纯齿状缺刻，严重时将叶片吃光，竹林一片火烧状，被害新竹常枯死。

【识别特征】　成虫翠绿或暗绿色。雌虫体长32—37mm，雄虫体长15.5—17mm。额顶突出如三角形，由头顶至胸背板以及延伸至两前翅的前缘中域均为翠绿色，这是青脊竹蝗与黄脊竹蝗最大的区别。自头顶两侧至前胸两侧板，以及延伸至两前翅的前缘中域内外缘边，均为黑褐色。静止时，两侧面似各镶了一个三角形的黑褐色边纹。额与前胸粗布刻点，后腿外侧在青灰色亚端环之次，一般有明显黑色狭条。翅长过腹。腹部背面紫黑色，腹面黄色。卵淡黄褐色，长椭圆形。卵呈块状，圆筒形，卵粒在卵块中呈斜状排列，卵间有海绵状胶质物黏着。若虫又称跳蝻，体长9—31mm，刚孵化时胸腹背面黄白色，没有黑色斑纹，身体黄白与黄褐相间，色泽比较单纯。但头顶尖锐，额顶三角形突出，触角直而向上。2龄后的跳蝻翅芽显而易见。

【发生规律】　一年发生1代，以卵越冬，越冬卵于4月下旬开始孵化，5月中旬至6月中旬为孵化盛期，6月下旬为孵化末期，成虫于7月中旬开始羽化，7月下旬为羽化盛期，8月上旬为羽化末期。8月下旬开始交尾，9月上、中旬为交尾盛期，10月上旬大部分已交尾。10月上旬开始产卵，10月中旬至11月上旬为产卵盛期，11月下旬为产卵末期。10月中旬有少数成虫死亡，11月下旬达死亡盛期，12月中旬已很少见到。青脊竹蝗多栖息于林缘杂草或道路两旁的禾本科植物上，比较喜光，在路旁最多，很少栖息于竹林荫湿地，因此在大毛竹上很少发现青脊竹蝗。由于青脊竹蝗亦嗜好人粪尿及其他带腐臭咸味的东西，所以在园地上亦多发现。其活动和耐高温、抗严寒的能力都较强。当天气变冷，气温降至3℃时，成虫大多不食不动，状似昏迷麻醉，甚至会冻死。当气温升至11—15℃时，处于休眠状态的成虫逐渐活动。雌性成虫多选择杂草多而灌木较少，土壤松实适宜，坡度较小、地势平坦、向阳山腰、斜坡空地或道路两旁，以及荒圃地上进行交尾产卵。雌虫交尾后经15—25d产卵。卵产在土中，入土深度3cm左右。

【蝗虫类害虫的防治措施】

(1) 人工捕捉。初孵若虫群集危害期及成虫交配期进行网捕。

(2) 在若虫或成虫盛发期，喷洒50%杀螟松1000倍液等有良好的效果。

十七、凤蝶类

（一）柑橘凤蝶 *Papilio xuthus* Linnaeus

又名花椒凤蝶、黄凤蝶等。

【分布与危害】 分布几乎遍及全国。幼虫食芽、叶，初龄幼虫食成缺刻与孔洞，稍大常将叶片吃光，只残留叶柄。苗木和幼树受害较重。

【识别特征】

成虫：有春型和夏型两种。春型体长 21—24mm，翅展 69—75mm；夏型体长 27—30mm，翅展 91—105mm。雌略大于雄，色彩不如雄艳，两型翅上斑纹相似，体淡黄绿至暗黄，体背中央有黑色纵带，两侧黄白色。前翅黑色近三角形，近外缘有 8 个黄色月牙斑，翅中央从前缘至后缘有 8 个由小渐大的黄斑，中室基半部有 4 条放射状黄色纵纹，端部有 2 个黄色新月斑。后翅黑色；近外缘有 6 个新月形黄斑，基部有 8 个黄斑；臀角处有 1 橙黄色圆斑，斑中心为 1 黑点，有尾突。卵近球形，直径 1.2—1.5mm，初黄色，后变深黄，孵化前紫灰至黑色。

幼虫：体长 45mm 左右，黄绿色，后胸背两侧有眼斑，后胸和第 1 腹节间有蓝黑色带状斑，腹部第四、五节两侧各有 1 条蓝黑色斜纹分别延伸至第五节、第六节背面相交，各体节气门下线处各有 1 白斑。臭腺角橙黄色。1 龄幼虫黑色，刺毛多；2—4 龄幼虫黑褐色，有白色斜带纹，虫体似鸟粪，体上肉状突起较多(图 5-31-1)。

蛹：体长 29—32mm，鲜绿色，有褐点，体色常随环境而变化。中胸背面突起较长而尖锐，头顶角状突起中间凹入较深(图 5-31-4)。

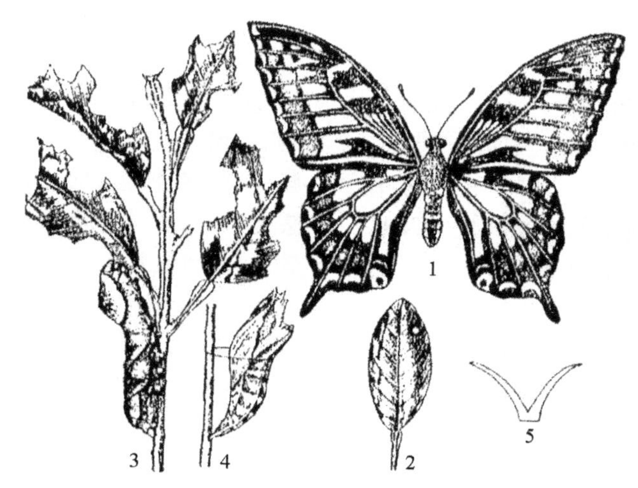

图 5-31　柑橘凤蝶

1. 成虫　2. 叶片上的卵　3. 叶被害状　4. 蛹　5. 幼虫前胸翻缩腺

（仿中国农业科学院植物保护研究所）

【发生规律】 在长江流域及以北地区一年发生 3 代，江西 4 代，福建、台湾 5—6 代，以蛹在枝上、叶背等隐蔽处越冬。浙江黄岩各代成虫发生期：越冬代 5—6 月，第一代 7—8 月，第二代 9—10 月，以第三代蛹越冬。广东各代成虫发生期：越冬代 3—4 月，第一代 4 月下旬至 5 月，第二代 5 月下旬至 6 月，第三代 6 月下旬至 7 月，第四代 8—9 月，第五代 10—11 月，以第六代蛹越冬。成虫白天活动，善于飞翔，中午至黄昏前活动最盛，喜食花蜜。卵散产于嫩芽上和叶背，卵期约 7d。幼虫孵化后先食卵壳，然后食害芽和嫩叶及成叶，共 5 龄，老熟后多在隐蔽处吐丝做垫，以臀足趾钩抓住丝垫，然后吐丝在胸腹间环绕成带，缠在枝干等物上化蛹（此蛹称缢蛹）越冬。天敌有凤蝶金小蜂和广大腿小蜂等。

（二）玉带凤蝶 *Papilio polytes* Linnaeus

又名白带凤蝶、黑凤蝶、缟凤蝶。

【分布与危害】 分布于黄河以南。幼虫危害桔梗、柑橘类以及双面刺、过山香、花椒、山椒等芸香科植物的叶片。

【识别特征】

成虫：体长 25—32mm，翅展 90—100mm。全体黑色，头大，触角棒状，胸部背面有 10 个小白点排成两纵列。雄成虫前翅外缘有 7—9 个黄白色斑点，愈近臀角者愈大。后翅外缘呈波浪形，有一处突出如燕尾状。翅中部有黄白色斑 7 个，横贯全翅似玉带。雌成虫二型。一种称 Crgus 型，与雄虫相似，但后翅近外缘处有半月形深红色小斑点数个，或于臀角上有一深红色眼状斑。另一种称 Polytes 型，其前翅外缘无斑纹，后翅外缘内侧有横列的深红色半月形斑 6 个，中部还有 4 个大型黄白色斑。

卵：圆球形，表面光滑，直径约 1.2mm。初产时淡黄色，后变为黄色，近孵化时变为灰黑色或紫黑色。各龄幼虫体色差异甚大，1 龄黄白色；2 龄淡黄褐色；3 龄黑褐色；4 龄鲜绿色，具白色斑；5 龄绿色，体长 36—45mm。老熟幼虫头部黄褐色，第四、五节两侧有斜形黑褐色间以黄、绿、紫、灰各色斑点花带 1 条，第六腹节两侧下方有近似长方形斜行花带 1 条，近背面各有紫灰色小点 1 枚。4 龄幼虫体上斑纹与老熟幼虫相似，3 龄前幼虫体上有肉质突起和淡色斑纹。

蛹：呈菱角形，长 30—35mm。头棘分叉向前突出，胸部背面隆起如小丘，两侧稍突出。胸、腹部相接处向背面弯曲，腹部第三节显著向两侧突出。

【发生规律】 在浙江、四川、江西每年发生 4—5 代，在福建和广东每年发生 6 代，均以蛹附着在柑橘和其他寄主植物的枝干及叶背等隐蔽处越冬。在浙江黄岩柑橘区，各代幼虫的发生期分别为 5 月中旬至 6 月上旬、6 月下旬至 7 月上旬、7 月下旬至 8 月上旬、8 月下旬至 9 月中旬、9 月下旬至 10 月上旬。成虫白天活动，飞行力强，喜食花蜜。卵多散产于枝梢的嫩叶尖部，在每叶上一般只产 1 粒。初孵幼虫先食卵壳，再开始取食芽叶。随虫龄增大，吃光嫩叶后转食老叶。5 龄幼虫每头一夜可食 5—6 片柑橘叶。化蛹习性和天敌种类与柑橘凤蝶相同。

（三）碧凤蝶 *Papilio bianor*

俗称乌鸦凤蝶、翠凤蝶、碧翠凤蝶、琉璃带凤蝶、中华翠凤蝶、乌凤蝶、黑凤蝶、孔雀凤蝶、浓眉凤蝶等。鳞翅目，凤蝶科。

【分布与危害】　寄生植物有樟树、刺槐、假肉桂、天竺桂、红楠、香楠、大叶楠、胡椒、楝叶吴茱萸等。分布于广东、广西、海南、江苏、浙江、江西、台湾等地。以幼虫取食植物叶片，严重者可食尽叶片，仅留叶柄。

【识别特征】

成虫：体型中至大型，体、翅黑色。前翅三角形，长 52—60mm，端半部色淡，翅脉间散布有蓝绿色鳞片；后翅亚外缘有 6 个橙红色或蓝色新月形斑，臀角有一半圆形橙红色斑，后翅外缘波浪状，有凤尾突。前、后翅中室封闭式，前翅 R 脉 5 条，A 脉 2 条，后翅 A 脉 1 条。

卵：浅黄色，球形，表面光滑；直径约 1.3mm。

幼虫：初龄幼虫头及体均呈暗褐色，之后随虫龄增大色彩渐淡，至 4 龄时体色为绿色。胸部每节各有 1 对圆锥形瘤突，初龄时淡褐色；老熟幼虫体浓绿色，中胸的突起变小而后胸突起变为肉瘤，后胸有黑色眼状斑；臭丫腺淡黄色。

蛹：缢蛹，体色因环境不同而有绿、褐两种类型。蛹中胸中央有前伸的剑状突；背部有纵棱线，由头顶的剑状突起向后延伸分为 3 支，两支向体侧延伸呈弧形到达尾端，另一支由背中央伸至后胸前缘时又二分支。

【发生规律】　一年发生 2 代。成虫飞翔力强，飞行迅速；喜欢访花，雄蝶常在溪水边及花丛上吸水。

【防治方法】

园林技术防治：结合农事操作，及时人工摘除卵叶及蛹。

生物防治：鸟类、胡蜂、螳螂等是该虫的重要天敌，在日常管理中应加以合理保护和利用。另外，可以喷施青虫菌、苏云金杆菌等生物制剂防治。

化学防治：在幼虫期喷施氯氰菊酯、氰戊菊酯、甲维盐、除虫脲等化学药剂防治。

（四）樟青凤蝶 *Raphium sarpedon* Linnaeue

俗称青带樟凤蝶、蓝带青凤蝶、青带凤蝶、竹青蝶。鳞翅目，凤蝶科。

【分布与危害】　危害柑橘、樟树、月桂、玉兰、含笑等。国外分布于日本、尼泊尔、不丹、印度、缅甸、泰国、马来西亚、印度尼西亚、斯里兰卡、菲律宾、澳大利亚等地。国内：广东、广西、云南、贵州、福建、四川、江西、浙江、海南、台湾、香港等地。以幼虫取食植物叶片，3 龄后食量大增，可食尽叶片，仅留叶柄。尤其以 2—3 年生幼树受害较重，严重影响植物的生长发育和观赏价值。

【识别特征】

成虫：翅展 70—85mm，翅黑色或浅黑色。前翅有 1 列青蓝色的透明斑，斑点从顶角内侧开始斜向后缘中部，近前缘的斑最小，各斑从前缘向后缘逐渐递增。后翅前缘中部到后缘中部有 3 个斑，外缘波浪状，有 1 列新月形青蓝色斑纹；无凤尾突。有春、夏型之分，春型稍小，翅面青蓝色斑列稍宽。雄蝶后翅有内缘褶，其中密布灰白色的发香鳞。

卵：浅黄色，球形，表面光滑，长约 1.3mm。

幼虫：初龄幼虫头与体均暗褐色，之后各龄虫态体色渐淡，4 龄幼虫体色为绿色。老熟幼虫中胸的突起较小，后胸有肉瘤，气门淡褐色；臭丫腺淡黄色。

蛹：体长约 33mm，体色随周围环境不同而有绿、褐两种类型。绿色型蛹的棱线呈黄色，酷似樟树的叶片。

【发生规律】 一年发生2—3代，以蛹悬挂在植株中、下部枝叶上越冬。成虫夜间羽化，羽化后1—2d在林间飞翔，觅食花蜜以补充营养，数日后交配产卵。卵散产，常产于嫩叶尖端。幼虫共5龄，初孵幼虫有取食卵壳的特性。4龄幼虫食量大增，为害加剧。老熟幼虫爬行到隐蔽的小枝叶背后，用丝固定尾部化蛹，蛹为缢蛹。

【防治方法】

园林技术防治：结合农事操作，及时人工摘除卵及蛹。

物理及机械防治：在成虫发生期，设置黑光灯或频振式杀虫灯诱杀成虫。

生物防治：鸟类、胡蜂、蚂蚁、寄生蝇等是该虫的重要天敌，在日常管理中应加以合理保护和利用。

化学防治：在幼虫期喷施氯氰菊酯、氰戊菊酯、甲维盐、除虫脲等化学药剂防治。

十八、粉蝶

（一）菜粉蝶 *Pieris rapae*（Linnaeus）

又名菜青虫。

【分布与危害】 分布于全国各地。寄主植物有十字花科、菊科、旋花科、百合科、茄科、藜科、苋科等9科35种，主要为害十字花科蔬菜，尤以芥蓝、甘蓝、花椰菜等受害比较严重。

【识别特征】 成虫：体长12—20mm，翅展45—55mm，体黑色，胸部密被白色及灰黑色长毛，翅白色。雌虫前翅前缘和基部大部分为黑色，顶角有1个大三角形黑斑，中室外侧有2个黑色圆斑，前后并列。后翅基部灰黑色，前缘有1个黑斑，翅展开时与前翅后方的黑斑相连接。

卵：竖立呈瓶状，初产时淡黄色，后变为橙黄色。幼虫共5龄，幼虫初孵化时灰黄色，后变青绿色，体圆筒形，中段较肥大，背部有1条不明显的断续黄色纵线，气门线黄色，每节的线上有2个黄斑。密布细小黑色毛瘤，各体节有4—5条横皱纹。

蛹：长18—21mm，纺锤形，体色有绿色、淡褐色、灰黄色等；背部有3条纵隆线和3个角状突起。头部前端中央有1个短而直的管状突起；腹部两侧也各有1个黄色脊，在第二、三腹节两侧突起成角。体灰黑色，翅白色，鳞粉细密。前翅基部灰黑色，顶角黑色；后翅前缘有一个不规则的黑斑，后翅底面淡粉黄色。

识别特诊如图5-32所示。

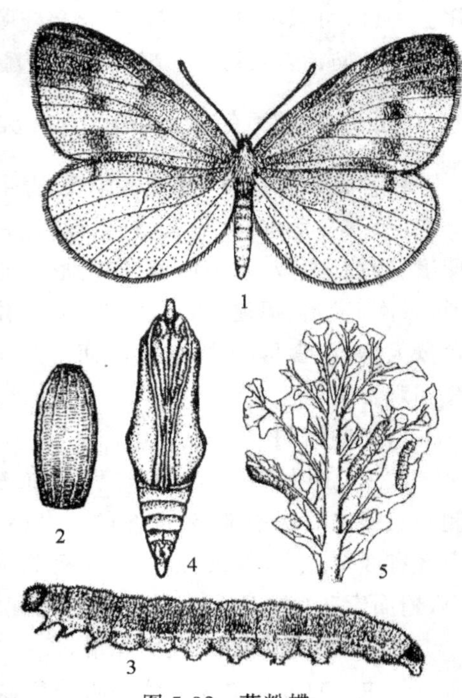

图5-32　菜粉蝶

1. 成虫　2. 卵　3. 幼虫　4. 蛹　5. 为害状

（1—4仿浙江农业大学，5仿西北农学院）

【生活习性】 各地每年发生代数不同。东北、华北每年发生4—5代，上海5—6代，湖南8—9代，广西7—8代。各地均以蛹越冬。越冬场所多在受害菜地附近的篱笆、墙缝、树皮下、土缝里或杂草及残株枯叶间。在北方，翌年4月中、下旬越冬蛹羽化，5月达到羽化盛期。羽化的成虫取食花蜜，交配产卵，第一代幼虫于5月上、中旬出现，5月下旬至6月上旬是春季为害盛期。第二、三代幼虫于7—8月出现，此时因气温高，虫量显著减少。至8月以后，气温下降，又是秋菜生长季节，有利于此虫生长发育。所以8—10月是第四、五代幼虫为害盛期，秋菜可受到严重危害，10月中、下旬以后老幼虫陆续化蛹越冬。菜粉蝶成虫白天活动，尤以晴天中午更活跃。成虫多产卵于叶背面，偶有产于正面，散产。初孵幼虫先取食卵壳，然后再取食叶片。1—2龄幼虫有吐丝下坠习性，幼虫行动迟缓，大龄幼虫有假死性，当受惊动后可蜷缩身体坠地。幼虫老熟时爬至隐蔽处，先分泌黏液将臀足粘住固定，再吐丝将身体缠住，之后化蛹。

（二）宽边黄粉蝶 *Eurema hecabe*（Linnaeus）

俗称银欢粉蝶、荷氏黄蝶。鳞翅目，粉蝶科。

【分布与危害】 危害合欢、黄槐、黑荆、蔷薇、胡枝子、凤凰木等。国外分布于日本、朝鲜、菲律宾、印度尼西亚、马来西亚、缅甸、泰国、印度、孟加拉国等；国内分布于广东、广西、海南、台湾、福建、浙江、北京等地。以幼虫取食植物叶片，常将叶片咬成孔洞和缺刻，仅剩叶脉和叶柄。

【识别特征】

成虫：雌蝶翅黄白色，雄蝶翅颜色深，深黄色。翅展45mm左右，前翅外缘有宽黑色带，直到后角，界限分明；后翅外缘黑色带窄且界限模糊或外缘具斑点。翅反面布满褐色小点，前翅中室内有2个斑纹；后翅反面有许多分散的点状斑纹，中室端部有一肾形纹。

卵：竖立的米粒状，初产乳白色。

幼虫：头及体均青绿色，每体节有环褶4—6个，初孵幼虫约2mm，老熟幼虫约20mm。

蛹：蛹为缢蛹，体黄绿色。

【发生规律】 在华南无越冬现象，终年可见危害，幼虫5龄。成虫飞行缓慢，但警觉性极高，难以接近。卵散产，常产在叶片的正面或反面。

【防治方法】

园林技术防治：加强水肥管理等园林栽培措施，增强植株抗虫性。

生物防治：合理保护及利用绒茧蜂、螳螂、蜘蛛等天敌种类。在低龄幼虫发生期用青虫菌或生物Bt乳剂喷雾，可达到较好的防治效果。

化学防治：在幼虫发生盛期，可选用灭幼脲、氟啶脲、氯虫苯甲酰胺、氟虫腈等药剂喷雾；在产卵盛期，可选用灭多威、吡丙醚、除虫脲等药剂喷雾，可有效防治菜青虫的危害。

十九、蛱蝶类

大红蛱蝶 *Vanessa indica* Herbst，俗称苎麻赤蛱蝶。鳞翅目，蛱蝶科。

【分布与危害】 危害苎麻、榆树、榉树、黄麻、大麻、荨麻等。全国各地均有分布。幼虫吐丝缀叶，为害嫩叶，破坏生长点或卷食叶片，使植株生长缓慢，严重者卷叶取食，叶片呈现一片白色，植株枯死。

【识别特征】

成虫：体粗壮，黑色，腹面褐色体长约 20mm，翅黑色，翅展 45—67mm，外缘波状。前翅顶端有 4 个白斑，中央有 1 条橘黄色不规则的宽横带；后翅有茶褐色复杂的云状斑纹，外缘有几个不明显的眼状斑。

卵：长约 0.7mm，长圆柱形，浅黄绿色。

幼虫：老熟幼虫体长约 37mm，头扁圆形，黑色，具光泽，体色常有变化，一般为暗黄绿色，也有近黑蓝色的，密布短毛及枝刺，中后胸各有枝刺 4 根，第 1—8 腹节各有枝刺 7 根，第 9—10 腹节各有枝刺 2 根。

蛹：长 20—26mm，近纺锤形，浅灰绿色。

识别特征如图 5-33 所示。

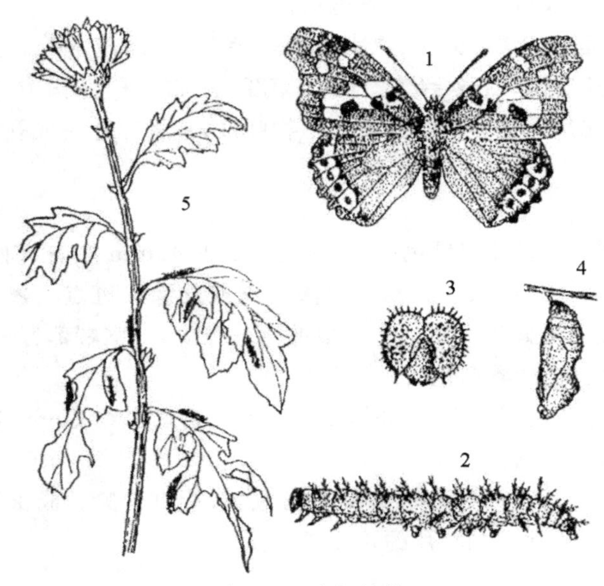

图 5-33　大红蛱蝶

1. 成虫　2. 幼虫　3. 幼虫头部　4. 蛹　5. 受害状

（仿上海市园林学校《园林植物保护学》）

【发生规律】 在华南地区一年发生 5 代以上，以成虫、幼虫和蛹在杂草、树林等荫蔽处越冬。成虫吸食花蜜，飞翔力强，雌虫产卵于芽顶或嫩叶，卵散产。幼虫吐丝缀叶做成虫巢，幼虫随生长常更换虫巢；低龄幼虫群集为害，3 龄后幼虫分散为害，受惊即吐丝下垂，老熟幼虫吐丝将尾端倒悬在虫巢卷叶内化蛹。幼虫发育适温 16—22℃，7 月气温升高对该虫发生有明显抑制作用。

【蝶类害虫的防治措施】

园林技术防治：结合花木修剪管理，摘除虫苞、冬蛹，网捕成虫或捏杀卷叶里的幼虫及蛹，人工捕杀，集中消灭。

化学防治：在 3 龄前群集为害时或 3 龄后清晨幼虫爬出虫苞时，喷施杀螟松、辛硫磷等药剂，毒杀幼虫。在严重发生时，喷施 20％除虫菊酯乳油 2000 倍液、2.5％溴氰菊酯乳油 3000 倍液、20％杀灭菊酯 2000 倍液。

第二节　园林植物主要吸汁害虫及防治

园林植物吸汁害虫种类很多，包括同翅目的蚜虫、叶蝉、木虱、粉虱、介壳虫，半翅目的蝽，缨翅目的蓟马等。吸汁害虫以刺吸式口器吸取幼嫩组织的养分，使枝叶枯萎；发生代数多，高峰期明显；个体小，繁殖力强，发生初期危害状不明显，易被人忽视；扩散蔓延迅速，借风力、苗木调运传播到远方；多数种类为媒介昆虫，可传播病毒病和病原体病害，危害很大。

一、蚜虫类

蚜虫类属半翅目蚜总科。危害园林植物的蚜虫种类很多。各类园林植物几乎都遭受蚜虫的危害。蚜虫的直接危害是刺吸汁液，使叶片褪色、卷曲、皱缩，甚至发黄脱落，形成虫瘿等症状，同时排泄蜜露诱发煤污病。其间接危害是传播病毒，引起病毒病。

（一）桃蚜 *Myzus persicae*（Sulzer）

又名腻虫、烟蚜、桃赤蚜、油汉等。

【分布与危害】　分布极广，遍及全世界。桃蚜是广食性害虫，寄主植物约有 74 科 285 种。桃蚜营转主寄生生活，冬寄主（原生寄主）植物主要有梨、桃、李、梅、樱桃等蔷薇科果树等；夏寄主（次生寄主）作物主要有白菜、甘蓝、萝卜、芥菜、芸薹、芜菁、甜椒、辣椒、菠菜等多种作物。桃蚜是甜椒栽培的主要害虫，又是多种植物病毒的主要传播媒介。

【识别特征】

有翅雌蚜：体长 1.8—2.2mm。头部黑色，额瘤发达且显著，向内倾斜，腹眼赤褐色，胸部黑色，腹部体色多变，有绿色、淡暗绿色、黄绿色、褐色、赤褐色，腹背面有黑褐色的方形斑纹一个。腹管较长，圆柱形，端部黑色，触角黑色，共有 6 节，在第三节上有 1 列感觉孔，有 9—17 个。尾片黑色，较腹管短，着生 3 对弯曲的侧毛。

有翅雄蚜：体长 1.5—1.8mm，基本特征同有翅雌蚜，主要区别是腹背黑斑较大，在触角第三、第五节上的感觉孔数目更多。

无翅雌蚜：体长约 2mm，似卵圆形，体色多变，有绿色、黄绿色、樱红色、红褐色等，低温下颜色偏深，触角第三节无感觉圈，额瘤和腹管特征同有翅蚜。

若蚜：共 4 龄，体型、体色与无翅成蚜相似，个体较小，尾片不明显，有翅若蚜自 3 龄起翅芽明显，且体型较无翅若蚜略显瘦长。

卵：长椭圆形，长约 0.5mm，初产时淡黄色，后变黑褐色，有光泽。

识别特征如图 5-34 所示。

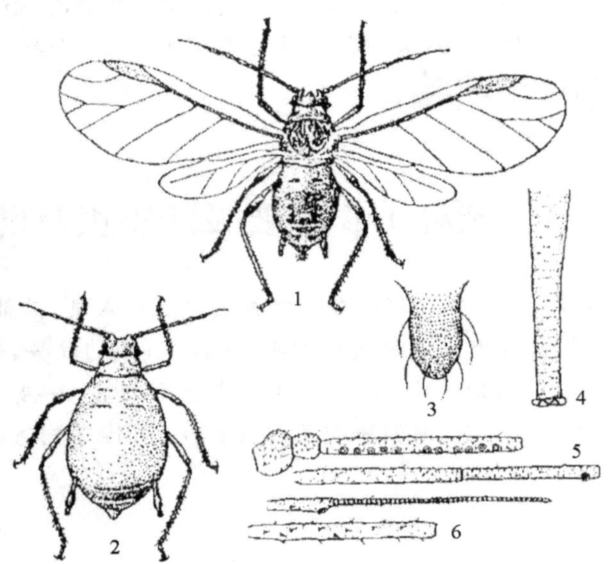

图 5-34　桃蚜

1. 有翅孤雌蚜成虫　2. 无翅孤雌蚜成虫　3. 尾片　4. 腹管　5. 触角　6. 第 3 节触角

（1、2 仿王春华，3—6 仿张广学）

【发生规律】　在华北地区一年发生 10 余代，黄淮海地区 20 代，南方可达 30—40 代。世代重叠严重，具有季节性寄主转移习性。华北地区多以两性蚜在桃树上产卵越冬。来年春天气温回升变暖后产生有翅蚜，4 月底至 5 月初迁飞到蔬菜上。无翅胎生雌蚜在风障菠菜、窖藏白菜或温室内越冬，来年 3—4 月以有翅蚜先后转移到菜田危害，是春菜的主要蚜源；还有的在冬春保护地菜苗上越冬，随着移栽而迁移到露地。当温度为 20—28℃时，约 7d 可完成 1 个世代。温度高于 28℃和低于 6℃都不利于发育和繁殖，所以桃蚜的危害期一般在春末、夏初和秋季，而南方可直到冬季。

蚜虫对黄色和橙色有强烈的趋向性，忌银灰色。无翅蚜爬行可进行近距离传播。远距离传播主要靠有翅蚜迁飞。蚜虫每年有两次繁殖高峰：早春由于虫源少，气温低，蚜虫繁殖较慢，随气温上升，到 4—5 月，蚜虫量激增，形成第一个高峰。夏季高温多雨，天敌捕食，对繁殖不利，同时该季节里十字花科蔬菜种类较少，食料缺乏，使蚜虫群体增长受到抑制。秋季十字花科蔬菜面积大，气候凉爽，蚜虫再度大量繁殖，至 9—10 月形成第二个繁殖高峰。

（二）月季长管蚜 *Macrosiphum rosivorum* Zhang

【分布与危害】　分布于东北、华北、华东、华中、华南等地。危害月季、野蔷薇、玫瑰、十姐妹、丰花月季、藤本月季、百鹃梅、七里香、梅花等。该蚜在春、秋两季群居为害新梢、嫩叶和花蕾，使花卉生长势衰弱，不能正常生长，乃至不能开花。该蚜为害还常常招致煤污病的发生和植物病毒病的传播。

【识别特征】

无翅孤雌蚜：体长 4.2mm，宽 1.4mm，长椭圆形。头部浅绿色至土黄色，胸、腹部草绿色有时红色。触角淡色，各节间处灰黑色。喙第3—5节及腹管黑色。足腿节与胫节端部及跗节黑色。尾片、尾板淡色，刺突黑色。节间斑灰褐色。体表光滑。缘瘤小，圆形，位于前胸及腹部第2—5节。体背毛短、顶钝，腹面多长而尖的毛，长约为背毛的3倍。头顶中额一对，额瘤各侧生2—3根毛。中额微隆，额瘤隆起外倾，呈浅"W"形；触角细长，长3.9mm，第三节光滑，有6—12个小圆形次生感觉圈，分布于基部1/4的外缘；其他节上有瓦状纹。喙粗大，多毛，达中足基节。腹部第7、8腹节背面及腹面有明显瓦纹。腹管长圆筒形，端部1/8—1/6有网纹，其余有瓦纹，长为尾片长的2.5倍。尾片长圆锥形，表面有小圆形突起构成的横纹，有曲毛7—9根。尾板末端圆形，有14—20根毛。

有翅孤雌蚜：体长3.5mm，宽1.3mm。草绿色，中胸土黄色或暗红色。腹部各节有中斑、侧斑、缘斑，第8节有一大宽横带斑。触角、喙端节、足后腿节端部1/2、胫节、跗节、腹管黑色至深褐色，尾片、尾板及其他附肢灰褐色。节间斑较明显，褐色。触角长2.8mm；第三节有圆形感觉圈40—45个，分布全节，排列重叠。喙达中足基节之间。翅脉正常。腹管为尾片的2倍，端部1/5—1/4有网纹。尾片长圆锥形，中部收缩，端部稍内凹，有长毛9—11根。尾板馒头形，有毛14—16根。其他特征与无翅孤雌蚜相似。

初孵若蚜：体长约1.0mm，初孵出时白绿色，渐变为淡黄绿色。

识别特征如图5-35所示。

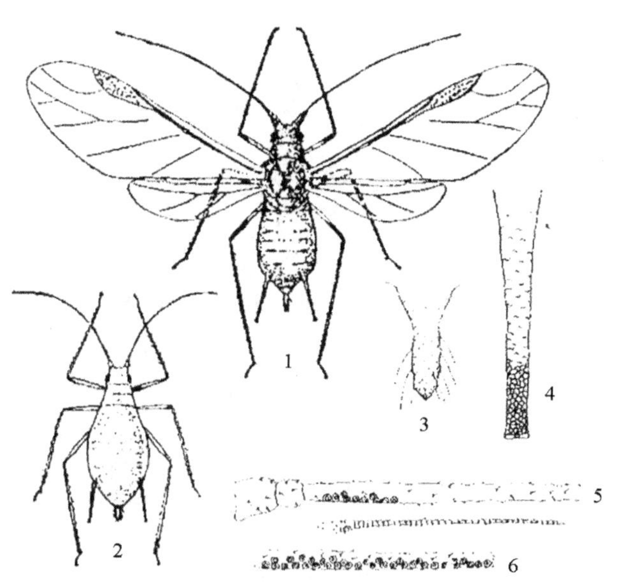

图5-35 月季长管蚜

1. 有翅孤雌蚜成虫 2. 无翅孤雌蚜成虫 3. 尾片 4. 腹管 5. 第1—3、6节触角 6. 第3节触角
（1、2仿陈其瑚，余仿张广学）

【发生规律】 一年发生10—20代，冬季在温室内可继续繁殖为害。在北方以卵在寄主植物的芽间越冬；在南方以成蚜、若蚜在梢上越冬。3月开始为害，4月中旬虫口密度剧增，5—6月间为为害盛期。7—8月该蚜对高温期不适宜，虫口密度下降。9—10月虫口数量又上升，是为害盛期。10月下旬进入越冬期。南方2月开始活动，6月上、中旬为发生盛期，8

月下旬至 11 月间为又一盛发期，12 月为越冬期；气候干燥，气温适宜，平均气温在 20℃左右，是大发生的有利因素。

(三) 棉蚜 *Aphis gossypii* Glover

又名瓜蚜、腻虫。

【分布与危害】 分布于全国各地。危害扶桑、木槿、石榴、一串红、茶花、菊花、牡丹、常春藤、紫叶李、兰花、大丽花、紫荆、仙客来等。以成虫和若虫群集在寄主的嫩梢、花蕾、花朵和叶背，吸取汁液，使叶片皱缩，影响开花，同时，诱发煤污病。

【识别特征】 棉蚜的成、若虫有无翅型和有翅型两种。无翅胎生雌蚜体长 1.5—1.9mm，春季时多为深绿色、棕色或黑色，夏季时多为黄绿色。触角仅第五节端部有 1 个感觉圈。腹管短，圆筒形，基部较宽。有翅胎生雌蚜体长 1.2—1.9mm，黄色、浅绿色或深绿色。前胸背板黑色，腹部两侧有 3—4 对黑斑。触角短于虫体，第三节有小圆形次生感觉圈 4—10 个，一般 6—7 个。腹管黑色，圆筒形，基部较宽，有瓦楞纹。无翅型和有翅型体上均被有一层薄薄的白色蜡粉，尾片均为青色，乳头状。卵椭圆形，长 0.5—0.7mm，深绿色至漆黑色，有光泽。无翅若蚜夏季为黄白色至黄绿色，秋季为蓝灰色至黄绿色或蓝绿色。复眼红色，无尾片。触角 1 龄时为 4 节，2 至 4 龄时为 5 节。有翅若蚜夏季为黄褐色或黄绿色，秋季为蓝灰黄色，有短小的黑褐色翅芽，体上有蜡粉。

识别特征如图 5-36 所示。

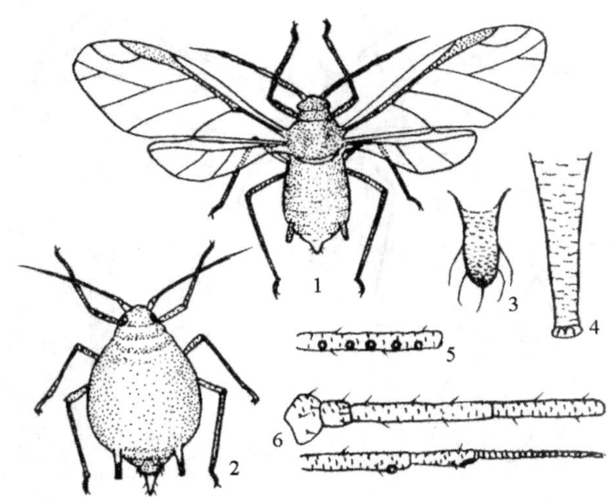

图 5-36 棉蚜

1. 有翅胎生孤雌蚜成虫 2. 无翅胎生孤雌蚜成虫 3. 尾片 4. 腹管 5. 第三节触角 6. 触角

(1、2 仿华南农业大学，3—6 仿张广学)

【发生规律】 棉蚜每年可发生 20—30 代，以卵在木槿、花椒和石榴等植物的枝条上或夏至草的基部越冬。翌年 3 月越冬卵孵化为干母，气温升至 12℃以上时开始繁殖。在越冬植物上进行孤雌胎生，繁殖 3—4 代，4—5 月份开始产生有翅雌蚜，飞到菊花、扶桑、茉莉、瓜叶菊等夏季寄主上为害，并继续孤雌生殖，晚秋 10 月产生的有翅迁移蚜从夏寄主迁到冬寄主上，与雄蚜交配后产卵，以卵过冬。

棉蚜是世界性害虫，已知寄主有300多种，可传播55种病毒，在花卉中有郁金香裂纹病毒、百合丛簇病毒及无病状病毒、美人蕉花叶病毒、锦葵黄化病毒、报春花花叶病毒、曼陀罗蚀病毒等。

（四）绣线菊蚜 *Aphis citricola* Vander Goot

【分布与危害】 在国内分布于广东、广西、福建、台湾、浙江、上海、四川、河南、山东、河北、内蒙古等地。主要危害绣球花、绣线菊、垂丝海棠、贴梗海棠、矮海棠、木瓜海棠、西府海棠、栀子花、麻叶绣球、榆叶梅、樱花、海桐、桂花、红叶李、马氏含笑、石楠、白兰、珊瑚树、黄心夜合、木瓜、枇杷、刺槐、南蛇藤、银柳、野花椒、山楂、柑橘、苹果、梨、李、杏、沙果、杜梨、山丁子等。以成虫、若虫刺吸叶和枝梢的汁液，叶片被害后向背面横卷，影响新梢生长及树体发育。

【识别特征】

成虫：无翅胎生雌蚜体长1.6—1.7mm，宽0.94mm，长卵圆形，多为黄色，有时黄绿或绿色。头浅黑色，具10根毛。口器、腹管、尾片黑色。体表具网状纹，体侧缘瘤馒头形，体背毛尖；腹部各节具中毛1对，除第一、八节有1对缘毛外，第2—7节各具2对缘毛。触角6节，丝状，无次生感觉圈，短于体躯，基部浅黑色，3—6节具瓦状纹。尾板端圆，生毛12—13根，腹管长亦生瓦状纹。有翅胎生雌蚜体长约1.5mm，翅展4.5mm左右，近纺锤形。头部、胸部、腹管、尾片黑色，腹部绿色或淡绿至黄绿色。2—4节腹节两侧具大型黑缘斑，腹管后斑大于前斑，第1—8腹节具短横带。口器黑色，复眼暗红色。触角6节，丝状，较体短，第三节有次生感觉圈5—10个，第4节有0—4个。体表网纹不明显。

若虫：鲜黄色，复眼、触角、足、腹管黑色。无翅若蚜体肥大，腹管短。有翅若蚜胸部较发达，具翅芽。

卵：椭圆形，长0.5mm，初淡黄至黄褐色，后漆黑色，具光泽。

识别特征如图5-37所示。

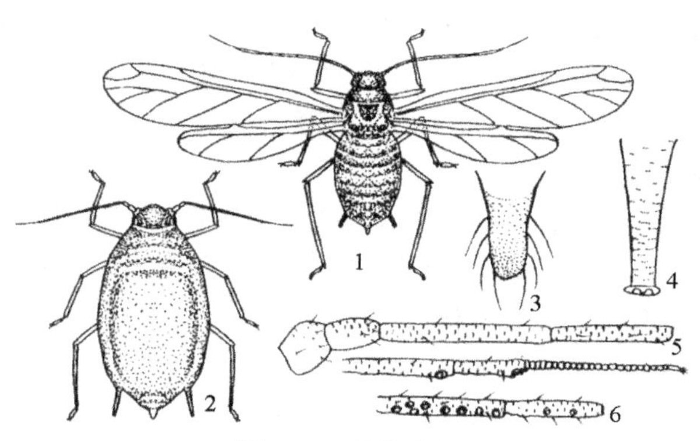

图5-37 绣线菊蚜

1.有翅胎生雌蚜成虫 2.无翅胎生雌蚜成虫 3.尾片 4.腹管 5.触角 6.第三、四节触角

（1、2仿中国农业科学院果树研究所等，3—6仿张广学）

【发生规律】 绣线菊蚜在台湾每年发生18代左右，以成虫越冬。在福州等地，冬季可在冬梢上繁殖。在冬季温度较低的地区，秋后产生两性蚜，于雪柳等树上产卵，少数也能在

柑橘树上产卵越冬。春季孵出无翅干母,并产生胎生有翅雌蚜,在柑橘树春芽伸展时,开始飞到柑橘树上危害。发生初期,柑橘园边的树上虫口密度显著大于园内,但随后这种差异趋于消失。春叶硬化时,虫数暂时减少,夏芽萌发后,又急剧上升,盛夏雨季时又趋下降,秋芽时再度大发生,虫口密度常达全年的最高峰,直到初冬才趋于下降。

(五) 萝卜蚜 *Lipaphis erysimi* (Kaltenbach)

又名菜蚜、菜缢管蚜。

【分布与危害】 分布于全国各地。寄主有白菜、油菜、萝卜、芥菜、青菜、菜花、甘蓝、花椰菜等。在蔬菜叶背或留种株的嫩梢嫩叶上为害,造成节间变短、弯曲、幼叶向下畸形卷曲,使植株矮小,影响包心或结球,造成减产。留种菜受害不能正常抽薹、开花和结籽,同时传播病毒病。

【识别特征】

有翅胎生蚜:长卵形。长 1.6—2.1mm,宽 1.0mm。头、胸部黑色,腹部黄绿色至绿色,腹部第一、二节背面及腹管后有 2 条淡黑色横带(前者有时不明显),腹管前各节两侧有黑斑,身体上常被有稀少的白色蜡粉。触角第三节有感觉圈 21—29 个,排列不规则;第四节有 7—14 个,排成 1 行;第五节有 0—4 个。额瘤不显著。翅透明,翅脉黑褐色。腹管暗绿色,较短,中后部膨大,顶端收缩,约与触角第五节等长,为尾片的 1.7 倍,尾片圆锥形,灰黑色,两侧各有长毛 4—6 根。

无翅胎生蚜:卵圆形。长 1.8mm,宽 1.3mm。黄绿至黑绿色,被薄粉。额瘤不明显。触角较体短,约为体长的 2/3,第三、四节无感觉圈,第五、六节各有 1 个感觉圈。胸部各节中央有一黑色横纹,并散生小黑点。腹管和尾片与有翅蚜相似。

【发生规律】 在我国北方一年发生 10—20 代,在华南地区可发生 46 代。在温暖地区或温室中,终年以无翅胎生雌蚜繁殖,无显著越冬现象。在长江以北地区,该蚜在蔬菜上产卵越冬,在江淮流域以南的十字花科蔬菜上常混合发生,秋季 9—10 月是一年中的危害高峰期。全年以孤雌胎生方式繁殖,无明显越冬现象。但在北方的冬季,萝卜蚜也可发生无翅的雌、雄性蚜,交配后在菜叶反面产卵越冬,亦有部分成、若蚜在菜窖内越冬或在温室中继续繁殖。

【蚜虫类害虫的防治措施】

物理机械防治:注意检查虫情,抓紧早期防治。盆栽花卉上零星发生时,可用毛笔蘸水刷掉,刷时要小心轻刷、刷净,避免损伤嫩梢、嫩叶,刷下的蚜虫要及时处理干净,以防蔓延。还可利用涂有黄色胶液的纸板或塑料板,诱杀有翅蚜虫;或采用银白色锡纸反光,拒避迁飞的蚜虫。

生物防治:瓢虫、草蛉等天敌大量人工饲养后适时释放。另外,蚜霉菌等亦能人工培养后稀释喷施。

化学防治:尽量少用广谱性杀虫剂,选用对天敌杀伤较小的、内吸和传导作用大的药物。发生严重地区,木本花卉发芽前,喷施 5 波美度的石硫合剂,以消灭越冬卵和初孵若虫。虫口密度大时,可喷施 10%吡虫啉可湿性粉剂 2000—2500 倍液、3%啶虫脒乳油 2000—2500 倍液等。

二、叶蝉类

叶蝉类属同翅目叶蝉科，身体细长，常能跳跃，能横走，易飞行。通称浮尘子，又名叶跳虫，种类很多。

（一）大叶青蝉 *Cicadella viridis*（Linnaeus）

【分布与危害】 分布于全国各地。危害九里香、杜鹃、梅、李、樱花、海棠、杨、柳等。以成虫和若虫刺吸植物汁液，受害叶片呈现小白斑，枝条枯死，影响生长发育，且可传播病毒病。

【识别特征】 成虫体长 7.2—10.0mm，青绿色，触角窝上方、两单眼之间有 1 对黑斑，复眼三角形，绿色。前翅绿色带有青蓝色泽，端部透明；后翅烟黑色，半透明。足橙黄色（图 5-38）。卵长 1.6mm，白色微黄，中间为弯曲，若虫共 5 龄，体黄绿色，具翅芽。

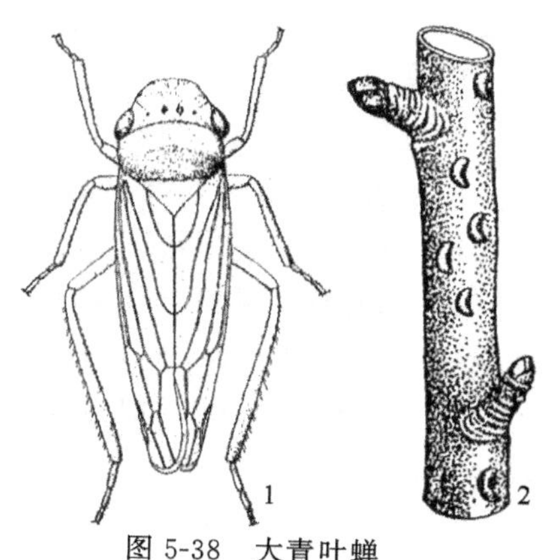

图 5-38　大青叶蝉
1. 成虫　2. 为害状
（1 仿北京农业大学，余仿河南农业大学）

【发生规律】 一年发生 3—5 代，以卵在被害花木枝条的皮层内越冬。翌年 4 月上中旬孵化。若虫孵化后常喜群集在草上取食，若遇惊扰斜行或横行，或由叶面逃至叶背，或立即跳跃而逃。5 月下旬第一代成虫羽化，第二代成虫发生在 7—8 月间，9—11 月份第三代成虫出现。10 月中旬开始在枝条上产卵。产卵时以产卵器刺破枝条表层，伤口呈半月形，将卵产于其中，排列整齐。成虫喜在潮湿背风处栖息，有很强的趋光性。

（二）小绿叶蝉 *Empoasa flavescens*（Fabricus）

又名浮尘子、叶跳虫。

【分布与危害】 分布普遍。危害桃花、梅花、樱花、红叶李、苹果等花木。以成虫和若虫栖息在叶背吮吸汁液危害，初期使叶片正面呈现白色小斑点，严重时全叶苍白，早期脱落。

【识别特征】 成虫体长 3—4mm，黄绿至绿色，头顶中央有 1 个白纹，两侧各有 1 个不明显的黑点，复眼内侧和头部后绿也有白纹，并与前一白纹连成“山”形。前翅绿色半透明，后翅无色透明。雌成虫腹面草绿色，雄成虫腹面黄绿色。卵长约 0.8mm，香蕉形，头端略大，浅黄绿色，后期出现 1 对红色眼点。若虫除翅尚未形成外，体形和体色与成虫相似。

【发生规律】 一年发生代数各地不一，在安徽每年约 10 代，广东海南地区一年可多达 17 代，各地以成虫在茶丛叶背，或在冬作豆类、杂草或其他植物上越冬。长江下游越冬成虫一般于 3 月间气温上升稳定在 10℃ 以上时，开始活动产卵；4 月上、中旬第一代若虫盛发。此后每半月至一个月发生一代，至 11 月降温为止。常喜斜向横行。畏阳光，怕雨湿，阴雨天气或露水未干，都不活动，晴天晨露干后，活动渐趋频繁，但中午烈日照射则多转向丛内，徒长枝芽叶上虫口增多，成虫喜做丛间短距离飞行，每头雌蛾产卵 9—32 粒，春季最多，秋季次之，炎夏最少。有世代重叠现象。成虫白天活动，有趋光性。

（三）黑尾大叶蝉 *Bothrogonia ferruginea* Fabricius

俗称黑尾叶蝉、黑尾浮尘子、黑尾凹大叶蝉。同翅目，叶蝉科。

【分布与危害】 危害甘蔗、柑橘、枇杷、罗汉果、柳、桉、马尾松、桑、泡桐、茶、菊花、一串红、向日葵、月季、枫、梨、苹、桃、葡萄等。国外分布于朝鲜、日本、缅甸、菲律宾、印度、印度尼西亚和非洲南部。国内分布于海南、广东、广西、四川、云南、江苏、浙江、湖北、江西、湖南、福建、台湾等地。主要以成虫、若虫群集刺吸植物汁液为害，雌虫产卵时刺伤植物茎叶，破坏输导组织，影响植物正常生长，导致植株发黄或枯死。另外，该虫危害还可传播多种病毒病，因传播病害造成的损失往往比取食危害大得多。

【识别特征】

成虫：体长 12.0—13.5mm，身橙黄色，体色常有变异。头部、前胸背板及小盾片橙黄色。头部近后缘有 1 块明显的圆形黑斑；头顶黑斑 1 块向颜面部位呈长方形延伸。前胸背板黑斑 3 块，呈三角形排列。中胸小盾片黄绿色、三角形，中央具黑斑 1 块。前翅橙黄色稍带褐色，翅基肩角具黑斑 1 块，翅端为黑色；后翅黑色。胸、腹面均为黑色，有时侧缘及腹节间呈淡黄色。触角刚毛状。复眼、单眼均黑色。后足胫节具 2 排刺列。

卵：香蕉形，初产时白色，半透明，后渐变淡黄色，较细的一端出现 1 对红色眼点；长 1.0—1.2mm。

若虫：头大、尾尖，体似成虫。

【发生规律】 在江浙一带一年发生 5—6 代，世代重叠，以若虫及少量成虫在杂草、常绿树及竹林中越冬。成虫产卵于植物组织中，卵成块，单层排列。每头雌虫产卵量多达 300 粒，若虫喜栖息在植株下部或叶片背面取食，性活泼，能飞善跳，有趋嫩绿习性，趋光性强，受到惊动时，可以横行斜走或飞走。晴天时甚为活跃，低温、阴雨及大风时，则栖息于茎基部。

【防治方法】

园林技术防治：结合田间管理，及时发现，及时防治；植株收获后及时清除田间、地头杂草，减少中间寄主。另外，合理选用抗虫品种。

物理及机械防治：在该虫发生盛期，选择天气闷热的黑夜在田间设置黑光灯诱杀。

生物防治：黑尾大叶蝉的天敌主要有蜘蛛、寄生蜂、小花蝽等。对此类天敌生物应注意加以保护和利用。

化学防治：在低龄若虫发生期，喷施吡虫啉、叶蝉散等化学药剂；施药时注意掌握防治适期和交替使用农药。

【叶蝉类害虫的防治措施】

（1）加强庭园绿地的管理，清除树木、花卉附近的杂草。结合修剪，剪除有产卵伤疤的枝条。

（2）设置黑光灯，诱杀成虫。

（3）在成虫、若虫危害期，喷施 10％吡虫啉可湿性粉剂 1500 倍液、40.7％乐斯本乳油 2000 倍液、20％杀灭菊酯乳油或 2.5％功夫乳油 2000 倍液、20％叶蝉散乳油 1000 倍液。

三、木虱类

木虱类属同翅目木虱科。体小型，形状如小蝉，善跳能飞。

（一）柑橘木虱 *Diaphorina citri* Kuwayama

【分布与危害】 主要分布区在广东、广西、福建、海南和台湾等地，浙江、江西、湖南、云南、贵州和四川的部分柑橘产区也有分布。危害芸香科植物，以柑橘属受害最重，黄皮、九里香和枸橼次之。

【识别特征】 成虫体长约3mm，体灰青色且有灰褐色斑纹，被有白粉。头顶突出如剪刀状，复眼暗红色，单眼3个，橘红色。触角10节，末端2节黑色。前翅半透明，边缘有不规则黑褐色斑纹或斑点散布，后翅无色透明。足腿节粗壮，跗节2节，具2爪。腹部背面灰黑色，腹面浅绿色。雌虫孕卵期腹部橘红色，腹末端尖，产卵鞘坚韧，产卵时将柑橘芽或嫩叶刺破，将卵柄插入。卵似芒果形，橘黄色，上尖下钝圆有卵柄，长0.3mm。若虫刚孵化时体扁平，黄白色，2龄后若虫背部逐渐隆起，体黄色，有翅芽露出。3龄若虫带有褐色斑纹。5龄若虫土黄色或带灰绿色，翅芽粗，向前突出，中后胸背面、腹部前有黑色斑状块，头顶平，触角2节。复眼浅红色，体长1.59mm。

【发生规律】 一年中的代数与柑橘抽发新梢次数有关，每代历期长短与气温相关。在周年有嫩梢的情况下，一年可发生11—14代。田间世代重叠。成虫产卵在露芽后的芽叶缝隙处，没有嫩芽不产卵。初孵若虫吸取嫩芽汁液并在其上发育成长，直至5龄。成虫停息时尾部翘起，与停息面成45°角。在没有嫩芽时，停息在老叶的正面或背面。在8℃以下时，成虫静止不动，14℃时可飞能跳，18℃时开始产卵繁殖。木虱多分布在衰弱树上，这些树一般先发新芽，可为其提供食料和产卵场所。在一年中，秋梢受害最重，其次是夏梢，尤其是5月的早夏梢，被害后不可避免地会爆发黄龙病。而春梢主要遭受越冬代的危害。10月中旬至11月上旬常有一次迟秋梢，木虱会暴发一次。

（二）樟叶木虱 *Trioza camphorae* Sasaki

【分布与危害】 分布于浙江、江西、湖南、福建、台湾等地。危害樟、香樟。以若虫刺吸汁液，受害后叶片出现黄绿色椭圆形小突起，随着虫龄增长，突起逐渐形成紫红色虫瘿，影响植株的正常光合作用，导致提早落叶。

【识别特征】

成虫：体长1.6—2.0mm，翅展4.5—6.0mm。体黄或橙黄色。触角丝状，10节，基部2节粗短，第三节最长，9—10节逐渐膨大呈球杆状，末端有刚毛2根。复眼黑褐色，半球形。各足股节端部具黑刺3枚。卵呈纺锤形，有柄，柄长约0.06mm。初产时乳白色，透明，几天后呈灰黑色，临孵前黑褐色，具光泽。

若虫：初孵若虫乳白色，腹部蛋黄色，固定后淡黄色。体长0.3—0.5mm，扁椭圆形。体周有白色蜡质分泌，随着虫体的不断增长，体周的白色蜡质越来越多，体色逐渐加深呈黄绿色，老熟后呈灰黑色。体周的蜡丝排列紧密，尤其在触角处、翅芽处及腹背面。复眼红色。

羽化前期蜡丝多脱落。

【发生规律】 在江西南昌地区一年发生1代，少数2代，以若虫在被害叶的背面过冬。翌年4月上旬开始羽化至4月底止。第一代若虫于4月中旬孵出，少数若虫于5月下旬羽化。第二代若虫于6月上旬孵出。成虫昼夜均可羽化，以10：00—14：00时最多。刚羽化成虫聚集在嫩枝梢上，活动能力弱，一天后活动能力增强、善跳，开始交尾，有多次交尾习性，交尾后即可产卵，成虫产卵有间歇性。越冬代成虫的卵产于春梢及嫩叶上；第一代成虫的卵产于夏梢及其嫩叶上。卵多产于叶片上，叶片上又以叶尖为多，叶片的正面多于反面。卵排列成行或数粒排在一起，偶有数粒重叠的现象。叶片被害初期，在叶面上呈现黄绿色椭圆形小微突，随着虫体的不断增长，逐渐变成紫红色突起，致使叶片早落。

【木虱类害虫的防治措施】

植物检疫：苗木调运时加强检查，禁止带虫材料外运。结合修剪，剪除带卵枝条。

生物防治：赤星瓢虫、草蛉等对樟叶木虱的卵和若虫都能捕食，对此类天敌生物应加以保护和利用。

化学防治：在若虫发生盛期，叶背出现白色絮状物时，喷施机油乳剂30—40倍液、25%扑虱灵可湿性粉剂或40%速扑杀或1%杀虫素2000倍液。

四、粉虱类

粉虱类属同翅目粉虱科。体微小，雌雄均有翅，翅短而圆，膜质，翅脉极少，前后翅相似，后翅略小。体翅均有白色蜡粉，故称粉虱。

（一）温室粉虱 *Trialeurodes vaporariorum*（Westwood）

【分布与危害】 是一种分布广泛的露地和温室粉虱。温室粉虱是一种世界性的温室害虫，具多食性，寄主范围十分广泛，据统计有47科900余种植物，包括多种蔬菜、花草、特用作物、牧草、木本植物等。它危害的温室及露地蔬菜有黄瓜、西葫芦、南瓜、冬瓜、苦瓜、丝瓜、番茄、辣椒、茄子、莴苣、刀豆、扁豆、豇豆、芸豆、马铃薯、芹菜；观赏植物有倒挂金钟、夜来香、洋金枣、杜鹃、牡丹、天竺葵、绣球、月季、扶桑、菊花、大丽花、茉莉、黄刺梅、一串红、向日葵、山茶等。为害温室栽培蔬菜及观赏植物，严重时造成减产50%以上。在国内，蔬菜受害最重的为番茄、黄瓜、茄子和豆类等。最初，粉虱分泌蜜露，导致叶片和果实湿润。不久，该部位出现黑褐色煤污病菌。

【识别特征】

成虫：体小，全身及翅覆有白色蜡粉。雌虫体长约1.1mm，雄虫约1.0mm，两翅合拢时，平覆在腹部，通常腹部被遮盖。喜聚集于叶背，兼营两性及孤雌生殖，孤雌生殖后代均是雄虫。

卵：多散产，偶或数卵成月牙形排列。卵为长椭圆形，顶部尖，端部卵柄插入叶片中，以获得水分避免干死。初产卵白到浅黄绿色，孵化前渐成深褐色，变色均由顶部开始逐渐扩展到基部，卵上覆盖成虫产的蜡粉。

若虫：共3龄，1龄若虫长约0.27mm，浅黄绿，胸足和触角发达，能爬行，尾部一对毛明显。若虫体缘有蜡丝。2、3 龄若虫分别长约0.38mm、0.55mm，足和触角萎缩，营固着生活。

拟蛹：拟蛹期虫体渐伸长并加厚，外观为立体(边缘垂直)椭圆形，似蛋糕状，颜色为白色至淡绿色，半透明，拟蛹边缘有蜡丝，背上通常有发达直立长刺毛 5—8 对，长刺毛是由原乳突内蜡腺分泌的，光滑的叶片上也有不具长刺毛的拟蛹。拟蛹晚期椭圆形，长可达 0.76mm。拟蛹壳上有圆形孔的均为该拟蛹寄生蜂的羽化孔，被寄生的拟蛹为黑紫色。

刚羽化的成虫翅在背面折叠，约 10min 后展开，半透明，5h 后全身布满蜡粉。蜡由腹部 3 对蜡板分泌，由后足胫节端部的一排刚毛刮擦蜡板再抹在体表及翅上。

识别特征如图 5-39 所示。

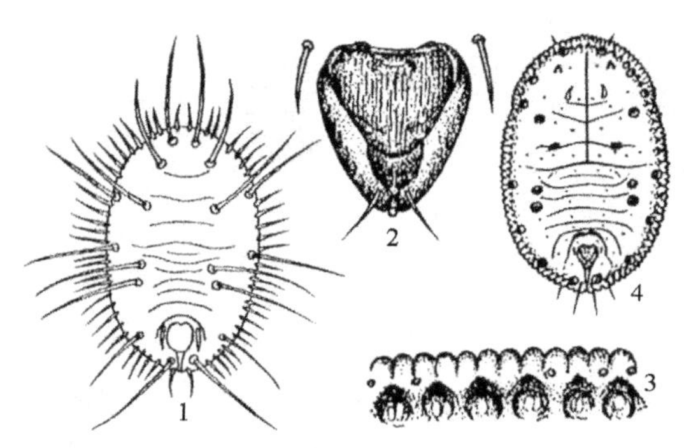

图 5-39　温室粉虱

1. 若虫　2. 管状孔及第 8 节刺毛位置　3. 外缘锯齿及分泌突起　4. 蛹

(仿宫武)

【发生规律】　成虫是唯一活泼虫态，其扩散及在植株上的垂直分布均取决于成虫的活动。成虫羽化后 1—3d 即可产卵，从卵至成虫羽化的发育期平均为 30d 左右。温室粉虱成虫不善飞，有趋黄性，群集在叶背面，具趋嫩性。成虫常选嫩叶反面产卵，随植株生长，产卵位置也随之升高，因此形成了特殊的垂直分布型：顶端嫩叶多则产绿卵，稍低叶片多为发育后期的褐卵，再低的叶片上已出若虫，最下部叶片多属拟蛹。交配后，1 头雌虫可产 100 多粒卵，多者 400—500 粒。此虫最适发育温度为 25—30℃，在温室内一般 1 个月发生 1 代。温室粉虱无滞育和休眠现象。

(二) 黑刺粉虱 *Aleurocanthus spiniferus* (Quaintanca)

又名橘刺粉虱、刺粉虱、黑蛹有刺粉虱。

【分布与危害】　在中国各产茶地均有分布。除危害茶树外，还危害柑橘、油茶、梨、柿、葡萄等多种植物。若虫寄生在茶树叶背刺吸汁液，并诱发严重的烟煤病。病虫交加，养分丧失，光合作用受阻，树势衰弱，芽叶稀瘦，以致枝叶枯竭，严重发生时甚至引起枝枯树死。

【识别特征】　成虫体长 0.96—1.3mm，橙黄色，薄敷白粉。复眼肾形红色。前翅紫褐色，上有 7 个白斑；后翅小，淡紫褐色。卵新月形，长 0.25mm，基部钝圆，具 1 小柄，直立附着在叶上，初乳白后变淡黄，孵化前灰黑色；若虫体长 0.7mm，黑色，体背上具刺毛 14 对，体周缘泌有明显的白蜡圈;共 3 龄,初龄幼虫椭圆形淡黄色,体背生 6 根浅色刺毛,体渐变为灰至黑色,有光泽,体周缘分泌 1 圈白蜡质物;2 龄幼虫黄黑色,体背具 9 对刺毛,体周缘白蜡圈明显。蛹椭圆形,初乳黄渐变黑色。蛹壳椭圆形,长 0.7—1.1mm,漆黑有光泽,壳边锯齿状,周缘有较宽的白蜡边,背面显著隆起,胸部具 9 对长刺,腹部有 10 对长刺,两侧边缘雌虫有长刺 11 对,雄虫 10 对。

识别特征如图 5-40 所示。

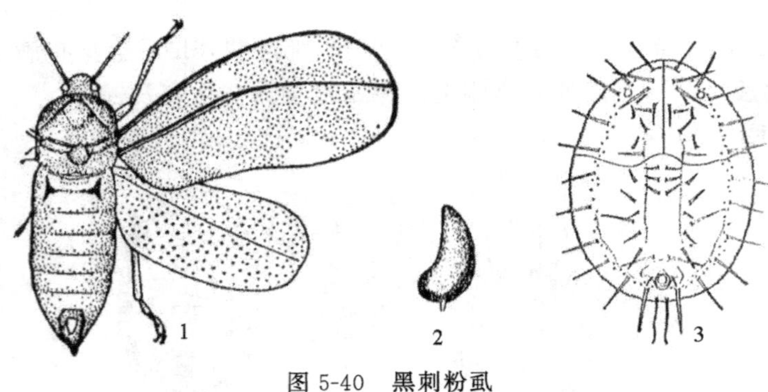

图 5-40　黑刺粉虱
1. 成虫　2. 卵　3. 蛹壳
(仿华南农学院)

【发生规律】 一年发生 4—5 代,以 2—3 龄幼虫在叶背越冬。发生不整齐,田间各种虫态并存,在重庆越冬幼虫于 3 月上旬至 4 月上旬化蛹,3 月下旬至 4 月上旬大量羽化为成虫,随后产卵。幼虫盛发于 5 月至 6 月、6 月下旬至 7 月中旬、8 月上旬至 9 月上旬、10 月下旬至 11 下旬。成虫多在早晨露水未干时羽化,初羽化时喜欢荫蔽的环境,日间常在树冠内幼嫩的枝叶上活动,有趋光性,可借风力传播到远方。羽化后 2—3d,便可交尾产卵,卵多产在叶背,散生或密集成圆弧形。幼虫孵化后短距离爬行吸食。蜕皮后将皮留在体背上,以后每蜕一次皮均将上一次蜕的皮往上推而留于体背上。一生共蜕皮 3 次,2—3 龄幼虫固定为害,严重时排泄物增多,煤烟病严重。

(三) 螺旋粉虱 *Aleurodicus disperses* Rusell

【分布与危害】 目前国内只分布在海南与台湾。取食多种植物,如蔬菜、果树、观赏植物、行道树及森林等。寄主植物 300 多种。若虫与成虫直接以口针于叶背吸食寄主植物汁液,在该虫严重发生时虽可使寄主叶片提前落叶,但尚不会致死寄主植物。若虫分泌的蜜露诱发煤污病,除影响寄主植物的光合作用外,亦影响植株外观并引来蚂蚁与蝇等昆虫。影响粮食作物、经济果树等的产量,且导致观赏植物出口检疫的潜在威胁。

【识别特征】 成虫雌、雄虫体长分别为 1.97mm、2.10mm。初羽化时翅透明,几小时后翅面覆有白粉。雄虫腹部末端有铗状交尾握器。若虫共有 4 龄。各龄大小分别为 0.28mm×0.12mm、0.48mm×0.26mm、0.67mm×0.49mm 及 1.06mm×0.88mm。各龄初蜕皮时均透明无色、扁平状,但随着发育逐渐变为半透明且背面隆起。各龄体形相似,但随发育程度由细长形转为椭圆形。第一龄若虫具分节明显的触角与具功能性的足,而其他龄期若虫的触角与足均退化。1—3 龄若虫分泌的蜡粉量较少且短,至 4 龄若虫时分泌的蜡粉量大增且其絮毛可长达 8mm。卵大小约 0.29mm×0.11mm，长椭圆形，表面光滑，卵的一端有一柄状物。卵呈半透明无色。

【发生规律】 雄虫较雌虫早羽化，羽化盛期在 6：00—8：00。交尾发生于下午。成虫迁飞盛期为 5：00—7：00，但气温低或阴天其活动时刻延后。一般而言，雄虫迁飞力较雌虫弱，多停留在原寄主植物叶上。雌虫卵巢内卵之成熟度与日龄有关，至第三日龄后雌虫才开始陆续由原寄主植物处向上盘旋迁飞，以寻找新寄主植物之嫩叶产卵。雌虫产卵于叶背，卵粒散列呈特殊螺旋状，且有白色蜡粉。卵有一小柄。螺旋粉虱的发生与危害寄主植物种类的多寡均有季节性，在台湾螺旋粉虱盛发生于秋季(10—12 月)，春、冬季次之，夏季很少；而螺旋粉虱危害寄主植物之种类亦以秋季最多，春、冬季次之，夏季最少。由于雌虫喜产卵于新叶，因而施用氮肥与修剪枝条后常可促进螺旋粉虱种群密度之增长。但大雨、低温则会减少该虫的种群密度。

【粉虱类害虫防治措施】

植物检疫：加强植物检疫工作，避免将虫带入塑料大棚或温室。早春做好虫情预测预报，及时开展有效的防治工作。

园林技术防治：清除大棚和温室周围杂草，以减轻虫源。荫蔽、通风透光不良都有利于粉虱的发生，适当修枝，勤除草，减轻危害。

物理机械防治：粉虱成虫对黄色有强烈的趋性，可用黄色诱虫板诱杀。

化学防治：可喷施 0.36%苦参碱水剂 300 倍液、10.8%吡丙醚乳油＋5%顺式氯氰菊酯乳油 20—40mL/亩等，防治效果较好。喷药时注意药液均匀，叶背处更应喷到。

五、介壳虫类

介壳虫属同翅目蚧总科。园林植物上的介壳虫种类很多，据估计有 700 多种。植物的根、茎、叶、果等部位都有不同种类的介壳虫寄生。

（一）日本龟蜡蚧 *Ceroplastes japonicus* Green

又名日本蜡蚧、枣龟蜡蚧、龟蜡蚧。

【分布与危害】 分布于全国各地，食性杂。在我国发生普遍，危害严重。除危害唐菖蒲外，还危害玫瑰、白兰、含笑、木兰、山茶、小檗、海桐、樱桃、红叶李、垂丝海棠、麻叶绣球、石楠、毛豆梨、碧桃、火棘、贴梗海棠、月季、樱花等花卉。主要是以若虫和雌成虫刺吸汁液为害，在叶及枝上排泄蜜露，是引起煤污病的重要原因，严重影响植株的生长发育。

【识别特征】

成虫：雌成虫后体背有较厚的白蜡壳，呈椭圆形，长 4—5mm，背面隆起似半球形，中央隆起较高，表面具龟甲状凹纹，边缘蜡层厚且弯卷，由 8 块组成。活虫蜡壳背面淡红，边缘乳白，死后淡红色消失，初淡黄后呈红褐色。活虫体淡褐至紫红色。雄体长 1—1.4mm，淡红至紫红色，眼黑色，触角丝状，翅 1 对白色透明，具 2 条粗脉，足细小，腹末略细，性刺色淡。

卵：椭圆形，长 0.2—0.3mm，初淡橙黄后紫红色。

若虫：初孵若虫体长 0.4mm，椭圆形扁平，淡红褐色，触角和足发达，灰白色，腹末有 1 对长毛。固定 1d 后开始泌蜡丝，7—10d 形成蜡壳，周边有 12—15 个蜡角。后期蜡壳加厚，雌雄形态分化。

雄虫蜡壳长椭圆形，周围有 13 个蜡角似星芒状。雄蛹梭形，长 1mm，棕色，性刺笔尖状。识别特征如图 5-41 所示。

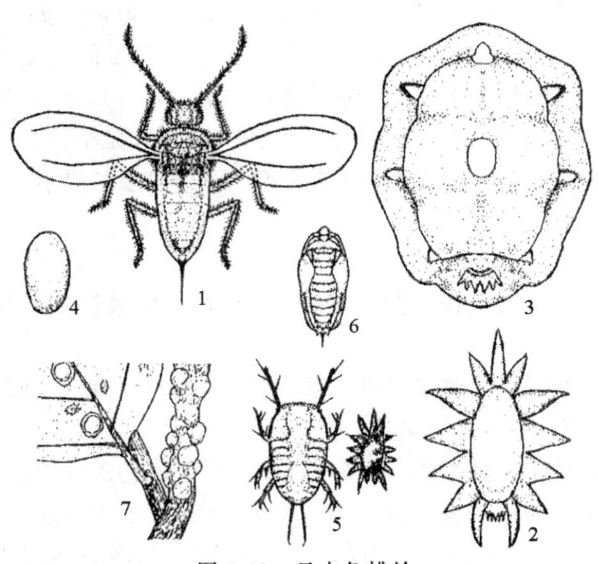

图 5-41　日本龟蜡蚧
1. 雄成虫　2. 雄虫蜡壳　3. 雌成虫　4. 卵　5. 若虫　6. 雄蛹　7. 害状
（仿赵庆贺等）

【发生规律】　一年发生 1 代，以受精雌虫在 1—2 年生枝上越冬。翌春寄主发芽时开始为害，虫体迅速膨大，成熟后产卵于腹下。产卵盛期：南京 5 月中旬，山东 6 月上中旬，河南 6 月中旬，山西 6 月中下旬。每头雌虫产卵千余粒，多者 3000 粒。卵期 10—24d。初孵若虫多爬到嫩枝、叶柄、叶面上固着取食，8 月初开始性分化，8 月中旬至 9 月为雄化蛹期，蛹期 8—20d，羽化期为 8 月下旬至 10 月上旬，雄成虫寿命 1—5d，交配后即死亡，雌虫陆续由叶转移到枝上固着为害，至秋后越冬。可行孤雌生殖，子代均为雄性。

（二）草履蚧 *Drosicha corpulenta* Kuwana

【分布与危害】　分布于黑龙江、辽宁、吉林、河北、河南、陕西、山西、浙江、湖北、湖南、广东、广西、海南等地。危害泡桐、悬铃木、杨、柳、槐、楝、枫杨、樟、槭、女贞、玉兰、黄檀、板栗、核桃、柿、枣、梨、桃、苹果、枇杷、柑橘、荔枝等。若虫吸食嫩枝、幼芽汁液，使新抽的芽梢生长缓慢，果树受害后，影响果实产量。

【识别特征】　雌成虫体长 10mm 左右，背面棕褐色，腹面黄褐色，被一层霜状蜡粉。触角 8 节，节上多粗刚毛；足黑色，粗大。体扁，沿身体边缘分节较明显，呈草鞋底状；雄成虫体紫色，长 5—6mm，翅展 10mm 左右。翅淡紫黑色，半透明，翅脉 2 条，后翅小，仅有三角形翅茎；触角 10 节，因有缢缩并环生细长毛，似有 26 节，呈念珠状。腹部末端有 4 根体肢。卵初产时橘红色，有白色絮状蜡丝粘裹。若虫初孵化时棕黑色，腹面较淡，触角棕灰色，唯第三节淡黄色，很明显。雄蛹棕红色，有白色薄层蜡茧包裹，有明显翅芽。草履蚧成虫如图 5-42 所示。

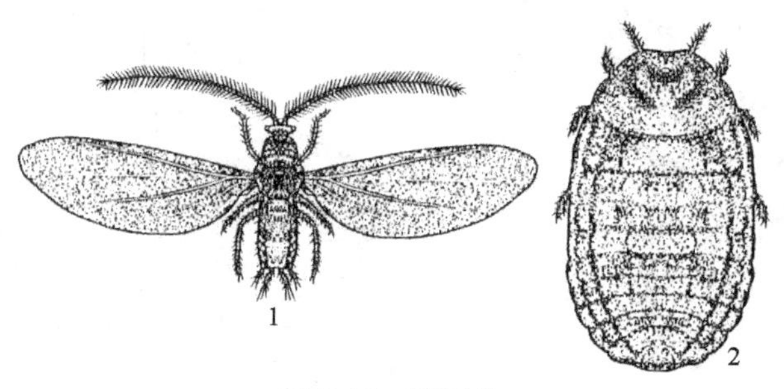

图 5-42 草履蚧
1. 雄成虫 2. 雌成虫
（仿周尧）

【发生规律】 一年发生 1 代。以卵越夏和越冬；翌年 1 月下旬至 2 月上旬，雌雄交配，卵在土中开始孵化，能抵御低温，在大寒节气前后的堆雪下也能孵化，但若虫活动迟钝，在地下要停留数日，温度高，停留时间短，天气晴暖，出土个体明显增多。孵化期要延续 1 个多月。若虫出土后沿茎干上爬至梢部、芽腋或初展新叶的叶腋刺吸危害。雄性若虫经 4 月下旬化蛹，5 月上旬羽化为雄成虫，羽化期较整齐，前后两星期左右，羽化后即觅偶交配，寿命 2—3d。雌性若虫经 3 次蜕皮后即变为雌成虫，自茎干顶部继续下爬，交配后潜入土中产卵，卵有白色蜡丝包裹成卵囊，每囊有卵 100 多粒。草履蚧若虫、成虫的虫口密度高时，往往群体迁移，爬满附近墙面和地面，令人厌恶。

（三）桑白盾蚧 *Pseudaulacaspis pentagona* (Targioni)

又名桑白蚧、黄点蚧、桑拟轮蚧。

【分布与危害】 分布于全国各地。主要危害桑树，还危害桃、李、杏、梨、苹果、梅、樱桃、柿、核桃、无花果、枇杷、椰子、芒果、辣椒、茄子、茶、梧桐、泡桐、桂、樟、白杨、皂荚、丁香、枫、槭、槐、天竺葵、番石榴。若虫和雌成虫刺吸枝干汁液，偶有危害果、叶者，削弱树势，重者枯死。

【识别特征】

成虫：雌体长 0.9—1.2mm，淡黄色至橙黄色，介壳灰白色至黄褐色，近圆形，长 2—2.5mm，略隆起，有螺旋形纹，壳点黄褐色，偏生一方。雄体长 0.6—0.7mm，翅展 1.8mm，橙黄色至橘红色。触角 10 节，念珠状，有毛。前翅卵形，灰白色，被细毛；后翅特化为平衡棒。性刺针刺状。介壳细长，约 1.2—1.5mm，白色，背面有 3 条纵脊，壳点橙黄色位于前端。

卵：椭圆形，长0.25—3.00mm，初粉红后变黄褐色，孵化前为橘红色。

若虫：初孵淡黄褐色，扁椭圆形，长 0.3mm 左右，眼、触角、足俱全，腹末有 2 根尾毛。两眼间具 2 个腺孔，分泌绵毛状蜡丝覆盖身体，2 龄若虫眼、触角、足及尾毛均退化。

蛹：橙黄色，长椭圆形，仅雄虫有蛹。识别特征如图 5-43 所示。

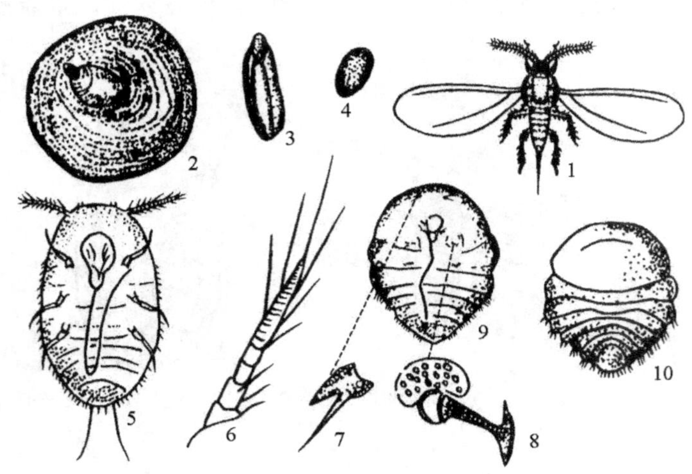

图 5-43 桑白盾蚧
1. 雄成虫 2. 雌介壳 3. 雄介壳 4. 卵 5. 若虫 6. 触角(若虫) 7. 触角(成虫)
8. 胸气门及腺体 9. 雌成虫腹面 10. 雌成虫背面
(仿北京农业大学等)

【发生规律】 在广东每年发生 5 代,浙江 3 代,北方 2 代。2 代区以第二代受精雌虫于枝条上越冬。寄主萌动时开始吸食,虫体迅速膨大,4 月下旬开始产卵,5 月上中旬为盛期,卵期 9—15d,5 月间孵化,中下旬为盛期,初孵若虫多分散到 2—5 年生枝上固定取食,以分杈处和阴面较多,6—7d 开始分泌绵毛状蜡丝,渐形成介壳。第一代若虫期 40—50d,6 月下旬开始羽化,盛期为 7 月上中旬。卵期 10d 左右,第二代若虫 8 月上旬盛发,若虫期 30—40d,9 月间羽化交配后雄虫死亡,雌虫为害至 9 月下旬开始越冬。3 代区,第一代若虫发生期为 5 月至 6 月中旬;第二代为 6 月下旬至 7 月中旬;第三代为 8 月下旬至 9 月中旬。以受精雌成虫越冬。

(四) 褐软蚧 *Coccus hesperidum* (Linnaeus)

又名龙眼黄介壳虫、褐软蜡蚧、广食褐软蚧。

【分布与危害】 分布在黑龙江、吉林、辽宁、内蒙古、宁夏、甘肃、青海、新疆、陕西、山西、河北、北京、山东、河南、江苏、浙江、江西、福建、台湾、湖北、湖南、广东、广西、贵州、云南、重庆、四川等地。北方均在温室中发生。主要危害苹果、梨、桃、李、枣、葡萄、无花果、枸杞、柑橘、枇杷、柠檬、龙眼、芒果、椰子等,寄主种类达 170 余种植物。若虫、雌成虫群集嫩枝或叶上吸食汁液,排泄蜜露诱致煤污病发生,影响光合作用,削弱树势。

【识别特征】

成虫:雌成虫扁椭圆形至卵形,长 3—4mm,左右不对称,前端尖,体背中央具一纵脊隆起,绿褐色。体形、体背色泽均有变化,黄色或青色至褐色,形成格子状图案。体背软。触角 7—8 节,末节长。足细。肛筒长,肛环远离肛板,其间距约等于肛板之长。

卵:近椭圆形,长约 0.3—0.4mm,淡黄褐色。若虫初孵若虫体长 0.5—0.6mm,宽 0.3mm,卵形,前部微圆,后端钝尖,触角、足发达,尾端具 2 根长毛。2 龄后体背现透明的极薄蜡质,各体节明显可见,中央具纵脊。雄虫体长约 1mm,黄绿色,前翅白色透明。

蛹：雄蛹长 1mm，黄绿色。茧长 2mm 左右，椭圆形，背面有似龟甲状纹。

【发生规律】　一年发生 1 代，以若虫在枝条或叶上越冬。翌春继续为害，4—5 月羽化，多行孤雌生殖，卵胎生，每头雌虫可产仔 70—1000 头，发生期不整齐，6 月繁殖最快，初龄若虫分散到嫩枝或叶上群集为害，固定后不大移动，枝叶枯死或受惊扰时转移到其他枝条上固定取食。此虫在温室中一年发生 3—5 代，世代重叠，极不整齐，从春至冬，均有若虫，雌成虫每次胎生小若虫 200 多个。第一代若虫于 4 月中旬开始活动，第二代在 7 月上旬，第三代在 9 月中旬。该蚧的发生与温室内的温度、湿度、光照、通风、植株的郁密度有直接的关系。温室内温度高、湿度大，有利于加快繁殖速度，决定发生量。光照不强，通风不良，有利于个体生长发育。植株密集则有利于其转主、蔓延，扩大危害。每个世代的若虫期是抗性最薄弱时期，因此是防治的最佳时期。

（五）糠片盾蚧 *Parlatoria pergandii* Comstock

又名片糠蚧、灰点蚧、糠片蚧、灰点蚧、圆点蚧、龚糠蚧。

【分布与危害】　分布在华东、华南、华北、华中、西南，以及台湾等地。危害桂花、茉莉、玳玳、蔷薇、月季、建兰、春兰、朱顶红、山茶、梅花、樱花、紫薇、木槿、枸杞、胡颓子、桃叶珊瑚、月桂等花木。若虫、雌成虫常喜在植株的叶背和枝干荫蔽处，密集吮吸汁液为害；严重时花、枝、叶发黄呈枯萎状，并能诱发煤污病。

【识别特征】　雌成虫体近梨形或椭圆形、淡紫色略带黄色。眼点不发达。触角仅具 1 根刚毛，长约 0.8mm。在中胸和第一、第二腹节处最宽。雌成虫介壳椭圆形或卵圆形，长约 1.8mm；蜡层白色、灰白色或淡褐色；壳点位于前端，暗黄褐色。第一壳点很小，椭圆形，暗绿褐色。第二壳点较大，近圆形，黄褐色或褐黑色；中部稍隆起，边缘略斜，色亦较淡。雄成虫淡紫色，翅 1 对，足 3 对，腹末有针状交尾器；雄成虫介壳小而狭长，中部略扁，两侧近乎平行，灰白色，两端圆，背面隆起。壳点在前端，暗绿色。卵长卵圆形或椭圆形，长 0.3mm，淡紫色。初孵若虫体扁平，椭圆形，长约 0.3mm，淡紫红色；足 3 对；头部有触角；腹部末端有尾毛各 1 对。雌若虫蜕皮壳两个，位于前缘；雄若虫蜕皮壳一个，位于前端。蛹长方形，紫色。

【发生规律】　每年发生代数因地区而异，在四川一年发生 4 代，湖南发生 3 代，江苏、浙江和上海一年发生 2—3 代。以受精雌成虫或介壳下的卵在枝、叶上越冬。翌春 5—6 月开始活动。卵产在雌蚧母体下。第一代若虫于 4 月下旬至 5 月上旬陆续出现；第二代若虫于 7 月中旬出现；第二代若虫于 8 月下旬至 9 月上旬出现；各代间有重叠现象。第一代若虫主要为害枝和叶；第二、第三代主要为害果实；雌成虫和若虫多固定在枝杆及粗枝上吮吸汁液为害，叶背上也有。在北方常年见于温室花木上。

（六）红蜡蚧 *Ceroplastes rubens* Maskell

又名红蜡虫。

【分布与危害】　分布除东北、西北部分地区外，几乎遍布全国各地。该虫食性杂，可危害 100 多种植物，主要危害茶、桑、柑橘、荔枝、龙眼、石榴、猕猴桃、枇杷、杨梅、芒果、无花果、柿等植物。成虫和若虫密集寄生在植物枝杆上和叶片上，以吮吸汁液为害。雌虫多在植物枝杆上和叶柄上为害，雄虫多在叶柄和叶片上为害，并能诱发煤污病，致使植株长势衰退，树冠萎缩，全株发黑，严重危害则造成植物整株枯死。

【识别特征】 雌成虫体长 2.5mm，卵形，背面向上隆起。触角 6 节。口器较小，位于前足基节间。足小，胫节略粗，跗节顶端变细。前胸、后胸气门发达喇叭状。气门刺近半球形，其中一刺大，端尖，散生 4—5 个较大的刺及一些小的半球形刺。在阴门四周有成群的多孔腺。体背边缘具复孔腺集成的宽带，中部集成环状。肛板近三角形，臀裂后端边缘具长刺毛 4—5 根。虫体外蜡质覆盖物形似红小豆。成虫的 4 个气门具白色蜡带 4 条，上卷，介壳中央具一白色脐状点。雄成虫体暗红色，口器黑色，6 个单眼，触角 10 节，浅黄色，翅半透明白色。卵椭圆形，浅紫红色。若虫扁平椭圆形，红褐色至紫红色。

【发生规律】 一年发生 1 代，以雌成虫在茶树枝上越冬，翌年 5 月下旬雌成虫开始产卵，每头雌虫平均产卵约 200 粒，6 月初若虫开始出现，8 月下旬至 9 月上旬雄成虫羽化。

（七）吹绵蚧 *Icerya purchasi* Maskell

【分布与危害】 全国各地均有分布，广泛分布于热带和温带较温暖的地区。寄主有柑橘、苹果、梨、葡萄、桃、蔷薇、大豆、樱桃、枇杷、杨梅、龙眼、柿、栗、无花果、石榴、玫瑰、海棠、刺槐、月季、台湾相思、茄子、辣椒等 50 余科的 250 多种植物。雌成虫和若虫多喜群栖在叶芽、嫩芽、新梢上，吮吸汁液为害；严重的造成叶色发黄、枝梢枯萎，引起大量落叶，甚至危及植株的生长；还引发煤污病，从而降低观赏效益。

【识别特征】 雌成虫体橘红色，椭圆形，长 5—6mm，宽 3.7—4.2mm，背面隆起，有很多黑色短毛，背被白色棉状蜡质分泌物。产卵前在腹部后方分泌白色卵囊，囊上有脊状隆起线 14—16 条。有黑褐色的触角 1 对，发达的足 3 对。雄成虫似小蚊，长约 3mm，翅展约 8mm。胸部黑色，腹部橘红色，前翅狭长，灰褐色，后翅退化为匙形。卵长椭圆形，长约 0.7mm，宽约 0.3mm，初产时橙黄色，后变为橘红色。1 龄若虫椭圆形，体红色，眼、触角和足黑色，腹部末端有 3 对长毛。2 龄若虫背面红褐色，上覆淡黄色蜡粉，体表多毛，雄虫明显较雌虫体长，行动活泼。3 龄若虫红褐色，触角已增长到 9 节，体毛更为发达。蛹长 2.5—4.5mm，橘红色，眼褐色，触角、翅芽和足均为淡褐色，腹末凹陷呈叉状。茧由白色疏松的蜡丝组成，长椭圆形。识别特征如图 5-44 所示。

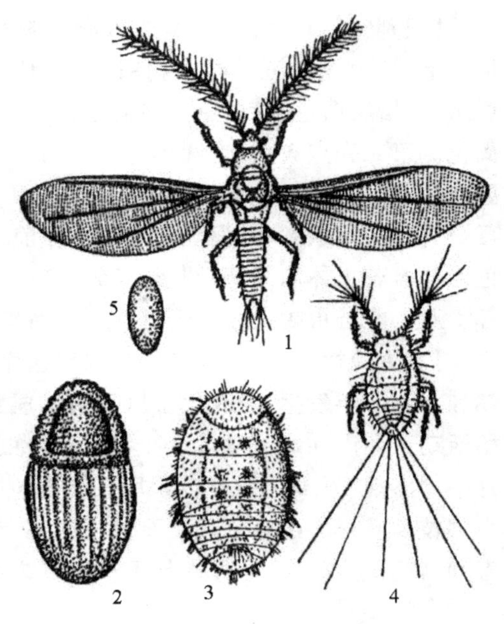

图 5-44　吹绵蚧

1. 雄成虫　2. 雌成虫（带卵袋）　3. 雌成虫（除去蜡粉）　4. 1 龄若虫　5. 卵

（仿李成德《森林昆虫学》）

【发生规律】 吹绵蚧在华南、四川东南部和云南南部每年发生 3—4 代，长江流域、四川西北部和陕西南部每年发生 2—3 代，华北发生 2 代。每年发生 3—4 代的地区，以成虫、卵和各龄若虫在主干和枝叶上越冬，年发生 2—3 代的地区主要以若虫和未带卵囊的雌成虫越冬。

卵产于卵囊内，初孵若虫在卵囊内停留一段时间后爬出，分散到叶片的主脉两侧固定为害。若虫每次蜕皮后都迁移到一个新的地方为害，2 龄后若虫多分散至枝叶、树干和果梗等处。雌若虫经 3 龄后变为雌成虫，雄若虫第二次蜕皮后潜入树干缝隙和疤痕处成为前蛹，再经蛹变为成虫。吹绵蚧各代发生很不整齐。在浙江第一代卵和若虫的盛发期为 5—6 月，第二代为 8—9 月；在四川第一代卵和若虫的盛发期为 4 月下旬至 6 月，第二代为 7 月下旬到 9 月初，第三代为 9—11 月。吹绵蚧适宜于温暖高湿的气候条件。

（八）月季白轮盾蚧 *Aulacaspis rosarum* Borchsenius

又名月季轮盾蚧、拟蔷薇白轮盾蚧、拟蔷薇轮盾蚧。

【分布与危害】　分布在辽宁、甘肃、陕西、河南、安徽、江苏、上海、浙江、湖北、贵州、广东、广西、四川及北方温室中。寄主为月季、蔷薇、玫瑰、苏铁、九里香、米兰、七里香、樟、刺梨、黄刺梅、木香、乌桕、兰花等。以若虫、成虫在植物的茎和枝条上刺吸为害，吸食汁液。受害重的植物大量叶片枯黄、脱落，甚至整株枯死。

【识别特征】　成虫雌介壳灰白色，近圆形，约 2mm。壳点 2 个，其中一个位于介壳的前端，介壳背面有一纵隆脊。雌成虫体长约 1.4mm，初期橙黄色，后渐变成紫红色。前体部很膨大，头缘之前侧角明显。最宽部在中胸部。后胸及腹部前面数节侧宽圆。触角退化，仅留两个瘤形，生有一粗而弯曲的毛。臀板略成三角形，端圆，臀叶 3 对，中臀叶位于臀板凹缺内，呈“八”字形，基部相连。雄介壳长形，约 1mm，白色，背面具两纵脊沟；壳点一，位于最前端，黄色或黄褐色。卵长椭圆形，长 0.16mm，紫红色。1 龄若虫体长椭圆形，淡红色至深红色。触角 5 节，末端节最长，腹末有 1 对长毛。

【发生规律】　年发生 2—3 代，以 2 龄若虫及成虫、雄蛹在枝干上越冬。翌年 3 月下旬至 4 月中旬开始产卵，4 月中下旬为产卵盛期。5 月中下旬为卵孵化盛期。第一代雌成虫在 7 月上旬出现，7 月中旬为第二代卵孵化盛期。8 月上旬第二代雌成虫出现。9 月中旬为第三代卵孵化盛期。每头雌成虫平均产卵 132 粒左右，成堆产于介壳内。初孵若虫从母体介壳下爬出后，在枝干上爬行，约几小时至一天固定取食，固定取食 1—2d，蜕皮变为 2 龄若虫，并分泌一层灰白色绒毛状蜡质覆盖身体。雄成虫交配不久即死亡。该蚧世代重叠。树冠中、下层虫口密度最大。

（九）扶桑绵粉蚧 *Phenacoccus solenopsis* Tinsley

俗称棉花粉蚧等。同翅目，粉蚧科，绵粉蚧属。

【分布与危害】　危害扶桑、向日葵、龙葵、蜀葵、银胶菊、大戟、蝴蝶兰、洋金花、巴西龙骨、玉麒麟、番木瓜、苍耳、田旋花、磨盘草、铺地草、南瓜、羽扇豆、列当、长隔木、灰毛滨藜、碱蓬、蓍草、豚草、黄花稔、酸浆、马缨丹、假海马齿等。寄主较广，主要危害茄科、锦葵科、菊科、大戟科、葫芦科、豆科等至少 14 个科。该种为外来入侵有害生物，原产北美，1989 年在美国发现危害棉花。我国于 2008 年首次报道在广州扶桑上发现，随后相继在海南、广东、广西、云南、福建、江西、湖南、浙江、新疆等地报道发现。2009 年 2 月 3 日，农业部、国家质检总局发布公告，将该虫列入《中华人民共和国进境植物检疫性有害生物名录》。

国外主要分布于美洲的墨西哥、美国、古巴、牙买加、危地马拉、多米尼加、厄瓜多尔、巴拿马、巴西、智利、阿根廷，非洲的尼日利亚、贝宁、喀麦隆，大洋洲的新喀里多尼亚，亚洲的巴基斯坦、印度、泰国等国家或地区发生。国内分布于广东、广西、海南、台湾、云南、福建、江西、新疆等地。

主要危害植物的幼嫩部位，包括嫩枝、叶片、花芽和叶柄，以雌成虫和若虫大量吸食汁液；严重时也见危害下部老枝，受害植物长势衰弱，生长缓慢或停止，发生落花、落蕾等现象。另外，该虫分泌的蜜露可以诱发植物煤污病，常导致叶片脱落，严重时可造成植株成片干枯死亡。

【识别特征】　该种具有雌雄异型现象，雌虫经历：卵、若虫、成虫阶段；雄虫经历：卵、若虫、伪蛹、成虫阶段。一般依据雌成虫外部形态进行初步识别。

雌虫：成虫一般呈椭圆形，扁平；长 3.0—4.2mm，宽 2.0—3.1mm。体柔软，体色浅黄色，腹脐黑色。体被有薄蜡粉，在体节分节处蜡粉较少或无，使得体节分节较明显；触角 9 节。在胸部背面可见 0—2 对、腹部可见 3 对黑色斑点；腹面蜡粉薄；体周缘有放射状排列的蜡突，均短粗，腹部末端 4—5 对较长。足红色，常较发达，可以爬行，爪下有齿。

卵：产在白色絮状的卵囊里，初产浅黄色，半透明，孵化前变橘黄色。

若虫：共 3 龄，初孵幼虫体表不被蜡粉，体背无黑色斑点，性活泼，善爬行；2 龄若虫体背出现黑斑，3 龄起体背出现蜡粉，多分布在叶背，沿叶脉分布。

雄虫：体红色，触角长；前翅膜质透明，翅脉简单，后翅退化成平衡棒；尾部具蜡丝 1 对。

伪蛹：体灰色，蛹体覆盖丝状物，体躯分节不明显。前翅芽清晰可见。

【发生规律】　卵期很短，孵化多在母体内进行，因而产下的是小若虫，属于卵胎生。1 龄若虫行动活泼，从卵囊爬出后短时间内即可取食为害。由于该粉蚧繁殖量大，单头雌性成虫平均产卵在 400—500 粒，种群增长迅速，世代重叠严重，定殖与扩散能力强，为害较大。

扶桑绵粉蚧多营孤雌生殖，多数孵化为雌虫，卵期很短，经 3—9d 孵化为若虫，若虫期 22—25d。一年可发生 12—15 代，热带地区终年繁殖，以卵或其他虫态在植物或土壤中越冬。

【防治方法】

植物检疫：加强虫情监测和国内外检验检疫处理措施，及时发现并及早防除，防止其扩散蔓延。

园林技术防治：加强抚育管理，控制植株密度，可有效地抑制蚧虫的种群增长。另外，结合修剪等农事操作，及时集中烧毁处理枯枝。及时铲除农田内外杂草，减少过渡寄主；整地时消灭蚂蚁群，减轻该虫防治的难度。

化学防治：在初孵幼虫及低龄若虫期，喷施毒死蜱、阿维菌素等化学药剂，及时防治。喷施时注意同时喷施田间地头的杂草等植被。

（十）蔷薇白轮盾蚧 *Aulacaspis rosae*（Bouché）

俗称玫瑰白轮蚧、蔷薇白轮蚧等。同翅目，盾蚧科。

【分布与危害】　危害蔷薇、月季、玫瑰、九里香、苏铁、樟、雁来红、杨梅、芒果、番石榴、梨、黄刺梅、覆盆子、悬钩子、龙芽草、椿、榆树等。分布于海南、广东、贵州、云南、福建、台湾、江苏、浙江、四川、西藏等地。以成虫、若虫在寄主植物的枝干上刺吸为害，导致植物叶片发黄、脱落；发生严重者，虫体密布枝干并分泌大量蜜露，导致煤污病并招致蚂蚁等昆虫，致使植物衰弱或死亡并影响植物的观赏性。

【识别特征】

成虫：体长 0.80—1.25mm，宽 0.75mm；胭脂红色，臀板橙黄色。雌成虫介壳白色，近圆形，直径 2.0—2.5mm，中央微隆；壳点两个，一般偏离介壳中心、靠近介壳边缘，第一壳点淡黄色，第二壳点黄褐色被有白色分泌物。雄成虫介壳白色，扁条形，毡状，直径1.1—1.5mm，两侧平行，背面有 3 条很明显的纵脊；壳点 1 个，淡黄褐色，位于介壳最前端。雄成虫体粗壮，长卵形，橙黄色；眼黑色，翅透明，翅脉简单，翅展 1.4mm；触角长约0.52mm，鞭节各节有长毛；足长，多毛。

卵：半透明，浅红色或紫红色，长椭圆形，长径约 0.25mm。

若虫：初龄若虫，体橙红色或浅红色，椭圆形，扁平；眼发达，位于头两侧，触角的后方；触角 5 节，末节最长，足粗壮。2 龄后触角、眼及足均退化。

雄蛹：体长椭圆形，长约 0.70mm，宽约 0.25mm；触角长约为体长的一半，淡橙红色至橙红色，眼暗紫色，附肢及翅芽色淡。

【发生规律】　在南方一年发生 3—4 代，世代重叠；北方发生 2 代，以受精雌成虫越冬。雄成虫在阳光下行动活泼。每头雌虫产卵量多达 140 粒，卵成堆产于介壳内。初孵若虫从介壳下爬出，在枝干上爬行几小时后便固定取食。

【防治方法】

园林技术防治：加强水肥管理及养护措施，增强植株的抗性；结合剪枝，剪除虫枝并集中销毁处理。冬季树干刷白，可有效地压低越冬虫口密度。

生物防治：瓢虫、小花蝽、寄生蜂等多种捕食性和寄生性昆虫是介壳虫的自然天敌，它们对介壳虫的种群数量有较强的控制作用，应尽量加以保护和利用。另外，喷施农药时尽量选用对天敌杀伤力小的生物农药；尽量采用如注干、根施或烟雾剂等对天敌杀伤力小的施药方法。

化学防治：在若虫孵化盛期，蜡质未形成前或刚开始形成前，喷施速蚧杀、吡虫啉、毒死蜱等化学药剂。施药时注意防治适期及交替使用农药。

【介壳虫类害虫的防治措施】

植物检疫：加强国内外植物检疫，禁止带虫的苗木种子等绿化材料的输入或输出。

园林技术防治：通过园林技术措施来改变和创造环境条件，使之利于植物生长而不利于蚧虫发生。如实行轮作、合理施肥、清园等，提高植株自然力；合理确定植株密度，合理疏枝，改善通风、透光条件；在冬季或早春，结合修剪，剪去部分有虫枝，集中烧毁，减少虫口基数；少量发生时，可用毛刷轻轻清除。

化学防治：在一代幼蚧初见期后 20d 喷第一次药，30d 后喷第二次，选择药剂有：50%杀螟硫磷乳油 500 倍液，或 40%杀扑磷乳油 800—1000 倍液；或 25%扑虱灵可湿性粉剂 2000—3000 倍液。

生物防治：介壳虫天敌种类繁多，如澳洲瓢虫可捕食吹绵蚧；大红瓢虫和红缘黑瓢虫可捕食草履蚧；红点唇瓢虫可捕食日本龟蜡蚧、桑白蚧、长白蚧等多种蚧虫；异色瓢虫、草蛉等可捕食日本松干蚧。寄生盾蚧的小蜂有蚜小蜂、跳小蜂、缨小蜂等。应在园林绿地中种植蜜源植物、保护和利用天敌，在天敌较多时，不使用化学药剂或尽量使用低毒高效的选择性药剂，在天敌较少时进行人工助迁或人工饲养繁殖释放，发挥天敌的控制作用。

六、蝽类

蝽类属半翅目，以刺吸式口器为害植物的叶片、花、果实等，但不同种类为害症状不同。

(一) 绿盲蝽 *Lygus lucorum* Meyer－Dür

【分布与危害】 分布于全国各地。以长江流域发生较为普遍，危害棉花、桑、麻类、豆类、玉米、马铃薯、瓜类、苜蓿、药用植物、花卉、蒿类、十字花科蔬菜等。成、若虫刺吸棉株顶芽、嫩叶、花蕾及幼铃上汁液，幼芽受害形成仅剩两片肥厚子叶的"公"棉花。叶片受害形成具大量破孔、皱缩不平的"破叶疯"。腋芽、生长点受害造成腋芽丛生，破叶累累似扫帚苗。幼蕾受害变成黄褐色干枯或脱落。棉铃受害黑点满布，僵化落铃。

【识别特征】 成虫体长 5.0—5.5mm，近卵圆形，扁平，绿色。复眼黑色至紫黑色。触角 4 节，淡褐色，以第二节最长，略短于第三、四节长度之和。前胸背板、小盾片及前翅半革质部分均为绿色，前胸背板多刻点，前翅膜质暗灰色，半透明。腿节端部具二小刺，跗节及爪黑色。卵长而略弯，似香蕉状，微绿色，具白色卵盖。若虫共 5 龄。1—3 龄若虫腹部第三节背中有一橙红色斑点，后沿有 1 个一字形黑色腺口；4 龄后若虫色斑渐褪，黑色腺口明显。识别特征如图 5-45 所示。

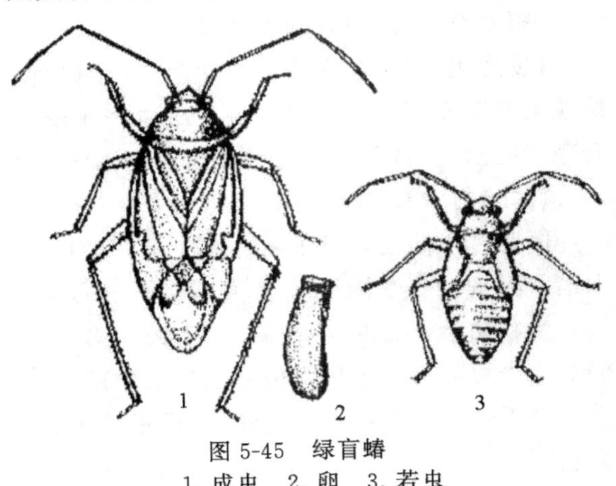

图 5-45 绿盲蝽
1. 成虫 2. 卵 3. 若虫
(仿中国农业科学院植物保护研究所)

【发生规律】 绿盲蝽在长江流域一年发生 5 代，华南 7—8 代，以卵在冬作豆类、苕子、苜蓿、木槿、蒿类等植物茎梢内越冬，在茶树上则卵于枯腐的鸡爪枝内或冬芽鳞片缝隙处越冬。越冬卵于 4 月上旬气温回升到 11—15℃时开始孵化。在安徽黄山，各代若虫发生期分别在 4 月上中旬、5 月下旬至 6 月上旬、6 月下旬至 7 月上旬、8 页上旬和 9 月上旬。为害茶树的均为第一代若虫，即春茶前期，5 月中旬蜕变成成虫后即陆续飞出茶园，10 月上旬第五代成虫又部分迁入茶园中产卵越冬。

(二) 梨冠网蝽 *Stephanitis nashi* Esaki et Takeya

又名梨网蝽。

【分布与危害】 在吉林以南地区均有分布。危害桃、梨、苹果、海棠、杜鹃、梅花等植物。成虫和若虫刺吸叶片汁液，受害叶片正面初期呈现黄白色成片小斑点，严重时叶片苍白。叶背有成片的斑点状黑褐色黏稠粪便和成虫。产卵时在卵孔上分泌小黑点。

【识别特征】 成虫体长3.3—3.5mm，扁平，暗褐色；头小、复眼黝黑；触角丝状，翅上布满网状纹；前胸背板隆起，向后延伸呈扁板状，盖住小盾片，两侧向外突出呈翼状；前翅合叠，其上黑斑构成“X”形黑褐斑纹；虫体胸腹面黑褐色，有白粉，腹部金黄色，有黑色斑纹；足黄褐色。卵长椭圆形，长0.6mm，稍弯，初淡绿后淡黄色。若虫暗褐色，翅芽明显，外形似成虫，头、胸、腹部均有刺突。识别特征如图5-46所示。

图5-46 梨冠网蝽

1. 成虫 2. 卵块 3. 若虫 4. 被害叶正面

（仿中国农业科学院植物保护研究所）

【发生规律】 梨网蝽每年发生代数各地不同。北方3—4代，中部4—5代，长江流域5代。成虫在枝干翘皮缝隙、杂草丛、落叶下等处越冬。平原地区树干基部附近虫量较大。翌年梨树开花后，苹果树花前开始出蛰，苹果落花、梨树展叶期是出蛰盛期，全部出蛰期较长。成虫多在树冠下部叶片为害，以后各代逐渐向树冠上部及附近扩散。成虫和若虫均在叶背为害，雌虫在叶背叶肉内产卵，常十数粒聚集在一起。若虫孵化后聚集在一起为害。第一代若虫发生期比较集中，是化学防治的关键时期，时间大体在5月上中旬。当开始出现白色新羽化的成虫时喷药为适期。以后各代世代交叉，不易防治。天气干旱有利该虫发生。一般秋季发生严重。

（三）杜鹃冠网蝽 *Stephanitis pyrioders* Scott

【分布与危害】 分布极为广泛，在国内广泛分布在四川、重庆、辽宁、广东、广西、江苏、浙江、福建、台湾等地区，是杜鹃的主要害虫。以成虫、若虫在叶背上吮吸汁液为害，排泄粪便，从而使被害叶面形成白色斑点，同时，在叶背出现锈黄色污斑和蜕皮壳。受害植株树势衰弱，提早落叶，严重影响植株生长和开花。

【识别特征】 雌成虫体小而扁平，长3.63mm，宽2.0mm。头部黑褐色，头刺五枚，灰黄色。触角4节，浅黄褐色。前胸背板发达，具网状花纹，黄褐色，密布刻点，三角突则不具刻点，具网室，网室面积向后逐渐增大，至端部近方形。前翅宽而长，翅面布满网状花纹。两翅中间相合时，可见明显的“X”形纹。雄成虫与雌成虫大小基本一致，只是腹部不像雌虫那么圆满；雌虫腹部纺锤形，而雄虫是长卵形。卵乳白色，长约0.52mm，宽约0.17mm，呈香蕉形，顶端呈袋口状，末端稍弯。若虫老熟时体扁平，长约2mm，宽约1mm。前胸发达，翅芽明显，体暗褐色；复眼发达、红色，头顶具有3根成等腰三角形排列的笋状物。腹部第二、第四、第五和第七节背面各有一明显刺状物。识别特征如图 5-47 所示。

【发生规律】 一年发生 7—10 代,以成虫和若虫在枯枝落叶、杂草或根际表土中越冬。如果气候暖和,则越冬现象不明显,几乎全年都可见其危害。每年 3 月下旬越冬成虫和若虫开始活动,至 4 月中旬出现第一代若虫,6—9 月发生量最大,危害最严重。世代重叠严重。刚孵化和蜕皮的若虫全身雪白,随后虫体颜色逐渐加深。若虫群集性强,常群集于叶背主、侧脉附近吸食为害。成虫刚羽化时为粉白色,2h 后逐渐变为黑褐色,不善飞翔,羽化后 2d 即可交配产卵。卵多产于寄主叶背主脉旁的叶组织中,少数产于边脉及主脉上,外面覆盖有褐色胶状物。高温、干旱天气,最适宜该虫发生。

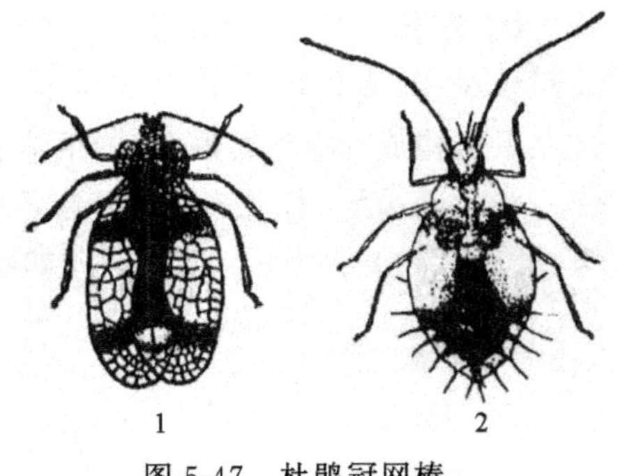

图 5-47　杜鹃冠网椿
1. 成虫　2. 若虫
(仿黄少彬)

(四) 荔枝蝽 *Tessaratoma papillosa* (Drury)

又名荔蝽、臭屁虫。

【分布与危害】 分布于江西、福建、台湾、广西、广东、四川、贵州、云南、海南等地。主要危害荔枝、龙眼、柑橘、橄榄、桃、梅、梨、香蕉等。成、若虫刺吸嫩芽、嫩梢、花穗和幼果的汁液,致落花、落果。受惊扰时射出臭液,花、嫩叶和幼果沾上臭液会枯焦,接触人皮肤引起痛痒。

【识别特征】 成虫体长 24—28mm,宽 15—17mm,盾形黄褐色,腹面有白色蜡粉。触角丝状 4 节,短粗深褐色。卵近圆形,直径 2.6mm,初淡绿后变黄褐色。若虫共 5 龄,1 龄椭圆形,体长 5mm,初鲜红后变深蓝色,前胸背板两侧鲜黄色。2 龄体长 8mm,长方形,橙红色,外缘灰黑色,3—5 龄体形色泽同 2 龄。3 龄体长 10—12mm。4 龄体长 14—16mm,翅芽明显。5 龄体长 18—20mm,翅芽达第 3 腹节中部。识别特征如图 5-48 所示。

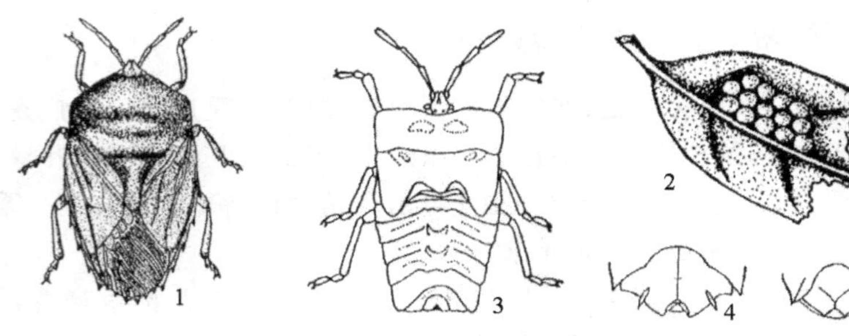

图 5-48　荔枝蝽
1. 成虫　2. 卵块　3. 若虫　4. 雄成虫腹末　5. 雌成虫腹末
(仿中国农业科学院植物保护研究所)

【发生规律】 一年发生 1 代,以成虫在树上郁密枝叶丛及建筑物的缝隙隐蔽处越冬。翌年约 2 月下旬,气温达 16℃时开始出蛰活动,在花穗、枝梢上取食、交配产卵,4—5 月产卵最盛,卵产在叶背或穗梗上,常 14 粒聚成块。卵期 13—25d,若虫喜于嫩枝顶端吸食汁液,

5—6 月若虫盛发，1 龄群聚，2 龄后逐渐分散为害，若虫期两个多月，7 月陆续羽化为成虫。成虫寿命 203—371d，终年可见。成、若虫遇惊扰即落地假死或放出臭液，冬季气温高时成虫可活动。天敌有平腹小蜂、卵跳小蜂、线虫等。

（五）茶翅蝽 *Halyomor phapicus* Fabricius

又名臭蝽象、臭板虫、臭妮子等。

【分布与危害】 全国各地均有分布。以成虫和若虫为害梨、苹果、桃、杏、李等果树及部分林木和农作物，近年来为害日趋严重。叶和梢被害后症状不明显，果实被害后被害处木栓化，变硬，发育停止而下陷。果肉变褐成一硬核，受害处果肉微苦，严重时形成疙瘩梨或畸形果，失去经济价值。为害部位有叶片、花蕾、嫩梢、果实。

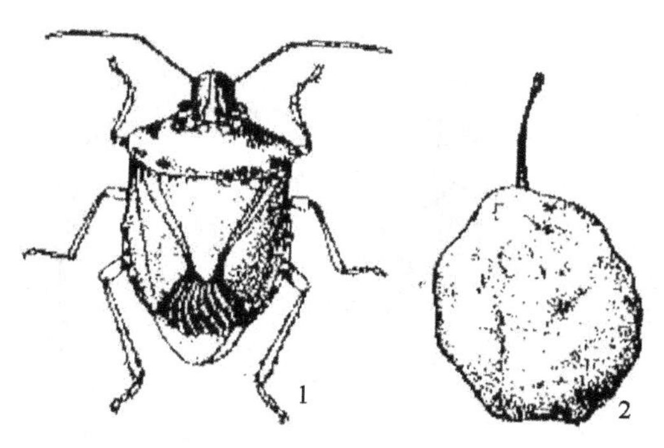

图 5-49 茶翅蝽
1. 成虫 2. 梨果被害状
（仿北京农业大学）

【识别特征】 成虫体长 12—16mm，宽 6.5—9.0mm，扁椭圆形。淡黄褐至茶褐色，略带紫红色。前胸背板、小盾片和前翅革质部有黑褐色刻点。前胸背板前缘横列 4 个黄褐色小点，小盾片基部横列 5 个小黄点。两侧斑点明显。腹部侧接缘为黑黄相间。卵短圆筒形。直径 0.7mm 左右，初灰白色，孵化前黑褐色。初孵若虫体长 1.5mm 左右，近圆形。腹部淡橙黄色，各腹节两侧节间各有一长方形黑斑，共 8 对。腹部第三、五、七节背面中部各有 1 个较大的长方形黑斑。老熟若虫与成虫相似，无翅。识别特征如图 5-49 所示。

【发生规律】 该虫在华北地区一年发生 1—2 代，以受精的雌成虫在果园中或在果园外的室内、室外的屋檐下等处越冬。来年 4 月下旬至 5 月上旬，成虫陆续出蛰。在造成危害的越冬代成虫中，大多数为在果园中越冬的个体，少数为由果园外迁移到果园中的个体。越冬代成虫可一直危害至 6 月，然后多数成虫迁出果园，到其他植物上产卵，并发生第一代若虫。在 6 月上旬以前所产的卵，可于 8 月以前羽化为第一代成虫。第一代成虫可很快产卵，并发生第二代若虫。而在 6 月上旬以后产的卵，只能发生一代。在 8 月中旬以后羽化的成虫均为越冬代成虫。在果园内发生或由外面迁入果园的成虫，于 8 月中旬后出现在园中，为害后期的果实。10 月后成虫陆续潜藏越冬。

【蝽类害虫的防治措施】

园林技术防治：翻耕绿地，清除花坛、花盆及周围的杂草，减少繁殖场所，减少虫源。

化学防治：将毒・辛颗粒剂埋入盆栽花木的土壤中，发生严重时可用 10%吡虫啉可湿性粉剂 2000—3000 倍液喷雾。

生物防治：草蛉、蜘蛛、蚂蚁等都是蝽类的天敌，当天较多时，尽量不喷药剂，或采用选择性药剂以保护天敌。

七、蓟马类

蓟马类属缨翅目。种类很多，食性较杂，多为植食性。

(一) 花蓟马 *Frankliniella intonsa* (Trybom)

又名台湾蓟马。

【分布与危害】 在全国各地均有分布。危害棉花、甘蔗、稻、豆类及多种蔬菜。成虫、若虫多群集于花内取食为害，花器、花瓣受害后白化，经日晒后变为黑褐色，受害严重的花朵萎蔫。叶受害后呈现银白色条斑，严重的枯焦萎缩。

【识别特征】 成虫体长 1.4mm，褐色；头、胸部稍浅，前腿节端部和胫节浅褐色。触角第一、二和第六至八节褐色，第三至五节黄色，但第五节端半部褐色。前翅微黄色。腹部 1—7 节背板前缘线暗褐色。头背复眼后有横纹。单眼间鬃较粗长，位于后单眼前方。触角 8 节，较粗；第三、四节具叉状感觉锥。前胸前缘鬃 4 对，亚中对和前角鬃长；后缘鬃 5 对，后角外鬃较长。前翅前缘鬃 27 根，前脉鬃均匀排列，21 根，后脉鬃 18 根。腹部第一背板布满横纹，第二至八背板仅两侧有横线纹。第五至八背板两侧具微弯梳；第八背板后缘梳完整，梳毛稀疏而小。雄虫较雌虫小，黄色。腹板第三至七节有近似哑铃形的腺域。卵肾形，长 0.2mm，宽 0.1mm。孵化前显现两个红色眼点。2 龄若虫体长约 1mm，基色黄，复眼红。触角 7 节，第三、四节最长，第三节有覆瓦状环纹，第四节有环状排列的微鬃；胸、腹部背面体鬃尖端微圆钝；第九腹节后缘有一圈清楚的微齿。识别特征如图 5-50 所示。

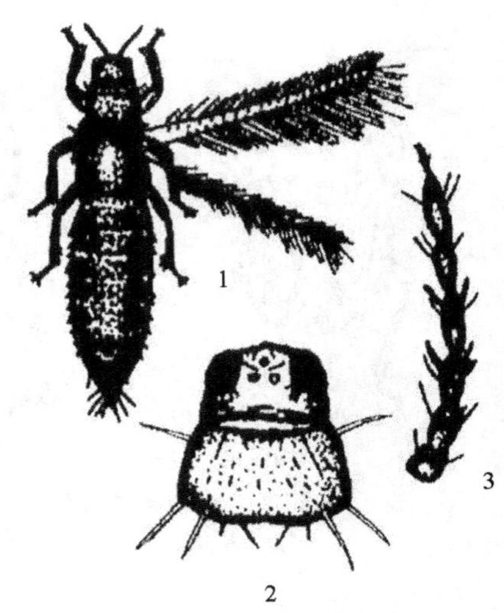

图 5-50　花蓟马

1. 雌成虫　2. 头及前胸背面　3. 触角

(仿黄少彬)

【发生规律】 在南方各城市一年发生 11—14 代，在华北、西北地区一年发生 6—8 代。在 20℃恒温条件下完成一代需 20—25d。花蓟马以成虫在枯枝落叶层、土壤表皮层中越冬。翌年 4 月中、下旬出现第一代成虫。10 月下旬、11 月上旬进入越冬代。10 月中旬成虫数量明显减少。该蓟马世代重叠严重。成虫寿命春季为 35d 左右，夏季为 20—28d，秋季为 40—73d。雄成虫寿命较雌成虫短。雌雄比为 1∶(0.3—0.5)。成虫羽化后 2—3d 开始交配产卵，全天均进行。卵单产于花组织表皮下。每年 6—7 月、8—9 月下旬是该蓟马的为害高峰期。

(二) 榕蓟马 *Gynairothrips uzeli* Zimmerman

又名榕母蓟马、榕管蓟马、榕树蓟马。

【分布与危害】 分布于福建、台湾、广东、海南、河南、山东、辽宁、吉林、黑龙江等地，危害榕树、无花果、杜鹃、龙船花等，成虫和若虫吸取细叶榕嫩叶、幼芽的汁液，是刺吸式口器的害虫。若虫和成虫锉吸寄主的嫩叶和幼芽的汁液，是榕树的一种普遍而严重的害虫。受害叶形成虫瘿，使寄主的叶片和嫩梢生长畸形。

【识别特征】 雌成虫体长约 2.6mm，雄成虫体长约 2.2mm。体黑色。触角 8 节，第一、二节棕黑色，第三至五节及第六节基半部黄色，第六节端部和第七、八节色较暗。翅无色。前翅较宽，边缘直，翅中部不收缩。

【发生规律】 北方一年多代，常以成虫越冬，在广东和北方温室内全年发生。发育适温为 25℃，相对湿度 50%—70%，干燥的气候对发生有利。成、若虫均嗜食榕树叶片。成虫腹部有向上翘动的习性，多产卵于嫩叶表面。该虫常与大腿榕管蓟马混合发生。

（三）烟蓟马 *Thrips tabaci* Lindeman

又名棉蓟马、葱蓟马。

【分布与危害】 分布于全国各地。烟蓟马为杂食性害虫，寄主已知有 350 余种植物，以烟草、棉花、大豆、葱蒜、瓜类等受害为重。该虫以锉吸式口器危害烟草叶片、生长点及花器等。受害叶片常现灰白色细密斑点；取食生长点常形成“多头烟”；危害花蕊及子房则严重影响种子的发育和成熟。

【识别特征】 雌虫体长 1.2mm，淡棕色，体光滑，复眼红色。触角 7 节，淡黄褐色，每节基部色浅，特别是第三节基部细长若柄。前胸背板宽为长的 1.6 倍，整个前胸背板上有稀疏的细毛，后缘接近后角各有 2 根粗而长的刚毛。翅淡黄，前翅前缘有一排细鬃毛与缘纲混生，前脉上有 10—13 根细鬃毛，后脉有 14—17 根细鬃毛。腹部第二至八节背片前缘有一黑色横纹。卵肾形后为卵圆形。若虫初为白色透明，后为浅黄色至深黄色。前蛹和蛹与若虫相似，但翅芽明显。识别特征如图 5-51 所示。

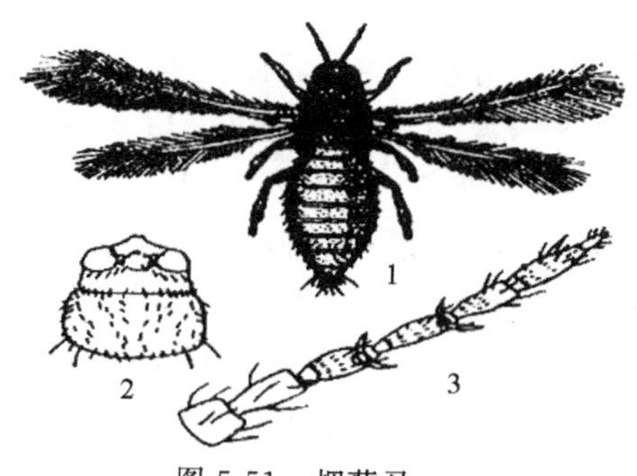

图 5-51　烟蓟马
1. 雌成虫　2. 头及前胸背面　3. 触角
（仿黄少彬）

【生活习性】 孤雌生殖，雄虫极罕见，国内尚未发现。在华北地区每年发生 3—4 代，山东 6—10 代，华南 10 代以上，世代历期 9—23d。每头雌虫产卵十至数十粒。冬季无滞育，但可冬眠。多以成虫或若虫在未收获的葱、蒜叶鞘及杂草、残株上越冬，少数以蛹在土中越冬。在春季葱、蒜返青时，开始恢复活动，为害一段时间后，便飞到果树、棉等作物上为害、繁殖。辽宁 5 月下旬于葡萄初花期开始为害子房或幼果，6 月下旬至 7 月上旬为害花蕾和幼果。成虫活跃，能飞善跳，扩散快，白天喜在隐蔽处为害，夜间或阴天在叶面上为害。卵多产在叶背皮下或叶脉内。初孵若虫不太活动，多集中在叶背的叶脉两侧为害，7—8 月间同一时期可见各虫态，进入 9 月虫量明显减少，10 月早霜来临之前，大量蓟马迁往果园附近的葱、蒜、白菜、萝卜等蔬菜田。

【蓟马类害虫的防治措施】

（1）清除田间及周围杂草，及时喷水、灌水、浸水。结合修剪摘除虫瘿叶、花，并立即销毁。

（2）化学防治。大面积发生高峰前期，喷洒 10%多来宝胶悬剂 2000 倍液、10%吡虫啉可湿性粉剂 2000 倍液防治效果良好。

(3) 盆栽花木时,可将 5%毒·辛颗粒剂 3—5g 施入盆土中。

八、蜡蝉类

蜡蝉类属同翅目蜡蝉科,体小型至大型。中足基节长,着生在身体的两侧,互相远离,后足基节短,固定不能活动,并互相接触,能跳跃。

(一) 斑衣蜡蝉 *Lycorma delicatula* White

又名蟮皮蜡蝉。

【分布与危害】 分布于华北、华东、西北、西南、华南以及台湾等地。危害樱花、梅花、珍珠梅、海棠、桃花、石榴等花木。以成虫、若虫群集在叶背、嫩梢上刺吸危害,栖息时头翘起,有时可见数十头群集在新梢上,排列成一条直线;引起被害植株发生煤污病或嫩梢萎缩、畸形等,严重影响植株的生长和发育。

【识别特征】 成虫体长 14—20mm,翅展 40—50mm,全身灰褐色;前翅革质,基部约 2/3 为淡褐色,翅面具有 20 个左右的黑点;端部约 1/3 为深褐色;后翅膜质,基部鲜红色,具有 7—8 个黑点;端部黑色。体翅表面附有白色蜡粉。头角向上卷起,呈短角突起。卵长圆形,褐色,长约 3mm,排列成块,披有褐色蜡粉。若虫体形似成虫,初孵时白色,后变为黑色,体有许多小白斑,1 至 3 龄为黑色斑点,4 龄体背呈红色,具有黑白相间的斑点。识别特征如图 5-52 所示。

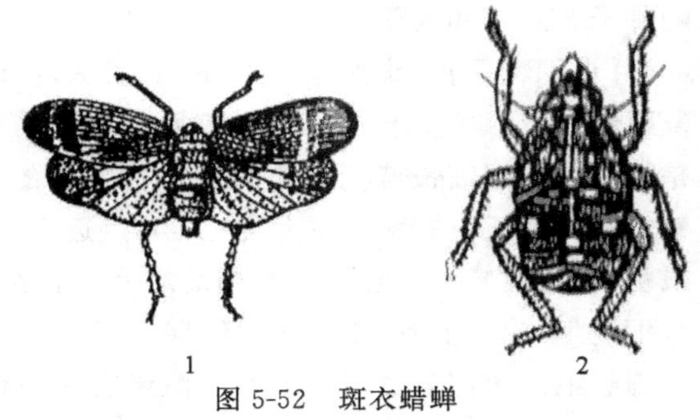

图 5-52　斑衣蜡蝉
1. 成虫　2. 若虫
(仿王善龙)

【发生规律】 一年发生 1 代。以卵在树干或附近建筑物上越冬。翌年 4 月中下旬孵化若虫为害,5 月上旬为盛孵期;若虫稍有惊动即跳跃而去。经三次蜕皮,6 月中、下旬至 7 月上旬羽化为成虫,活动危害至 10 月。8 月中旬开始交尾产卵,卵多产在树干的南面,或树枝分叉处。一般每块卵有 40—50 粒,多时可达百余粒,卵块排列整齐,覆盖自蜡粉。成、若虫均具有群栖性,飞翔力较弱,但善于跳跃。

(二) 龙眼鸡 *Fulgora candelaria* (Linnaeus)

又名龙眼蜡蝉、龙眼樗鸡。

【分布与危害】 分布于湖南、广东、广西、海南和云南等地。危害龙眼、荔枝、橄榄、芒果、柚子等。成、若虫刺吸枝干汁液,常致枝条枯干和落果,削弱树势,排泄物常诱致煤污病发生。

【识别特征】 成虫体长 37—42mm,翅展 68—80mm,体色艳丽,额前伸如长鼻,略向上弯曲,背面红褐色,腹面黄色,有许多小白点。触角刚毛状、暗褐色,柄、梗节膨大如球。胸部红褐色有零星小白点；前胸背板呈“凸”字形，具中脊和2个明显的凹点，两侧的前缘略黑；中胸盾片色深有3条纵脊；前翅略厚，底色黑褐，脉纹密网状绿色，围有黄边使全翅现墨绿或黄绿色，在翅基部有1条、近1/3处有2条交叉的黄色横带，略呈“IX”形，端半部散有10多个黄色圆斑，横带和圆斑边缘围有白蜡粉。后翅黄色至橙黄色，外缘1/3区褐色至黑色，脉纹橘黄色。腹部背面黄色至橘黄色，腹面黑褐色，被白蜡粉。卵桶形，长2.5—2.6mm，前端具1个锥状突起，有椭圆形卵盖。若虫初龄体长4.2mm，黑色酒瓶状，头略呈长方形，前缘稍凹，背面中央具1纵脊，两侧从前缘至复眼有弧形脊，中侧脊间分泌有点点白蜡或连成片。胸背有3条纵脊和许多白蜡点。腹部两侧浅黄色，中间黑色。

【发生规律】 华南地区一年发生1代，以成虫静伏枝叉下侧越冬。3月开始活动为害，早期多在树干下部，后逐上移，4月后渐活跃，能跳善飞。5月上、中旬交配，卵多成块，产在2m左右高的树干平坦处，排列整齐呈长方形，卵粒间有胶质物粘结，上覆白色蜡粉，一般每头雌虫只产1块卵。5月为产卵盛期，6月孵化，幼龄有群集性。9月上、中旬开始羽化，成虫为害至入冬，陆续选择适宜场所越冬。

【蜡蝉类害虫的防治措施】

(1) 消灭卵块。秋冬季修剪和刮除卵块，以消灭虫源，减少虫口发生基数。

(2) 化学防治。在若虫初孵期，结合防治其他害虫，喷施5%氟氯氰菊酯乳油5000倍液、8.8%阿维·啶虫脒乳油4000—5000倍液、100g/L吡丙醚乳油1000—1500倍液等。

第三节 园林植物潜叶类害虫

一、叶甲类

(一) 橘潜叶甲 *Podagricomela nigricollis* Chen

俗称橘潜虫斧、柑橘潜叶跳甲、红叶跳虫、穿叶虫、绘图虫等。

【分布与危害】 主要分布在浙江、江苏、江西、湖南、湖北、四川、重庆、广东、广西、福建等地。主要危害柑橘类植物。成虫取食芽和叶片，可将嫩叶吃得千疮百孔；幼虫潜叶为害，在表皮下蛀食形成长形弯曲隧道，使叶片变黄枯萎、脱落，严重时可使全株嫩叶落尽，引起落花、落果。

【识别特征】

成虫：体长3.0—3.7mm，卵圆形，背面中央隆起，头部黑色。触角丝状，基部第三节黄褐色，其余黑色。前胸背板黑色有光泽，具细微刻点。鞘翅橘黄色，肩角黑色。翅面具纵列刻点11行，明显的仅9行。足黑色。后足腿节膨大。腹部橘黄色(图5-53-1)。

卵：椭圆形，米黄色，长径0.7—0.8mm，表面有多角形网纹(图5-53-2)。

幼虫：老熟幼虫深黄色，体长4.7—7.0mm。头部色较浅。胸部各节两侧钝圆。腹部各节前窄后宽略呈梯形，各节两侧均有1略带黑色的突起(图5-53-3)。

蛹：体长 3—3.5mm，椭圆形，淡黄色至深黄色。腹部末端有 1 对叉状突起。叉端部黄褐色(图 5-53-4)。

【发生规律】　一年发生 1—2 代。以成虫在树干的翘皮裂缝、树干周围的松土层越冬。成虫白天活动，能飞善跳，常栖息在树冠下部嫩叶背面，以取食嫩叶为主，常将叶片背面表皮及叶肉吃去，仅留叶面表皮，使叶片上呈透明斑，取食多集中在 8：00—10：00时；卵单粒散生，产在嫩叶背面或边缘上，一头雌成虫一生可产卵 50—500 粒。幼虫孵化后从叶背蛀入，在上、下表皮间食害叶肉，食害叶肉形成弯曲隧道，黑色粪便排于隧道中。幼虫可转叶为害。老熟幼虫随叶片落地，入土做土室化蛹。

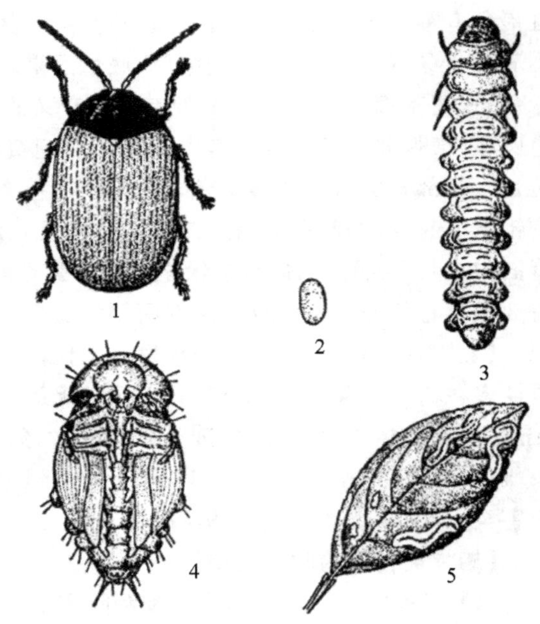

图 5-53　橘潜叶甲

1. 成虫　2. 卵　3. 幼虫　4. 蛹　5. 被害叶

(仿中国农科院柑橘研究所、浙江农业大学)

【防治方法】

园林技术防治：消除柑橘园内杂草，刮除老翘皮，减少越冬及化蛹场所。结合修剪，及时集中处理枯枝落叶，减少橘潜叶甲的虫源基数。利用成虫的假死习性，将其振落，集中消灭。

化学防治：在越冬成虫出土活动期和产卵高峰期喷药，注意喷树冠下的潜土表，以杀死入土化蛹的幼虫。选择药剂有 50％吡虫·杀蝉水分散粒剂 120—150g/亩，40％的氯虫·噻虫嗪水分散粒剂 6—8g/亩。

二、潜叶蛾类

(一) 柑橘潜叶蛾 *Phyllocnistis citrella*

俗称鬼画符、绘图虫等。

【分布与危害】　国外分布于亚洲、大洋洲、非洲等许多国家和地区。国内主要分布于江苏、福建、浙江、海南、广西、广东、重庆、湖南等柑橘生产区。主要为害金橘、柠檬、柑橘、枸橘、四季橘等。为害柑橘新梢，主要以幼虫潜入柑橘嫩叶梢表皮下取食，形成弯曲隧道，被害叶严重卷曲，易于脱落，影响生长，尤以苗圃幼树受害较重。在叶上为害造成的伤口，常诱致溃疡病蔓延。

【识别特征】

成虫：为银白色小型蛾类，体长约 2mm，翅展 5mm 左右。前翅披针状，翅基部有两条褐色纵纹，翅中部具“Y”形黑条纹，翅尖有一黑色圆斑，后翅针叶形，缘毛甚长(图 5-54-1)。

卵：扁圆形，无色透明，直径约 0.25mm(图 5-54-2)。

幼虫：体长 4mm，体扁平，黄绿色（图 5-54-3）。

蛹：蛹为纺锤形，初为淡黄色，后为深黄褐色。腹部末节后缘两侧有明显的肉刺 1 个（图 5-54-4）。

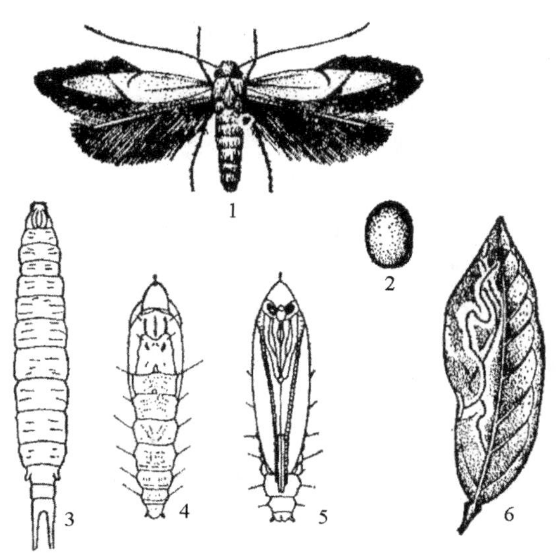

图 5-54 柑橘潜叶蛾
1. 成虫 2. 卵 3. 幼虫 4. 蛹（正面观） 5. 蛹（腹面观） 6. 害状
（仿浙江农业大学）

【发生规律】 在长江流域至华南地区，一年发生 8—15 代，夏秋两季发生最盛，以蛹或幼虫越冬。卵多散产于嫩叶背面。幼虫孵化后即潜入叶片表皮下取食，老熟幼虫在近叶缘处卷起叶缘包围身体，结茧化蛹。

【防治方法】

园林技术防治：冬季及时清园，剪除并销毁嫩梢上的越冬虫源，清除枯枝败叶及杂草，破坏害虫越冬场所，减少越冬虫源。另外，结合栽培管理，根据实际发生情况，进行统一放梢、抹芽控梢管理，摘除过早或过晚抽发不整齐的嫩梢，断开食物链，降低虫口发生基数；成虫发生高峰前将嫩梢统一抹除，使成虫无适宜的嫩叶产卵，从而避开虫源。

生物防治：保护和利用当地天敌。该虫的寄生蜂种类丰富，如姬小蜂科、啮小蜂科、跳小蜂科和金小蜂科的一些种类，捕食性天敌有草蛉和蚂蚁等，对上述天敌种类应加以保护利用。此外，还可悬挂性诱剂诱杀雄虫，诱捕器最佳悬挂位置为中下部树冠边缘，最佳悬挂点是树冠底部边缘。在适宜的温湿度条件下，喷施苏云金杆菌生物制剂，可以较好地控制该虫发生。

化学防治：化学防治药剂宜在新梢萌发不超过 3mm 长或新叶受害率达 5%左右时施用，可用阿维菌素、溴氰菊酯、杀灭菊酯、杀虫双等喷施。

三、潜叶蝇类

(一) 美洲斑潜蝇 *Liriomyza sativae* (Blanchard)

俗称蔬菜斑潜蝇、蛇形斑潜蝇、甘蓝斑潜蝇。

【分布与危害】 国外分布在巴西、加拿大、美国、墨西哥、古巴、巴拿马、智利等地;国内分布在海南、广东、广西、云南、四川等地。主要危害菊花、百日草、一串红、大丽花、满天星、二月兰、红蓼、曼陀罗、甘蓝、油菜、白菜、番茄、辣椒、茄子等。成、幼虫均可为害。成虫以产卵器刺伤叶片,吸食汁液,雌虫把卵产在伤孔处叶片表皮下;幼虫孵化后潜居叶表皮,蛀食叶肉,形成白色不规则的弯曲虫道,常致叶片枯萎脱落,严重影响植物光合作用。该虫寄主范围广,世代短,繁殖力强。

【识别特征】

成虫:体小型,浅灰黑色,体长 1.3—2.3mm,前胸背板亮黑色,外顶鬃常着生在黑色区上,内顶鬃着生在黄色区或黑色区上,体、腹面黄色。雌虫体比雄虫大。成虫特征如图 5-55 所示。

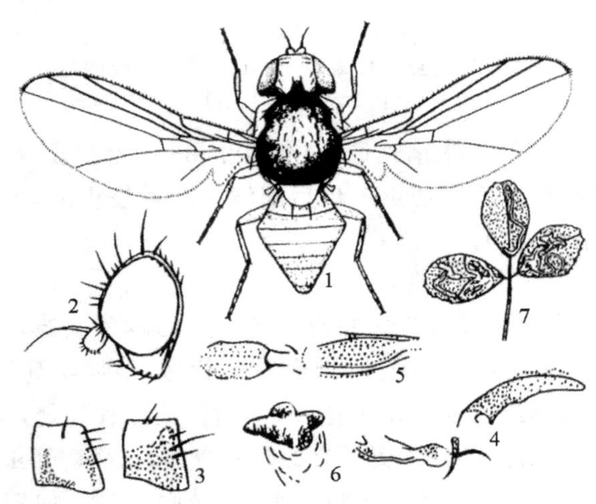

图 5-55 美洲斑潜蝇

1. 成虫 2. 头 3. 中侧片 4. 阳茎侧、背面观 5. 阳茎腹面观 6. 蛹后气门 7. 在苜蓿叶上的潜道

(1 仿陈乃中,余仿 Spencer)

卵:乳白色,半透明。

幼虫:蛆状,初孵幼虫白色,后变为浅黄色至橙黄色,长约 3mm。

蛹:椭圆形,稍扁,棕黄色,长约 2.3mm,后气门三孔。

【发生规律】 每年发生代数因地而异。在海南每年发生 21—24 代,广东 14—17 代,世代重叠严重,在海南、广东可周年为害,无越冬现象。成虫白天活动,具有趋黄习性,成虫期继续取食以补充营养。卵散产在叶片表皮下,老熟幼虫咬破叶表皮在叶外或土表下化蛹。

【防治方法】

植物检疫:调运蔬菜、花卉及瓜果应加强国际及国内检验检疫措施,及时发现、及时处理，防止该虫扩大蔓延。

园林技术防治：在斑潜蝇危害严重的地区，合理调整作物布局，合理间作及轮作；收获后及时清园，将植株残枝败叶集中烧毁，消灭虫源；深翻土壤，使土壤表层蛹不能羽化，以降低虫口基数。

物理机械防治：在成虫发生期，可以利用该虫具有强烈的趋黄习性，在田间设置黄板、粘虫板诱杀成虫。也可利用性诱剂诱杀成虫。

生物防治：保护和利用天敌生物，如多种寄生蜂、猎蝽等。

化学防治：在幼虫2龄前潜道细小时，喷洒1.8%阿维菌素3000—4000倍液、48%毒死蜱乳油800—1000倍液、25%杀虫双水剂500倍液、98%杀虫单可溶性粉剂800倍液、50%蝇蛆净粉剂2000倍液。此外，提倡施用5%锐劲特悬浮剂，每亩用量50—100mL、5%抑太保乳油2000倍液、5%卡死克乳油2000倍液。

防治时间一般在成虫羽化高峰的8：00—12：00，效果较好。该虫抗药性发展迅速，抗性水平高，给防治带来很大困难，因此生产上应注意交替使用农药。

（二）菊潜叶蝇 *Phytomyza Syngenesiae* Hardy

俗称夹叶虫、菊植潜叶蝇。

【分布与危害】 在全国各地均有分布。主要危害菊花、大丽花、瓜叶菊、甘野菊及菊科杂草等。以幼虫潜入叶表皮内蛀食叶肉，形成不规则的白色弯曲潜道，危害严重时，常常食尽叶肉，潜道纵横交错，该成虫产卵及刺吸植物汁液，使叶表布满白点，严重影响植物光合作用。

【识别特征】

成虫：雌虫体长2—3mm，翅展6—7mm；雄虫稍小，体暗灰色。复眼红褐色，前翅一对，膜质透明，有紫色闪光，后翅退化成平衡棒；足黑色，腿节端部黄色。雌虫产卵器发达，雄虫腹末有一对抱握器。

卵：灰白色，长卵圆形，长约0.3mm，略透明。

幼虫：蛆形，长3.2—3.5mm，末龄幼虫体黄白色。

蛹：纺锤形，长2.5mm，羽化前黑褐色。

【发生规律】 在南方一年可发生10代，无固定的越冬虫态。成虫白天活动，羽化后1—2d交尾产卵，卵单产，一般产于叶背近边缘处，潜道近叶缘处多而密。幼虫共3龄，一般老叶先受害，严重时，一叶可达数十头幼虫。

【防治方法】

园林技术防治：幼虫危害叶片呈现弯曲的白色潜道，容易被发现，可以结合农事操作及时摘除带虫枝叶，集中处理。另外，收获后清园，及时清除杂草及枯枝败叶，减少虫源。

物理机械防治：成虫具有趋黄习性，可在成虫羽化期采用黄色诱虫粘虫板诱杀。

化学防治：该虫传播快、危害重，易产生抗药性，化学防治时必须注意在幼虫2龄前喷施药剂、合理选择及交替使用农药，常用的化学防治药剂有灭蝇胺、灭幼脲、抑太保、毒死蜱、阿维菌素等。

第四节　园林植物主要枝干害虫及防治

园林植物枝干害虫主要包括鞘翅目的天牛、小蠹虫、吉丁虫、象甲，鳞翅目的木蠹蛾、辉蛾、螟蛾，膜翅目的树蜂、茎蜂等。蛀干害虫的特点：①生活隐蔽。除成虫期营裸露生活外，其他各虫态均在韧皮部、木质部营隐蔽生活，害虫为害初期不易被发现，一旦出现植物明显被害征兆，则已失去有利时机。②虫口稳定。枝干害虫大多生活在植物组织内部，受环境条件影响小，天敌少，虫口密度相对稳定。③危害严重。枝干害虫蛀食韧皮部、木质部等，影响疏导系统传递养分、水分，导致树势衰弱或死亡，受侵害后，植株很难恢复生机。

一、天牛类

属鞘翅目，天牛科，身体多为长型，大小变化很大，触角丝状，常超过体长，复眼肾形，包围在触角基部。幼虫圆筒形，粗肥稍扁，体软多肉，白色或淡黄色，头小，胸部大，胸足极小或无。幼虫钻蛀植物枝干，轻则树势衰弱影响观赏价值，重则损枝折干，甚至枯死。

（一）星天牛 *Anoplophora chinensis*（Forseter）

又名白星天牛、柑橘星天牛。

【分布与危害】　分布广泛，几乎遍及全国。危害柑橘、无花果、枇杷、苹果、梨、樱桃、杏、桃、李、核桃、茶等。成虫啃食枝条嫩皮、食叶成缺刻；幼虫蛀食树干和主根。于皮下蛀食数月后蛀入木质部，并向外蛀1通气排粪孔。推出部分粪屑，削弱树势，于皮下蛀食树干后常整株枯死。

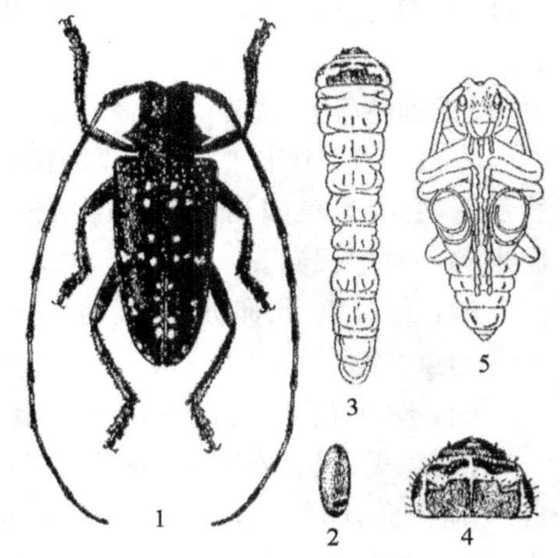

图 5-56　星天牛
1. 成虫　2. 卵　3. 幼虫
4. 幼虫头及前胸背面　5. 蛹
（仿华南农学院）

【识别特征】

成虫：体漆黑色，略带金属光泽，体长 19—39mm，体宽 6.0—13.5mm。头部和腹面被银灰色和蓝灰色细毛，足上多蓝灰色细毛；触角第 3—11 节各节基部有淡蓝色毛环。前胸背板中瘤明显，两侧具尖锐粗大的侧刺突。鞘翅基部有密集的小颗粒，每翅具大小白斑约 20 个，排成 5 横行。卵乳白色至黄褐色，多位于“丁”或“上”形产卵痕的下方（图 5-56-1）。

幼虫：老熟时体长 45—60mm，乳白色，圆筒形。前胸背板的“凸”字形锈斑上密布微小刻点，前方左右各有 1 个飞鸟形锈色斑（图 5-56-3）。

蛹：乳白色至黑褐色，触角细长、卷曲，体形与成虫相似（图 5-56-5）。

【发生规律】　在浙江南部一年发生 1 代，个别地区三年 2 代或二年 1 代，以幼虫在被害寄主木质部内越冬。翌年春季化蛹，成虫多在 4 月下旬至 5 月上旬开始出现，5—6 月为羽化盛期。出洞后多栖息于柑橘枝头或地面杂草间，可啃食细枝皮层或取食叶片成粗糙缺刻。卵多产于离地面 5cm 以内的树干基部。田间 5 月至 8 月上旬均有卵可见，以 5 月底至 6 月中旬为产卵盛期。

（二）桑天牛 *Apriona germari*（Hope）

又名桑粒肩天牛、黄褐天牛。

【分布与危害】　国内分布极广，北京、天津、广东、广西、湖北、湖南、河北、辽宁、河南、山东、安徽、江苏、上海、浙江、福建、四川、江西、台湾、海南、云南、贵州、山西、陕西等地皆有分布。危害柑橘、橙、羊蹄甲、桑、菠萝、五味子、女贞、无花果、樱花、樱桃、苹果、海棠、紫荆、枇杷、紫薇、柽柳、核桃、榔榆和枫杨等。成虫食害嫩枝皮和叶；幼虫于枝干的皮下和木质部内，向下蛀食，隧道内无粪屑，隔一定距离向外蛀 1 个通气排粪屑孔，排出大量粪屑，削弱树势，重者枯死。

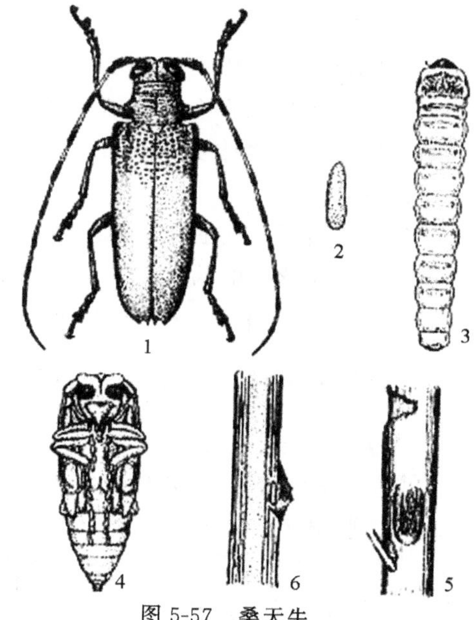

图 5-57　桑天牛
1. 成虫　2. 卵　3. 幼虫　4. 蛹
5. 产卵穴　6. 产卵枝
（仿浙江农业大学）

【识别特征】

成虫：体长 26—51mm，宽 8—16mm，黑褐至黑色，密被青棕或棕黄色绒毛。触角丝状，11 节，第一、二节黑色，其余各节端半部黑褐色，基半部灰白色。前胸背板前后横沟间有不规则的横皱或横脊，侧刺突粗壮。鞘翅基部密布黑色光亮的颗粒状突起，约占全翅长的 1/4—1/3；翅端内、外角均呈刺状突出。

卵：长椭圆形，长 6—7mm，稍扁而弯，初乳白后变淡褐色。幼虫体长 60—80mm，圆筒形，乳白色。头黄褐色，大部缩在前胸内。腹部 13 节，无足，第一节较大略呈方形，背板上密生黄褐色刚毛，后半部密生赤褐色颗粒状小点并有“小”字形凹纹。3—10 节背、腹面有扁圆形步泡突，上密生赤褐色颗粒。

蛹：长 30—50mm，纺锤形，初淡黄后变黄褐色，翅芽达第 3 腹节，尾端轮生刚毛。

识别特征如图 5-57 所示。

【发生规律】　在北方 2—3 年发生 1 代，广东 1 年 1 代；以幼虫在枝干内越冬，寄主萌动后开始危害，落叶时休眠越冬。北方幼虫经过 2 或 3 个冬天，于 6—7 月间老熟，在隧道内两端填塞木屑筑蛹室化蛹。羽化后于蛹室内停 5—7d 后，咬羽化孔钻出，7—8 月间为成虫发生期。成虫多晚间活动取食，以早晚较盛。2 至 4 年生枝上产卵较多，多选直径 10—15mm 的枝条的中部或基部，先将表皮咬成“U”形伤口，然后产卵于其中。小幼虫粪便红褐色细绳状，大幼虫的粪便为锯屑状。幼虫一生蛀隧道 2m 左右，隧道内无粪便与木屑。

（三）双条合欢天牛 *Xystrecera globosa*（Olivier）

又名青条天牛。

【分布与危害】 分布于东北、河北、山东、浙江、江苏、广东、广西、台湾等地。危害合欢、木棉、榕树、圆柏、孔雀豆、台湾相思、羊蹄甲等植物。以幼虫钻蛀为害枝条及枝干，导致树势衰弱，重者枝干枯死。

【识别特征】 成虫体长 11—13mm。体呈红棕色至黄棕色，前胸背板周围和中央以及鞘翅中央和外缘具有金属蓝色或绿色条纹。雄虫前胸宽大，触角粗长；雌虫前胸较小，触角较细短。幼虫体长 52mm，乳白色带有灰黄色，体圆筒形，前 7 个腹节背面及侧面具成对疣突。

【发生规律】 在浙江一年发生 2—3 代。成虫多在夜间活动，有趋光性，产卵于寄主树皮裂缝间。孵化后的幼虫蛀入树干蛀成隧道，通道穿孔向上，也有向下及侧方者，在树皮下蛹室内化蛹。在蛹室上方的树皮下钻一圆形的羽化孔。

（四）菊小筒天牛 *Phytoecia rufiqentria* Gautier

又名菊天牛、菊虎。

【分布与危害】 主要分布在黑龙江、吉林、辽宁、内蒙古、河北、河南、陕西、山西、山东、安徽、江苏、浙江、重庆、四川、贵州、江西、福建、广西、广东、台湾等地。危害菊花、白术、茵陈篙等。成虫啃食茎尖 10cm 左右处的表皮，出现长条形斑纹，产卵时把菊花茎鞘咬成小孔，造成茎鞘失水萎蔫或折断。幼虫钻蛀取食，造成受害枝不能开花或整株枯死。

【识别特征】

成虫体黑圆筒形，长 6—12mm。前胸背板中央有一卵圆形的橙红色斑。鞘翅黑色或褐色，覆被灰色绒毛和密集刻点。腹面和足均为橙红色。卵淡黄色，长椭圆形。幼虫乳白色或淡黄色，体长 10mm 左右。前胸背板近方形，前半部有一淡褐色斑，中央具一白色纵纹；后半部 1/3 处具颗粒状蝙蝠形斑。腹末端圆形，长有密集刚毛。蛹淡黄色至褐色，长约 10mm。识别特征如图 5-58 所示。

图 5-58　菊小筒天牛

（引自杨子琦，等《园林植物病虫害防治图鉴》，2002）

【发生规律】 一年发生 1 代，主要以刚羽化的成虫或以幼虫或蛹潜伏在菊花根部越冬。翌年 4—6 月成虫开始活动，在叶背交配并产卵于茎梢上被其咬破的皮下刻槽内。被咬伤的切口处不久变黑，茎梢枯萎。幼虫在茎内孵化后，向下蛀食，危害期在 5—8 月。9 月幼虫蛀入根部化蛹，10 月羽化为成虫，成虫在蛹室不飞出而潜伏于根内越冬。成虫白天活动，有假死性。

（五）松褐天牛 *Monochamus alternatus* Hope

又名松墨天牛、松天牛。

【分布与危害】　分布于河北、河南、山东、陕西、江苏、浙江、江西、福建、湖南、四川、云南、贵州、西藏、广东、广西等地。危害马尾松、黑松、雪松、落叶松、华山松、云南松、思茅松冷杉、云杉、桧、栎、鸡眼藤、苹果、花红。该虫是松材线虫的携带者和传播者。

【识别特征】

成虫：体长 15—28mm，宽 4.5—9.5mm，橙黄色到赤褐色。触角棕栗色，雄虫触角超过体长一倍多，雌虫触角约超出 1/3。前胸宽大于长，多皱纹，侧刺突较大。前胸背板有两条相当宽的橙黄色纵纹，与 3 条黑色绒纹相间。小盾片密被橙黄色绒毛。每一鞘翅具 5 条纵纹，由方形或长方形的黑色及灰白色绒毛斑点相间组成。腹面及足杂有灰白色绒毛。

卵：长约 4mm，乳白色，略呈镰刀形。

幼虫：乳白色，扁圆筒形，老熟时体长可达 43mm。头部黑褐色，前胸背板褐色，中央有波状横纹。

蛹：乳白色，圆筒形，体长 20—26mm。

【发生规律】　一年发生 1 代，以老熟幼虫在虫道内越冬。翌年 3 月下旬幼虫在虫道末端做蛹室化蛹，4 月中下旬开始化蛹，盛期为 6 月中下旬。4 月中旬成虫开始羽化，羽化后在蛹室内停留约 7d 后，咬破羽化孔爬出孔外。成虫出孔后取食嫩枝补充营养，此时会将身体上所带线虫传播到被取食的树上，感染线虫的树木似火烧。松褐天牛喜欢在衰弱木上产卵，产卵前雌虫在树干上咬一刻槽将卵产在槽内，6 月上旬至 9 月都可见到卵。幼虫孵化后，先取食树皮下较嫩组织，3 龄后蛀入木质部为害。

（六）桃红颈天牛 *Aromia bungii* Faldermann

【分布与危害】　分布遍及国内各地。为害桃花、樱花、榆叶梅、红叶李、梅花、垂丝海棠、木瓜海棠、西府海棠、贴梗海棠、菊花等花木。以幼虫蛀食茎干和主枝，低龄幼虫先在皮层下蛀食，然后蛀入木质部，深达茎干心部，受害枝干被蛀中空，阻碍树体营养及水分输送，引起流胶，使枝干未老先衰，严重时可使全株枯萎。蛀孔外堆满红褐色木屑状虫粪。

【识别特征】　成虫体长 26—37mm、宽 8—10mm，体亮黑色，前胸背面棕红色或全黑色，有光泽，背面有瘤突 4 个，两侧各具刺突 1 个。雄虫前胸腔面密布刻点，触角长出虫体约 1/2。雌虫前胸腹面无刻点，但密布横皱，触角稍长于虫体。卵长椭圆形，乳白色，光滑略有光泽。老熟幼虫体长 42—52mm，乳白色，胴部各节的背面及腹面稍微隆起，并具横皱纹。蛹体长 25—36mm；初为乳白色，后渐变为黄褐色，前胸两侧各具一刺突。识别特征如图 5-59 所示。

【发生规律】　每 2—3 年发生 1 代；以幼龄幼虫（第一 年）和老熟幼虫（第二年）越冬。除成虫阶段在树上活动外，其余各虫态均在树干内，成虫 5—8 月出现。成虫羽化后在树干蛇道中停留 3—5d 后外出活动，雌虫遇惊扰后即行飞逃，雄虫则多逃避或自树上坠下。卵产于枝干树皮缝隙内，在近地面 35cm 以内树干产卵最多。初孵幼虫向下蛀食韧皮部，秋末在被害皮层下越冬。次年春季幼虫活动继续向下蛀食至木质部，形成短浅的椭圆形蛀道，蛀道不规则，危害至秋末即在此蛀道内越冬。第三年继续向木质部深处蛀害，幼虫老熟后于蛀道内做蛹室化蛹，蛹室在蛀道末端，老熟幼虫化蛹前，先做羽化孔，但孔外韧皮部仍保持完好。幼虫危害时，由上向下，在木质部蛀成弯曲不规则蛀道，蛀道可下达主干土面下 8—10cm 处，常在干周蛀孔外堆积大量红褐色粪屑。

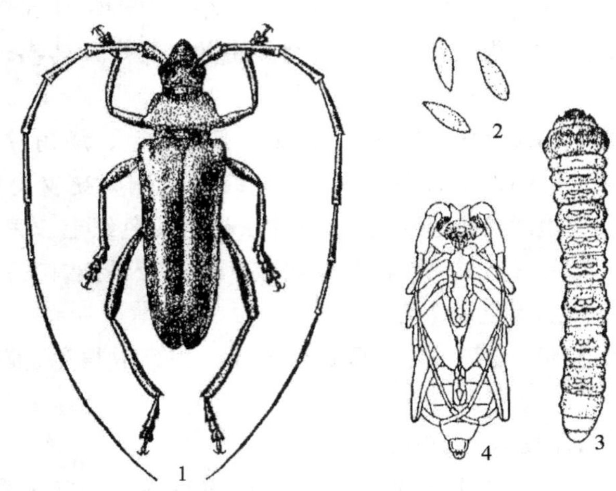

图 5-59 桃红颈天牛
1. 成虫 2. 卵 3. 幼虫 4. 蛹
（仿浙江农业大学）

【天牛类害虫的防治措施】

园林技术防治：适地适树，营建混交林，避免单纯树种形成大面积的人工林。选用抗性树种和抗性品系。改进营林措施，定时清除树干上的萌生枝叶，保持树干光滑；改善林地通风、透光状况，阻止成虫产卵。结合修剪等操作，及时伐除虫害木、枯立木、濒死木、衰弱木、风折木等。

人工防治：人工捕杀成虫，饵木捕杀。用受害严重、无利用价值的松树为饵树，注入百枯草、乙烯利等，刺激松脂分泌量增多，引诱松墨天牛产卵，然后将饵木销毁等处理。树干涂白涂剂，防止双条杉天牛、云斑天牛等成虫产卵。

生物防治：保护和利用天敌生物，如啄木鸟、管氏肿腿蜂等可有效降低林间虫口数量。

化学防治：可用 50%辛硫磷乳油、50%杀螟松乳油等喷涂树干，防治在韧皮部下为害、尚未进入木质部的幼龄幼虫。对向下蛀食的幼虫，并有排粪孔的天牛，可用磷化锌毒签或磷化铝片堵塞最下面 2—3 个排粪孔，其余排粪孔用泥堵死进行熏杀；还可用注射器注入有机磷农药如氯氰 · 毒死蜱 20—40 倍液，或用药棉沾药塞入虫孔，防治大龄幼虫。

二、木蠹蛾类

木蠹蛾类属鳞翅目木蠹蛾总科。以幼虫蛀害树干和树梢，是园林植物的重要害虫。

（一）小线角木蠹蛾 *Holcocerus insularis* Staudinger

又名小褐木蠹蛾、小木蠹蛾。

【分布与危害】　分布遍及全国。危害山楂、海棠、银杏、白玉兰、丁香、樱花、榆叶梅、紫薇、白蜡、香椿、黄刺玫、五角枫、栾树等。幼虫蛀食花木枝干木质部，几十至几百头群集在蛀道内为害，造成千疮百孔，与天牛为害状有明显不同(天牛 1 个蛀道 1 头虫)，木蠹蛾蛀道相通，蛀孔外面有丝连接球形虫粪。轻者造成风折枝干，重者使花木逐渐死亡，严重影响城市绿化美化效果。

【识别特征】

成虫：体长 24mm 左右，翅展 48mm 左右，雄蛾较小。体灰褐色，触角线状，前胸后缘为深褐色毛丛线纹。翅面上密布黑色短线纹，前翅中室至前缘为深褐色。

卵：椭圆形，黑褐色，卵表有网状纹。

幼虫：老熟时体长 40mm 左右，体背鲜红色，腹部节间乳黄色，前胸背板黄褐色，其上有斜“B”形黑褐色斑。

蛹：被蛹型，初期黄褐色渐变为深褐色，略弯曲，腹背有刺列，腹尾有臀棘。

【发生规律】　该虫两年发生 1 代，以幼虫在枝干蛀道内越冬。幼虫化蛹时间极不整齐，5 月下旬至 8 月上旬为化蛹期。6—9 月为成虫发生期，羽化时将蛹壳半露在羽化孔外。成虫有趋光性，日伏夜出。将卵产在树皮裂缝或各种伤疤处，卵呈块状，粒数不等。幼虫孵化后蛀食韧皮部，一段时间后蛀入木质部，为害到 11 月，以幼龄幼虫在蛀道内越冬。第二年 3 月活动为害至 11 月，以大龄幼虫在枝干蛀道内越冬。第三年 3 月复苏为害至 5 月，新一代化蛹开始。每年 3—11 月是幼虫为害期，该虫世代不齐，不论是为害期，还是越冬幼虫，各种虫龄的幼虫均有，尤其 6—8 月木蠹蛾一般 4 种虫态都有，因此给防治工作带来了一定的难度。

(二) 咖啡木蠹蛾 *Zeuzera coffeae* **Niether**

又名咖啡豹蠹蛾、豹纹木蠹蛾、咖啡黑点蠹蛾。

【分布与危害】　分布广泛，主要分布在华北、西南、华南等地。寄主除危害菊花外，还危害月季、石榴、白兰花、山茶、樱花、香石竹等花卉。以幼虫钻蛀茎枝内取食为害，致使枝叶枯萎，甚至全株枯死。

【识别特征】

成虫：体灰白色，长 15—18mm，翅展 25—55mm。雄蛾端部线形。胸背面有 3 对青蓝色斑。腹部白色，有黑色横纹。前翅白色，半透明，布满大小不等的青蓝色斑点；后翅外缘有青蓝色斑 8 个。雌蛾一般大于雄蛾，触角丝状。

卵：圆形，淡黄色。

幼虫：老龄体长 30mm，头部黑褐色，体紫红色或深红色，尾部淡黄色。各节有很多粒状小突起，上有白毛 1 根。

蛹：长椭圆形，红褐色，长 14—27mm，背面有锯齿状横带。尾端具短刺 12 根。

识别特征如图 5-60 所示。

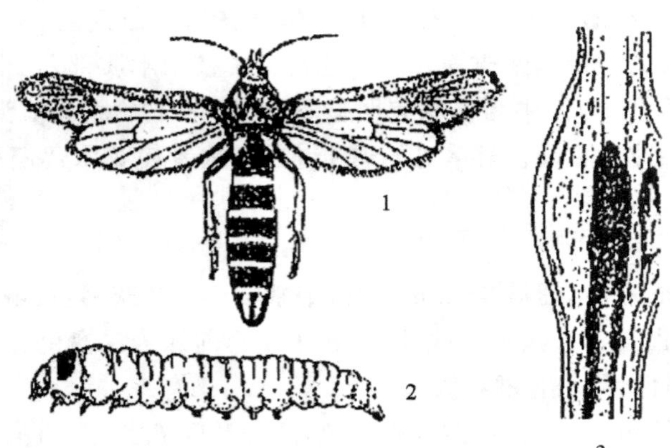

图 5-60　咖啡木蠹蛾及其害状
1. 成虫　2. 幼虫　3. 害状
(引自徐明慧《园林植物病虫害防治》)

【发生规律】 一年发生 1—2 代。以幼虫在被害部越冬。翌年春季转蛀新茎。5 月上旬开始化蛹,5 月下旬羽化。一般将卵产于孔口,数粒成块。5 月下旬孵化,孵化后吐丝下垂,随风扩散,7 月上旬至 8 月上旬是幼虫为害期。幼虫蛀入茎内向上钻,外面可见排粪孔。菊花茎被害后,3—5d 叶片枯萎。有转棵为害习性。幼虫历期 1 个多月。10 月上旬幼虫化蛹越冬。

【木蠹蛾类害虫的防治措施】

加强管理,增强树势,防止机械损伤,伐除受害严重的树干,及时剪除被害树梢,以减少虫源。秋季人工捕捉地下越冬幼虫,刮除树皮缝处的卵块。

在幼虫孵化后未侵入树干前,用 50%磷铵乳油、50%杀螟松乳油、50%久效磷乳油 500 倍液喷树干毒杀。

在幼虫初蛀韧皮部或边材表层期间,用 50%杀螟松乳油柴油涂虫孔。

对已蛀入枝干深处的幼虫,可用棉球蘸毒死蜱、丙溴磷等药剂 50 倍液塞入虫孔,并在蛀孔处涂以湿泥,可收到良好效果。

三、小蠹虫类

小蠹虫类属鞘翅目小蠹科,为小型甲虫。体近圆形,颜色较暗,触角锤状,鞘翅上纵列刻点。幼虫白色,略弯曲,无足,具棕黄色头部。多数种类寄生在树皮下,有的侵入木质部,种类不同,钻蛀坑道的形状也不同,是园林植物的重要害虫。

纵坑切梢小蠹 *Tomicus piniperda* Linnaeus

【分布与危害】 分布广泛,在我国南、北方松林均有分布。主要危害华山松、高山松、油松、云南松及其他松属树种。成虫及幼虫钻蛀皮下为害,主要危害树势衰弱或新移栽树木的枝干和嫩梢。

【识别特征】

成虫：体长4—5mm，椭圆形，栗褐色，有光泽并密生灰黄色细毛。前胸背板梯形，上具刻点。触角和跗节黄褐色。鞘翅端部红褐色，前翅基部具锯齿状，前翅斜面上第二列间部的瘤突起和绒毛消失，光滑下凹。

卵：淡白色，椭圆形。幼虫体长5—6mm，头黄色，体乳白色，粗而多皱纹，体弯曲。

蛹：体长4—5mm，白色，腹面后末端有1对针状突起，向两侧伸出。

【发生规律】　一年发生1代。以成虫在树干基部皮下做盲孔越冬，少数在被害梢内越冬。来年3月中、下旬开始飞出，蛀入新梢补充营养，然后雌虫侵入衰弱木或新伐倒木，先蛀筑交配室，交尾后，雌虫蛀筑与树干平行的母坑道，并产卵于坑道两侧。4月中、下旬开始孵化为幼虫，5月上旬达孵化盛期。幼虫孵化后，沿母坑道两侧横向蛀食子坑道。5月中、下旬化蛹。5月下旬至7月上旬出现新一代成虫，蛀入新梢补充营养，蛀入一定距离后随即退出，另转蛀新孔或其他新梢，10月上、中旬转移到干基，由下向上蛀一盲孔越冬。母坑道为单蛀坑，长5—6cm。子坑道长而弯曲，开始时与母坑道垂直，以后略向纵向伸展。蛹室位于子坑道末端。

【小蠹虫类害虫的防治措施】

加强检疫：对于调运的苗木加强检疫，发现虫株及时处理。

园林技术防治：加强抚育管理，适时、合理的整枝修剪，改善园内卫生状况，增强树木本身的抗虫能力。伐除被害木，及时运出，并对害虫进行销毁处理，减少虫源。

诱杀成虫：根据小蠹虫的发生特点，可在成虫羽化前或早春设置饵木，以带枝饵木引诱成虫潜入，经常检查饵木内的小蠹虫的发育情况并及时处理，能够有效地降低害虫种群数量。

化学防治：利用成虫在树干根际越冬的习性，于早春3月下旬，在根际撒辛硫磷等颗粒剂，然后在干基培土，培土高4—5cm，杀虫率达90%以上。在成虫羽化盛期或越冬成虫出蛰盛期，喷施2.5%溴氰菊酯乳油2000—2500倍液。

四、辉蛾类

在园林作物上为害的主要是蔗扁蛾。蔗扁蛾属鳞翅目辉蛾科，是世界性害虫，其危害性很大，在北京危害严重的温室中，每年巴西木因此虫淘汰率达50%以上，已成为温室花卉生产中的主要害虫之一。

蔗扁蛾 *Opogona sacchari* (Bojer)

【分布与危害】　20世纪80年代初传进我国广州，近年随巴西木等苗木调运传入南北各大、中城市。内蒙古、吉林、辽宁、新疆、河南、北京、上海、广东、海南、四川等地均有发生的记录。主要危害巴西木、巴西铁树、鹅掌柴、棕竹、铁树、马拉巴栗、印度橡皮树、袖珍椰子、龙血树、发财树、喜林芋、一品红、凤梨、金皮虎皮兰、虎皮兰、鹤望兰、朱顶红、唐菖蒲、合欢、竹子、马铃薯、香蕉、甘蔗等22科49种植物。卵孵化后幼虫很快钻入树皮或从裂缝、伤口蛀入寄主的髓心，并向四周蛀食，表皮有排粪通气孔，排出粪便，幼虫将皮层和部分木质部蛀空，仅剩下表皮，用手指按压呈面包状。幼虫多在干皮内蛀食，吉林曾在1m长的巴西木木段上查到幼虫多达226头，造成空心、叶片变黄或整株死亡。

【识别特征】

成虫：体长8—10mm，翅展22—26mm，体黄褐色，前翅深棕色，中室端部及后缘各具黑色斑1个。前翅后缘具毛束，停息时毛束翘起；后翅黄褐色，后缘也有长毛。后足长，胫节具长毛。腹部腹面具灰色点列2排。雌虫前翅基部具1黑细线达翅中部。

卵：长0.5—0.7mm，浅黄色，卵圆形。

末龄幼虫：体长30mm，宽3mm，头红棕色，胴部各节背面有4个毛片，矩形，前2个、后2个成2排，各节侧面也有4个小毛片。

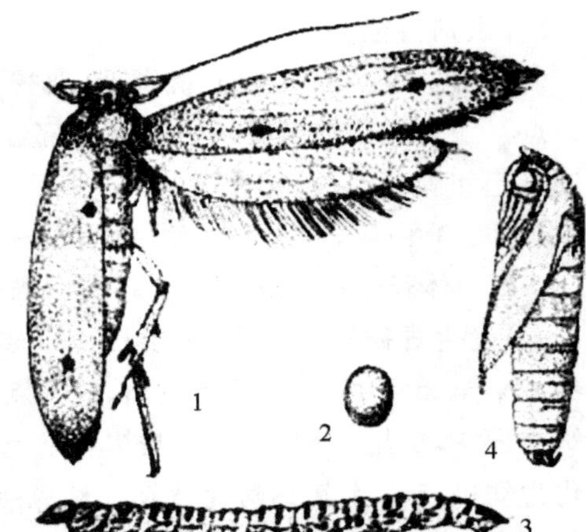

图 5-61　蔗扁蛾
1. 成虫　2. 卵　3. 幼虫　4. 蛹
（引自蔡平，等《园林植物昆虫学》）

蛹：棕色。触角、翅芽、后足相互紧贴，与蛹体分开。

识别特征如图5-61所示。

【发生规律】　北京一年发生3、4代，以幼虫在温室盆栽的花木盆土中越冬，翌年温度适宜时幼虫上树为害，多在3年以上巴西木的干皮内蛀食，有时蛀至木质部表层，少数从伤口或裂缝处钻入木段的髓部产生空心。幼虫期45d，共7龄。老熟后吐丝结茧化蛹，蛹期15d，成虫羽化后爬行很快，成虫寿命5d，成虫补充营养后交尾产卵，卵集中成块或散产，卵期4d，初孵幼虫有吐丝下坠的习性。

【辉蛾类害虫的防治措施】

加强检疫：加强国内外检疫，严防带虫巴西木流入我国，严禁带虫巴西木在国内到处传播。

园林技术防治：及时药剂处理或刷漆处理锯口，锯口保护是重要的防治措施。

生物防治：用斯氏线虫防治，即采用注射法把含侵染期线虫1000—2000条的线虫悬浮液100—200mL/株，注入受害巴西木的受害处表皮下，防效良好。

化学防治：幼虫入土期是防治该虫有利时机，用毒·辛颗粒剂1份，兑细干土200份混成药土，撒在花盆表土上，隔15d撒1次，连续2—3次可杀死越冬幼虫，也可喷洒20%菊杀乳油2000倍液或2.5%的溴氰菊酯乳油2000—2500倍液，隔7—10d喷施1次。如启用新巴西木木桩，可先用20%速灭杀丁乳油浸泡10min预防。温室内每立方米用磷化铝4—10g片剂熏24h，防效显著。发财树对磷化铝较敏感，药量大时磷化铝对嫩叶易产生药害。

五、象甲类

象甲类属鞘翅目象甲科，亦称象鼻虫，是重要的园林植物钻蛀类害虫。成虫和幼虫均能为害园林植物。取食植物的根、茎、叶、果实和种子。成虫多产卵于植物组织内，幼虫钻蛀为害,少数可以产生虫瘿或潜叶为害。

(一) 长足大竹象 *Cyrtotrachelus buqueti* Gue

又名竹横锥大象。

【分布与危害】 分布于广东、广西、贵州、四川等地。为害粉单竹、大头竹、青皮竹等的竹笋。成虫蛀食竹笋补充营养,被害笋长成畸形竹或断头折梢。幼虫在笋中取食,被害笋多数不能成竹。

【识别特征】 雌成虫体长 26—38mm,雄成虫体长 25—40mm。体色为橙黄色、黄褐色或黑褐色。头管自头部前方伸出,长 10—12mm。触角膝状,着生于头管后方两侧沟槽中。前胸背板呈圆形隆起,前缘有约 1mm 宽的黑色边,后缘有一箭头状的黑斑。鞘翅上有 9 条纵沟、外缘圆,臀角有一尖刺,前足腿节、胫节比中足腿节、胫节长,前足胫节内侧密生一列棕色毛。初孵幼虫体长 5mm,全体乳白色,以后头壳渐变为黄褐色,体节不明显。老熟幼虫体长 46—55mm,前胸背板有黄色大斑,斑上有一"八"字形褐斑。蛹体长 35—51mm,蛹初为橙黄色,后渐变为土黄色。外有一个泥土结成的长椭圆形茧。蛹长椭圆形,初为乳白色,后变为乳黄色。卵壳表面光滑无斑纹。

【发生规律】 一年发生 1 代,以成虫在土中蛹室内越冬。翌年 5 月下旬、6 月上旬成虫出土,7 月底始茧成虫羽化,8 月为出土盛期。成虫初出土时,行动迟缓。成虫中午及雨天隐蔽于叶背或杂草落叶下,雨后天晴活动最盛。成虫有假死性,受振动后即坠落地面,腹部向上,经片刻再爬起飞走,亦有少数成虫,在坠落途中即展翅飞去。竹林中成虫于 10 月上旬绝迹。11 月以成虫越冬。

(二) 红棕象甲 *Rhynchophorus ferrugineus*

又名棕榈象甲、锈色棕象、锈色棕榈象、椰子隐喙象、椰子甲虫、亚洲棕榈象甲、印度红棕象甲等。属鞘翅目象甲科,原产印度,是重要的外来入侵性检疫害虫。

【分布与危害】 国外主要分布在印度、马来西亚、菲律宾、斯里兰卡、缅甸、伊拉克、巴基斯坦、老挝、孟加拉国、柬埔寨、越南、新几内亚等地,国内主要分布在广东、广西、海南、云南、福建、香港、台湾等地。危害椰子、油棕、枣椰、糖棕、甘蔗等,对棕榈科植物危害较大。主要以幼虫蛀食茎干内部及生长点取食柔软组织,造成隧道,导致受害组织坏死腐烂,并产生特殊气味,严重时造成茎干中空,遇风很易折断。受害株初期表现为树冠周围叶片黄萎,后扩展至中部叶片。受害植株轻则树势衰弱,重则整株死亡。

【识别特征】

成虫:体长 30—35mm,宽 12mm 左右,身体红褐色,光亮或暗。头部前端延伸成喙,雄虫的喙粗短且直,喙背有一丛毛;雌虫喙较细长且弯曲,喙和头部的长度约为体长的 1/3。前胸前缘细小,向后缘逐渐宽大,略呈椭圆形;背上有 6 个小黑斑排列两行,前排 3 个,两侧的较小,中间的一个较大;后排 3 个较大。鞘翅较腹部短,腹末外露。身体腹面黑红相间,各足基节和转节黑色,各足腿节末端和胫节末端黑色,各足跗节黑褐色。触角柄节和索节黑褐色,棒节红褐色(图 5-62-1)。

卵:乳白色,长椭圆形,表面光滑。

幼虫：体长40—45mm，黄白色，头暗红褐色，体肥胖，纺锤形，胸足退化（图5-62-2）。

蛹：长约35mm，初化蛹乳白色，后逐渐变褐色。茧长椭圆形，长50—95mm，常由树干纤维交织构成。

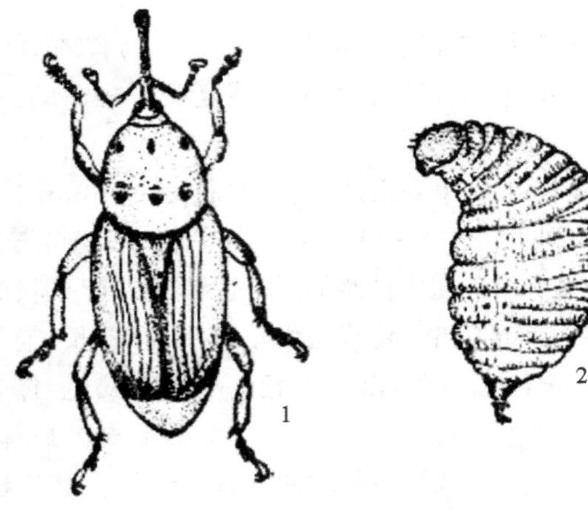

图5-62　红棕象甲
1. 成虫　2. 幼虫
（引自华南热带作物学院《热带作物病虫害防治》，1986）

【生活习性】　红棕象甲在中国海南、福建或广东每年发生2—3代，世代重叠，属于完全变态昆虫，有卵、幼虫、蛹、成虫4个发育阶段。一年中成虫出现较集中时期为5月和11月。雌成虫产卵于寄主叶腋间或树干的伤口、树皮的裂缝处。幼虫孵出后随即钻入树干内，钻食柔软组织，树干纤维被咬断且残留在虫道内，严重时可使树干成为空壳。幼虫钻食生长点，初期使心叶残缺不全，最终使生长点腐烂，造成植株死亡。

【防治措施】

植物检疫：在棕榈科植物调运前，仔细清查茎干是否被红棕象甲蛀食，防止购入有虫植株。一旦发现有红棕象甲的种苗一律杜绝引进。

物理机械防治：清除传染源和切断传播途径，减少其为害程度。对于晨间或傍晚出来活动的成虫，可利用其假死性，敲击茎干将其振落捕杀。针对成虫喜欢在植株的孔穴或伤口产卵的习性，可用沥青涂封，防止成虫产卵，切断传播途径。同时，结合田间修剪，清除被害植株，发现被害严重的植株，应立即挖除，避免成虫羽化后外出扩散繁殖。

生物防治：保护和利用啄木鸟、蟾蜍和寄生蜂等天敌生物。另外，利用性诱剂进行诱杀也是一项简单有效的防治措施。

化学防治：在成虫羽化期，连续喷施2.5%溴氰菊酯乳油2000—2500倍液、50%辛硫磷乳油1000倍液1—2次；在卵孵期至幼虫期，利用灭幼脲胶悬剂超低量喷雾，防治效果较好。

第五节　园林植物主要地下害虫及防治

地下害虫又称根部害虫，在苗圃和一、二年生的园林植物中，常常危害幼苗、幼树根部或近地面部分，种类很多。常见的有鳞翅目的地老虎，鞘翅目的蛴螬，直翅目的蟋蟀、蝼蛄，等翅目的白蚁等。

一、蝼蛄类

蝼蛄属直翅目蝼蛄科，俗称土狗、地狗、拉拉蛄等。

东方蝼蛄 *Gryllotalpa orientalis* Burmeister

又名非洲蝼蛄、小蝼蛄、拉拉蛄、地拉蛄、土狗子、地狗子、水狗。

【分布与危害】　分布全国各地。危害草坪、香石竹、富贵竹、金橘等各种观赏植物、农作物的种子和幼苗。尤其是一、二年生草本花卉及树木扦插苗受害重。成虫、若虫均在土中活动，取食播下的种子、幼芽、茎基，严重的将其咬断，植物枯死。在温室、大棚内由于气温高，蝼蛄活动早，加之幼苗集中，受害更重。

【识别特征】

成虫：体长 30—35mm，灰褐色，腹部色较浅，全身密布细毛。头圆锥形，触角丝状；前胸背板卵圆形，中间具一明显的暗红色长心脏形凹陷斑。前翅灰褐色，较短，仅达腹部中部，后翅扇形，较长，超过腹部末端。腹末具 1 对尾须。前足为开掘足，后足胫节背面内侧有 4 个距，区别于华北蝼蛄(图 5-63)。

卵：初产时长 2.8mm，椭圆形，初产乳白色，后变黄褐色，孵化前暗紫色：若虫共 8—9 龄，末龄若虫体长 25mm，体形与成虫相近。

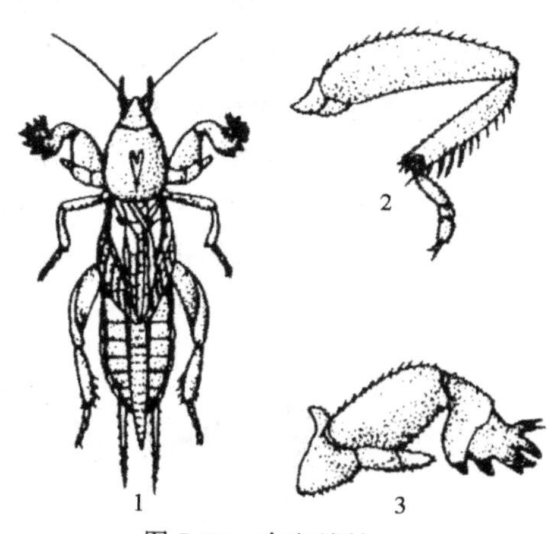

图 5-63　东方蝼蛄
1. 成虫　2. 后足　3. 前足
(仿浙江农业大学等)

【发生规律】　在北方地区两年发生 1 代，在南方一年 1 代，以成虫或若虫在地下越冬。清明后上升到地表活动，在洞口可顶起一小土堆。5 月上旬至 6 月中旬是蝼蛄最活跃的时期，也是第一次为害高峰期，6 月下旬至 8 月下旬，天气炎热，转入地下活动，6—7 月为产卵盛期。9 月气温下降，再次上升到地表，形成第二次为害高峰，10 月中旬以后，陆续钻入深层土中越冬。蝼蛄昼伏夜出，以 21：00—23：00 活动最盛，特别在气温高、湿度大、闷热的夜晚，大量出土活动。早春或晚秋因气候凉爽，仅在表土层活动，不到地面上，在炎热的中午常潜至深土层。蝼蛄具趋光性，并对香甜物质，如半熟的谷子、炒香的豆饼、麦麸以及马粪等有机肥，具有强烈趋性。成、若虫均喜松软潮湿的壤土或沙壤土。

【蝼蛄类害虫的防治措施】

(1) 设置黑光灯诱杀成虫。

(2) 利用蝼蛄趋粪性,在田间堆马粪堆,堆内放农药,待蝼蛄爬进堆内即可毒死。

(3) 施毒饵,用50%辛硫磷乳油等加少许水,或拌麦麸、玉米碎粒,或拌炒香的豆饼,或拌棉籽饼15kg,每公顷施毒饵22.5—37.5kg。

二、地老虎类

地老虎类属鳞翅目夜蛾科。分布广泛,为害严重。

小地老虎 *Agrotis ypsilon* Rottemberg

又名黑地蚕、切根虫、土蚕。

【分布与危害】 分布广泛,以雨量丰富、气候湿润的长江流域和东南沿海发生量大,东北地区多发生在东部和南部湿润地区。为害各种蔬菜及农作物幼苗。幼虫将蔬菜幼苗近地面的茎部咬断,使整株死亡,造成缺苗断垄,严重的甚至毁种。

【识别特征】 成虫:体长17—23mm,翅展40—54mm。全体灰褐色。前翅有两对横纹,翅基部淡黄色,外部黑色,中部灰黄色,并有1圆环,肾纹黑色;后翅灰白色,半透明,翅周围浅褐色。雌虫触角丝状。雄虫触角栉齿状(图5-64-1)

卵:为馒头形,表面有纵横隆起纹,初产时乳白色(图5-64-2)。

幼虫:老熟时体长37—47mm,圆筒形,全体黄褐色,表皮粗糙,背面有明显的淡色纵纹,满布黑色小颗粒(图5-64-3、图5-64-4、图5-64-5)。

蛹:长8—24mm,赤褐色,有光泽(图5-64-6)。

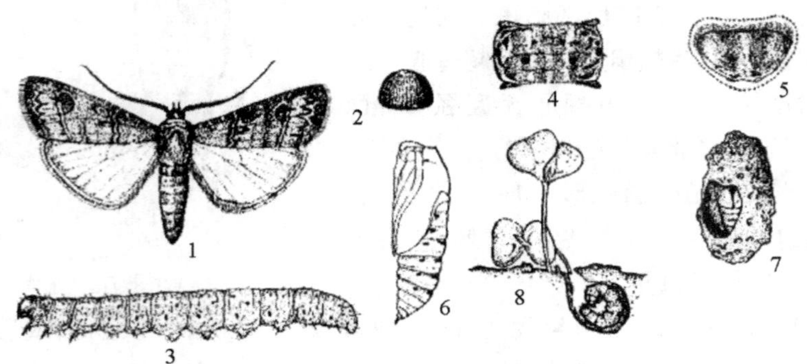

图5-64 小地老虎

1. 成虫 2. 卵 3. 幼虫 4. 幼虫第4腹节背面观 5. 幼虫腹节臀板 6. 蛹 7. 土室 8. 棉花被害状

(仿浙江农业大学)

【发生规律】 年发生代数由北至南不等,黑龙江2代,北京3—4代,江苏5代,福州6代。越冬虫态、地点在北方地区至今不明,据推测,春季虫源系迁飞而来。在长江流域能以老熟幼虫、蛹及成虫越冬。在广东、广西、云南则全年繁殖为害,无越冬现象。成虫夜间活动、交配产卵,卵散产或成堆产。成虫对黑光灯及糖醋酒等趋性较强。幼虫共6龄,3龄前在地面、杂草或寄主幼嫩部位取食,危害不大;3龄后昼间潜伏在表土中,夜间出来为害,动作敏捷，性残暴，会自相残杀。老熟幼虫有假死习性，受惊缩成环形。小地老虎喜温暖及潮湿的条件，河流湖泊地区或低洼内涝、雨水充足及常年灌溉地区，如土质疏松、团粒结构好、保水性强的壤土、黏壤土、沙壤土均适于小地老虎的发生。早春菜田及周缘杂草尤多，在可提供产卵场所，蜜源植物多，可为成虫提供补充营养的情况下，会形成较多的虫源，发生严重。

【地老虎类害虫的防治措施】

(1) 加强栽培管理，合理施肥灌水，增强植株抵抗力。合理密植，雨季注意排水措施，保持适当的温湿度，及时清园，适时中耕除草，秋末冬初进行深翻土壤，减少虫源。

(2) 人工捕杀，清晨在缺苗、缺株的根际附近挖土捕杀幼虫。

(3) 保护和利用天敌。

(4) 因成虫具有趋光性，可用黑光灯诱杀。

(5) 在幼虫发生盛期，傍晚在苗或植株根际灌浇 50%辛硫磷 1000 倍液。用 2.5%溴氰菊酯乳油 90—100mL，或 50%辛硫磷乳油或 40%甲基异柳磷乳油 500mL 加水适量，喷拌细土 50kg 配成毒土，每公顷 300—375kg，顺垄撒施于幼苗根际附近。

三、蟋蟀类

蟋蟀类属直翅目、蟋蟀科。

大蟋蟀 *Brchytrupes portentosus* Lichtenstein

【分布与危害】 大蟋蟀分布于湖北、广东、广西、福建、云南、贵州、江西等地，是旱作的主要害虫。食性很杂，危害玉米、花生、高粱、小米、木薯、烟草、棉花、辣椒、茄子，各种豆类、瓜类和麻类等，果苗和林木幼苗也可被侵害。成虫和若虫将幼苗从基部咬断，造成大量缺苗。

【识别特征】

成虫：体粗壮；雌虫体长 35—38mm，前翅长 30mm；雄虫体长 35—42mm，翅长 38mm，赤褐色。头部半圆形，有光泽；头部较前胸宽，复眼间具有"Y"形纵沟；触角丝状，与体等长或稍长，单眼三个，并在一个水平线上，中眼横半月形。前胸背板黑褐色，前部粗大，后部稍细。背上密布刻点；后足腿节强大，胫节粗，具两列 4—5 个刺状突起；雌虫产卵器管状，短于尾须；末端有 2 个长刺如双叉。卵近圆筒形，两端钝圆，稍有弯曲，长 4.5mm 左右，浅黄色，表面光滑。

若虫：外形与成虫相似，体较小，色较浅，体色随虫龄增大而加深。若虫共 7 龄，翅芽出现于 2 龄以后，若虫的体长与翅芽的发育均随龄期的增大而增长。

【发生规律】 大蟋蟀一年发生 1 代；以若虫在土中越冬；广东和福建南部越冬虫于 3 月开始大量活动；3—5 月出土为害幼苗；6 月中、下旬成虫出现，羽化后的雄成虫夜间在洞口展翅摩擦而鸣，雌虫即随声而至，进行交尾活动，至交尾时期，雄虫迁入雌虫的洞穴内同居。卵产于雌成虫的洞穴底部，初孵若虫数十头一起。在母穴中，以母虫准备好的食料为食，稍大后即分散自行觅食，并潜居土块下、缝隙中，随后即分别营穴独居，通常一洞一虫。大蟋蟀一般在傍晚爬到洞口。天黑时，用前足和头部，将堆积在洞口的松土推开，出洞到附近寻找食料;除了就地取食外,还带回一些食料存放在洞中做储备。该虫性喜干燥,多发生于沙壤土或沙土、植被疏松或裸露、阳光充足的地方;在潮湿壤土或黏土中很少发生;晴天闷热无风或久雨初晴的温暖夜晚,出穴最多;阴雨凉快的夜晚则甚少出穴;大蟋蟀若虫历期 7—9 个月,经 7 次脱皮变为成虫,成虫 10 月后陆续死亡。

【蟋蟀类害虫的防治措施】

人工防治:在雨水多的季节,用锄头挖开洞口,常易找到虫体而杀死虫体。

化学防治:用毒·辛颗粒剂 125g 混米糠或麦糠 5kg,加入少量水搓成团,于闷热的傍晚,在受害田间,每隔一段距离放置一团;或者在除草后,将菜叶按 10%的量加入毒死蜱拌匀后撒在田内。

四、蛴螬类

蛴螬是金龟甲幼虫的统称,属于鞘翅目金龟甲科,种类很多,成虫主要啃食各种植物叶片形成孔洞、缺刻或秃枝。幼虫为害多种植物的根茎及球茎。腐食性的种类则以腐烂有机物为食。

(一) 小青花金龟 *Oxycetonia jucunda* **Faldermann**

又名小青花潜、银点花金电、小青金龟子。

【分布与危害】 除新疆外,分布于全国各地。主要为害草莓、苹果、梨、槟榔、沙果、海棠、杏、桃、葡萄、柑橘、栗、葱等。成虫喜食芽、花器、嫩叶及成熟有伤的果实,幼虫为害植物地下部组织。

【识别特征】

成虫:体中型,体长 13mm 左右,宽 6—9mm,长椭圆形稍扁,背面暗绿色或绿色,或古铜色微红,或黑褐色,变化大,多为绿色或暗绿色,腹面黑褐色,具光泽,体表密布淡黄色毛和点刻。头较小、长,眼突出,黑褐色或黑色。前胸背板近梯形,前缘呈弧形,凹入,后缘近平直,两侧各有白斑 1 个。前胸和鞘翅暗绿色,鞘翅上散生多个白或黄白绒斑。鞘翅狭长,且内弯。腹板黑色,分节明显。各节有排列整齐的细长毛,腹部侧缘各节后端具白斑。前足胫节外侧具 3 齿。

卵:椭圆形或球形。初乳白渐变淡黄色。幼虫体乳白色,长 32—36mm。头棕褐色或暗褐色。

蛹:初淡黄白色,尾部后变橙黄色。

【发生规律】 一年发生 1 代,北方以幼虫越冬,江苏可以幼虫、蛹及成虫越冬。以成虫越冬,翌年 4 月上旬出土活动,4 月下旬至 6 月盛发;以末龄幼虫越冬的,成虫于 5—9 月陆续出现,雨后出土多,安徽 8 月下旬成虫发生数量多,10 月下旬终见。成虫白天活动,春季 10:00—15:00,夏季 8:00—12:00 及 14:00—17:00 活动最盛,春季多群聚在花上,食害花瓣、花蕊、芽及嫩叶,致落花。成虫喜食花器,故随寄主开花早迟转移为害,成虫飞行力强,具假死性,风雨天或低温时常栖息在花上不动,夜间入土潜伏或在树上过夜,成虫取食后交尾、产卵。卵散产在土中、杂草或落叶下。尤喜产卵于腐殖质多的场所。幼虫孵化后以腐殖质为食，长大后为害根部，但不明显，老熟后化蛹于浅土层。

（二）铜绿丽金龟 *Anomala corpulenta* Motschulsky

又名铜绿金龟子、青金龟子、淡绿金龟子。

【分布与危害】 除新疆、西藏无报道外，遍及全国各地。危害苹果、山楂、海棠、梨、杏、桃、李、梅、柿、核桃等。以苹果属果树受害最重。成虫取食叶片，常造成大片幼龄果树叶片残缺不全，甚至全树叶片被吃光。

【识别特征】

成虫：体长19—21mm，触角黄褐色，鳃叶状。前胸背板及鞘翅铜绿色具闪光，上面有细密刻点。鞘翅每侧具4条纵脉，肩部具疣突。前足胫节具2外齿，前、中足大爪分叉。

卵：初产椭圆形，卵壳光滑，乳白色。孵化前呈圆形。幼虫3龄，体长30—33mm，头部黄褐色，前顶刚毛每侧6—8根，排一纵列。肛腹片后部腹毛区正中有两列黄褐色长的刺毛，每列15—18根，两列刺毛尖端大部分相遇和交叉。在刺毛列外边有深黄色钩状刚毛。

蛹：长椭圆形，土黄色。体稍弯曲，雄蛹臀节腹面有4裂的瘤状突起。

【发生规律】 一年发生1代，以3龄或2龄幼虫在土中越冬。翌年4月越冬幼虫开始活动为害，5月下旬至6月上旬化蛹，6—7月为成虫活动期，直到9月上旬停止。成虫有趋光性及假死性，昼伏夜出，白天隐伏于地被物或表土，出土后在寄主上交尾、产卵。将卵散产于根系附近5—6cm深的土壤中。7—8月为幼虫活动高峰期，10—11月进入越冬期。在雨量充沛的条件下成虫羽化出土较早，盛发期提前，一般南方的发生期约比北方早月余。

（三）黑绒鳃金龟 *Maladera orientalis* Motsch

又名天鹅绒金龟子、东方金龟子。

【分布与危害】 广泛分布于中国大部分地域。主要危害蔷薇科果树、柿、葡萄、桑、杨、柳、榆、各种农作物及十字花科等40多科约150种植物。

【识别特征】

成虫：体长7—9mm，宽4—5mm，略呈卵圆形，背面隆起。全体黑褐色，被灰色或紫色绒毛，有光泽。触角黑色，柄节膨大，上生3—5根较长刚毛。两鞘翅上各有9条纵纹，侧缘具1列刺毛。前胫节有2个齿，后胫节细长，其端部内侧有沟状凹陷。腹部最后1对气门露出鞘翅外。

卵：椭圆形，初产时乳白色，表面光滑，有光泽，后变淡黄色，近孵化前褐色。老熟幼虫体长16—20mm，头黄褐色，胸部和腹部乳白色，多皱褶，被有黄褐色细毛。肛腹片上约有刺毛28根左右，横向弧形单行排列。

蛹：裸蛹，黄褐至黑褐色。腹部末端有臀棘1对。

【发生规律】 在甘肃、内蒙古、辽宁一年发生1代，以成虫在土中越冬。一般4月上、中旬越冬，成虫即逐渐上升，至5月初开始盛发。危害盛期在5月初至6月中旬。6月为产卵期。6月中旬开始出现新一代幼虫，幼虫一般危害不大，仅取食一些植物的根和土壤中腐殖质。8—9月，3龄老熟幼虫做土室化蛹，羽化的成虫不再出土而进入越冬状态。成虫白天潜伏在 1—3cm 的土表，夜间出土活动。雌虫产卵于被害植株根际附近 5—15cm 土中，单产，通常 4—18 粒为一堆。成虫具假死性，略有趋光性。

【蛴螬类害虫的防治措施】

成虫防治：金龟子成虫一般都有假死性，可人工震落捕杀大量成虫；夜出性金龟子成虫大多有趋光性，可设置黑光灯进行诱杀；在成虫发生盛期，可喷洒 40.7%乐斯本乳油 1000—2000 倍液。

蛴螬防治：加强苗圃管理，圃地勿用未腐熟的有机肥或将杀虫剂与堆肥混合施用。冬季翻耕，将越冬虫体翻至土表冻死；可用 50%辛硫磷颗粒剂 30—37.5kg/hm^2 处理土壤；苗木出土后，发现蛴螬为害根部，可用 50%辛硫磷 1000—1500 倍液灌注苗木根部；灌水淹死蛴螬。

五、金针虫类

金针虫又名铁丝虫、黄夹子虫。

【分布与危害】 在全国各地均有分布。金针虫是鞘翅目叩甲科昆虫幼虫的统称，多为植食性地下害虫，是为害园艺植物及其他作物地下部分的重要类群。

【识别特征】 金针虫身体细长，圆柱形，略扁，皮肤光滑坚韧，头和末节特别坚硬，颜色多为黄色或金褐色。

【生活习性】 生活在土壤中，取食植物的根、块茎和播种在地里的种子，它们在土壤中的活动显然比蛴螬灵活得多。一年中随气温的变化，在土壤中做垂直迁移，主要在春、秋两季为害。

【金针虫类害虫的防治措施】

食物诱杀：利用金针虫喜食甘薯、马铃薯、萝卜等习性，在发生较多的地方，每隔一段挖一小坑，将上述食物切成细丝放入坑中，上面覆盖草屑，可大量诱集，然后每日或每隔几日检查捕杀。

翻耕土地：结合翻耕，检出成虫或幼虫。

药物防治：用 50%辛硫磷乳油 1000 倍液喷浇苗间及根际附近的土壤。

六、白蚁类

白蚁属等翅目昆虫，分土栖、木栖和土木栖 3 大类。主要分布在长江以南及西南各省。

黑翅土白蚁 *Odontotermes formosanus* Shiraki

【分布与危害】 广泛分布于华南、华中和华东地区，最北至洛阳一带。危害柑橘、苹果、龙眼、荔枝、枇杷、杨梅、核桃、芒果、梨、梅、桃、李、栗、柿、茶、甘蔗、小麦、蓖麻、松、刺槐、杉木、乌桕、樟树、大叶桉、棕榈、柳杉、红杉、毛竹等植物。啃食树木树皮、木质部，有的将树木食成空心，木材不能利用；取食幼树韧皮部一圈后会枯死；取食芽接苗和接材，使嫁接失败。

【识别特征】 兵蚁体长 6mm，头长（至上颚端）2.55mm，宽 1.33mm，前胸背板长 0.43mm，宽 0.9mm，头部暗黄色，腹部淡黄至灰白色。头部背面观卵形。上颚镰刀状，左上颚中点前方有一明显的齿，齿尖斜向前，右上颚内缘有一微刺。上唇舌状。触角 15—17 节，前胸背板前部窄，斜翘起，后部较宽，前缘及后缘中央有凹刻。

【发生规律】 黑翅土白蚁有翅成蚁一般叫作繁殖蚁。每年 3 月开始出现在巢内，4—6 月在靠近蚁巢地面出现羽化孔，羽化孔突圆锥状，数量很多。在闷热天气或雨前 19：00 左右，爬出羽化孔穴，群飞，停下后即脱翅求偶，成对钻入地下建筑新巢，成为新的蚁王、蚁后，繁殖后代。繁殖蚁从幼蚁初具翅芽至羽化共 7 龄，同一巢内龄期极不整齐。兵蚁专门保卫蚁巢，工蚁担负筑巢、采食和抚育幼蚁等工作。蚁巢位于地下 0.3—2.0m 处，新巢仅是一个小腔，3 个月后出现菌圃——草裥菌体组织，状如面包。在新巢的成长过程中，不断发生结构上和位置上的变化，蚁巢腔室由小到大，由少到多，个体数目达 200 万以上。黑翅土白蚁具有群栖性，无翅蚁有避光性，有翅蚁有趋光性。

【白蚁类害虫的防治措施】

在白蚁为害区域，挖深 10cm，直径 50cm 的浅穴，用嫩草覆盖，每隔 2—3d 检查一次，如有白蚁，即用 2.5%溴氰菊酯 2000 倍液杀灭，或用 15%毒死蜱颗粒剂 1—1.2kg 与 40kg 干细土混合均匀撒施于沟内覆土杀蚁。

发现蚁路和分群孔，可选用 70%灭蚁灵粉剂喷施蚁体。也可将在 2.5%溴氰菊酯乳油 100—200 倍液中浸过的甘蔗粉用薄纸包成小包，放在树基附近，上盖塑料薄膜，再盖上杂草等物，诱白蚁啃食而中毒致死。

在 5—6 月傍晚悬挂黑光灯诱杀有翅成蚁，尤以闷热天气为佳。

七、地蛆

地蛆是危害农作物和蔬菜地下部分的花蝇科幼虫的统称，又称根蛆。

种蝇 *Delia platura* (Meigen)

又名灰地种蝇、菜蛆、根蛆、地蛆。

【分布与危害】 分布遍及全国。以幼虫在土中食害播下的蔬菜（瓜类、豆类、十字花科蔬菜）种子，或幼苗的根茎部，造成育苗地段的秧苗断垄，重者可全部覆没。盆花也常受害，造成植株枯萎，影响观赏价值。

【识别特征】 成虫：体长 4—6mm，雄虫稍小。雄虫体色暗黄或暗褐色，两复眼几乎相连，触角黑色，胸部背面具黑纵纹 3 条，前翅基背鬃长度不及盾间沟后的背中鬃之半，后足胫节内下方具 1 列稠密且末端弯曲的短毛；腹部背面中央具黑纵纹 1 条，各腹节间有一黑色横纹。雌灰色至黄色，两复眼间距为头宽的 1/3；前翅基背鬃同雄虫，后足胫节无雄蝇的特征，中足胫节外上方具刚毛 1 根；腹背中央纵纹不明显（图 5-65-1）。

卵：长椭圆形稍弯，乳白色，表面具网纹（图 5-65-4）。

幼虫：蛆形乳白而稍带浅黄色；尾节具肉质突起 7 对，1—2 对等高，5—6 对等长（图 5-65-3）。

蛹：红褐或黄褐色，椭圆形；腹末 7 对突起可辨（图 5-65-2）。

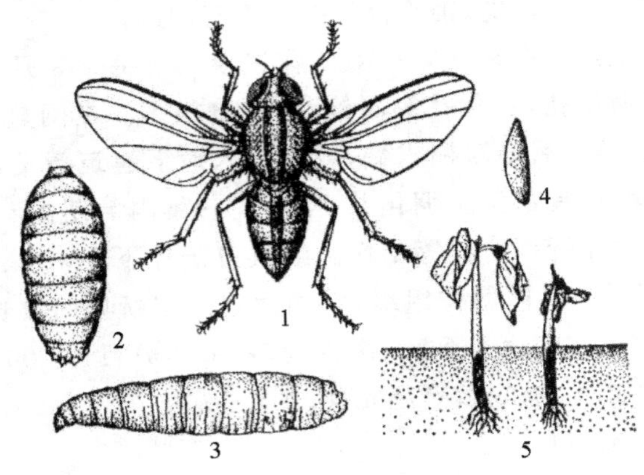

图 5-65　种蝇
1. 成虫　2. 蛹　3. 幼虫　4. 卵　5. 被害状
（仿华南农业大学）

【发生规律】　种蝇一年发生 3 代，以蛹在土中越冬。成虫于 3—4 月（北京）或 4 月下旬至 5 月上旬（山西大同）羽化。成虫喜在晴朗干燥的天气活动，早晚隐蔽在土块缝隙中，产卵前取食花蜜和蜜露，对腐烂有机质有很强的趋性，因此，凡有机肥腐熟不够或施肥不当，粪肥撒露在土面时，便可诱集大量成虫产卵。卵多产在比较潮湿的有机肥料附近的土缝下，也可产在近地面的植物子叶上。幼虫共 3 龄。幼虫孵化后，钻入播下的种子里，食害胚乳，或钻入植物幼根、嫩茎为害，一年中以春季第一代幼虫发生数量最多，夏季最少，秋季有时也多。

【地蛆类害虫的防治措施】

（1）施用充分腐熟的有机肥，防止成虫产卵。

（2）在成虫产卵高峰及地蛆孵化盛期及时防治，通常采用诱测成虫法。诱剂配方：糖 1 份、醋 1 份、水 2.5 份，加少量毒死蜱拌匀。诱蝇器用大碗，先放少量锯末，然后倒入诱剂加盖，每天在成蝇活动时开盖，及时检查诱杀数量，并注意添补诱杀剂，当诱器内数量突增或雌雄比近 1：1 时，即为成虫盛期，应立即防治。

（3）在成虫发生期，地面喷粉，如 5％杀虫畏粉等，也可喷洒 36％克螨蝇乳油 1000—1500 倍液或 2.5％溴氰菊酯 3000 倍液、20％氯 · 马乳油 2500 倍液，隔 7d 喷洒一次，连续防治 2—3 次。当地蛆已钻入幼苗根部时，可用 50％辛硫磷乳油 800 倍液或 25％爱卡士乳油 1200 倍液。

（4）药剂处理土壤：如用 50％辛硫磷乳油每亩 200—250g，加水 10 倍，喷于 25—30kg 细土上拌匀成毒土，以同样用量的毒土撒于种沟或地面，随即耕翻，或混入厩肥中施用，或结合灌水施入。药剂处理种子：当前用于拌种用的药剂主要有 50％辛硫磷、20％异柳磷，其用量一般为药剂：水：种约为 1：（30—40）：（400—500）；也可用 25％辛硫磷胶囊剂等有机磷药剂。

第六节　其他有害生物

花卉苗木在栽培过程中，尤其是在温室、苗圃等空气流通不畅的空间，温度高、湿度大，容易滋生诸如蜗牛、蛞蝓、马陆、鼠妇等有害生物，对植物叶片及根茎造成一定程度的损伤，影响植株的正常生长。

一、蜗牛类

（一）灰巴蜗牛 *Bradybaena ravida* (Benson)

属于腹足纲，巴蜗牛科，巴蜗牛属。

【分布与危害】　在广东、海南、江苏、浙江等地均有分布。灰巴蜗牛食性杂，可危害豆科、十字花科和茄科类植物，花卉类可危害月季、蜡梅、杜鹃、佛手、兰花等，草坪类可为害白三叶、红三叶、红花酢浆草等。取食叶片，受害叶片呈缺刻，所爬之处留下银色痕迹，也会影响观赏效果。

【识别特征】

成贝：有 2 对触角，后对触角较长，其顶端长有黑色眼睛，属于柄眼目。贝壳中等大小，壳质稍厚，坚固，呈圆球形或略呈椭圆形。壳高 19mm、宽 21mm，有 5.5—6 个螺层，顶部几个螺层增长缓慢、略膨胀。壳面呈黄褐色，具有细致而稠密的生长线和螺纹。壳顶尖。缝合线深，壳口椭圆形。脐孔狭小，呈缝隙状。个体大小、颜色变异较大(图 5-66)。

卵：圆球形，乳白色。

幼贝：形如成贝，初孵幼贝和贝壳为浅褐色。

图 5-66　灰巴蜗牛
(引自宋建英《园林植物病虫害防治》，2005)

【生活习性】　在上海、浙江一年发生 1 代，以成贝和幼贝在田埂土缝、残株落叶、宅前屋后的物体下越冬。蜗牛白天潜伏在花盆底部、砖石块下等隐蔽处，傍晚或清晨出来取食，遇有阴雨天多整天栖息在植株上。卵成堆产在植株根茎部或石块下的湿土中或土缝中，初产的卵表面具黏液，干燥后把卵粒粘在一起成块状。初孵幼贝多群集在一起取食，长大后分散为害，喜栖息在植株茂密低洼潮湿处。温暖多雨天气及田间潮湿地块受害重；遇高温干燥条件时，蜗牛常把壳口封住，潜伏在潮湿的土缝中或茎叶下，待条件适宜时，如下雨或灌溉后外出取食。

【防治方法】

(1) 该虫常清晨或傍晚外出取食，可在早晚或阴雨天人工捕捉，集中杀灭。

(2) 用茶子饼粉作毒饵诱杀，或用 50%辛硫磷乳油 1000 倍液喷雾。

(3) 每亩用斗蜗螺(6%四聚乙醛)颗粒剂 180g 撒施在受害株附近根部的行间，防治适期以蜗牛产卵前期为宜。

(二) 同型巴蜗牛 *Bradybaena similaris* (Ferussac)

属于腹足纲,巴蜗牛科,巴蜗牛属。

【分布与危害】 分布于中国的黄河流域、长江流域及华南等地。寄主有紫薇、芍药、海棠、玫瑰、月季、蔷薇以及白菜、萝卜、甘蓝、花椰菜等多种蔬菜。初孵幼螺只取食叶肉,留下表皮,稍大个体则用齿舌将叶、茎溉磨成小孔或将其吃断。

【识别特征】 贝壳中等大小,壳质厚,坚实,呈扁球形。壳高 12mm、宽 16mm,有 5—6 个螺层,顶部几个螺层增长缓慢,略膨胀,螺旋部低矮,体螺层增长迅速、膨大。壳顶钝,缝合线深。壳面呈黄褐色或红褐色,有稠密而细致的生长线。壳口呈马蹄形,口缘锋利,轴缘外折,遮盖部分脐孔。脐孔小而深,呈洞穴状。个体之间形态变异较大。卵圆球形,直径 2mm,乳白色有光泽,渐变为淡黄色,近孵化时为土黄色(图 5-67)。

图 5-67 同型巴蜗牛
(引自宋建英《园林植物病虫害防治》,2005)

【发生规律】 以成贝和幼贝在土层或落叶层中越冬,白天多藏在植物枝干阴面、落叶、杂草、土层等处,夜间为害,阴雨天白天也为害。在寄主根部附近松土层中产卵。阴雨天土壤湿度大,活动频繁,危害加重,成贝寿命 2 年以上。

【防治方法】

(1) 人工捕杀成贝和幼贝。

(2) 于为害期往寄主上喷洒 50%辛硫磷乳油 1200 倍液毒杀成、幼贝。

(3) 于傍晚在蜗牛常活动的地方撒生石灰粉,杀成、幼贝。

二、蛞蝓类

双线嗜黏液蛞蝓 *Philomycus bilineatus* (Bensom, 1842)

俗称鼻涕虫。属于腹足纲,柄眼目,嗜黏液蛞蝓科。

【分布与危害】 在国外分布于英国、法国、德国、意大利、瑞士、瑞典、荷兰、俄罗斯、日本以及美洲、澳大利亚、北非、东南亚等地;在国内分布在上海、江苏、浙江、湖南、广西、广东、云南、四川、贵州、河南、新疆、黑龙江、北京等地。生活环境多为阴暗潮湿的温室、苗圃、果园等多腐殖的石块落叶下、草丛中以及下水道旁。取食多种花卉的叶片使其产生孔洞。

图 5-68 双线嗜黏液蛞蝓
(仿徐公天,等《中国园林害虫》,2007)

【识别特征】 蛞蝓没有贝壳,外形像没有壳的蜗牛。成虫体伸直时体长 30—60mm,体宽 4—6mm;内壳长 4mm,宽 2.3mm。长梭形,柔软、光滑而无外壳,体表暗黑色、暗灰色、黄白色或灰红色。触角 2 对,暗黑色,后触角端部有眼,有感觉和视觉作用。口腔内有角质齿舌。体背前端具外套膜,为体长的 1/3,边缘卷起,其内有退化的贝壳，上有明显的同心圆线，即生长线。黏液无色。

卵：椭圆形，直径 2.0—2.5mm，白色透明，呈念珠状串联，近孵化时色变深。

幼虫：初孵幼贝体淡褐色，长 2.0—2.5mm，形似成贝。

识别特征如图 5-68 所示。

【发生规律】 蛞蝓以成虫体或幼体在作物根部湿土下越冬。蛞蝓雌雄同体，异体受精，亦可同体受精繁殖。卵产于湿度大、隐蔽的土缝中。该蛞蝓怕光，早晚外出取食，耐饥力强，在食物缺乏或不良条件下能不吃不动，适宜环境条件下可生活 1—3 年。阴暗潮湿的环境易于大发生，当气温 11.5—18.5℃，土壤含水量为 20％—30％时，对其生长发育最有利。

【防治方法】

(1) 结合生产管理，采用高畦栽培、地膜覆盖等方法，可以在一定程度上减轻危害。

(2) 施用充分腐熟的有机肥，创造不适于蛞蝓发生和生存的条件。

(3) 在花盆周围撒施石灰粉。

(4) 必要时喷洒斗蜗螺颗粒剂、杀螺胺粉剂等化学农药。

三、马陆类

马陆 *Julidae bortersis* Wood

俗称千足虫、铁条虫。属于多足纲，圆马陆科。

【分布与危害】 该虫喜潮湿，分布范围较广，在全国各地均有分布。危害仙客来、瓜叶菊、洋兰、铁线莲、海棠、吊钟海棠及文竹等多种温室花卉。

【识别特征】

成虫：圆筒形，茶褐色，有光泽，体长 25—30mm，雌雄异体，头部有 1 对触角，背面两侧各有由若干单眼合成的集合眼 1 对，躯体由大小相同的 14—100 体节组成，各腹节由 2 节愈合为 1 节，每节具附肢 2 对(图 5-69)。

卵：白色，圆球形，外粘有一层透明胶性物质。

幼虫：初孵时色浅，细长，经数次蜕皮后体色加深。

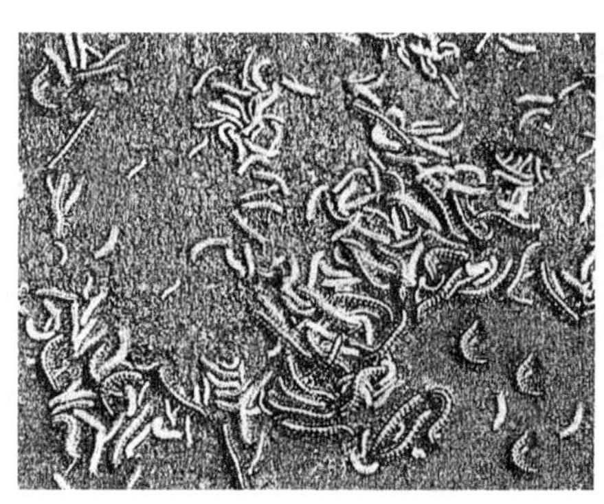

图 5-69　马陆群体及个体

(仿徐公天，等《中国园林害虫》，2007)

【发生规律】 该虫喜湿畏光，寿命达 1 年以上。在温室及苗圃内常潜居于花盆底部、砖块下或盆架缝隙内。昼伏夜出，在盆底孔口内啃食盆花幼根，还可取食幼苗、嫩茎、嫩芽及嫩叶。卵成块产于盆地土表。

【防治方法】

(1) 保持室内卫生及干燥，及时清除多余的砖头瓦块、久置不用的花盆器具等，最大限度地减少马陆的潜藏和越冬场所。

(2) 严重为害时，可喷洒 50%辛硫磷乳油 800—1000 倍液。

四、鼠妇类

卷球鼠妇 *Armadillidium vulgare* Latreille

俗称潮虫、西瓜虫、团子虫等。属于甲壳纲，等足目，潮虫亚目。

【分布与危害】 在国内分布于华南、西南、华中等地。主要危害海棠、君子兰、仙客来、扶桑、紫罗兰、铁线蕨、含笑、苏铁、茶花及一些多肉植物等。该虫具有假死性，常见于温室及苗圃地，主要危害幼芽，也啃食根、茎和果实；将叶片吃成缺刻状，严重时可吃光叶片，仅留叶脉；也常吃幼苗的生长点、幼芽、果实，使果实和嫩茎产生伤疤，有时造成落果；或造成根茎腐烂。

【识别特征】

成虫：体长约 10mm，背灰色或褐色，有光泽，体宽而扁，略呈半圆形。触角 2 对，其中 1 对短而不显，体分 13 节。复眼 1 对，黑色，圆形，微突。

卵：雌体胸肢中茎部内侧有薄膜板，左右汇合成育室，卵产在育室内。

幼虫：初孵幼虫呈白色，足 6 对，蜕皮后足 7 对。

识别特征如图 5-70 所示。

图 5-70　卷球鼠妇
(仿徐公天，等《中国园林害虫》，2007)

【发生规律】 鼠妇喜欢富含有机质的潮湿沙质土。白天潜伏在花盆底部，从盆底排水孔内等隐蔽处取食嫩根，在夜间活动为害。该虫触角、附肢等受到断损，能在蜕皮时长出新的，再生能力较强。

【防治方法】

(1) 清除温室内多余砖块、杂草及各种废、杂物品，保持清洁。

(2) 成虫活动繁殖季节，在温室内堆集幼嫩菜叶或青草饲料作诱饵，清晨集中清除处理。

(3) 发生严重时，使用辛硫磷等杀虫剂喷洒于花盆、地面、植株上。

第七节 螨 类

螨类属节肢动物门,蛛形纲,蜱螨亚纲,蜱螨目。螨类头胸部和腹部愈合,全身无明显分节,体躯分为前体段和后体段。前体段分颚体和前足体,后体段又分后足体和末体段。螨类多为卵生,营两性生殖,有些种类也可行孤雌生殖,一生经过卵、幼螨、若螨和成螨 4 个时期。幼螨只有 3 对足,而若螨和成螨都有 4 对足。若螨比成螨小,同时体毛又少,且无生殖孔。体上刚毛的数目和排列的毛序因种而异,是螨类重要的分类依据。

一、螨类为害特点

螨类体型微小,世代历期短,繁殖迅速。多集中在叶背为害,主要以刺吸式口器为害植物叶片及嫩芽。成螨、若螨、幼螨均可为害,严重影响植物光合作用,被害叶片容易枯黄脱落,在高温干旱条件下为害尤为严重。螨类为害较为隐蔽,作物受害初期常无明显的被害状,容易被忽视,往往是一经发现就已发生相当数量;另外,叶螨易产生抗药性,使得防治难度加大。严重时,常导致植株叶片发黄脱落,长势衰弱,严重影响植株的产量和质量,生产中常造成一定的经济损失。植物的被害程度,常随着作物种类、植物的生理状态、叶螨的种群数量以及环境条件的不同而异。

在我国华南地区危害较严重的害螨主要有:六点始叶螨、柑橘全爪螨、柑橘始叶螨、皮氏叶螨、咖啡小爪螨、荔枝瘤瘿螨、柑橘皱叶刺瘿螨、朱砂叶螨、二斑叶螨、卵圆短须螨、侧多食跗线螨等。

二、常见的害螨种类

(一) 朱砂叶螨 *Tetranychus cinnabarinus* (Boisduval)

俗称红叶螨,又称棉红蜘蛛。蛛形纲,蜱螨亚纲,真螨目,叶螨总科,叶螨科,叶螨属。

【分布与危害】 为世界性害螨,几乎遍布全国。寄主广泛,我国已记载 32 科 113 种植物。主要寄主植物有锦葵科、豆科、菊科、剑麻科、大戟科、柳科等;花卉如香石竹、菊花、水仙花、茉莉花、月季、桂花、一串红、鸡冠花、锦葵、向日葵、九里香、桃树等也有受害。

【识别特征】

成虫:雌虫体长 0.42—0.56mm,体宽 0.26—0.33mm,卵圆形,体色红色、锈红色,常随寄主种类有变异,体背两侧各有黑长斑一块,背毛 12 对,刚毛状,无臀毛;腹毛 16 对。肛门前方有生殖瓣和生殖孔。生殖孔周围有放射状的生殖皱襞。气门沟膝状弯曲。爪退化,各生黏毛 1 对。爪间突分裂成 3 对刺毛。雄虫体长 0.38—0.42mm,宽 0.21—0.23mm。体略呈菱形,比雌螨小。须肢跗节的端感器细长。背毛 13 对,最后的 1 对是移向背面的肛后毛。阳茎的端锤微小,两侧的突起尖利,长度近等。识别特征如图 5-71 所示。

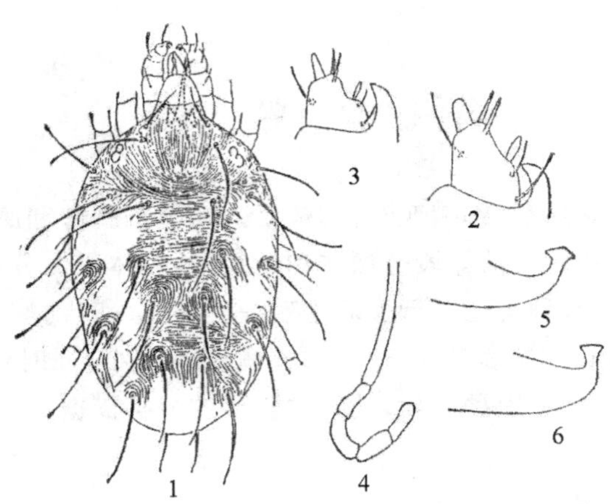

图 5-71　朱砂叶螨

1. 雌螨背面观　2. 雌螨须肢跗节　3. 雄螨须肢跗节　4. 气门沟　5、6. 阳具

（引自邓国藩，等《中国蜱螨概要》）

卵：圆球形，直径约 0.13mm，初产无色透明，孵化前淡红色。

幼螨：有 3 对足，体近圆形，长约 0.15mm，浅红色，稍透明。

若螨：有 4 对足，雌螨分为前期若螨和后期若螨。雄螨无后期若螨。体椭圆形，体色变深，体侧出现明显的深色斑块。

【发生规律】

华南地区一年发生 20 代以上，世代重叠严重。以成螨、若螨群集潜伏在枯叶、杂草根际及土块、树皮的缝隙等处越冬。卵常产在叶背主脉两侧及丝网下。朱砂叶螨种群的消长和扩散与气候、寄主、耕作制度及施肥水平等因子有关。

气候因子是影响朱砂叶螨种群消长的决定因子，干旱并具备一定的风力是其繁殖和扩散最有利的条件。暴风雨对其有明显的冲刷作用。朱砂叶螨成、若螨均有吐丝习性，所以在食料恶化、虫口密度高时则可沿蛛丝结团下垂，随风飘移到远处，此外人、畜、种苗调运是其远距离传播的主要方式。

（二）皮氏叶螨 *Tetranychus piercei* McGregor

蛛形纲，蜱螨亚纲，真螨目，叶螨总科，叶螨科，叶螨属。

【分布与危害】　在国外分布于美国、日本、菲律宾、巴西、哥斯达黎加等，在国内主要分布于海南、广东、广西、云南、福建、台湾等地。主要危害香蕉、芭蕉、番木瓜、荔枝、番荔枝、木菠萝、油梨、芒果、莲雾、木薯、无花果、变叶木、蔷薇、桑、泡桐、桃、番茄、甘薯、绿豆、藿香蓟、鱼腥草、蓖麻等。

皮氏叶螨主要以成螨、若螨、幼螨群集于叶背刺吸植物的汁液为害。为害植物叶片、嫩茎、花和果，被害叶片呈缺绿状，出现黄色斑点，严重时连成斑块，叶片布满黄斑时则呈花叶状，使叶片早衰脱落。此外，皮氏叶螨具有吐丝织网特性，受害部位伴有大量蜕皮和丝网，影响植株光合作用。

【识别特征】

成螨：雌成螨体长 467μm，包喙长 537μm，体宽 338μm。体呈椭圆形，成螨身体呈红褐色，足及颚体为白色，体侧有黑斑。须肢端感器柱形，长约为宽的 1.5 倍；背感器梭形，与端感器接近等长。口针鞘前端圆钝。气门沟末端呈“U”形弯曲。背表皮纹在后半体构成菱形图案。背毛刚毛状，13 对，具微绒毛，细长，不着生在毛突上，刚毛长度超过横列间距。具足 4 对，足Ⅰ跗节具两对典型的双毛，彼此远离。各足爪间突分裂成 3 对针状毛，无腹毛簇。雄成螨体长 297μm，包喙长 366μm，体宽 166μm。体狭长，体色粉红色。须肢端感器柱形，长约为宽的2.5倍；背感器梭形，稍短于端感器。足Ⅰ爪间突为一对粗壮的爪，其他各足爪间突分裂成三对针状毛。阳具柄部宽阔，无端锤，末端弯向背面，微呈“S”形（图 5-72）。

图 5-72　皮氏叶螨阳具
（引自江西大学《中国农业螨类》）

卵：圆形，刚产时乳白色，孵化前淡黄至淡褐色。

若螨：足 4 对，体形小于成螨，呈淡紫或淡红色，体两侧黑斑呈深黑色。腹面刚毛数量少于成螨。

幼螨：足 3 对，初孵时乳白色，取食后为暗绿色，两侧具黑色带纹。

【发生规律】

在海南的香蕉上一年可发生 26 代，世代重叠严重，无越冬现象，终年可发生为害。其世代发育历经卵、幼螨、第一若螨、第二若螨、成螨等 5 个虫态，在第一若螨、第二若螨、成螨之前各有一个静息期。该螨繁殖速度与温度有关，低温发育缓慢，高温发育速度加快。世代发育起点温度为 10.73℃，完成世代发育所需有效积温为 183.34 日度，24—32℃为皮氏叶螨发育、存活和产卵的最适合温度，暴雨对其有冲刷作用。

（三）六点始叶螨 *Eotetranychus sexmaculatus* (Riley)

俗称六点黄蜘蛛，又称六斑始叶螨。蛛形纲，蜱螨亚纲，真螨目，叶螨总科，叶螨科，始叶螨属。

【分布与危害】　分布于海南、云南、广东、广西、上海、江苏、浙江、湖南、重庆等地。食性杂，可危害柑橘、樟树、杜鹃、番石榴、茶树、台湾相思、苦楝、橡胶、油桐、油梨、腰果和波罗蜜等 20 多种经济植物及野生植物。该螨多以若螨、成螨在叶背沿中脉及支脉两侧为害，使叶受害处呈黄色，并密布丝网，影响植物光合作用及树势，发生严重时，叶片枯黄脱落。

【识别特征】

成螨：雌螨浅黄色，椭圆形，体长 0.39—0.50mm，多数体侧具 4 个黑色小斑点，少数 5—6 个斑（图 5-73-1）。雄螨体型较小，体长 0.28—0.35mm，尾部较尖削（图 5-73-2）。

卵：圆形，直径 0.28—0.35mm，初产时无色透明，后呈淡黄色，近孵化卵变浑浊，呈乳白色。卵壳上具 1 根竖短丝附着在叶片上（图 5-73-3）。

幼螨：体长 0.14—0.16mm，初孵时乳白色，近圆形，无斑点；取食后出现斑点，足 3 对（图 5-73-4）。

若螨：体长 0.21—0.29mm，浅黄色，有 4 个不规则黑斑，足 4 对（图 5-73-5）。

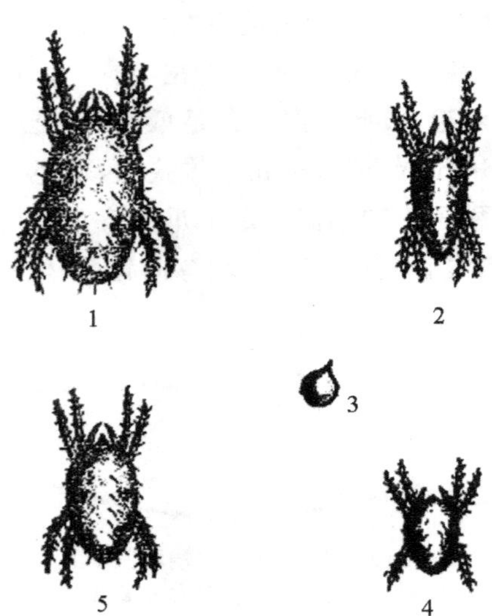

图 5-73 六点始叶螨
1. 雌螨　2. 雄螨　3. 卵　4. 幼螨　5. 若螨
（仿杨光融、林延谋）

【发生规律】　在华南一年发生 20 多代，在海南一年有 23 代，世代重叠严重。雌、雄螨蜕皮次数相同，但雄螨发育速度快于雌螨，雌、雄螨均可多次交配，交配当天即可产卵，卵粒多达每头雌螨 114 粒。主要行两性生殖，也可孤雌生殖。卵多产于叶脉两侧。该虫有吐丝结网习性。发生量与温度、降雨和天敌数量有关。

（四）咖啡小爪螨 *Oligonychus coffeae* Nietner

别名茶红蜘蛛。蛛形纲，蜱螨亚纲，真螨目，叶螨总科，叶螨科，小爪螨属。

【分布与危害】　在国外主要分布于印度、斯里兰卡等地，在国内主要分布于海南、广东、广西、云南、福建、湖南、江西、台湾等地。主要危害咖啡、茶、芒果、柑橘、葡萄、山茶、合欢、蒲桃、樟树、毛栗、橡胶等。

该螨主要以成、若螨在叶片正面吸食汁液，背面取食者较少见，叶片受害初期呈黄色失绿斑点，后局部变红，严重时致使叶片失去光泽，呈红褐色斑块，最后叶片干枯脱落。吐丝结网，可诱发烟煤病。

【识别特征】

成螨：雌螨体长 0.4—0.5mm，宽 0.29—0.33mm，椭圆形，紫红色，足及颚体洋红色，背毛白色。须肢端感器顶端略呈长方形；背感器小枝状，与端感器约等长。口针鞘前端中央有凹陷。气门沟末端膨大。前足体背表皮纹纵向，后半体第一、二对背中毛之间为横向，第三对背中毛之间稍呈“V”形。背毛较粗壮，末端尖细，具 26 根茸毛。足 4 对。雄螨体长 0.37—0.42mm，宽 0.18—0.23mm。体菱形，腹端略尖。须肢端感器锥形，背感器小枝状，与端感器约等长，体色与雌螨相似（图 5-74）。

卵：圆球形，红色至橙红色，直径约 0.12mm，顶端有 1 根毛。

幼螨：卵圆形，体长 0.2mm，宽 0.1mm，初孵出时鲜红色，后变暗红色，足 3 对。

若螨：形似成螨，雌螨体长约 0.36mm，腹末端较圆；雄螨体长 0.23mm，腹末端较尖；足 4 对；暗红色。

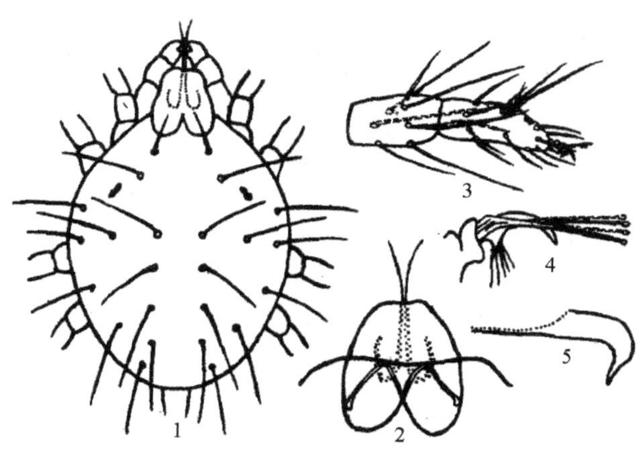

图 5-74　咖啡小爪螨
1. 雌螨背毛分布　2. 气门沟　3. 足Ⅰ胫节、跗节　4. 跗节爪及爪间突　5.阳茎
（匡海源绘）

【发生规律】　在福建一年约发生 15 代，世代重叠，无明显滞育、越冬现象。该螨喜光，多栖息于上部老叶及老叶表面为害，能吐丝下垂随风传播。全年以秋后至次年春前的干旱季节危害最重，少雨年份更为严重。雌成螨寿命最长，一般 10—30d。卵散产于叶面主侧脉附近，有吐丝结网习性。

（五）柑橘全爪螨 *Panonychus citri* McGregor

又名柑橘红蜘蛛、瘤皮红蜘蛛。蛛形纲，蜱螨目，叶螨科，全爪螨属。

【分布与危害】　是一种世界性害螨，广泛分布于中国、日本、美国等。在国内主要分布在海南、广东、广西、云南、福建、江苏、浙江、上海、江西、湖北、湖南、四川、贵州、重庆、台湾等地。寄主广泛，主要为害芸香科植物，还有桂花、枇杷、木瓜、菠萝、阳桃、蓖麻、葡萄、梨、樱桃等约 30 科 40 多种植物。

成螨、若螨和幼螨群集于嫩叶枝梢及果实上刺吸汁液，但叶片受害最重。被害叶片呈现许多灰白色失绿斑点，严重时全叶灰白，造成大量落叶、落果，影响树势和产量。猖獗发生时，果实表面布满灰白色失绿斑，全果苍白，影响产量及观赏价值。

【识别特征】

成螨：雌成螨暗红色，卵圆形，体长 0.3—0.4mm。刚毛粗壮，背毛 13 对，均着生在瘤状突起上，肛后毛 2 对。足 4 对，足Ⅰ跗节上的 2 对双毛十分接近。爪退化，各生黏毛 1 对；爪间突腹面有刺毛 3 对(图 5-75-1)。雄成螨鲜红色，体呈菱形，后端较狭窄，较雌成螨小，阳茎无端锤(图 5-75-2)。

卵：球形略扁，直径约 0.13mm，红色有光泽，顶部有一垂直长柄，从柄端向四周散射 10—12 根细丝，粘于叶面(图 5-75-3)。

幼螨：淡红色，体长约 0.2mm，足 3 对。

若螨：体形似成螨，足 4 对。前若螨体长 0.20—0.25mm，后若螨体长 0.25—0.30mm。

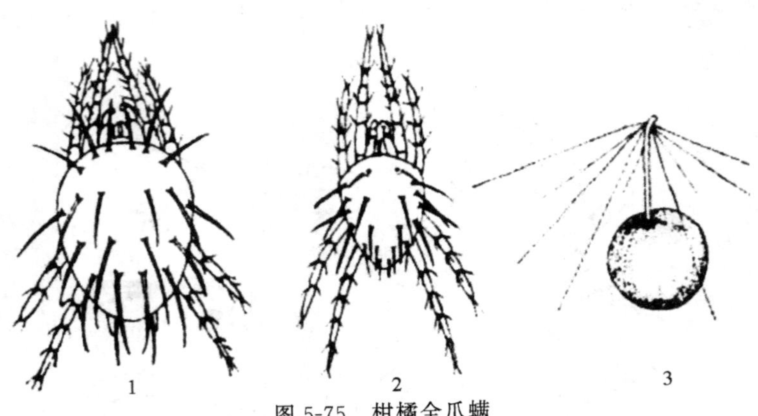

图 5-75　柑橘全爪螨

1. 雌成螨　2. 雄成螨　3. 卵

（仿蔡平，《园林植物昆虫学》）

【发生规律】　一年发生 12—20 代，世代重叠。以卵、若螨或成螨在叶背或树皮的裂缝中越冬或无明显越冬现象。发育和繁殖的适宜温度 20—28℃，当温度超过 30℃时，螨的死亡率增加；超过 40℃则不利其生存。柑橘全爪螨行两性生殖，有时也可孤雌生殖，雌螨产卵叶片上为多，且正反两面均有，但以叶背主脉两侧居多。柑橘全爪螨喜光趋嫩，在树冠外围中上部，山地、丘陵地果园的阳坡、光线充足的部位；常从老叶上转移至嫩绿的枝叶、果上为害，产卵量比在老叶上取食的多。

（六）荔枝瘤瘿螨 *Aceria litchii*（Keifer）

荔枝瘤瘿螨又名荔枝毛瘿螨或毛蜘蛛，是荔枝和龙眼的主要害螨。蛛形纲，蜱螨亚纲，真螨目，瘿螨总科，瘿螨科。

【分布与危害】　在国外主要分布于泰国、印度、美国佛罗里达州及夏威夷、澳大利亚、巴基斯坦等地。国内主要分布于海南、广东、广西、福建、云南等荔枝、龙眼生产区。主要为害寄主叶片，也可为害嫩梢、花果。叶片受害后叶面凸起，并从另一面凹陷处长出白色绒毛，绒毛黄褐色渐变成红褐色，而且浓密，故称毛毡病，受害严重的叶片干枯凋落。

【识别特征】

成螨：体极微小，狭长蠕虫状。体色淡黄至橙黄色。头小，其端有螯肢和须肢各一对，头胸部有足 2 对；腹部渐细而且密生环毛，末端具长尾毛 1 对（图 5-76）。

卵：圆球形，半透明，乳白色至淡黄色。

若螨：体形似成螨，初孵化时虫体灰白色，半透明，随着若螨发育渐变为淡黄色，腹部环纹不明显。

【发生规律】　在广西、广东一年四季都有发生，一年发生 10 代以上，世代重叠，无明显越冬现象。该螨在被害处的虫瘿绒毛间生活、产卵繁殖，平时不大活动，一旦受阳光照射或雨水淋湿后则活动较活跃。但如遇到台风暴雨天气，雨水冲刷作用急剧，毛毡中荔枝瘤瘿螨常因浸水而死亡，因此，台风暴雨对荔枝瘤瘿螨的发生有一定的抑制作用。另外，种群数量消长与荔枝新梢的抽发也有密切的关系。喜阴畏光，故树冠下层和内膛树叶易受害，大树受害较重，苗木和幼树受害较轻。主要靠风、雨、苗木调运、农具器械和自身爬行等途径蔓延传播。

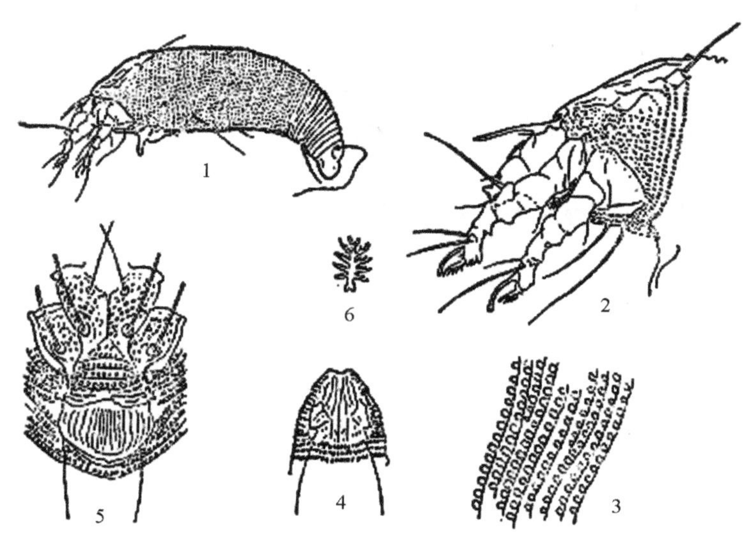

图 5-76 荔枝瘤瘿螨

1. 侧面观 2. 头胸板侧面 3. 背片上微瘤 4. 头胸板背面 5. 外生殖器 6. 羽状爪

（引自江西大学《中国农业螨类》）

【防治方法】

螨类的防治要坚持预防为主、综合防治的原则，化学防治应注意“治早治小”，在害螨发生初期，及时喷药挑治，将害螨控制在点片发生时期。在挑治叶螨时，遵循“发现一株打一片”原则，可有效控制其向四周蔓延扩散。

园林技术防治：结合园林修剪，及时减除虫枝、虫叶并集中烧毁。加强田间管理，注重健壮栽培，增强植株抗虫能力。刮除老翘皮，清除越冬螨源，减少翌年害螨的发生基数。

生物防治：合理保护和利用天敌生物。螨类的自然天敌较多，捕食性天敌主要有植绥螨、深点食螨瓢虫、塔六点蓟马、小花蝽、中华草蛉、草间小黑蛛等。现在天敌生物捕食螨已经实现了商品化，建议生产中采用以螨治螨的生物防治方法，悬挂捕食螨释放袋，结合其他防治方法，可望达到农林害螨的持续有效控制。

化学防治：结合田间管理，及时做好预测预报，做到“治早治少”。及时发现，及时喷药挑治，将害螨控制在点片发生时期。在挑治叶螨时，遵循“发现一株打一片”，可有效防治其周围尚未表现症状的有螨株。

农林害螨的防治常用药剂有：43%联苯肼酯悬浮剂 86—107.5mg/kg、20%乙螨唑悬浮剂 25—33.3mg/kg、18g/L 阿维菌素乳油 5.4—10.8g/hm^2、73%炔螨特乳油 243—365mg/kg、15%哒螨灵乳油 50—67mg/kg、25%三唑锡可湿性粉剂 125—250mg/kg、29%螺螨酯悬浮剂 40—60mg/kg 等喷雾以及使用 10%哒灵·炔螨特热雾剂施药，等等。

尽量采用对天敌杀伤力小的生物农药防治。农林螨类因体型小、世代历期短，容易产生抗药性，化学防治时应注意交替使用农药和合理混用农药。

本章复习题

1. 常见的园林植物食叶性害虫的种类有哪些?

2. 试述凤凰木夜蛾的综合治理方法。

3. 热带园林植物绿化中常见的刺吸式口器的害虫种类有哪些?

4. 试简述刺吸式口器害虫的综合治理方法。

5. 热带园林植物常见的钻蛀性害虫有哪些? 应如何防治?

6. 列举几种热带地区的外来入侵害虫。对于此类害虫的防治,您认为应做好哪几方面的工作?

第六章　热带园林植物病害及其防治

园林植物叶、花、果病害种类繁多，占病害总数的60%以上，超过茎部和根部病害总和。根据其病原种类，可分为真菌、细菌、病毒、线虫、原核生物病害和寄生性种子植物等类型。在众多的园林植物病害中，可分为侵染性病害和生理性病害，其中以侵染性病害的真菌类居多，真菌病害中又以叶斑病类病害较为常见。

第一节　真菌病害

一、白粉病类

白粉病是园林植物中普遍发生的重要病害，通常除针叶树和球茎、鳞茎等花卉以及角质层、蜡质层厚的花卉以外，许多观赏植物都易感染白粉病。这种病害的病症常先于病状，病状最初常不明显。病症初为白粉状，近圆形斑，扩展后病斑可连接成片。一般，秋季白粉层上出现许多由白色变为黄色，最后变为黑色的小颗粒——闭囊壳。少数白粉病晚夏即可形成闭囊壳。白粉病的病症非常明显，在发病部位覆盖有一层白色粉层。

引起园林植物白粉病的常见病原菌有：白粉菌属、单囊壳属、内丝白粉菌属、叉丝壳属、叉丝单囊壳属等真菌。

（一）月季白粉病

【分布与危害】　月季白粉病是世界性病害，月季栽培区均有发生，是温室和露地栽培月季的重要病害，我国各地均有发生白粉病对月季危害较大，病重引起早落叶、枯梢、花蕾畸形或完全不能开放，降低切花产量及观赏性。连年发生则严重地削弱月季的生长，植株矮小。一般来说，温室发病比露地重。该病也危害玫瑰、蔷薇等植物。

【症状】　白粉病菌侵染月季的绿色幼嫩器官，叶片、花器、嫩梢发病重。早春，病芽展开后的叶片上下两面都布满了白粉层。叶片皱缩反卷，变厚，为紫绿色，逐渐干枯死亡，并成为再侵染来源。生长季节叶片受侵染，首先出现褪绿斑，逐渐扩大为圆形或不规则形的大型斑，表面覆盖大量白粉层，严重时白粉斑相互连接成片，导致全叶枯黄脱落。老叶则比较抗病。嫩梢和叶柄发病时病斑略肿大，节间缩短，病梢有回枯现象。叶柄及皮刺上的白粉层很厚，难剥离。花蕾受害后被满白粉层，逐渐萎缩干枯。受害轻的花蕾开出的花朵呈畸形。幼芽受害不能适时展开，比正常的芽展开晚且生长迟缓(图 6-1)。

图 6-1　月季白粉病

1. 受害枝条　2. 分生孢子　3. 分生孢子串生

(引自林焕章《花卉病虫害防治手册》，1999)

【病原】　病原菌是毡毛单囊壳菌[*Sphaerotheca pannosa* (Wallr.) Lev.]和蔷薇单囊壳菌(*Sphaerotheca rosae* (Jacz.) Z.Y.Zhao)，单囊壳属。闭囊壳直径 90—110μm，附属丝短，闭囊壳内含一个子囊，子囊椭圆形或长椭圆形，少数球形，无柄，(99—100)μm×(60—75)μm；子囊孢子 8 个，(20—27)μm×(12—15)μm。无性态是粉孢属真菌(*Oidium* sp.)，粉孢子向基型串生、单胞、椭圆形、无色，大小为(20—29)μm×(13—17)μm，分生孢子梗直立，(73—90)μm×(9—11)μm。月季上只有无性态，蔷薇、黄刺玫等寄主上可形成闭囊壳。

【发病规律】　病菌主要以菌丝体在芽中越冬，在有些地区或寄主上(玫瑰、黄刺玫)，病菌可以子囊果越冬。分生孢子主要由风传播，直接侵入寄主。在温度为 20℃，湿度为 97%—99%的条件下，分生孢子 2—4h 就萌发；5d 左右就又能形成分生孢子。一般夜间温度较低(15—16℃)、湿度较高(90%—99%)有利于孢子萌发及侵入，白天气温高(23—27℃)、湿度较低(40%—70%)则有利于孢子的形成及释放。露地栽培时发病盛期因地区而异，南方 3—5 月发病重(图 6-2)。

多施氮肥，栽植过密，光照不足，通风不良都加重该病的发生。灌溉方式、时间均影响发病，滴灌和白天浇水能抑制病害的发生。

【防治措施】

(1) 减少侵染来源。结合修剪剪除病枝、病芽和病叶，并及时销毁。在休眠期，喷洒 2—3 波美度的石硫合剂，消灭病芽中的越冬菌丝，或病部的闭囊壳。

(2) 加强栽培管理，改善环境条件。栽植密度、盆花摆放密度不要过密；温室栽培注意通风透光；增施磷、钾肥，氮肥要适量；灌水最好在晴天的上午进行。

(3) 化学防治：防治白粉病的药剂较多，在月季上常用的有 25%粉锈宁可湿性粉剂 1000—1500 倍液(15%粉锈宁可湿性粉剂 800 倍液)，残效期长达 1.5—2 个月；50%苯来特可湿性粉剂 800—1000 倍液、0.2—0.3 波美度的石硫合剂、胶体硫 50 倍液、碳酸氢钠 250 倍液等。

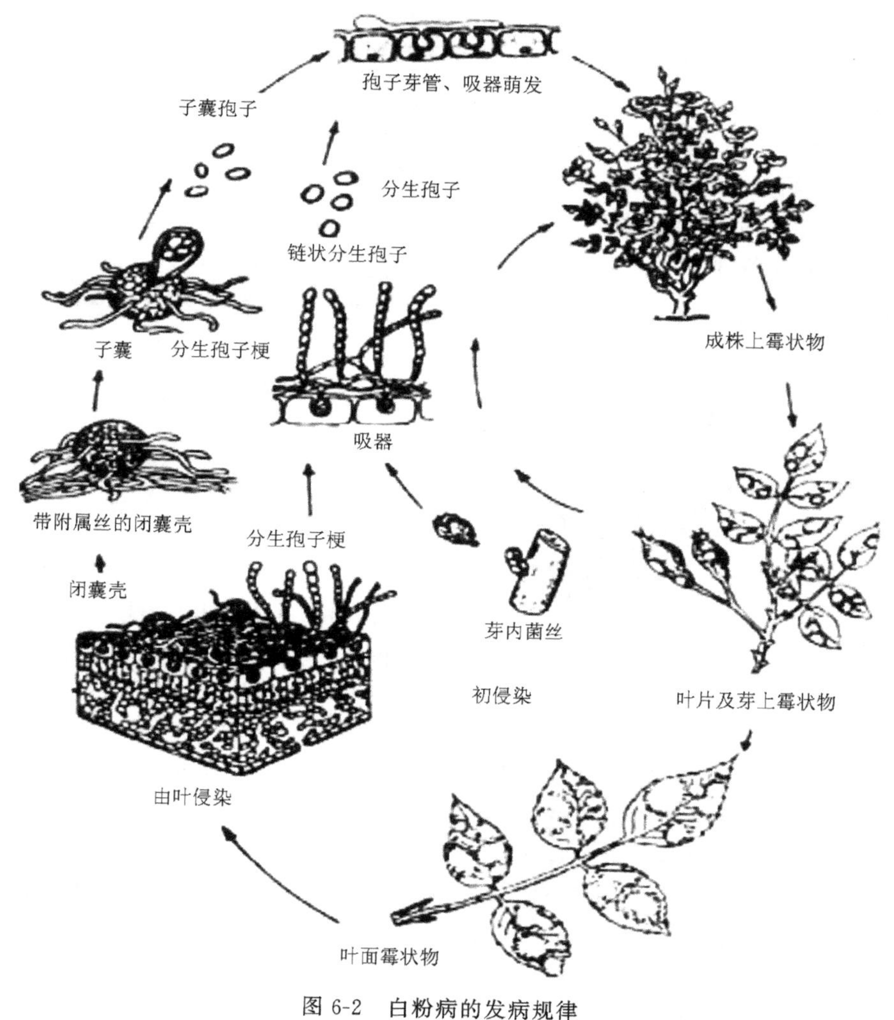

图 6-2　白粉病的发病规律
（引自各作者）

（二）紫薇白粉病

【分布与危害】　紫薇白粉病(图 6-3)在我国栽有紫薇的地区普遍发生，发病后常使紫薇叶片枯黄、脱落，直接影响树势和观赏效果。

【症状】　紫薇白粉病主要为害叶片，还为害嫩梢和花蕾。最明显的症状是叶面或叶背及嫩枝表面被白粉所盖，绿叶不绿，早期仅白粉状成面层；中期，白粉层上产生黄白色，渐变为黄褐色；后期，白粉层上产生黄白色斑块，夹有黑色小点，严重时枝、叶卷曲枯死，似烧焦状。嫩叶感病后，扭曲变形，覆盖一层白粉，叶片展开后感病时，出现圆形的白粉斑，严重时整叶覆盖白色粉末，叶色逐渐枯黄，提早脱落，影响生长。花受侵染后，表面被覆白粉层，花穗畸形，失去观赏价值。

【病原】　病原为真菌，南方小钩丝壳(*Uncinuliella australiana* (cMcAlp.) Zhang & Chen)，核菌纲，子囊菌亚门，白粉菌目，白粉菌科，小钩丝壳属。菌丝体着生于叶片上下表面。闭囊壳聚生至散生，暗褐色，球形至扁球形，直径 70—142μm；附属丝有长、短两种，长附属丝直或弯曲，长度为闭囊壳的 1—2 倍，顶端钩状或卷曲 1—2 周；子囊 3—5 个，卵形、近球形，(48.3—58.4)μm×(30.5—40.6)μm；子囊孢子 5—7 个，卵形，(17.8—22.9)μm×(10.2—15.2)μm。紫薇白粉菌在上海仅见分生孢子。无性世代为粉孢属真菌，在广州尚未见有性世代。病菌的分生孢子生于分生孢子梗上，分生孢子长圆形，以此侵染传播病害。病菌在 5—30℃都能生长发育，以 25℃为其最适萌发温度；孢子萌发需要较高湿度条件，在 100%的湿度条件下萌发最好。在 25℃下接种病害的潜育期为 4d。病原菌主要侵染嫩叶，在叶两面着生。易从叶背面侵入，叶片的着生方位与发病关系不大。

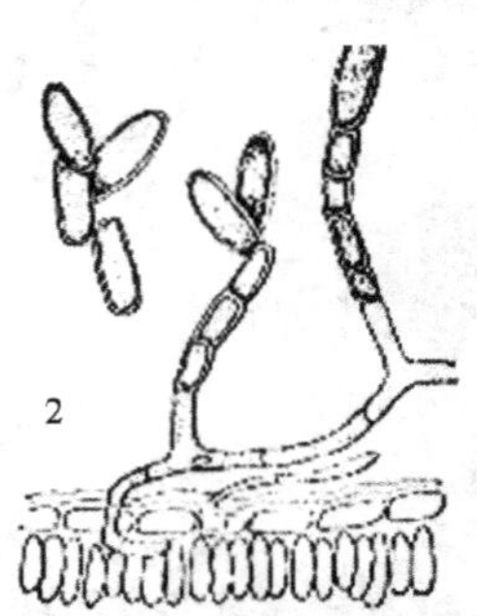

图 6-3　紫薇白粉病

1. 症状　2. 病原菌的分生孢子梗及分生孢子

（引自涔炳沾，等《景观植物病虫害防治》，2003）

【发病规律】　紫薇白粉病以菌丝体或以闭囊壳在病芽、病枝条或落叶上越冬，翌年春天温度适合时越冬菌丝开始生长发育，产生大量的分生孢子，并借助气流进行传播和侵染，生长季节多次再侵染。病害一般在 4 月开始发生，6 月趋于严重，7—8 月会因为天气燥热而趋缓或停止，但 9—10 月又可能再度重发。紫薇白粉病在雨季或相对湿度较高的条件下发生严重，偏施氮肥、植株栽植过密或通风透光不良均有利于发病。

【防治措施】

(1) 紫薇萌生力强，重病的成树可于冬季剪除所有当年生的枝条，清除病落叶、病梢，可以减轻侵染。秋末初冬清扫落叶，剪除病枝，及时销毁。

(2) 在种植区设置隔离带：紫薇白粉病的初侵染来源于越冬闭囊壳所释放的子囊孢子，子囊孢子靠气流传播进行初侵染，紫薇白粉病多发生在双子叶植物上，在种植紫薇时有层次地种植针叶树，可起到阻碍病害发生蔓延的作用；另外，一旦发现紫薇白粉病为害，即对感病区域做认真清理，将感病枝修剪掉，并转移他处销毁。

(3) 及时设防，杀菌剪枝。在紫薇花后种熟之季，及时修剪，通风透光，另喷施 1—3 波美度的石硫合剂，控制越冬菌源，做好紫薇花前预防。植株栽植不宜过密，适当修剪，以利通风、透光；减少湿度，控制发病条件。

(4) 化学防治：在发病严重的地区，可在春季萌芽前喷洒 3—4 波美度的石硫合剂；生长季节发病时可喷洒 80%代森锌可湿性粉剂 500 倍液，或 70%甲基托布津 1000 倍液，或 20%粉锈宁乳油 1500 倍液或 15%可湿性粉剂，1 袋 100g，2 亩用量为 1 袋，以及 50%多菌灵可湿性粉剂 800 倍液。喷药时先叶后枝干，最好 10d 左右为一个循环，连续喷 3 遍，即可防止紫薇白粉菌在当年再发生。

二、叶斑病

叶斑病是叶片组织受局部侵染导致的各种形状斑点病的总称。叶斑病又可分为黑斑病、褐斑病、圆斑病、角斑病、斑枯病、轮斑病等种类。

危害特点主要是严重影响叶片的光合作用，导致叶片的提早脱落，影响植物的生长和观赏效果。

（一）月季黑斑病

【分布与危害】 月季黑斑病是世界性病害，1915 年瑞典首次报道。目前，我国各地均有发生，已成为月季生产中的重要问题。该病使月季叶片枯黄、早落，引起月季当年第二次发叶。

【症状】 该病主为害月季的叶片，也为害叶柄、叶脉、嫩枝、花梗等部位。发病初期，叶片正面出现褐色小斑点，逐渐扩展成为圆形、近圆形或不规则形病斑，直径为 4—12mm，黑紫色至暗褐色，病斑边缘呈放射状，这是该病的特征性症状。后期，病斑中央组织变为灰白色，其上着生许多轮纹状排列的黑色小粒点，即为病原菌的分生孢子盘。在有些月季品种上，病斑周围组织变黄，有的品种在黄色组织与病斑之间有绿色组织，称为“绿岛”。嫩枝的病斑为紫褐色的长椭圆形斑，后变为黑色，病斑稍隆起（图 6-4）。

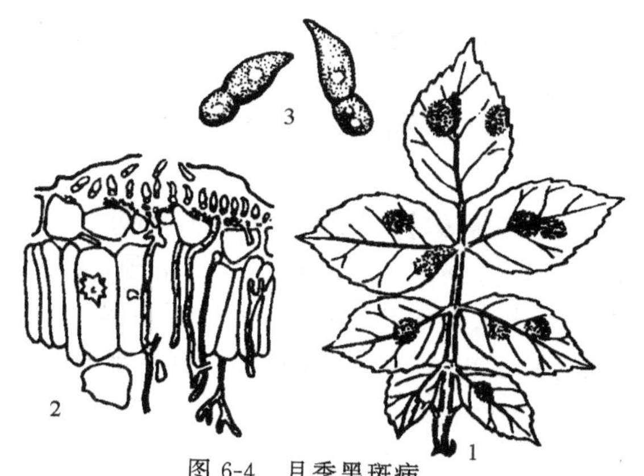

图 6-4　月季黑斑病
1. 症状　2. 分生孢子盘　3. 分生孢子
（引自林焕章《花卉病虫害防治手册》，1999）

【病原】 蔷薇盘二孢属（*Marssonina rosae* Sutton），属半知菌亚门，盘二孢属。

【发病规律】 病原菌的越冬方式因栽植方法而异。露地栽培，病原菌以菌丝体在芽鳞、叶痕上越冬，或以分生孢子盘在枯枝落叶上越冬，翌年春天产生分生孢子进行初侵染；温室栽培则以分生孢子和菌丝体在病部越冬。分生孢子由雨水、灌溉水的喷溅传播，昆虫也可携带传播。分生孢子由表皮直接侵入，在 22—30℃，以及其他适宜条件下，潜育期最短为 3—4d。

植株生长衰弱，尤其是刚移栽的植株发病重，所有的月季栽培品种均可受侵染，但抗病性有明显差异。

【防治措施】

（1）减少侵染来源。秋季彻底清除枯枝落叶，并结合冬季修剪剪除有病枝条。

（2）改善环境条件，控制病害的发生。灌水最好采用滴灌、沟灌或沿盆边浇水，切忌喷灌，灌水时间最好是晴天的上午，以便使叶片保持干燥。栽植密度、花盆摆放密度要适宜，以利通风透气。

（3）增施有机肥和磷、钾肥，适量增施氮肥。

（4）生产中多栽培抗病品种及选用抗病砧木，淘汰观赏效果差的感病品种。

(5) 发病期间喷洒 80%代森锌可湿性粉剂 500 倍液，或 70%甲基托布津可湿性粉剂 1000 倍液，或 50%多菌灵可湿性粉剂 500—1000 倍液，75%百菌清可湿性粉剂 1000 倍液，或石灰少量式波尔多液(因月季对石灰敏感)，防治效果比较好。还可选用苯来特、克菌丹、代森锰锌等杀菌剂，7—10d 喷 1 次。为了防止病原菌抗药性的产生，药剂必须交替使用。

(二) 菊花黑斑病

【分布与危害】 菊花黑斑病(图 6-5)又称褐斑病、斑枯病。是菊花上的一种严重病害，全国各地均有发生。

【症状】 感病的叶片最初在叶上出现圆形或椭圆形或不规则形大小不一的紫褐色病斑，后期变成黑褐色或黑色，直径 2—10mm。感病部位与健康部位界限明显，后期病斑中心变浅，呈灰白色，出现细小黑点，严重时只有顶部 2—3 片叶无病，病叶过早枯萎，但并不马上脱落，挂在植株上。

【病原】 病原为菊壳针孢菌(*Septoria chrysanthemella*)。

【发病规律】 病菌以菌丝体和分生孢子器在病残体上越冬，成为来年的侵染源，分生孢子器散发出大量的分生孢子，由风雨传播。秋季多雨、种植密度大、通风不良等均有利于病害的发生。品种间抗病性存在着差异，如紫荷、鸳鸯比较抗病，而广东黄感病最重，分根繁殖的植株病重，从健壮植株上部取芽扦插时感病较轻。

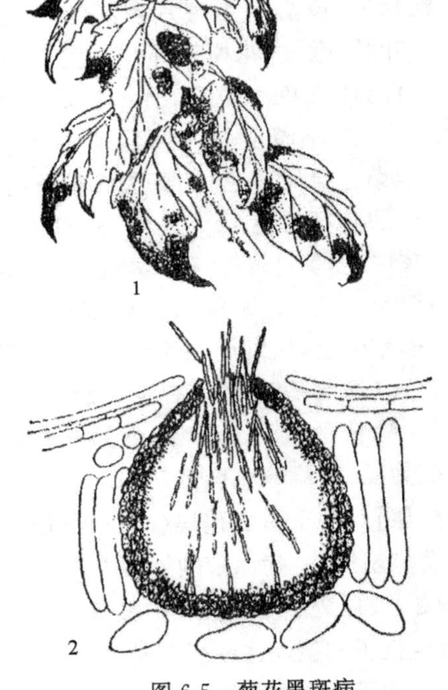

图 6-5　菊花黑斑病

1. 症状　2. 病原菌的分生孢子器及分生孢子

(引自涔炳沾，等《景观植物病虫害防治》,2003)

【防治措施】

(1) 小面积种植时，人工摘除病叶，集中烧毁。

(2) 改善种植环境。发病严重的地区实行轮作，栽植不要过密，以利通风透光，及时排除积水。

(3) 发病期间用 100—150 倍的波尔多液或 80%敌茵丹可湿性粉剂 500 倍液喷洒，也可将 50%甲基托布津 1000 倍液与 80%敌菌丹 500 倍液混合喷洒，或用 45%百菌清、多菌灵混合胶悬剂 1000 倍液喷洒，效果比单一用药要好。

(三) 君子兰叶斑病

【分布与危害】 君子兰的栽培地均有发病，主要为害叶、花。

【症状】 该病主要侵染叶片，感病初期叶片有褐色小斑点发生，逐渐扩大成黄褐色至灰褐色不规则的大病斑。病部稍下陷，边缘略隆起。后期病斑干枯，上面长有黑色小粒点。

【病原】 病原为一种真菌，病原为半知菌亚门真菌，包括大茎点霉（*Macrophoma* sp.）、叶点霉（*Phyllosticta* sp.）、盾壳霉（*Coniothyrium* sp.）。

【发病规律】 病菌均以菌丝体和分生孢子器在病部和病残体上存活越冬，以分生孢子借风雨传播进行初侵与再侵。多从伤口侵入。在温室条件下整年都可能发生，以7—10月发病较多。在栽培中过多地施用氮肥，而磷、钾肥相对较少时，易发生该病。在高温干燥的条件下，或者受害严重时，容易发生叶斑病。

【防治措施】

(1) 清除病叶及病残体，减少侵染源。

(2) 防治介壳虫，避免虫害，减少侵染。

(3) 发病初期，喷施50%多菌灵1000倍液，70%托布津可湿性粉剂1000倍液，50%代森铵1000倍液防治。

（四）鱼尾葵黑斑病

【分布与危害】 鱼尾葵黑斑病（图6-6）在华南一带均有发病，主要为害鱼尾葵叶片。

【症状】 叶片上产生黑褐色小圆斑，后扩大或病斑连片呈不规则大斑块，边缘略微隆起，叶两面散生小黑点。

图6-6　鱼尾葵黑斑病
（引自杨子琦，等《园林植物病虫害防治图鉴》，2002）

【病原】 棕榈盾壳霉（*Coniothyrium palmarun* Corda）。

【发病规律】 病菌在病残体或随之到地表层越冬，翌年发病期随风、雨传播侵染寄主。鱼尾葵黑斑病夏季高温病重，过度密植、通风不良、湿度过大均有利于发病。

【防治措施】

(1) 及时除去病组织，集中烧毁。

(2) 从发病初期开始喷药，防止病害扩展蔓延。常用药剂有25%多菌灵可湿性粉剂300—600倍液（50%的1000倍、40%胶悬剂600—800倍），50%托布津1000倍液，70%代森锰500倍液、80%代森锌400—600倍液，50%克菌丹500倍液等。要注意药剂的交替使用，以免病菌产生抗药性。

（五）大叶黄杨褐斑病

【分布与危害】 大叶黄杨褐斑病(图 6-7)在南方各地普遍发生。危害严重时，造成黄杨提前落叶，形成秃枝，影响观赏，甚至造成死亡。

【症状】 病害发生在新叶上，产生黄色小斑点后扩展成不规则的大斑，病斑边缘隆起，褐色边缘较宽。隆起的边缘外有延伸的黄色晕圈，中心黄褐色或灰褐色，上面密布黑色小点。

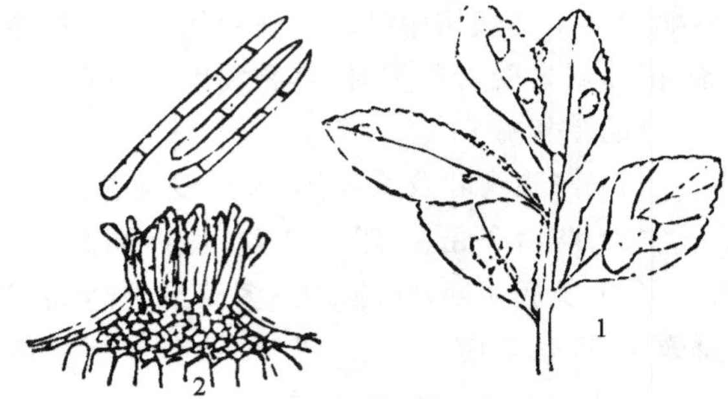

图 6-7 大叶黄杨褐斑病
1. 症状 2. 分生孢子及分生孢子梗
（仿徐明慧《园林植物病虫害防治》）

【病原】 坏损尾孢菌（Cercospora destructiva Rav.），属半知菌亚门，尾孢属。

【发病规律】 以菌丝体和病子座在病斑部越冬，每年 5 月下旬，气温上升到 25℃左右时，老病斑病子座产生分生孢子，开始初侵染，一般先侵染下部老叶，老叶受到侵染后，叶片上初生褐绿色小斑，逐渐变黄而转化为褐色，病斑近圆形或不规则形，可连接成片，中部呈灰白色，边缘有浅褐色稍隆起的环纹，病斑上密生黑色小点。一旦条件适合，进行再侵染，6 月上旬至 7 月中旬是其病害扩展盛期，10 月以后进入休眠期。

【防治措施】

(1) 选取健壮无病苗木栽植。

(2) 于 6 月上旬至 7 月，喷施 50%多菌灵 500 倍液或 75%百菌清 500 倍液、50%退菌特可湿性粉剂 800—1000 倍液进行预防，降低发病率，每 10—15d 喷 1 次，连喷 3 次。

(3) 冬季将落叶清除集中烧毁。

（六）紫荆角斑病

【分布与危害】 紫荆角斑病(图 6-8、图 6-9)主要为害紫荆。多从下部叶片逐渐向上蔓延扩展。

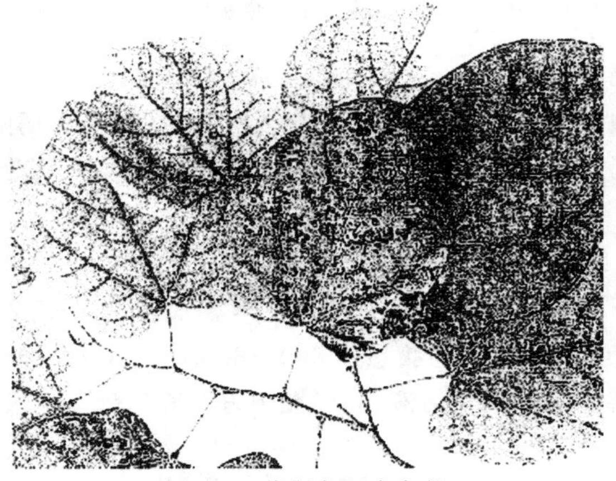

图 6-8 紫荆角斑病害状
（引自杨子琦，等《园林植物病虫害防治图鉴》，2002）

图 6-9　紫荆角斑病病叶
（引自杨子琦，等《园林植物病虫害防治图鉴》，2002）

【症状】　主要发生在叶片上，病斑呈多角形，黄褐色至深红褐色，后期着生黑褐色小霉点。严重时叶片上布满病斑，常连接成片，导致叶片枯死脱落。

【病原】　半知菌丝孢纲中的菌为尾孢菌（*Cercospora chionea*）。

【发病规律】　病菌主要以菌丝体、子座在病残体上、病组织内越冬。一般在 7 至 9 月发生此病。在翌年春季条件适宜时，产生分生孢子，由气孔侵入植物进行初侵染。在同一生长季节，病菌可进行多次再侵染。菌丝生长温度为 6—33℃。分生孢子借雨水传播，故在梅雨、台风季节发病重。

【防治措施】

（1）秋季清除病落叶，集中烧毁，减少侵染源。

（2）发病时可喷 50%多菌灵可湿性粉剂 700—1000 倍液，或 70%代森锰锌可湿性粉剂 800—1000 倍液，或 80%代森锌 500 倍液。每 10d 喷 1 次，连喷 3—4 次有较好的防治效果。

（七）栀子花叶斑病

【分布】　在全国各地都有发生，以南方各地发生普遍且严重。

【症状】　主要发生在叶片上，病菌多自叶尖或叶缘侵入，下部茎叶先发病，感病叶片初期出现圆形或近圆形病斑，淡褐色，边缘褐色，有稀疏轮纹，直径 5—15mm；若发生，叶缘处则呈不规则形，褐色或中央灰白色，边缘褐色，有同心轮纹，几个病斑愈合后形成不规则大斑，使叶片枯萎；后期产生众多小黑点，埋生于表皮下。

【病原】　病原为真菌，栀子生叶点霉（*Phyllosticta gardeniicola*），半知菌亚门，腔孢纲，球壳孢目。分生孢子器球形，前者较大；分生孢子卵圆形、椭圆形。病斑上的小黑点即病菌的分生孢子器。

【发病规律】　为害多种栀子花，大叶栀子花比小叶栀子花容易感病，病菌在病落叶或病叶上越冬，翌年春季产生分生孢子，随风雨传播蔓延。在栽植过密、通风透光不良等情况下容易发病，盆栽浇水不当、生长不良时容易发病。

【防治措施】

(1) 秋、冬季节剪除树上的重病叶,清扫落叶,并集中销毁,以减少侵染源。

(2) 栽植不宜过密,适当进行修剪,以利于通风、透光;浇水时尽量不沾湿叶片,在晴天上午进行为宜。

(3) 喷 70%甲基托布津可湿性粉剂 1000 倍液,或 25%多菌灵可湿性粉剂 250—300 倍液,或 75%百菌清可湿性粉剂 700—800 倍液防治。每隔 10d 喷 1 次。病害严重时,可喷施 65%代森锌 600—800 倍液,或 50%多菌灵 1000 倍液,以控制病害蔓延和扩展。

(八) 大王椰子叶斑病

【分布与危害】 大王椰子叶斑病幼苗、幼树和大树均能发病。

【症状】 叶斑病在幼苗和幼树发病较重。叶片发病初期出现褪绿黄色小点,渐扩大为圆形或椭圆形斑点,直径 2—10mm,中央灰白色,边缘橙黄色或红褐色,多在背面散生稀疏小黑点。

【病原】 大王椰子叶斑病病原菌为腔菌纲,孢腔菌目的小球腔菌属(*Leptosphaeria* sp.)。

【发病规律】 病菌的子囊壳在病叶内越冬,在夏秋台风多雨季节,发病较重。

【防治措施】

(1) 苗木应剪除病叶,适当增施磷、钾肥。

(2) 喷洒 10%波尔多液,或 65%代森锌 500 倍液,或 30%百科乳油 1000—2000 倍液,最好交替使用。

(九) 加拿利海枣叶斑病

【分布与危害】 在热带区域,棕榈科植物均发病,特别侵染散尾葵、伊拉克蜜枣、董棕、鱼尾葵、假槟榔、软叶刺葵、王棕等棕榈科植物。

【症状】 病菌多从叶缘、叶尖侵入。初期在叶片上大量分布淡黄褐色病斑,颜色逐渐加深并扩展为条斑至不规则斑,后期在病部出现散生的椭圆形小黑点及不明显轮纹,叶片受害严重时干枯卷缩,植株病死。

【病原】 病原菌为掌状拟盘多毛孢(*Pestalotiopsis palmarum* Cooke)。属半知菌亚门,腔孢纲,黑盘孢目,拟盘多毛孢属分生孢子盘球形或椭圆形,褐色。分生孢子梗圆柱形至倒卵形,无色,有分隔。分生孢子纺锤形,(17—25)μm×(4.5—7.5)μm;有 4 个分隔,5 个细胞,中部 3 个褐色,两端的细胞无色;顶端有 3 根附属丝,少数 2 根或 4 根,长约 20—25μm;基部附属丝 2—6μm。

【发病规律】 该病菌在华南地区终年传播为害,温度适宜时,产生的孢子借风雨传播,侵染危害。潮湿、不通风处容易发病,棚室、温室比露天苗圃发病严重。

【防治措施】

(1) 温室内控制温度,加强通风并适当遮阴。

(2) 冬季及时清除病叶并喷波尔多液,减少菌源。

(3) 发病初期,用 70%的代森锰锌可湿性粉剂 500 倍液,也可用 75%百菌清可湿性粉剂 600 倍液、50%克菌丹可湿性粉剂 300—500 倍液喷洒。

三、锈病类

锈病是一类特征很明显的病害。锈病因多数孢子能形成红褐色或黄褐色、颜色深浅不同的铁锈状孢子堆而得名。锈菌大多数侵害叶和茎，有些也为害花和果实，产生大量的锈色、橙色、黄色，甚至白色的斑点，之后出现表皮破裂露出铁锈色孢子堆，有的锈病还引起肿瘤。锈病多发生于温暖湿润的春秋季，在不适宜的灌溉、叶面凝结雾露及多风雨的天气条件下最有利于发生和流行。

（一）玫瑰锈病

【分布与危害】 玫瑰锈病（图 6-10）是世界性病害。该病还可以为害月季、野玫瑰等植物。发病植株提早落叶，生长衰弱，是玫瑰花减产的重要原因。

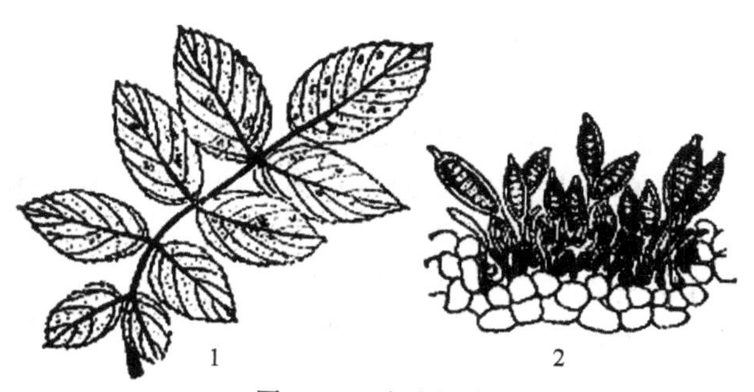

图 6-10 玫瑰锈病
1. 症状 2. 冬孢子堆
（引自程亚樵，等《园林植物病虫害防治技术》，2007）

【症状】 叶片背面出现黄色稍隆起的小斑点（锈孢子器），初生于表皮下，成熟后突破表皮散出橘红色粉末，直径 0.5—1.5mm，病斑外围往往有褪色晕圈。随着病情的发展，叶面出现褪绿小黄斑，叶背产生近圆形的橘黄色粉堆（夏孢子堆），直径 1.5—5.0mm，散生或聚生。夏孢子堆也可发生在叶片正面。在生长后期，叶背出现大量的黑色小粉堆（冬孢子堆），直径 0.2—0.5mm。嫩梢、叶柄、果实等部位的病斑明显地隆起。

【病原】 玫瑰多胞孢锈菌（*Phrangmidium rosae -rugprugosae* Kasai）、短尖多孢锈菌（*Phrnagmidium mucronatum*）和蔷薇多孢锈菌（*P.rosae-multiforae* Diet.），属担子菌亚门，多孢锈属。

【发病规律】 病菌系单主寄生锈菌，以菌丝体在芽内或在发病部位越冬，冬孢子在枯枝落叶上也可越冬。次年春，冬孢子萌发产生担孢子，担孢子萌发侵入植株后形成性子器，随后形成锈子器。锈孢子萌发的适宜温度为 10—21℃，在 6—27℃范围内均可萌发；夏孢子在 9—25℃时萌发率较高。当气温超过 27℃，萌发和侵染力均显著降低；冬孢子萌发适温为 18℃，萌发温度范围为 6—27℃。发病最适温度为 18—21℃；四季温暖、多雨、多露、多雾的天气，均有利于病害发生；偏施氮肥能加重病害的发生。

【防治措施】

（1）减少侵染来源。在休眠期清除枯枝落叶，喷洒 3 波美度的石硫合剂，杀死芽内及病部的越冬菌丝体；在生长季节及时摘除病芽或病叶。

(2) 改善环境条件，控制病害的发生。温室栽培要注意通风透光，降低空气湿度；增施磷、钾、镁肥，氮肥要适量；在酸性土壤中施入石灰等能提高寄主的抗病性。

(3) 化学防治：生长季节喷洒 1∶1∶(150—200)波尔多液，或 0.2—0.3 波美度的石硫合剂，或代森锰锌可湿性粉剂 500 倍液，或 25%粉锈宁可湿性粉剂 1500 倍液，或喷洒敌锈钠 250—300 倍液等药剂均有良好的防效。

(二) 牵牛花白锈病

【分布与危害】 使牵牛花嫩茎受害，造成花、茎扭曲，生长不良，萎缩死亡。

【症状】 发病部位主要是叶、叶柄及嫩茎，受害叶片初期在叶上有浅绿色小斑。后逐渐变成淡黄色，边缘不明显，严重时扩展成大型病斑，后期病部背面产生白色疱状突起，破裂时，散发出白色粉状物，为病菌的孢囊孢子，嫩茎受害时造成花、茎扭曲，当病斑包围叶柄、嫩梢时，环割以上的寄主部分生长不良，萎缩死亡。

【病原】 病原为旋花白锈菌(*Albugo ipomoeae - panduranae*)，属白锈属的一种真菌。

【发病规律】 病菌在病组织内以卵孢子越冬，翌年春天，卵孢子萌芽产生孢子囊，侵入牵牛花等旋花科植物，一般 8—9 月为发病盛期，牵牛花种子可带菌并成为翌年侵染源。

【防治措施】

(1) 及时拔除病株并销毁，以减少对种子的侵染。

(2) 选留无病种子作为繁殖种子，播种前应进行种子消毒。避免与旋花科植物轮作。

(3) 发病初期喷 1%波尔多液或 50%疫霉净 500 倍液，每隔 10—15d 喷雾 1 次，有较好的防治效果。

(三) 台湾相思锈病

【分布与危害】 台湾相思锈病(图 6-11)主要危害苗木和幼树，使叶片扭曲、肿大变形，影响生势，苗木发病率严重的高达 80%。此病分布于广东、福建、广西、台湾等地。日本也有此病发生。

【症状】 病部开始时呈浅绿色，有时带红色，后渐变为茶褐色或污褐色。受害部位肿大、肥厚，如拱起盘状小瘤，向一面隆起，枝、叶、果实因而卷缩畸形。在小瘤上相继出现不同发育阶段的病菌子实体，浅绿色粒状为精子器，暗褐色粉状为夏孢子堆，灰白色绒毛状为冬孢子堆，病株衰弱，生长不良。

【病原】 台湾相思锈病(*Politelium hyalospora*)是由担子菌亚门，冬孢菌纲，锈菌目，柄锈菌科，灰透冬孢属的灰透白冬孢锈菌侵染引起的。精子器半球形，直径 95—150μm。精孢子无色，卵形，(3—6)μm×(3—5)μm。夏孢子堆暗褐色，直径 0.3—0.8mm，夏孢子黄褐色，纺锤形或长椭圆形，(55—69)μm×(19—22)μm。冬孢子堆灰白色，直径 0.3—1.0mm，有时和夏孢子堆混生在一起。冬孢子无色，椭圆形或长椭圆形，(45—95)μm×(16—25)μm。担孢子为无色球形(图 6-11)。

【发病规律】 台湾相思锈病菌在病株上的病叶、嫩梢、荚果上度过不良环境，通过气流传播蔓延。相思树每年 3 月开始抽新叶，4 月上、中旬感病嫩叶出现精子器和夏孢子堆，4 月下旬大量产生冬孢子堆。冬孢子的侵染力最强，夏孢子次之，精孢子无侵染能力，完成一个侵染周期需15—20d。自4月上旬至12月止，病害可连续发生，一般4—6月最为严重。每次新叶抽出后，都有一个发病高峰，当温度在17—28℃时，最有利于病菌侵入为害。病原菌只能从相思树幼嫩至半老熟的叶、梢、果侵入，生长迅速的嫩叶和发育已完全木栓化的老叶，都不利于病菌的侵入和扩展。

图6-11　台湾相思锈病
1. 症状　2. 病原菌的夏孢子和冬孢子　3. 担子和担子孢子
（引自涔炳沾，等《景观植物病虫害防治》，2003）

【防治措施】

（1）在新叶抽出前，将染病叶、枝梢和荚果烧毁。

（2）在嫩叶抽出后，即喷洒药剂2—3次。可供选择的有效杀菌剂有：70%代森锰锌或20%粉锈宁3000倍液；或12.5%烯唑醇3000倍液。药剂最好交替使用。

（四）菊花白锈病

【分布与危害】　菊花白锈病（图6-12）主要发生在叶片上，严重时茎节也有发生。

【症状】　起初在叶下表面产生小变色斑，然后隆起呈灰白色的脓疱状物，渐渐变为淡褐色。叶正面则为淡黄色的斑点，严重时整叶可全是病斑，导致早期枯死。

【病原】　病原为掘柄锈菌（*Puccinia horiana* P.Hem），属冬孢菌纲，锈菌目。冬孢子堆直径2—5mm，黄褐色。冬孢子长椭圆形，棍棒形至纺锤形，黄褐色；顶部圆形或尖突，双细胞，分隔处微缢束；基部狭窄，表面平滑；顶壁厚5—13μm，柄无色至淡黄色，不脱落，长达50μm（图6-12）。

【发病规律】　瘤状斑是白锈病的冬孢子堆，一年四季都能形成。在温暖地区主要发生在

4—6 月,冷凉地区主要发生在 5—7 月。白锈病孢子的发生温度范围为 6—36℃,最适温度范围为 18—28℃。白锈病的传播主要是冬孢子发芽形成小孢子,小孢子再随风飘散,落在菊花的叶片背面,10—15d 就可以再次形成色斑。高温、干燥以及光照可以阻碍小孢子的形成。

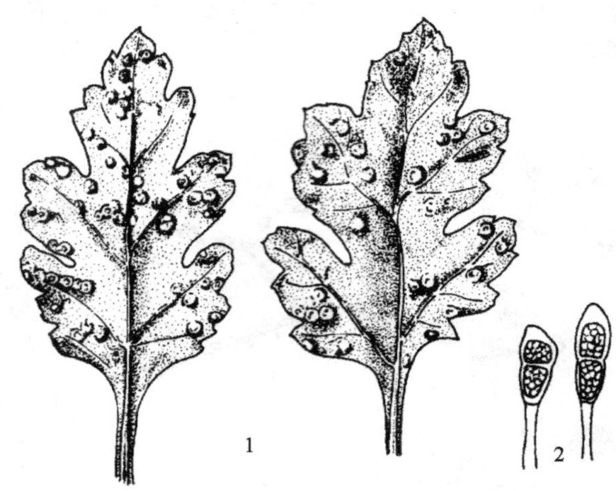

图 6-12 菊花白锈病
1. 症状 2. 冬孢子
(引自程亚樵,等《园林植物病虫害防治技术》,2007)

【防治措施】

(1) 从种苗开始预防,首先从采穗母株进行严格防除。选择没有斑点的叶片插穗或者冬芽,如果发现叶斑,必须在扦插之前摘除。冬孢子堆在扦插苗或者插穗的冷藏过程中很容易越夏,所以在入库前或者出库后都要进行防除。

(2) 发现有斑点时,必须在叶正反面喷洒杀菌剂,隔 4—5d 喷洒 1 次,连续 4—5 次可以彻底防治。

(3) 在栽培床中发现有病植株后立即拔掉焚毁,防止病情继续扩大。

(4) 在用温室、大棚等设施栽培时,要注意通风透光,防止室内湿度过大。再配合喷洒杀菌剂就可以彻底防除。

(5) 较有效的预防杀菌剂有百菌清 800 倍液,氧化萎锈灵 5000 倍液,代森锰 500 倍液等。如果已经发病,每隔 5—7d 散布 1000 倍退菌特或者 1000 倍的杀破隆乳液。在发蕾期散布 1000 倍的代森胺。每亩用药量为 130—200L,充分散布在叶背面。另外,使用 500—1000 倍的氧化萎锈灵浸液处理插穗可以防治幼苗发病。目前,最有效的药剂是宝丽安 800—1000 倍液,阿米西达 1000—1500 倍液,轮换使用。

(五) 美人蕉锈病

【分布与危害】 美人蕉锈病(图 6-13)是我国南方城市中常见的病害,发病率很高,受害植株的叶片会逐渐变褐干枯。

【症状】 美人蕉叶片感病初期,正、背两面均可出现黄色水渍状圆形小斑,尤以叶背更明显。以后病斑逐渐扩大,有疱状突起,病斑橙黄色至褐色,直径 2—6mm,有些品种边缘出现黄绿色晕环,病斑的疱状突起开裂,散生出橘黄色粉状物,此即病原菌的夏孢子堆和夏孢子。冬天病斑上产生深褐色粉状物即为冬孢子堆和冬孢子。严重受害的病叶病斑累累，并可连结成不规则大斑块，造成叶片局部坏死。

【病原】 美人蕉锈病病原菌为美人蕉锈菌[*Pccinia cannae*(Wint.)P.Henn.]，该病菌的夏孢子黄白色至橙黄色，长卵形至椭圆形，厚壁，具刺，生于短梗上；冬孢子堆生于表皮下，长椭圆形至棍棒形，顶端圆或略扁平，下窄，双孢。

图 6-13　美人蕉锈病
1. 症状　2. 病原菌的冬孢子堆和冬孢子　3. 病原菌的夏孢子堆和夏孢子
(引自涔炳沾，等《景观植物病虫害防治》，2003)

【发病规律】 美人蕉锈病在广州 3—4 月开始发生，除夏日高温和冬春寒冷干燥的天气发病较轻外，其他凉爽气候病害都很严重。病菌通过风吹、水溅将夏孢子传至健叶上，孢子萌发、侵入，反复为害。该病菌易被一种锈菌寄生菌寄生，有时在病叶上出现许多灰黑褐色斑，其上生出黑色小粒点，这时黄色的锈粉却逐渐减少，此即为锈菌的寄生菌，此菌与锈菌复合为害，往往加重病情，可使病斑迅速扩大，叶片卷曲凋萎。

【防治措施】

(1) 严禁带病繁殖材料的引入或输出，病区在种植前苗木要剪去病叶和消毒。

(2) 冬季清除庭园病叶及病残体，集中烧毁。

(3) 在病害易发季节，用必菌鲨 1000—1500 倍液，65%福美锌 400 倍液或 20%粉锈灵乳剂 2000—3000 倍液，每隔 7—10d 喷洒 1 次，注意交替使用，对病害起到预防作用。发病严重时期，可以使用喷克菌 2000—3000 倍液，或阿米西达进行防治。

(六) 大叶合欢锈病

【分布与危害】 大叶合欢锈病(图 6-14)在福建、广东、广西、台湾等地均有发生。在国外分布于东非及南亚次大陆各国。主要为害叶片，严重发病时病株提早落叶，对植株的生长有一定影响。

【症状】 锈病发生在叶的背面。开始出现不明显的淡黄色斑点，后斑点上长出白色疱状物。早期从疱状物散出锈褐色粉末，后期呈暗褐色。病部上的锈褐色粉状物是病原菌的夏孢子堆和冬孢子堆。

【病原】 病原是金合欢球锈菌［*Sphaerophragmium acaciae* (Coote) Magn］。夏孢子堆散生或群生，直径 160—500μm，锈褐色。夏孢子倒卵形，略弯曲，黄褐色，有稀疏细微小疣，大小为(20—29)μm×(14—20)μm，壁厚 1.5—2μm，芽孔 4 个，散生。冬孢子堆与夏孢子堆相似，但为暗褐色，较夏孢子堆稍大。冬孢子褐色，直径 14—18μm，由 6—10 个细胞组成头状体，近球形至广椭圆形，(28—44)μm×(21—42)μm。附属物密布头状体的表面，黄色，长 5—139μm，顶端有裂片。柄近无色，顶端黄色，长 110μm，粗 7—10μm。

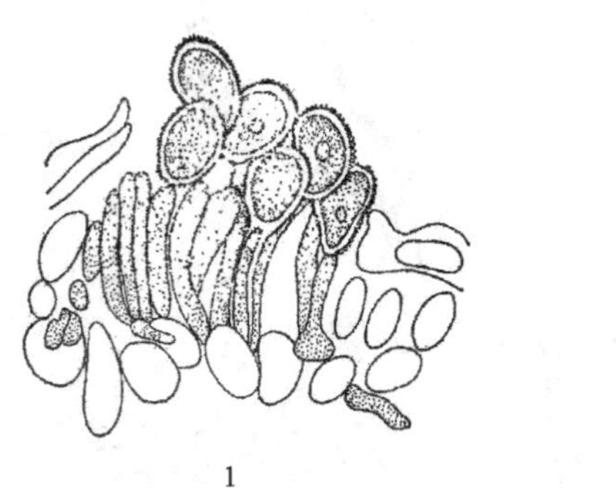

图 6-14　大叶合欢锈病
1. 夏孢子堆和夏孢子　2. 冬孢子
(引自涔炳沾，等《景观植物病虫害防治》，2003)

【发病规律】 大叶合欢锈病在广州或广西南宁市郊区于每年 10 月下旬至翌年 4 月中旬发生。开始时只见夏孢子堆，约一个月后出现冬孢子堆。过去该病在广州或南宁市郊区发生普遍，但近年来，因市区扩大，大叶合欢被砍伐，多已呈孤立木状态，植株的生态环境发生较大改变，出现病情显著减少的现象。这种现象出现的内在原因尚不清楚。

【防治措施】

在苗期或幼树期可在发病前，喷洒 0.3 波美度的石灰硫黄合剂，或 1：(400—500)倍百菌清等药剂，每半月喷一次，喷 2—3 次。

(七) 无花果锈病

【分布与危害】 在栽培地均有发病情况，主要为害叶片。

【症状】 常在叶背出现许多红褐色多角形斑点，随后在病斑中散放出锈黄色粉状物，即病菌的夏孢子。发病严重时，常使叶背粘满黄粉，最后病叶干枯早落。

【病原】 病原是天仙果层锈(*Phakopsora ficierectae*)，属担子菌纲锈目菌栅锈科。

【发病规律】 病菌以夏孢子在有病落叶上越冬。第二年 6—7 月开始侵染叶片，8—9 月为发病盛期，并伴有大量落叶。

【防治措施】

(1) 冬季结合清园，彻底清扫落叶，减少病源。

(2) 在生长季节结合其他病害喷药防治，也可兼治此病。或喷洒 1∶1∶200 波尔多液，或喷 65%代森锌可湿性粉剂 600 倍液，或 20%粉锈宁乳剂 2000 倍液。

四、灰霉病类

灰霉病已经成为影响园林植物的主要病害之一，寄主范围广，可危害多种园林植物。灰霉病由灰葡萄孢菌侵染所致，属真菌病害，灰霉病是露地、保护地作物常见且比较难防治的一种真菌性病害，园林植物得了灰霉病，会变软腐烂，缢缩或折倒，最后病苗腐烂枯萎病死，所以一定要及时采取科学合理的方法防治灰霉病。

（一）向日葵灰霉病

【分布与危害】 向日葵各阶段均可发病，但主要为害花盘。

【症状】 初呈水渍状湿腐，湿度大时长出稀疏的灰色霉层，严重时花盘腐烂，不能结实，危害很大。

【病原】 病原属半知菌亚门链孢霉目的灰葡萄孢菌（*Botrytis cinerea* Pers.）。有性态为富氏葡萄孢菌，属子囊菌亚门真菌。病菌的孢子梗数根丛生，褐色，顶端具 1—2 次分枝，分枝顶端密生小柄，其上生大量分生孢子。分生孢子圆形至椭圆形，单细胞，近无色，大小(5.5—16)μm×(5.0—9.25)μm（平均 11.5μm×7.69μm），孢子梗（811.8—1772.1）μm×(11.8—19.8)μm。

【发病规律】 病菌以菌丝或分生孢子及菌核附着在病残体上或遗留在土壤中越冬。越冬的分生孢子和从其他寄主汇集来的灰霉菌分生孢子随气流、雨水及农事操作进行传播蔓延。各时期均可侵染向日葵，以侵染花盘发展最快、危害最大，发生该病的温度范围为 2—30℃，适温为 17—22℃，要求高湿，在相对湿度 93%—95%时，病菌才能生长和形成孢子。病菌在 35—37℃下经 24h 即可死亡。

【防治措施】

(1) 适期播种，花盘期尽量避开雨季；同时选用抗病品种，播种前晒种 1—2d，并用种子量 0.5%的 40%菌核净可湿性粉剂拌种驱避地下病虫，隔离病毒感染，提高种子发芽率和出苗率。

(2) 合理密植，提高田间植株透气性；雨后及时排水，防止湿气滞留；并适时中耕除草、灌溉排水、合理施肥，喷施促花王 3 号促进花芽分化，提高花粉受精质量；在开花前喷施壮穗灵提高受精、灌浆质量，增加千粒重，提高坐果率，使籽实饱满、产量提高。

(3) 发病初期，用 50%速克灵可湿性粉剂 2000 倍液，或 50%扑海因可湿性粉剂 1500 倍液，或 65%代森锌可湿性粉剂 500 倍液，或 75%百菌清可湿性粉剂 600 倍液喷雾防治。

（二）凤梨灰霉病

【分布与危害】 凤梨灰霉病是我国南方常见的病害，发病率很高，受害植株的叶片会逐渐腐烂。

【症状】 主要为害花和叶。在发病初期，病部产生水渍状病斑，花部常常坏死腐烂，病部产生灰色霉状物。叶部形成不规则的大病斑，呈软腐状。

【病原】 灰葡萄孢菌(*Botrytis cinerea* Pers.)，属半知菌亚门，葡萄孢属。有性阶段为富克尔核盘菌(*Sclerotinia fuckeliana*(deBary)Fuckel)，属子囊菌亚门真菌。

【发病规律】 以分生孢子或菌核在病残体上越冬。在湿度高的温室内，可周年发病。一般6—7月雨季或10月开花期发病重。病菌从伤口侵入。湿度高，光照不足，温度在20℃左右时发病较严重。

【防治措施】

(1) 减少侵染来源，及时剪除病残体，并集中烧毁。

(2) 加强栽培管理，温室栽培，应采取增温和通风措施，以降低温室的湿度，可获得很好的防效。

(3) 温室可采用烟雾法防治。用45%百菌清烟剂或10%速克灵烟剂，熏蒸3—4h，也可用喷雾法防治。用50%甲基托布津可湿性粉剂500倍液、50%多菌灵可湿性粉剂500倍液、50%扑海因可湿性粉剂1000—1500倍液等。每7—10d喷1次。

(三) 扶桑灰霉病

【分布与危害】 扶桑灰霉病在温室盆栽的扶桑中是常见病害，春季危害较重。

【症状】 花、叶可感染。花被害时，出现水渍状的病斑，扩大后软腐，很快整个花瓣黏成一团。当病花掉在叶上时，叶子也会受到侵染，发生腐烂。病斑圆形、不规则形，淡褐色，大型。

【病原】 灰葡萄孢菌(*Botrytis cinerea* Pers.)，属半知菌亚门，葡萄孢属。

【发病规律】 灰霉病菌以菌核在土中越冬，靠气流或风雨传播。当温室中昼夜温差过大、夜间湿度过高，或花盆放置过密，透光通风不好时均易发生此病。扶桑受冻害时也易发病。

【防治措施】

(1) 加强管理，温室昼夜温差不宜过大；浇水时应从盆沿浇入，尽量上午浇水；发现病花应立即摘除，不使其掉在扶桑的其他部位，蔓延危害。盆中土壤应清洁无病。

(2) 喷雾可选用50%速克灵可湿性粉剂2000倍液；50%扑海因可湿性粉剂1500倍液；70%甲基托布津可湿性粉剂1000倍液；50%多菌灵可湿性粉剂500倍液；60%防霉宝超微粉剂600倍液；45%噻菌灵悬浮剂4000倍液，或2%武夷霉素水剂150倍液等，可在50%扑海因可湿性粉剂2000倍液里加65%抗霉威可湿性粉剂1500倍液，或50%甲基托布津可湿性粉剂1000倍液。

(3) 在具有封闭条件的大棚和温室内，可以施用烟雾剂，45%百菌清烟雾剂或10%灭克赤烟雾剂，每次每亩250g；3%噻菌灵烟雾剂0.5g/m³，于傍晚分别在几个位置点燃后，封闭大棚或温室过夜。塑料大棚或温室还可以试采用粉尘施药技术，5%百菌清复合粉剂，或10%灭克复合粉剂，每次每亩用量1kg。于傍晚时喷粉，然后封闭棚室，让粉尘不受气流影响，附着于植株体表。喷粉不要使用代用工具，以免降低防治效果。根据病情选择施药方法和药剂种类，每7—10d用一次药，连施2—3次药。

(四) 四季海棠灰霉病

【分布与危害】 四季海棠灰霉病是温室栽培中常见的病害，尤其在长江以南的多雨地区发生严重。该病引起秋海棠叶片、茎、花冠的腐烂坏死，降低观赏性。

【症状】 主要为害花、花蕾和嫩茎。在花及花蕾上初为水渍状不规则小斑，稍下陷，后变褐腐败，病蕾枯萎后垂挂于病组织之上或附近。在温暖潮湿的环境下，病部产生大量灰色霉层。即病原菌的分生孢子和分生孢子梗。

【病原】 灰葡萄孢（*Botrytis cinerea* Pers. et Fr.），属半知菌亚门，葡萄孢属。病菌能形成菌核。有性世代为[*Botryotinia fuckeliana*(de Bary) Whetzel]。

【发病规律】 病原菌以分生孢子、菌丝体在病残体及发病部位越冬。第二年环境条件适宜时，产生分生孢子，分生孢子借风雨传播，自植株气孔、伤口侵入，也可以直接侵入，但以伤口侵入为主。病原菌能分泌分解细胞的酶和多糖类的毒素，导致寄主组织腐烂解体，或使寄主组织中毒坏死。一般情况下，温室花卉3—5月容易发生灰霉病。寒冷、多雨、潮湿的天气，通常会诱发灰霉病的流行，这种条件有利于病原菌分生孢子的形成、释放和侵入。缺钙、多氮也能加重灰霉病的发生。该病除为害四季海棠外，还能侵染竹叶海棠和斑叶海棠。

【防治措施】

（1）减少侵染来源：及时摘除病组织，集中销毁。

（2）加强栽培管理：改善环境条件，提高寄主的抗病性。植物种密度要适宜，以利于通风透光，降低室内湿度；浇水应避免喷灌，使叶片保持干燥无水，花盆内不要有积水；增施钙肥，控制氮肥的施用量；减少伤口的发生。

（3）在发病期，喷施50%代森铵800—1000倍液，或70%甲基托布津可湿性粉剂1500倍液，或50%苯来特可湿性粉剂800—1000倍液。

五、炭疽病类

炭疽病类是园林植物中常见的一大类病害。发生于温暖潮湿地区，侵染多种草本和木本植物。炭疽病主要为害园林植物叶片，降低观赏性，也有的对嫩枝为害严重。

（一）兰花炭疽病

【分布与危害】 兰花炭疽病（图6-15）在生产地区普遍存在，是一种分布广泛的病害，兰花素来有观叶如观花的评价，但炭疽病使叶片上布满黑色的病斑，大大影响观赏。

图6-15　兰花炭疽病

1. 症状　2. 分生孢子盘和孢子

（仿龚浩）

【症状】 叶片上的病斑以叶缘和叶尖较为普遍，少数发生在基部，病斑长圆形、梭形或不规则形，有深褐色不规则线纹数圈，病斑中央灰褐色至灰白色，边缘黑褐色。后期病斑上散生有黑色小点，即分生孢子器。病斑多发生于上中部叶片，果实上的病斑为不规则、长条形黑褐色病斑。病斑的大小、形状因兰花品种不同而有差异。发生严重时，叶片斑痕累累，影响兰花正常的生长及观赏。

【病原】 半知菌亚门，腔孢纲，黑盘孢目，炭疽菌属，胶孢炭疽菌［*Colletotrichum gloeosporioides*(Penz.)］。

【发病规律】 炭疽菌以菌丝体及分生孢子盘在病残体、假鳞茎上越冬；一般自伤口侵入，在幼嫩叶片上可以直接侵入；潜育期2—3周。分生孢子萌发适温为22—28℃，最适pH值为5—6。梅雨季节发病最严重。高湿闷热，天气忽晴忽雨，通风不良，花盆内积水均加重病害发生。株丛过密，叶片相互摩擦易造成伤口容易感染此病，蚧类为害严重时也有利于该病的发生。

【防治措施】

(1) 减少侵染来源。发病初期剪除病叶，并集中烧毁。

(2) 加强栽培管理，创造不利于病害发生的环境条件，如通风透光、放置勿过密、浇水勿过多、选用无病肥沃土壤和防治暴雨造成伤口等。

(3) 加强抗病品种的选育和培养。

(4) 在发病初期，可喷洒75%百菌清可湿性粉剂800倍液；50%多菌灵可湿性粉剂500倍液；50%苯来特可湿性粉剂1000倍液等；每7—10d喷1次 。

(二) 仙人掌炭疽病

【分布与危害】 仙人掌炭疽病(图6-16)是仙人掌类植物的常见病，发生较普遍。常造成茎节和球茎腐烂干枯。

图6-16 仙人掌炭疽病

(引自杨子琦，等《园林植物病虫害防治图鉴》，2002)

【症状】　被侵染的仙人掌茎节或仙人球的球茎上，最初出现水渍状、浅褐色、圆形或近圆形病斑，后迅速扩展为不规则形，并可遍及各部分，病部腐烂，并略凹陷，上生小黑点，略呈轮纹状排列。潮湿时表面出现粉红色、黏状孢子团，即为病菌的子实体。随着病斑的发展，可使整个茎节和球茎变褐色腐烂。

【病原】　仙人掌炭疽病的病原菌为仙人掌炭疽菌[*Colletotrichum opuntiae*（Ell. Et Ev.）Saw.]，属半知菌亚门，腔孢纲，黑盘孢目，炭疽菌属。

【发病规律】　病原菌以菌丝或分生孢子盘在病组织或病残体上越冬；第二年产生分生孢子，成为初侵染来源。分生孢子借风雨传播；主要通过伤口侵入为害。仙人掌炭疽病在温度高、湿度大的条件下容易发生，初夏和初冬时节，均可发生。黄色球类的品种较易感病。

【防治措施】

(1) 适量浇水，避免过分潮湿，室内栽培要注意通风透光。

(2) 发现有病茎节和茎球应立即切除并销毁，这是控制该病发生的基本措施。

(3) 在繁殖苗圃可选用1%波尔多液，或50%乙基托布津600—1000倍液，或75%百菌清500—800倍液于发病前喷洒植株，有较好的防治效果。

（三）椰子炭疽病

【分布与危害】　在广东、海南、台湾等南方椰子栽培、引种区都有分布。为害椰子叶片，降低椰子产量及观赏价值。

【症状】　该病害一般为害幼苗和幼龄树，侵害较嫩叶片，最初在其上分散微暗绿色细小斑点，后逐渐扩大成椭圆形、纺锤形斑，后期病斑可汇合呈大的病斑，病斑有深褐色宽边，中央灰白色，病斑上散生小黑点。

【病原】　病原为半知菌纲，盘菌目，刺盘孢(*Colletotrichum pekinensis*)。

【发病规律】　病原菌在植株上病叶和落地病残体内越冬，翌春温湿度适宜时产生分生孢子，在生长季节，借风雨传播多次进行再侵染。该病害喜高温高湿的环境，在高温多雨的季节发病较严重；环境条件对植株生长不适宜，土壤肥力差，长势衰弱时发病常重。

【防治措施】

(1) 加强果园管理，增施钾、磷肥，合理灌水，增强树体抗病力；科学修剪，剪除病残枝及茂密枝，调节通风透光，注意果园排水措施，结合修剪，清理果园，将枯死和严重感病叶片烧毁，减少病原。

(2) 因地制宜地选择较抗病品种。

(3) 在发病初期可用0.1%克菌丹、0.28%代森锰、0.1%王铜、0.36%百菌清、0.3%敌菌丹等喷雾。或用1%波尔多液或25%可湿性多菌灵粉剂200倍液，每隔10—15d喷洒1次即可。

（四）仙客来炭疽病

【分布与危害】　仙客来炭疽病在我国仙客来栽培区均有发病情况，主要为害叶片和花。

【症状】　在发病初期，产生圆形淡褐色小病斑，随着病斑的扩大，病斑边缘暗褐色，外围病组织褪绿，病斑轮纹明显，产生许多黑色小点（分生孢子盘），严重时，叶片和花提早枯死。

【病原】 无性态为半知菌亚门，腔孢纲，黑盘孢目，炭疽菌属（*Colletotrichum* sp.）。有性态为子囊菌亚门，核菌纲，球壳目，小丛壳属，红斑小丛壳（*Glomerella rufomaculans* Berk.）。

【发病规律】 以菌丝体和分生孢子在病残体中越冬。翌年环境条件适宜，产生分生孢子，借风雨传播。秋末产生子囊壳，但较少发生。

【防治措施】

（1）减少侵染来源。在发病初期剪除病叶，并集中烧毁。

（2）加强栽培管理，创造不利于病害发生的环境条件，如通风透光，放置勿过密，浇水勿过多，选用无病肥沃土壤和防治暴雨造成的伤口等。

（3）在发病初期，可喷洒 75%百菌清可湿性粉剂 800 倍液或 50%多菌灵可湿性粉剂 500 倍液或 50%甲基托布津可湿性粉剂 500 倍液等；每 7—10d 喷 1 次，连续 2—3 次 。

（五）华棕炭疽病

【分布与危害】 在广东、海南、福建、台湾等棕榈植物上均有分布。为害叶片，影响观赏价值。

【症状】 病害多从叶缘、叶尖开始发生，再扩展到柄上。病斑呈圆形、半圆形或不规则形，初期暗褐色，后期浅褐色，有小黑点，叶片病健交接处有黄色晕圈，后期病斑变黄至黑褐色，病斑中间轮生小黑点。

【病原】 病原菌为胶孢炭疽菌（*Colletotrichum gloeosporides* Penz）。属半知菌亚门，腔孢纲，黑盘孢目，炭疽菌属。分生孢子盘碟形或垫形，寄生于寄主植物表皮下，散生。分生孢子梗无色，表面光滑。分生孢子无色，单胞，卵圆形或圆柱形，表面光滑。分生孢子大小为(12.2—16.8)μm×(4.0—5.4)μm。

【发病规律】 病菌还危害假槟榔、鱼尾葵、王棕、皇后葵、加拿利海枣。病菌在病叶或病残体上越冬，翌年形成初侵染源，4—8 月是病菌发生和流行期，高温高湿、肥水管理不当、种植时伤根过多，都有可能造成病害发生。

【防治措施】

（1）冬季及时清理病叶，集中烧毁，减少病源。

（2）加强肥水管理，提高植株抗病力，修剪枝叶通风并用波尔多液喷雾。

（3）每年 4 月开始喷洒 50%多菌灵可湿性粉剂 800 倍液，或 70%的代森锰锌可湿性粉剂 500 倍液、70%炭疽福美可湿性粉剂 500 倍，液或 75%百菌清可湿性粉剂 800 倍液。

六、霜霉病（疫病）类

霜霉病是由真菌中的霜霉菌引起的植物病害。霜霉菌是专性寄生菌，极少数的霜霉菌已可人工培养。霜霉病发生在园林植物中，几乎能侵染每一种草本观赏植物。此病从幼苗到收获各阶段均可发生，以成株受害较重。主要为害叶片，由基部向上部叶发展。发病初期在叶面形成浅黄色近圆形至多角形病斑，空气潮湿时叶背产生霜状霉层，有时可蔓延到叶面。后期病斑枯死连片，呈黄褐色，严重时全部外叶枯黄死亡。

(一) 荔枝霜霉病

【分布与危害】 荔枝霜霉病(图 6-17)又叫荔枝霜霉疫病，是荔枝、龙眼生产中一种常见病害，在我国荔枝、龙眼产区均有发生，主要为害近成熟的果实，也为害花穗、幼果、叶片，常引起烂果和落果，在果实采收前和贮运期均可继续为害。

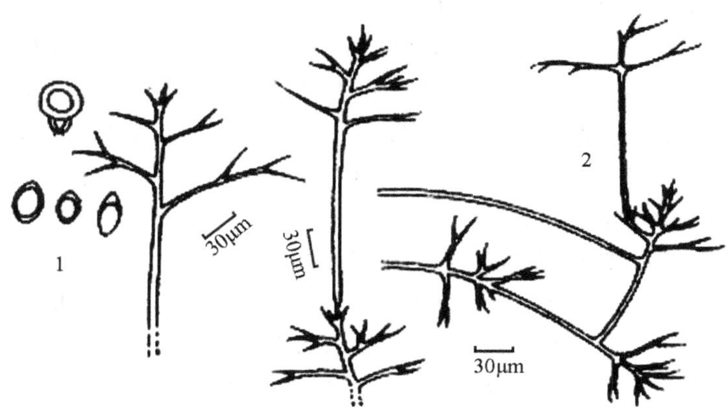

图 6-17　荔枝霜霉病
1. 游动孢子囊梗、游动孢子、藏卵器、雄器及卵孢子
2. 玉米粉培养基上 3 种继续产生新的游动孢囊梗的方式(25℃，10d)
(引自戚佩坤，等，2000)

【症状】 果实受害多从果蒂开始发生，发病初期果皮表面为褐色的不规则病斑，随着病情的发展，整个果实变黑，果肉腐烂，溢出褐色汁液，散发出酒味和酸味，严重时病部表面呈现一层白色霜霉状物。叶片受害，病部会出现褪绿斑，后期病斑扩展成为不规则的黄绿色斑块，在潮湿环境下，病部表面也生出白色霜霉状物。

【病原】 荔枝霜疫霉(*Peronphythora litchi* Chen et Ko et al.)为卵菌纲，腐霉科，霜疫霉属。菌丝无隔多核，菌丝自由分枝，以吸器伸入寄主细胞吸取养分。孢子囊梗直立，高度分化，长短不等，末端尖。孢子囊为淡褐色长椭圆形，顶端有乳状突起。

【发病规律】 该菌以卵孢子或菌丝体在病残体中越冬，春天在外界环境适宜时便借风雨传播为害，成为初侵染源。8 月开始侵染近成熟的果实。在气温高于 31℃的高温高湿天气，病害发展快，尤其是在果实采收前。管理粗放、荫蔽潮湿的果园，发病较严重。

【防治措施】

(1) 加强果园管理，增施有机肥，合理灌溉，注意果园排水措施，保持果园适度的温湿度，增强树势，提高树体抗病力。科学修剪，剪除病残枝，调节通风透光，结合修剪，清理果园。

(2) 因地制宜地选择较抗病品种。

(3) 适时采收，选择晴朗的天气进行采收。避免果实受伤。

(4) 贮运期注意通风透气。

(5) 在发生较严重的果园，开花前或谢花后可适当喷施药剂，可选用波尔多液，70％甲基托布津可湿性粉 1000 倍液，25％瑞毒霉可湿性粉剂 800—1000 倍液。隔 10d 喷 1 次，喷施 2—3 次即可。常用药剂有波尔多液、甲基托布津、瑞毒霉。

（二）向日葵霜霉病

【分布与危害】 在国内栽培向日葵地区均有发病，是重要的检疫性病害。向日葵苗期、成株期均可发病，造成植株矮化，不能结盘或死亡。

【症状】 在苗期染病 2—3 片真叶时开始显症，叶片受害后叶面沿叶脉开始出现褪绿斑块，叶背可见白色绒状霉层，即病菌的孢囊梗和孢子囊。病株生长缓慢或朽住不长。成株染病初，近叶柄处生淡绿色褪色斑，沿叶脉向两侧扩展，后变黄色并向叶尖蔓延，出现褪绿黄斑，湿度大时叶背面沿叶脉或整个叶背出现白色绒层，厚密。后期叶片变褐焦枯，茎顶端玫瑰花状，病株较健株矮，节间缩短，茎变粗，叶柄缩短，随病情扩展，花盘畸形，失去向阳性能，开花时间较健株延长，结实失常或空干。

【病原】 病原为霍尔斯轴霜霉或向日葵单轴霉（*Plasmopara halstedii*（Farl.）Berl.et de Toni），属鞭毛菌亚门真菌。孢囊梗 1—4 根从气孔伸出，具隔膜，大小 350—630μm，主轴长 105—370μm，占全长的 1/3—2/3，粗 9.1—10.8μm，上部单轴分枝 6—11 次；末端直，圆锥形，长 1.7—11.6μm，常 3—4 枝簇生成直角分枝，顶端钝圆。孢子囊卵圆形、椭圆形至球形，顶端有浅乳突，无色，大小（16—35）μm×（14—26）μm。卵孢子球形，黄褐色，直径 23—30μm。已发现有 8 个生理小种。

【发病规律】 向日葵霜霉菌随带菌的种子传播蔓延。病菌主要以菌丝体和卵孢子潜藏在内果皮和种皮中，种子间夹杂的病残体也带菌，春季气温回升，卵孢子萌发产生游动孢子囊，释放游动孢子侵入向日葵，形成全株侵染症状。该病有潜伏侵染现象，带菌种子长出的幼苗常不表现症状，生产上播种带菌种子，当年只有少数出现系统症状的病株，相当多的植株为无症带菌，生产上要注意，必要时连续种植进行检查。16—26℃适其发病。向日葵品种间存有抗病性差异。该病一般早播发病轻，旱地发病轻。向日葵播种后遇低温高湿条件，幼苗容易发病，生产上春季降雨多，土壤湿度大或地下水位高或重茬地易发病，播种过深发病重。向日葵进入成株期以后抗病性明显增强。

【防治措施】

（1）与禾本科作物实行 3—5 年轮作。

（2）适期播种，不宜过迟，密度适当，不宜过密。若田间发现病株，及时拔除并喷药或灌根，防止病情扩展。

（3）在苗期或成株发病后，喷洒 58％甲霜灵锰锌可湿性粉剂 1000 倍液或 64％杀毒矾可湿性粉剂 800 倍液、25％甲霜灵可湿性粉剂 800—1000 倍液、40％增效瑞毒霉可湿性粉剂 600—800 倍液、72％杜邦克露或 72％霜脲·锰锌或 72％霜霸可湿性粉剂 700—800 倍液，对上述杀菌剂产生抗药性的地区可改用 69％安克·锰锌可湿性粉剂 900—1000 倍液。

（三）凤仙花霜霉病

【分布与危害】 在我国南方，主要为害叶片，影响观赏。

【症状】 叶片上病斑初为褪绿斑块，常为叶脉所限呈不规则形，后期变为黄褐色或褐色坏死斑;叶背可见白色霉状物,较厚密,严重时覆满全叶,致叶片枯焦。

【病原】 凤仙花轴霜霉(*Plasmopara obducens*(Schrtiter) Schroter)属鞭毛菌亚门真菌,属卵菌。孢囊梗2—5枝自气孔伸出,主梗长250—580μm,上部单轴分支4—7次,末枝直,圆锥形,顶端钝平;孢子囊近圆形,(10—27)μm×(10—18)μm。

【发病规律】 在南方,病菌以孢子囊进行初侵染和再侵染,完成病害周年循环,无明显越冬期。在北方,病菌以卵孢子随病残体在土壤中越冬。翌年卵孢子借水流或雨水溅射传播,孢子囊萌发后进行初侵染,病部产生的孢子囊借气流传播,进行再侵染,使病害蔓延开来。气温15—17℃、高湿或昼夜温差大、雾大露重、土壤黏重、地势低洼易引起发病;夏秋阴雨连绵、雨水多、降雨量大发病重或大流行。

【防治措施】

(1) 栽植凤仙花时,应注意选择地块,合理密植,精心养护,雨后及时排水,防止湿气滞留。

(2) 在发病初期,及时喷洒70%乙膦·锰锌可湿性粉剂500倍液或64%杀毒矾可湿性粉剂400—500倍液、72.2%普力克水剂600—700倍液、72%克露可湿性粉剂600倍液、60%灭克可湿性粉剂800倍液,隔10d左右喷1次,防治2—3次。

(四) 百合疫病

【分布与危害】 百合疫病(图6-18)分布于我国百合各栽培区。主要为害嫩叶,茎和花也可受侵害。

【症状】 多发生于嫩叶,叶片上产生油渍状小斑,逐渐扩大成灰绿色,潮湿时病部产生白色绵状菌丝,严重时叶和花软腐,茎曲折下垂。鳞茎上出现褐色油浸状小斑,扩大后腐败,潮湿时腐败部位产生白色霉层。

图6-18　百合疫病
1. 症状　2. 孢子囊
(引自程亚樵,等《园林植物病虫害防治技术》,2007)

【病原】 寄生疫霉(*Phytophthora parasitica* Dastur),属鞭毛菌亚门,疫霉属。

【发病规律】 病菌以卵孢子在土壤中越冬;降雨多、排水不良时发病严重;栽培介质不同,发病率也有差别;培养土经消毒后,植株发病率最低。

【防治措施】

(1) 及时清除病残组织并烧毁;从无病株采种,精选种子;换土、轮作或进行土壤消毒。

(2) 疫霉菌一般要求高温高湿,因而控制好温湿度,做好通风、透光及排湿工作也是一种防治手段。

(3) 在发病早期及时喷药防治,可供选择的药剂有 1∶2∶200 的波尔多液、25%瑞毒霉可湿性粉剂 600—800 倍液、40%乙膦铝可湿性粉剂 200—300 倍液、40%达科宁悬浮剂稀释 500—1200 倍液、72%克露可湿性粉剂稀释 600—800 倍液、47%加瑞农可湿性粉剂稀释 600—800 倍液、72.2%普力克水剂稀释 600—1000 倍液、64%杀毒矾可湿性粉剂稀释 300—500 倍液。

七、枯萎病

(一) 合欢枯萎病

【分布与危害】 合欢枯萎病(图 6-19)在我国华南、西南等地都有发生,为合欢的一种毁灭性病害,从幼苗到大树均可发病,发病严重时可造成大量树木枯萎死亡,该病可流行成灾。

【症状】 幼苗发病,植株生长衰弱,感病植株的叶下垂呈枯萎状,叶色呈淡绿色或淡黄色,有的是一两个枝条或几个枝条表现出症状,有的是半边枝条枯死,以后少数叶片开始枯萎,最后遍及全株,此时根及茎基部已软腐,植株枯死。大树得病,地上部分萎蔫,病叶枯后脱落,枝条逐渐枯死,严重时全株枯死。夏末秋初,感病树干或枝的皮孔肿胀破裂,其中产生分生孢子座及大量粉色粉末状分生孢子,由枝干伤口外侵入。

图 6-19　合欢枯萎病树干受害状
(引自杨子琦,等《园林植物病虫害防治图鉴》,2002)

【病原】 病原菌的无性阶段是半知菌亚门镰刀菌属的尖镰孢菌的一个变种,拉丁名为 *Fusarium oxysporum* f.sp.*perniciosum*。

【发病规律】 该病属系统侵染性病害,整个生长季均能发生,5 月出现症状,6—8 月为发病盛期,病害可一直延续到 10 月。高温、高湿有利于病原菌的增殖和侵染。暴雨、灌溉有利于病原菌的扩散。虽然高温、高湿有利于病害的扩展,但缺水和干旱也会促进病害的发生。生长势较弱的合欢树，从出现症状到全株枯死，仅需5—7d。生长势较好的树发病，也表现出局部枝条枯死，速度比较缓慢。该病发病早期难以发觉，一旦出现症状便难以挽救，所以，防治此病要坚持预防为主，综合防治的原则。

【防治措施】

(1) 将枯死植株及感病严重的植株砍除并烧毁，以防病害蔓延，并用20%石灰水消毒土壤。

(2) 生长季节未出现症状前，开穴浇灌内吸性药剂，如50%甲基托布津500倍液，40%多菌灵800倍液或50%代森铵400倍液浇灌根部，每30d浇灌1次，连续3—4次。同时，喷洒或涂抹植株枝干，交替用药，每半月1次，连喷3—4次，效果较好，并注意防治蚜虫、木虱等其他病虫害的发生。在移植时用1%硫酸铜溶液蘸根，枝干处的伤口涂保护剂，以防病菌侵染。

(3) 加强抚育管理，定期松土，锄草，增加土壤通透性，注意防旱排涝，积水要及时排涝，干旱要及时浇灌。抓住春秋生长旺盛期合理施肥，使树木生长健壮，增强抗病能力。尽量少剪枝，剪后伤口要涂保护剂。

(二) 杨桃枯萎病

【分布与危害】　在我国华南区域，特别是广州发病最严重，主要为害植物的叶和茎。

【症状】　叶片发黄，起初只在中午萎蔫，夜间恢复，后来连夜间也一样萎蔫，叶片易脱落，地上部分根系稀少。茎干基部横剖时可见木质部变褐坏死。

【病原】　病原菌是半知菌亚门镰刀菌属的尖孢镰刀菌的一个新专化型——杨桃专化型，*Fusarium oxyzporum* Schl.f.sp.*averrhoae* C.F.Zhang et P.K.Chl。

【发病规律】　主要以菌丝体、厚壁孢子在土壤中越冬。翌年作为初侵染来源，从根部伤口或根毛细胞侵入，再进入维管束的导管，使植株中毒，叶片迅速萎蔫，整株枯死。春季阴雨，病菌容易侵入，发病加重，夏秋发病较轻。

【防治措施】

(1) 施用酵素菌沤制的堆肥或充分腐熟的有机肥，不要施用未充分腐熟的农家肥改良土壤。

(2) 合理浇水，雨后及时排水，防止土壤湿度过大，必要时进行中耕，使土壤疏松，创造根系生长发育良好的条件。

(3) 在发病初期，每亩喷洒50%多菌灵可湿性粉剂80—120g、70%甲基硫菌灵可湿性粉剂500倍液、75%百菌清可湿性粉剂500倍液、60%防霉宝超微粉600倍液，隔7—10d喷洒1次，连续防治2—3次。

(三) 向日葵黄萎病

【分布与危害】　在向日葵的种植地均有发病，主要为害叶片。

【症状】　主要在成株期发生，开花前后叶尖叶肉部分开始褪绿，后整个叶片的叶肉组织褪绿，叶缘和侧脉之间发黄，后转褐；后期病情逐渐向上位叶扩展，横剖病茎维管束褐变。发病重的植株下部叶片全部干枯死亡，中间叶呈斑驳状，严重的花前期即枯死，湿度大时叶片正反两面或茎部均可出现白色霉层。

【病原】 属半知菌亚门真菌，黄萎轮枝菌或黑白轮枝菌(*Verticillium alboatrum* Reinke et Berthold)。

【发病规律】 病菌在土壤、病残体和种子中越冬。种子果皮带菌，胚和胚乳不带菌。病菌在土中可长期存活。播种后病菌从伤口或幼根直接侵入发病，潜育期一般为7d。病菌生长温度10—33℃，以23℃最适。重茬年限越长发病越重。低洼地、种植密度大易发病。

【防治措施】

(1) 病残株应清除，烧毁。

(2) 药剂拌种用50%多菌灵或50%甲基硫菌灵可湿性粉剂按种子量的0.5%拌种，也可用80%抗菌剂402乳油1000倍液浸泡种子30min，晾干后播种。还可用农抗120水剂50倍液，于播种前处理土壤，每亩用兑好的药液300L。

(3) 必要时用20%萎锈灵乳油400倍液灌根，每株灌兑好的药液500mL。

(四) 华棕立枯病

【分布与危害】 在广东、海南、福建等地的棕榈科植物均有发病，病害在植株幼苗期到成株均受害。

【症状】 华棕立枯病是毁灭性病害，幼苗期感病，开始在根际或茎基部出现水渍状褐斑并逐渐扩大、环绕茎部，使整个茎基变褐，腐烂。病部以上的茎叶，短期内仍呈绿色，但无光泽，渐失水下垂，最后死亡。华棕成株受立枯病菌侵染后，植株的叶片自下而上枯黄萎蔫、下垂，外层叶片先枯萎，逐渐向内层发展，最后心叶坏死，整株干枯。叶柄处可见失水收缩，茎基部坏死。解剖根部可见大部分根腐烂，纵剖根部可见根维管束坏死呈现黄褐色。气候潮湿时，病部可见白色的菌丝体。

【病原】 华棕立枯病主要是由立枯丝核菌(*Rhizoctonia solani* Kuehn)侵染引起，属半知菌亚门，丝孢纲，无孢菌目，丝核菌科，丝核菌属。不产孢子，只有菌丝和菌核。幼嫩菌丝无色，老熟后褐色，分枝处呈直角，略缢缩。菌丝交织成堆形成的黄褐色小颗粒就是菌核，菌核形状不规则，多圆扁形。

有时是由尖孢镰孢侵染引起的。尖孢镰孢属半知菌亚门丝孢纲，丛梗孢目，瘤座菌科，镰孢属。有两种分生孢子，小型分生孢子椭圆或卵圆形，无色。单胞或双胞；大型分生孢子镰刀形，弯曲或稍直，无色，1—6个隔膜。菌丝中段或顶部细胞形成厚垣孢子，球形，厚垣孢子壁厚，能抵御不良环境条件。

【发病规律】 立枯丝核菌以菌核和菌丝体在土壤或腐殖质中越冬。次年萌生菌丝进行侵害，菌核可随流水传播、菌丝体也可在幼苗株间进行短距离接触传染。尖孢镰孢则潜伏在植株和土壤中，以菌丝体、厚垣孢子或菌丝越冬，并成为翌年的主要初侵染源。地势低洼，排水不良，天气高温多湿；苗木种植过密，苗床过分荫蔽，均有利于两种病菌的侵染扩展，苗圃发病严重。

【防治措施】

(1) 消除越冬菌源，并在病穴淋灌50%克菌丹600倍液。

(2) 避免地势低洼、连作，控制苗床浇水量，雨后及时排除积水。

(3) 将种子在0.2%甲醛液中浸种20—30min后，冲洗干净再播种。

(4) 在 5 月发病前用 2.5%适乐时悬浮剂 800 倍液、3%广枯灵水剂 500 倍液先灌根对苗木做预防处理。发病期间交替喷淋 70% 土菌丹 2000 倍液或 50% 克菌丹 800 倍液，10—15d 进行一次，连续 3—4 次。

八、枝干腐烂、溃疡病类

(一) 桉树溃疡病

【分布与危害】 桉树溃疡病主要分布在广东、广西、福建、海南等地。危害大叶桉、隆缘桉、柳叶桉和赤桉等。该病为害苗木、幼树和大树的叶柄、幼嫩枝干，也为害果实，以 1—2 年生苗木受害较重。

【症状】 该病一般发生在未木质化黄绿色苗木和大树的侧枝上。发病初期，感病枝条上产生圆形褐斑，以后逐渐扩大成椭圆形或不规则形，呈黑褐色。病斑中央下陷，边缘略隆起。有时病皮纵裂，边缘又产生突起的愈伤组织。病原菌侵入木质部表层，使组织变为褐色，流胶，严重时枝干扭曲，干枯死亡。

【病原】 病原为桉茎点霉(*Phoma eucalyptica* Sacc.)，隶属半知菌亚门，腔孢纲，黑盘孢目真菌。

【发病规律】 病原菌以分生孢子器在病组织中越冬，第二年春季产生分生孢子，分生孢子通过气流、雨水传播，主要为害苗木和大树幼嫩的初生茎组织。在广东、广西，该病害 3 月开始发病，8—9 月为盛期，11 月基本停止发病。夏、秋季施氮肥过多时有利于病害发生和发展，春天移植的桉苗比 7 月移植苗病重。

【防治措施】

(1) 及时清除病枝，减少侵染源。

(2) 加强苗木管理，移栽时不要过早、过密。在病害流行期间要多施钾肥，少施氮肥，以免徒长。

(3) 发病期间，喷施 1∶1∶100 波尔多液，或 0.3 波美度的石硫合剂，每隔 10—15d 喷 1 次，喷 2—3 次。

(二) 石榴干腐病

【分布与危害】 在广东、四川、海南等省份均有发生，主要为害茎。

【症状】 在蕾期、花期发病，花冠变褐，花萼产生黑褐色椭圆形凹陷小斑。幼果发病首先在表面发生豆粒状大小不规则浅褐色病斑，逐渐扩为中间深褐、边缘浅褐的凹陷病斑，再深入果内，直至整个果实变褐腐烂，在花期和幼果期严重受害后造成早期落花落果；果实膨大期至初熟期，则不再落果，而干缩成僵果悬挂在枝梢。

【病原】 病原菌为半知菌亚门，鲜壳孢属(*Iythia versoniana* Sau)。

【发病规律】 主要以菌丝体或分生孢子在病果、果台，枝条内越冬，其中果皮、果台、子粒的带菌率最高。翌年 4 月中旬前后，越冬僵果及果台菌丝产生的分生孢子是当年病菌的主要来源。

【防治措施】

(1) 冬春季节结合消灭桃蛀螟越冬虫蛹,清除搜集树上树下干僵病果烧毁或深埋,辅以刮树皮、石灰水涂干等措施减少越冬病源,还可起到树体防寒作用。

(2) 坐果后套袋和及时防治桃蛀螟,可减轻该病害发生。

(3) 从 3 月下旬至采收前 15d,喷洒波尔多液或 40%多菌灵胶悬剂 500 倍液,或 50%甲基托布津可湿性粉剂 800—1000 倍液 4—5 次,防治率可达 63%—76%。黄淮地区以 6 月 25 日至 7 月 15 日的幼果膨大期防治果实干腐病效果最好。休眠期喷 40%福美胂 400 倍液或 3—5 波美度的石硫合剂。

(三) 仙人掌类茎腐病

【分布与危害】 我国华南一带均有发生。仙人掌茎腐病是一种常见病害,危害量天尺、仙人掌、仙人球等多种仙人掌类观赏植物。主要发生在近地茎部,也见于上部茎节,引起茎部腐烂,严重时导致全株死亡。

【症状】 初期病部出现水浸状黄绿色至黄褐色斑块,逐渐软腐,后期只剩干枯的外皮及残留芯轴,腐烂快慢随不同病菌种类而异。致病因素有很多,如用未经消毒的垃圾土或菜园土栽培、嫁接、低温受冻及昆虫为害等造成的伤口均易诱发腐烂(图 6-20)。

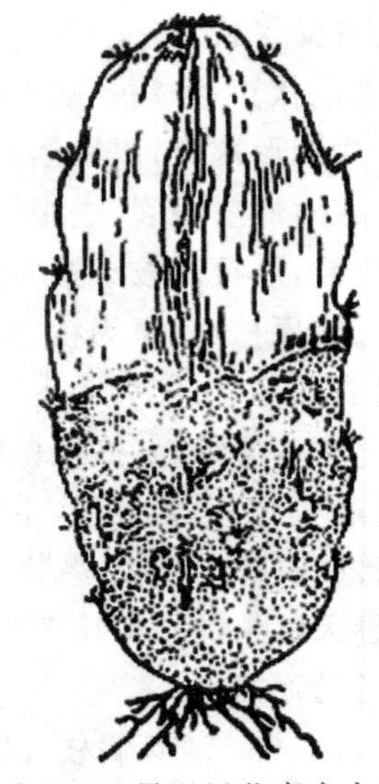

图 6-20 量天尺茎腐病症状(引自程亚樵,等《园林植物病虫害防治技术》,2007)

【病原】 为半知菌亚门的尖镰孢菌(*Fusarium oxysporrm* Schlecht.)、茎点霉菌(*Phoma* sp.)及大茎点菌(*Macrophoma* sp.)

【发病规律】 尖镰孢菌以菌丝体和厚垣孢子在病茎残体上或土壤内越冬;生长季节可侵染发病,主要借雨水、灌溉水及地下害虫传播。多从伤口侵入。春季植株感病后,能繁殖大量细菌,成为以后侵染其他植株的病源。

【防治措施】

(1) 上盆要用经消毒的培养土。

(2) 发病初期发现有病斑点,应立即挖除,并将邻近病斑的健康组织也挖掉一部分,然后涂以硫黄粉或草木灰,晒干伤口,以利伤口尽快愈合。

(3) 当局部腐烂较大时,可将尚健康的一部分切下来扦插或嫁接,把患病部分去掉,同时喷淋 20%甲基立枯磷乳油 1200 倍液。

(四) 棕榈干腐病

【分布与危害】 棕榈干腐病(图 6-21)又名枯萎病、烂心病、腐烂病,是棕榈树常见病害。棕榈树既是观赏树种又是经济树种,因干腐病的发生,常造成枯萎死亡。

【症状】 病害多从叶柄基部开始发生,首先产生黄褐色病斑,并沿叶柄向上扩展到叶片,病叶逐渐凋萎枯死。病斑延及树干产生紫褐色病斑,导致维管束变色坏死,树干腐烂,叶片枯萎,植株趋于死亡。若在棕榈干梢部位,其幼嫩组织腐烂,则更为严重。在枯死的叶柄基部和烂叶上,常见到许多白色菌丝体。当地上部分枯死后,地下根系也很快随之腐烂,全部枯死。

【病原】 为半知菌亚门拟青霉菌(*Paecilomyces varitoti* Bain.)

【发病规律】 病菌在病株上过冬。每年5月中旬开始发病，6月逐渐增多，7—8月为发病盛期，至10月底，病害逐渐停止蔓延。该病对小树和大树均有危害。棕榈树遭受冻伤或剥棕太多，树势衰弱易发病。

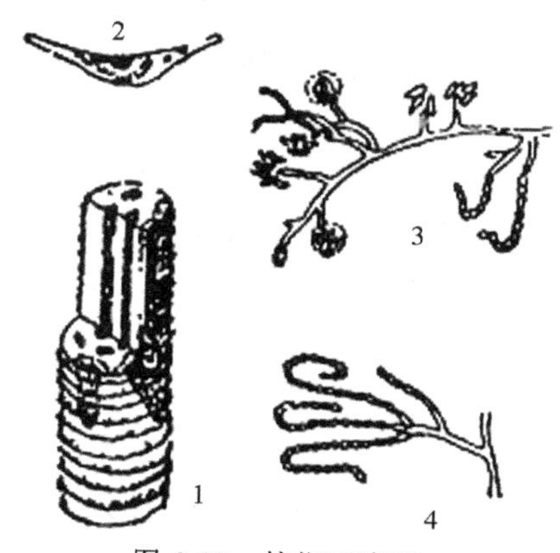

图 6-21 棕榈干腐病
1. 病干剖面 2. 病叶叶柄横切面 3、4. 病菌分生孢子
(引自程亚樵，等《园林植物病虫害防治技术》，2007)

【防治措施】

(1) 及时清除腐死株和重病株，以减少侵染源。

(2) 适时、适量剥棕，秋季剥棕不可太晚，春季剥棕不可太早或剥棕过多。春季，一般以清明前后剥棕为宜。

(3) 可用50%多菌灵500倍液喷雾，3%多氧清1000倍液均匀喷雾，或刮除。

(五) 唐菖蒲干腐病

【分布与危害】 危害唐菖蒲是鸢尾科鸢尾属的观赏花卉。唐菖蒲干腐病也称枯萎病、根腐病，是唐菖蒲的主要病害之一，对其生长影响较大，造成严重的经济损失。主要为害球茎，也为害叶、花、根。球茎受害呈环状萎缩、腐烂；发病严重时，整个球茎变黑褐色，干腐。

【症状】 唐菖蒲植株受害后，幼嫩叶柄弯曲、皱缩、叶片过早变黄、干枯，花梗弯曲，严重时不能抽出花茎。球茎受害最重。球茎受害后，球茎上的症状表现有维管束变褐型、褐腐型及茎盘干腐型3种。前两种为害严重时整个球茎腐烂、变褐干枯。褐腐型的褐黄色病斑多出现在1—2茎节间，病斑深达茎内2—4mm，容易造成烂窖，干腐型病斑多产生于茎盘处。这3种症状在田间均可蔓延至子球茎。地上部位侧叶片的叶尖发黄，向下蔓延，可导致整叶或整株枯黄，植株矮小，花梗细、花小且少等。染病部位产生水渍状和不规则小斑，逐渐变成棕黄色或淡褐色斑，受害植株萎蔫(图6-22)。

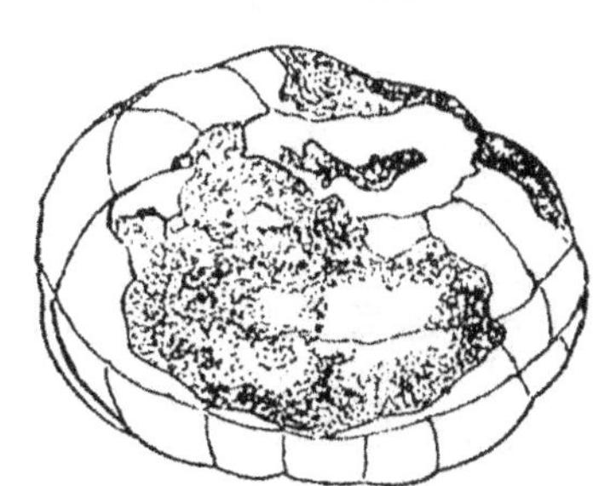

图 6-22 唐菖蒲干腐病被害球茎
(引自程亚樵，等《园林植物病虫害防治技术》，2007)

【病原】 病原为唐菖蒲尖镰孢(*Fusarium oxysporum* Schlect.var.gladioli Massey)，隶

属半知菌亚门，丝孢纲，瘤座孢目，镰孢属真菌。

【发病规律】 病菌在病球茎、病残体及土中越冬，存在于土壤和有病球茎上，在适宜条件下，自植株伤口侵入，病原菌借水的流动、人的园艺操作等传播，可传播到整个植株，也能侵入新球茎和子球茎。栽种带病球茎、施氮肥过多(尤其是氨态氮)、土壤 pH 值低、土温高(27—33℃)、球茎迟挖、挖前浇水、在阴天挖掘、入窖前干燥不足、球茎伤口多、贮窖温度高、空气相对湿度大时均易发病。连作也会加重病情。栽培品种易发病，但有耐病品种。

【防治措施】

(1) 严格挑选无病球茎作为繁殖材料，发现病株、病球茎应清除烧毁。

(2) 种植前，用 50%多菌灵可湿性粉剂 500 倍液浸泡球茎 30min。

(3) 发病初，喷洒 70%甲基托布津可湿性粉剂 2000 倍液、新高脂膜或 50%多菌灵可湿性粉剂 1000 倍液、新高脂膜 800 倍液防治。

(六) 兰花茎腐病

【分布与危害】 兰花的品种有很多，据不完全统计，全世界有 4 万多个兰花品种，其中比较出名的有春兰、蕙兰、蝴蝶兰等。兰花茎腐病，是兰花种中最让人头疼的病害之一。会使兰花的茎腐烂、萎缩直至死亡。

【症状】 通常先为害成熟的兰花叶鞘与叶片靠近基部的组织，由内到外，严重时引起假鳞茎深度腐烂，继而引起叶片的萎蔫。病害处及断面有时呈暗褐红色。

【病原】 病原菌尖孢镰刀菌属半知菌类，从梗孢目，瘤座孢科，镰刀菌属。

【发病规律】 兰花茎腐病发病期与兰花的快速生长期是一致的，就是说兰花生长得越快，兰花茎腐病也爆发得越快，这同兰花生长所需的最佳温度和兰花茎腐病爆发的最佳温度相同有关(兰花生长所需的最佳温度是 28—30℃，而兰花茎腐病爆发的最佳温度也是 28—30℃)。有时候独苗发，有时候春夏发，有时候秋冬发(不过冬天是极少发的)，且发病多数都是从大草、壮草和新草开始的，少数从老草和小草开始。

【防治措施】

(1) 上盆前兰花、兰盆和植料一定要消毒，植料要相对粗一点，兰草尽量要种得浅一点，种养环境一定要通风，盆面不要长时间过湿，尽量多用有机肥，少用或不用无机肥和化学肥料，等等。

(2) 用 70%茎腐灵乳油 1mL 兑水 600g 即 600 倍液，每 7—10d 喷 1 次，连喷 4 次，根据情况再每 15—20d 喷 1 次进行预防。

(七) 四季海棠茎腐病

【分布与危害】 四季海棠茎腐病在我国南北各地均有发生，是四季海棠常见病害之一，危害很大，重者整株倒伏死亡。

【症状】 受害植株在靠近地面的茎基部初生暗色斑点，扩大后呈棕褐色，收缩腐烂。病菌侵染叶片引起暗绿色水渍状圆斑；侵染叶柄则呈褐色腐烂。当病斑环绕茎部时，植株枯死，湿度大时，在病斑处可见白色丝状物，严重病株倒伏。

【病原】 为半知菌的立枯丝核菌(*Rhizoctonia solani* Kuhn)。病菌在土壤内或病残体上存活，当气温20—24℃，湿度大时，利于病害发生。春季发病多，阴雨天或土壤含水量大时，发病严重。

【发病规律】　病菌不产生孢子，以菌丝侵入传播。菌丝初期无色，后期淡褐色。腐生性较强。习居土壤或病残组织内越冬。气温适宜(20—24℃)，湿度较大，有利于病菌生长繁殖。海棠分株或扦插繁殖时造成伤口，或在阴雨天气，浇水过多，泥土积水时易被病菌侵害，引起病害严重发生，植株腐烂死亡。

【防治措施】

(1) 对病害发生严重的圃地，应用有机质含量丰富的新土，浇水适量。

(2) 在发病初期用65%敌克松600—800倍液或用1%高锰酸钾1200—1500倍液喷药，也可用多菌灵对土壤进行消毒，用量为5—6g/m^3。

九、根部病害

根部病害也称土传病害，其种类虽然没有叶部和枝干部多，但其造成的危害常常是毁灭性的。园林植物根部病害在发病初期是不易察觉的，在病因诊断上也比较困难，少数根系受害，因其他根系的补偿作用，发病症状在地上部分表现不出来。当地上部分出现树叶变黄、变小或树势变弱时，根部病害已经非常严重。

(一) 苗木猝倒病

【分布与危害】　苗木猝倒病(图6-23)在全国各地苗圃均有发生。主要危害松、杉等针叶树幼苗，在短期内可引起幼苗大量死亡。此外，还危害香椿、榆树、枫杨、桦树、桑树、刺槐等阔叶树种的幼苗和花卉及多种植物。

图6-23　苗木猝倒病不同发育阶段的病苗

(引自杨子琦，等《园林植物病虫害防治图鉴》，2002)

【症状】 种子或幼芽未出土时遭受侵染而腐烂，在幼苗期发病，地表或地表下的茎基部呈现水渍状病斑，病部黄褐色，缢缩，可向植株上下部扩展，呈线状。病势发展迅速，组织崩解，幼茎即萎蔫倒伏，但短期内叶边呈绿色，环境潮湿时，在病部及其附近土面还会长出白色绵毛状霉，这种症状类型叫立枯病。

【病原】 多种真菌均能引起猝倒病，常见的有：丝核菌(*Rhzoctonia solani* Kühn)、腐霉菌(*Pythium* sp.)、镰刀菌(*Fusarium* sp.)和胶链孢菌。丝核菌以菌核在土壤中度过不良环境和长期生存；腐霉菌是土壤习居菌，能在土壤中的寄生残体上腐生 4 年，且长期腐生，并形成卵孢子度过不良环境，为土传性病害，主要以卵孢子在土壤中、菌丝体在土壤中的病残体或其他有机物上腐生，混入堆肥中越冬，病菌主要由水和人的园艺操作传播；镰刀菌主要靠厚垣孢子；胶链孢靠其分生孢子度过不良环境和长期生存。

【发病规律】 镰刀菌、丝核菌、腐霉菌都是土壤习居菌，有较强的腐生习性，平时生活在土壤中的植物残体上，分别以厚垣孢子、菌核和卵孢子度过不良环境，遇到合适环境和寄主便侵染致病。病害发生的时期，因各地气候条件不同而有差异。一般在 5、6 月间、幼苗出土后、种壳脱落前这段时间发病最重，1 次病程只需要 3—6h，可连续多次侵染发病，造成病害流行。

【防治措施】

(1) 选地：选择地势较高，排水较好，土质不黏重，无病地或轻病地作苗圃，不用旧苗床土。

(2) 精细整地：深耕细整，施用有机肥。

(3) 土壤消毒：用福尔马林熏蒸，即在播种前三周，耙松土壤表层，每平方米苗床土上用 360mL 福尔马林溶液加水 9—27kg，均匀喷洒稀释药液后，用塑料薄膜覆盖严密，覆盖一星期后揭膜，并耙松土壤，让药充分挥发，至少两周后才能播种。

(4) 适期播种：在可能条件下，应尽量避开低温时期，同时最好能够使幼苗出芽后一个月避开梅雨季节。

(5) 药剂：在发病初期，先拔除病苗集中处理，然后向幼苗基部喷洒 70%甲基托布津可湿性粉剂 1000 倍液或 25%百菌灵 800—1000 倍液，或者 1∶1∶(120—170)波尔多液，也可用草木灰、石灰混匀后撒于幼苗基部。

(二) 苗木茎腐病

【分布与危害】 苗木茎腐病又称颈缩病，在我国主要分布于长江流域以南地区和新疆吐鲁番地区，苗木茎腐病主要发生在夏季高温炎热的地区，是园林苗木上的严重病害。主要危害银杏、桉树、马尾松、侧柏、杉木、水杉、杜仲、乌桕、刺槐、核桃、香椿等多种针阔叶树种，其中以银杏、杜仲、杉木苗最易感病，死亡率可达 90%以上。除危害园林苗木外，还危害农作物中的芝麻、红豆、大豆、烟草和棉花等作物。

【症状】 发病初苗木茎基部产生黑褐色病斑，叶片失绿，稍下垂，随后扩大，包围茎基，病部皮层皱缩坏死，易剥离。顶芽枯死，叶子自上而下相继萎垂，但不脱落，引起全株枯死。病菌继续上下扩展，使基部和根部皮层解体碎裂，皮层内及木质部上生有许多粉末状黑色小菌核。苗木枯死 3—5d 后，茎上部皮层稍皱缩，内皮层腐烂呈海绵状或粉末状，浅灰色，其中有许多黑色小菌核。病菌也进入木质部和髓部，髓部变褐色，中空，生有小菌核。最后病菌蔓延至根部，使整个根系皮层腐烂。若拔起病苗，则根皮脱落，仅拔出木质部。2—3 年生苗感病，有的地上部枯死，根部仍保持健康，当年自根颈部能发出新芽。

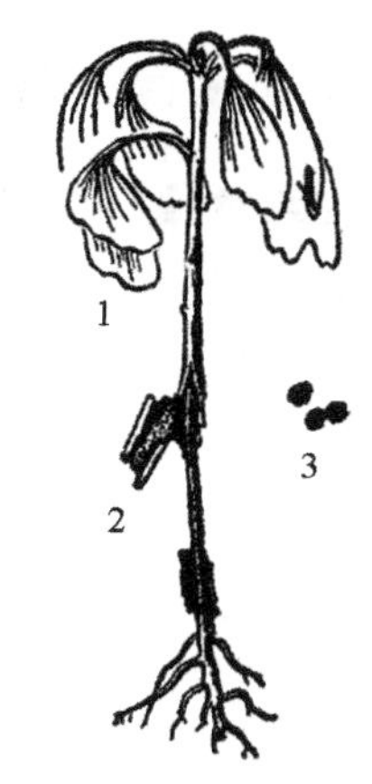

图 6-24　银杏茎腐病
1. 症状　2. 示病部内皮组织腐烂，内生菌核　3. 菌核放大
（引自各作者）

【病原】　属半知菌亚门真菌，无孢菌目，小核菌属。是甘薯小菌核菌（*Sclerotium bataticola* Taub）引起，产生分生孢子器时，名为菜豆壳球孢菌（*Macrophomina phaseolina*）（图 6-24）。病菌在银杏、松、杉等病苗上，一般不产生分生孢子器，只产生小菌核，以菌丝和菌核形态存在。菌核黑褐色，表面光滑，扁球形或椭圆形，细小如粉末状。在芝麻病株上，常产生分生孢子器埋生于病部表皮下，有孔口，孔口开于表皮外；分生孢子长椭圆形，壁薄，无色，单细胞，先端稍弯曲。此病菌喜高温，其生长适宜温度为 30—32℃，对酸碱度适应性较强，pH 值在 4—9 时都能生长良好。

【发病规律】　该病原菌是一种腐生性强的土壤习居菌，喜好高温，生长最适温度为 30—32℃，以菌丝和菌核在病苗和土壤里越冬。平时在土壤中营腐生生活，在适宜条件下，自伤口处侵入为害。苗木受害主要是由于夏季炎热，土温增高，苗茎受高温灼伤，病菌由此获得入侵的机会。病害的发生与寄主状态和环境条件有密切关系。6—8 月雨季过后，土壤温度骤升，苗木茎基部常被灼伤，给病菌侵入提供了条件，病菌即从灼伤处侵入，引起苗木发病。在苗床低洼容易积水处，苗木生长较弱，抗病力低，也易感病。苗木茎腐病，在 6—8 月气温高，且高温持续时间长的情况下，发病严重。当年生苗木最易受害，随着苗木的增长，抗病能力逐渐增强，2 年生苗木，只有在严重发病的年份受侵发病。据观察，在南京地区，苗木一般在梅雨季节结束后 10—15d 开始发病，以后发病率增加，到 9 月中旬停止。发病程度与气温的高低及高温持续时间成正相关，气温愈高，持续时间愈长，则病害愈重。因此，可以根据梅雨季节后气温的高低变化情况预测病害的流行程度。

【防治措施】

（1）苗圃选择，选择地下水位低，排水良好的苗圃地，容器育苗，用无病原菌的土壤配制营养土，坚持轮作制度。

（2）苗圃处理，育苗前用枯枝叶、干草均匀撒在苗床上，点火焚烧，或每亩苗圃地施石灰粉 25kg 或硫酸亚铁粉 15—20kg。

（3）加强苗圃管理，及时中耕除草、间苗、追肥。低洼潮湿圃地应做高床，并做好开沟排水工作；施足基肥，特别是有机肥、腐熟的厩肥，以促使苗木生长健壮，提高土壤中拮抗微生物的群落，可以使发病率降低 50%。在 7 月中旬至 9 月上旬，搭棚遮阴，或在苗木行间覆草以降低土温；在水源方便的苗圃地，在高温干旱季节引水灌溉，既可抗旱又可降低土温，以减少发病。

（4）化学防治，每亩苗圃用波尔多液 50—75kg 喷洒幼苗，使幼苗外表形成保护膜，减少发病。发病后，及时清除病苗，并在病苗穴周围撒石灰粉。

(三) 花木白绢病

【分布与危害】 花木白绢病(图 6-25)主要分布于我国长江以南各地。危害油茶、乌桕和楠木、樟、核桃、梧桐、泡桐、香椿、香榧、马尾松、苹果等苗木,亦危害向日葵、茄子、辣椒等农作物及君子兰、兰花等观赏植物。

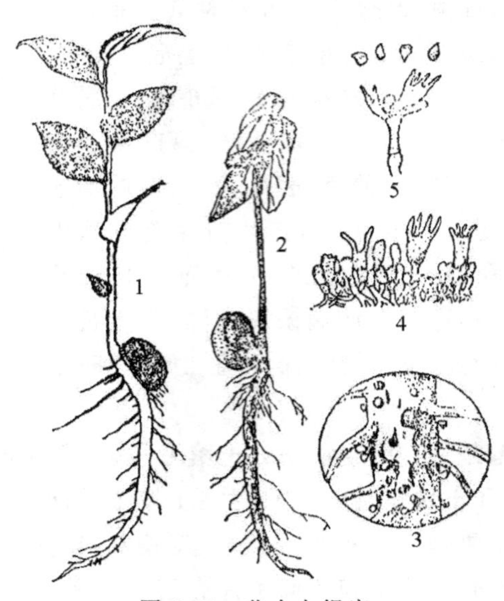

图 6-25　花木白绢病

1. 健康油茶苗　2. 感病油茶苗　3. 病根(菌核)　4. 病菌的自子实层　5. 病菌的担子与担孢子

(引自张随榜,2001)

【症状】 染病苗木根颈部皮层腐烂,苗木凋萎死亡。油茶、乌桕、榆木苗生病后,叶片逐渐凋萎脱落,全株枯死,容易拔起。病部生有丝绳状白色菌丝层,在潮湿环境下,大量的白色菌丝蔓延到苗木茎基部,以及周围的土壤和落叶上,在菌丝体上逐渐形成油菜籽样的或泥沙样的小菌核。菌核初白色,后转变为黄褐色或深褐色。

【病原】 是真菌半知菌亚门,丝孢纲,无孢目的齐整小核菌(*Sclerotium rolfsii* Sacc.)。菌丝白色,疏松或集结成线状,并成放射状纵向扩展,外观犹如白色绢丝;菌核表生,球形或近球形,直径 1—3mm,平滑有光泽,表面茶褐色。有性阶段为担子菌亚门,层菌纲,非褶菌目的刺孔伏革菌(*Corticium centrifugum*(Lev.)Bres.),一般情况下不发生有性阶段。

【发病规律】 病原主要以菌核在土壤中越冬,也可在被害苗木和被害杂草上越冬,翌年土壤温湿度适宜时,菌核萌发产生菌丝体,侵染为害。病菌以菌丝体在土壤中蔓延,也可借雨水和水流传播。病害一般于 6 月上旬开始发生,7—8 月为发病盛期,9 月底基本停止扩展。土质黏重、排水不良、土壤浅薄、肥力不足及酸性至中性土壤中,苗木生长不良,极易发病。土壤有机质丰富、含氮量高及偏碱性,则发病少。

【防治措施】

(1) 为了预防苗期发病,可用 70%五氯硝基苯粉剂处理土壤,每亩地用 2.5kg,加干细土 50kg,混合均匀后,撒在播种或扦插沟内,然后进行播种或扦插。

(2) 在发病初期,在苗圃内可撒施 70%五氯硝基苯粉剂于土面,每亩地亦用 2.5kg,施药后松土,使药粉均匀混入土中;亦可用50%多菌灵可湿性粉剂500—800倍液,或50%托布津可湿性粉剂500倍液,或1%硫酸铜液,浇灌苗根部,可控制病害的蔓延。

(3) 春秋天扒土晾根。树体地上部分出现症状后,将树干基部主根附近土扒开晾晒,可抑制病害的发展。晾根时间从早春3月开始到秋天落叶为止均可进行,雨季来临前可填平树穴以防产生不良影响。晾根时还应注意在穴的四周筑土埂,以防水流入穴内。

(4) 选用无病苗木,调运苗木时,严格进行检查,剔除病苗,并对健苗进行消毒处理。消毒药剂可用70%甲基托布津或多菌灵800—1000倍液,2%的石灰水,0.5%硫酸铜液浸10—30min,然后栽植。也可在45℃温水中,浸20—30min以杀死根部病菌。

(5) 病树治疗:根据树体地上部分的症状确定根部有病后,扒开树干基部的土壤寻找发病部位,确诊是白绢病后,用刀将根颈部病斑彻底刮除,并用抗菌剂401的50倍液或1%硫酸液消毒伤口,再外涂波尔多液等保护剂,然后覆盖新土。

(6) 挖隔离沟在病株周围,封锁病区。

(四) 花木紫纹羽病

【分布与危害】 花木紫纹羽病(图6-26)又称紫色根腐病,是多种树木和花卉上的一种常见的根部病害。分布极为广泛,在我国东北地区和河北、河南、安徽、江苏、广东、四川及云南等地均有发生。树木中如柏、松、刺槐、柳、杨、栎及漆树等易受害。我国南方栽培的橡胶、芒果等也常有紫纹羽病发生。此病常见于苗圃。

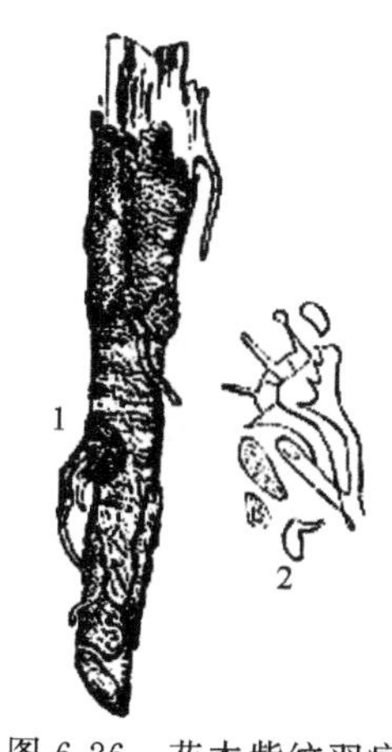

图6-26　花木紫纹羽病
1. 症状　2. 担子和担孢子
(引自徐明慧,《园林植物病虫害防治》,1993)

【症状】 此病主要为害根部,初发生于细支根,逐渐扩展至主根、根颈,主要特点是初发病时,根的表皮出现黄褐色不规则的斑块,病处较健根的皮颜色略深,而内部皮层组织已变成褐色,不久,病根表面缠绕紫红色网状物,甚至满布厚绒布状的紫色物,后期表面着生紫红色半球形核状物。病根皮层腐烂,由褐色变为黑色,而表皮仍完好地套在木质部的外面,可滑动脱落,最后木质朽枯,栓皮呈鞘状套于根外,捏之易碎裂,烂根具浓烈蘑菇味,苗木、幼树、结果树均可受害。轻病树树势衰弱,叶黄早落;重病树枝条枯死甚至全株死亡。病根周围的土壤也能见到菌丝块。由于根部腐烂,地上部的枝蔓长势衰弱,节间短、叶片小、颜色发黄而薄,病情发展较缓慢,病株枯死往往需要几年的时间。典型症状为病根表面呈紫色。

【病原】 为担子菌亚门紫卷担子菌[*Helicobasidium purpurenm*(Tul.)Pat.]。

【发病规律】 该病菌为根部习居菌。病原菌利用在病根上的菌丝体和菌核潜伏在土壤内。菌核有抵抗不良环境条件的能力,能在土内长期存活,待环境条件适宜时,萌发产生菌丝体。菌丝集结组成的菌丝束能在土内或土表延伸,接触健康树木根部后即直接侵入,病害通过树木根部的互相接触而传染蔓延。孢子在病害传播中不起重要作用。低洼潮湿或排水不良的地区有利于病原菌的滋生,病害的发生往往较多。

【防治措施】

(1) 苗木输入、输出要严格检查,用健康苗木造林。

(2) 强苗木管理,注意排水,及时挖出病苗并烧毁,对其周围的土壤进行消毒。

(3) 可疑病苗要进行消毒处理,可用1%波尔多液浸根1h,或1%硫酸铜浸根3h或20%石灰水浸根0.5h。

(五) 花木白纹羽病

【分布与危害】 花木白纹羽病分布很广,寄主植物有26科40种。植株感病后,树势逐渐衰弱,根系腐烂,造成整株枯死。

【症状】 发病初期根部须根腐烂,并逐渐扩展到侧根和主根。被害部的表层有白色或灰白色网状物,在近土表根际处有白色蛛网状的膜,有时有小黑点,植株地上部分叶片变黄、凋萎直至全株枯死(图6-27)。

图6-27　花木白纹羽病病部症状
(引自张连生,《北方园林植物常见病虫害防治手册》,2007)

【病原】 为属子囊菌亚门,座坚壳属的褐座坚壳菌[*Rosellinia nectrix*(Hart.)Berl.]。在自然条件下,病菌主要形成菌丝体、菌索、菌核,有时也形成子囊壳。子囊壳黑褐色、炭质、近球形,集生于死根上。子囊圆柱形,内含8个子囊孢子。子囊孢子单胞,纺锤形,褐色至黑色。子囊孢子作用较小,主要靠菌丝体来繁殖和传播。

【发病规律】 病菌靠病、健根的相互接触进行传播,病菌先侵袭细根,使其腐朽,再侵染大根。土壤潮湿、黏重、低洼积水、病害发生严重,栽培管理不良、树势衰弱有利于病害发生。

【防治措施】

(1) 栽植无病苗木。对可疑苗木用1%波尔多液浸根1h,或用1%硫酸铜浸根3h,清水冲洗后栽植。

(2) 做好圃地排水工作,增施有机肥,加强树势。

(3) 发现病株后及时清除,对病穴用50%苯来特1000—2000倍液或70%甲基托布津1000倍液消毒,也可用石灰粉消毒。

十、叶畸形类

（一）桃缩叶病

【分布与危害】 桃缩叶病（图 6-28）是在我国南北方均有发生的一种桃树病害，多发于沿海、江湖地区。桃树发芽以后，在低温多湿场合病害发生多。感病的叶片最后枯死、脱落，新梢的伸长和充实均受影响，落叶常引起夏芽生长，出现二次梢，枝条不充实，易受冻害。本病还严重影响花芽的形成 ，也为害果实。

【症状】 春季嫩叶刚从芽鳞抽出时即被害，最初的叶缘向后卷曲，颜色变红，并呈现波纹状。随后叶片逐渐开卷，卷曲皱缩程度也随之加剧，病部增大，叶片变厚，变脆，并呈红褐色，通常在这个阶段，真菌开始在叶片正面产生孢子。这种子实体使叶片蒙上一层粉状灰色物。最后，病叶变褐，焦枯脱落。叶片脱落后，腋芽常萌发抽出新梢，新叶不再受害。感病枝梢受害后呈绿色或黄色，较正常的枝条节间短，而且略为粗肿，其上叶片常丛生。严重时整枝枯死。

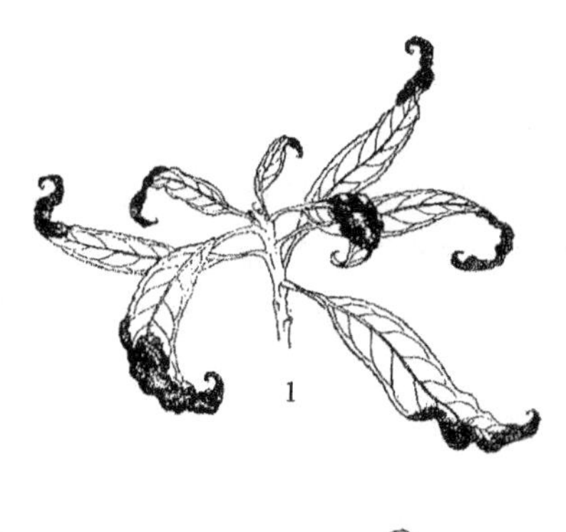

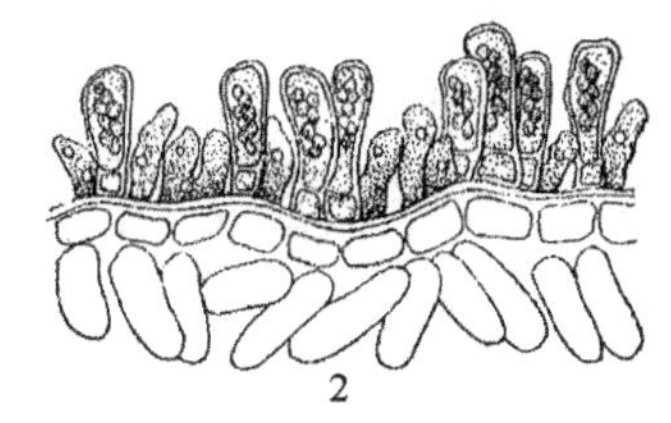

图 6-28　桃缩叶病
1. 症状　2. 病原菌的子囊及子囊孢子
（引自涔炳沾，等《景观植物病虫害防治》，2003）

【病原】 畸形外囊菌（*Taphrina deformans*（Berk）Tuc.），属子囊菌亚门。病菌有性阶段形成子囊及子囊孢子。子囊孢子还可在子囊外芽殖，产生芽孢子。芽孢子卵圆形，可分为薄壁与厚壁两种，前者能直接再芽殖，而后者能抵抗不良环境，可以休眠。

【发病规律】 病菌的初次侵染源来自于树皮、芽鳞及其鳞片，缝隙中越冬的芽生孢子，在寄主开始绽芽时即发出芽管，直接由表皮侵入嫩叶（幼叶展开前由叶背侵入，展开后也可以从正面侵入），菌丝在表皮细胞下及栅状组织的间隙蔓延，刺激细胞分裂，细胞壁加厚，致使病叶肥厚、皱缩。在春末夏初时，病叶上产生的子囊孢子和芽生孢子在树皮上和新芽鳞上越夏（在地面上也可生存），当气温适宜时，可继续芽殖，进行再侵染为害，但危害不大。此菌芽殖最适温度为 20℃，最高为 30℃，侵染适温为 10—16℃。

病菌主要以厚壁芽孢子，在桃芽鳞片上越冬，亦可在枯干的树皮上越冬，到翌年春季，当桃芽萌发时，芽孢子即萌发，由芽管直接穿过或由气孔侵入嫩叶。由于病菌在树枝上可残存 1 年以上，上年病重，残留病菌多，来年发病也重。

【防治措施】

（1）在花瓣露红（未展开）时，喷洒一次 2—3 波美度的石硫合剂或 1：1：100 波尔多液，消灭树上越冬病菌的效果好，也可喷布 45％晶体石硫合剂 30 倍液，70％代森锰锌可湿性粉剂 500 倍液，70％甲基硫菌灵可湿性粉剂 1000 倍液。注意用药要周到细致，桃树出芽后一般不需要再喷农药。

（2）在病叶初见而未形成白粉状物之前及时摘除病叶，集中烧毁，可减少当年的越冬菌源。发病较重的桃树，由于叶片大量焦枯和脱落，应及时增施肥水，加强培育管理，促使树势恢复。

（二）杜鹃饼病

【分布与危害】 杜鹃饼病（图 6-29）又叫杜鹃叶肿病、瘿瘤病。在我国的江西、浙江、江苏、上海、广东、广西、台湾、云南、四川、山东和辽宁等地均有发生。

【症状】 病菌主要为害杜鹃嫩梢、嫩叶和幼芽。为害初期，叶片表面出现淡绿色、半透明、略呈凹陷的近圆形斑，病斑渐变淡红色至暗褐色，病部叶片逐渐加厚，正面隆起呈球形至不规则形，严重时全叶肿大呈畸形。病斑表面覆盖一层灰白色粉层，此即病菌的担子层。粉层飞散后，为部变深褐至黑褐色。新嫩梢芽受害后，顶端形成肉质叶丛或肉瘿。花受侵染后变厚、变硬、肉质，形如苹果。

图 6-29　杜鹃饼病

1. 症状　2. 病原菌的担子及担孢子

（引自程亚樵，等《园林植物病虫害防治技术》，2007）

【病原】 担子菌亚门，层菌纲，外担菌目，外担菌科，外担菌属的日本外担菌（*Exobasidium japonicum*）侵染引起的。

【发病规律】 本菌是活养寄生菌，以菌丝体在植株组织内潜伏越冬。翌年春天产生担孢子，借风吹或昆虫传播、侵染为害，潜育期 7—17d。一年中主要有 2 个发病期，一次为春末夏初，另一次为秋末冬初。阴雨天气、阳光不足、栽种过密、通风不良、施氮过多，植株组织徒长过嫩，都有利于病害的发生和蔓延。

【防治措施】

（1）彻底清除感病叶片和幼芽，集中销毁。

（2）加强管理，合理施肥，注意通风透光，以增强植株抗病力。

（3）发病前喷波尔多液保护。发病时喷 65％代森锌可湿性粉剂 600—700 倍液，或 0.3—0.5 波美度的石硫合剂 3—5 次。

十一、煤污病类

煤污病分布广泛，在苏铁、山茶、夹竹桃、五色梅、罗汉松、玉兰、月季、菊花等上均有发生。每年 3—6 月和 9—11 月为发病盛期，湿度大发病重，盛夏高温停止蔓延，夏季雨水多，也时有发生。

（一）花木煤污病

【分布与危害】　花木煤污病又称煤烟病，在我国南方发生严重，在花木上发生普遍，由于病株叶面布满黑色霉层如山茶煤污病(图 6-30)，既影响光合作用，导致花木生长衰弱，提早落叶，又降低观赏价值和经济价值，甚至引起死亡。

图 6-30　山茶煤污病
1. 症状　2. 闭囊壳
（引自程亚樵，等《园林植物病虫害防治技术》，2007）

【症状】　该病为害叶片，也为害嫩枝和花。有的症状是在叶面、枝梢上形成黑色小霉斑，后扩大连片，形成较坚硬的黑色霉层，不易脱落，表现这种特征的有山茶、茉莉、黄杨、蔷薇、白兰花、常春藤、海桐等花木。有的表现为枝叶上发生黑色辐射状小霉斑，后加厚变硬，霉层易剥落，这类小霉斑常发生在桂花、茉莉、米兰、栀子、枸骨、山茶上。还有一种则表现为初期散生霉点，连片后呈黑粉状霉层，这类常发生在倒挂金钟、连翘、蜀葵和向日葵上。该病的主要特征是在受害叶片嫩枝上，布满黑色煤烟状的霉层。该病发生时常伴有蚜虫、介壳虫、粉虱等为害。

【病原】　为多种附生菌和寄生菌，常见的有性态为子囊菌的小煤炱菌(*Meliola* sp.)和煤炱菌(*Capnodium* sp.)；常见的无性态有半知菌的散播烟霉(*Fumaga uagans* Pers.)和枝孢霉(*Cladoskporiulm* sp.)。煤污菌由风雨、昆虫传播。在蚜虫、介壳虫的分泌物及排泄物或植物自身分泌物上发育。高温高湿，通风不良，蚜虫、介壳虫等分泌蜜露的害虫发生多，均加重发病。

【发病规律】　花木煤污病由多种煤污菌侵染所致，包括小煤炱菌、煤炱菌及枝孢霉菌等，属真菌类，这些病菌以菌丝体、分生孢子、子囊孢子在病部及病落叶上越冬，翌年孢子由风雨、昆虫等传播，寄生到蚜虫、介壳虫等排泄的粪便和分泌物上。当花木发生这些虫害时，便为煤污菌提供了营养，此是发病的直接原因。另外，荫蔽、湿度大、通风透光不良，均易发生此病。煤污病寄主范围很广，除上述所列寄主外，常见的还有木槿、扶桑、牡丹、玉兰、石榴、夹竹桃、柑橘类、紫珠、忍冬、铁线莲、醉鱼草、紫薇、金叶女贞等多种植物。

【防治措施】

(1) 植株种植不要过密，应适当修剪，温室要通风透光良好，以降低湿度，切忌环境湿闷，以减少发病。家庭养花采取摘除病叶或用清水冲洗叶面霉层的方法，能收到一定的防治效果。

(2) 在植物休眠期,喷 3—5 波美度的石硫合剂,消灭越冬病源。

(3) 该病发生与分泌蜜露的昆虫关系密切,喷药防治蚜虫、介壳虫等是减少发病的主要措施。

(4) 对于寄生菌引起的煤污病,可喷用代森铵 500—800 倍液,灭菌丹 400 倍液。发病严重时,可喷洒 0.3 波美度的石硫合剂。

(二) 竹煤污病

【分布与危害】 该病在我国各竹区的多种竹子上均有分布。感病竹株在竹叶表面的小枝上覆盖着一层烟煤状粉末,影响竹子的光合作用和呼吸功能,从而使竹子生长衰弱,严重时可造成叶脱落,小枝枯死,导致竹林衰败。该病主要危害刚竹、毛竹、雷竹、高节竹、哺鸡竹等,丛生竹也极易感染此病。

【症状】 煤炱目的真菌是植物枝、叶表面的腐生菌,以介壳虫、蚜虫、粉虱等昆虫的分泌物为营养来源,有时也能利用植物本身的分泌物。它在叶片表面形成一片墨褐色的、表面粗糙的、厚薄不均匀的菌苔,严重时整个叶片的小枝被菌苔覆盖,影响竹子的光合作用。菌台在缺乏营养或环境不适的条件下,收缩干裂,可自行从叶面剥离。小枝上的症状与叶片上的症状相似。小煤炱目的真菌是植物叶片上的专性寄生菌,菌丝表生、黑色,以吸器伸入寄主的表皮细胞内吸取养分,故在叶片表面通常呈黑色圆形霉点,后扩展成不规则形或连接成一片,覆盖在叶表面。

【病原】 由煤炱目(Capnodiaceae)和小煤炱目(Meliolales)的多种真菌为害引起。这两个目的真菌都属于子囊菌亚门,核菌纲,但它们之间的寄生性不同。

【发病规律】 病菌借风雨和昆虫传播,常在春秋两季发病。竹煤污病的发生常与竹林管理不善、竹林密度过大、竹子生长细弱以及蚜虫、介壳虫的为害有密切关系。

【防治措施】

(1) 加强竹林的抚育管理,及时砍伐竹株,保持合理的竹林密度,使竹林通风透光,竹子生长强壮,可减轻发病。

(2) 该病由介壳虫、蚜虫诱发引起,因此,应及时防治虫害。

第二节　原核生物病害

原核生物是一类没有真正细胞核的微小生物,是一类寄生在植物韧皮部筛管细胞中的非螺旋形菌原体,它是没有细胞壁的近圆形至椭圆形细胞生物体,由于不能在人工培养基上生长,至今尚无法对其进一步分类和鉴定。主要包括细菌、支原体、衣原体等生物,其中除细菌外的支原体生物在一定范围内导致一些植物的常见病害。

原核生物病害的数量和危害仅次于真菌和病毒,属第三大病原物。植物的原核生物病害主要发生在高等被子植物上,栽培的植物上发生较多。主要的病害有细菌性软腐病、细菌性瘿瘤病及植原体病害等。如我国目前普遍发生的有水稻白叶枯病、马铃薯环腐病、茄科作物的青枯病、十字花科蔬菜的软腐病、果树根癌病、枣疯病、泡桐丛枝病等。另外,在国外严重发生的有玉米细菌性萎蔫病和梨火疫病等。

一、根癌病类

根癌病又称冠瘿病、根瘤病。樱花和月季根癌主要发生在根颈处，也可发生在根部及地上部。病初期出现近圆形的小瘤状物，以后逐渐增大、变硬，表面粗糙、龟裂，颜色由浅褐色变为深褐色或黑褐色，瘤内部木质化。瘤大小不等，大的似拳头或更大，数目几个到十几个不等。由于根系受到破坏，故造成病株生长缓慢，重者全株死亡。该病除危害樱花、月季外，还能危害大丽花、丁香、秋海棠、天竺葵、蔷薇、梅花以及林木、果树等300多种植物。

（一）月季根癌病

【分布与危害】　月季根癌病（图6-31）分布在世界各地，在中国分布也很广泛，是园林花卉苗木上最容易发生的根部病害之一。据资料统计，其寄主植物多达60科300多种，如樱花、玫瑰、银杏、石竹、大丽花、秋海棠、梅花、丁香、天竺葵等花木，以及葡萄、桃、李、杏、梨、苹果等果树均有发生。

【症状】　根癌病主要为害根颈、主根和侧根，对于苗木则多发生在接穗和砧木愈合的地方。发病初期出现近圆形的小瘤状物，以后逐渐增大、变硬、表面粗糙、龟裂、颜色由浅褐色变为深褐色或黑褐色，瘤内部木质化。瘤大小不等，大的似拳头或更大，数目几个到十几个不等。由于根系受到破坏，故造成花木病株生长缓慢，重者全株死亡。根癌病十分顽固，即使清除癌瘤，还能重新生长。

图6-31　月季根癌病症状
（引自张连生《北方园林植物常见病虫害防治手册》，2007）

【病原】　由细菌引起，为根癌土壤杆菌，又名根癌脓杆菌（*Agrobacterium tumefaciens*），所致。根癌病细菌短杆状，单极生1—4根鞭毛，在水中能游动。有荚膜，不生成芽孢，革兰染色阴性。病原细菌存活于病组织中和土壤中（存活多年）病原随病苗、病株向外传带。通过雨水、灌溉水及地下害虫、线虫等媒介传播扩散。

【发病规律】　病原细菌在肿瘤组织皮层内越冬，或当肿瘤组织腐烂破裂时，病菌混入土中，土壤中的癌肿病菌亦能存活一年以上。病菌借水流、地下害虫、嫁接工具、作业农具等传播，带病的花木种苗和种条被调运时，可远距离传播。病菌通过伤口侵入寄主，虫伤、耕作时造成的机械伤，插条的剪口、嫁接口，以及其他损伤等，都可以成为病菌侵入的途径。

该病的发生与土壤温湿度有很大关系，土壤湿度大有利于病菌侵染和发病；土温22℃最适于癌瘤的形成，超过30℃的土温，几乎不能形成肿瘤。土壤的酸碱度亦与发病有关，碱性土有利于根癌病的发生，而酸化土壤病害较少，土质黏重、地势低洼、排水不良的土壤发病较重，连作栽培的花木发病严重。此外，耕作管理粗放，地下害虫和土壤线虫多，以及各种机械损伤多的花木苗圃地，发病较重。插条假植时伤口愈合不好的，育成的苗木也容易发病。

【防治措施】

(1) 加强检疫，对怀疑有病的苗木可用1%硫酸铜液浸泡5min，清水冲洗后栽植。

(2) 重病区实行2年以上轮作或用氯比苦消毒土壤后栽植。

(3) 细心栽培，避免各种伤口。

(4) 改劈接为芽接，嫁接用具可用0.5%高锰酸钾消毒。

(5) 重病株要刨除，轻病株可用300—400倍液的402浇灌，或切除瘤后用5%硫酸亚铁涂抹伤口。另据报道用甲冰碘液（甲醇50份、冰醋酸25份、碘片12份）涂瘤有治疗作用；放射形土壤杆菌84号可用于生物防治。

(二) 樱花根癌病

【分布与危害】 樱花根癌病（图6-32）在我国主要分布在上海、南京、杭州、济南、郑州、武汉、成都，是一种世界性病害，在日本十分普遍。

【症状】 肿瘤多发生在表土下根颈部和主根与侧根连接或接穗和砧木愈合地方。肿瘤先从根部皮孔突起，在幼树主枝上也能形成，这与遭受冻害或机损伤及虫伤等有关。病菌易从伤口侵入，在病原细菌刺激下细胞迅速分裂而形成肿瘤。瘤体圆形或不规则形，大小不一，直径0.5—8cm。幼嫩瘤淡褐色，表面粗糙不平，柔软海绵状；继续扩展，瘤体外层细胞死亡，颜色逐年加深，内部组织木质化形成较坚硬的瘤。染病的苗木，早期地上部症状不明显，随病情扩展，根系发育受阻，细根少，树势衰弱，病株矮小，叶色黄化，提早落叶，重时造成全株干枯死亡。

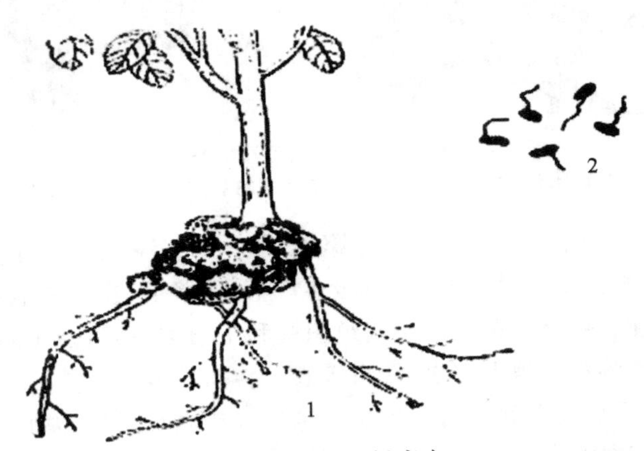

图6-32 樱花根癌病
1. 症状 2. 病原
（引自宋建英《园林植物病虫害防治》，2005）

【病原】 病原为根癌土壤杆菌[*Agrobecterium tumefaciens*(E.F.Smith & Tomlsend) Conn.]。病菌有三个生物型，Ⅰ型和Ⅱ型主要侵染蔷薇科植物，Ⅲ型寄主范围较窄只为害葡萄和悬钩子等植物。樱花根癌病的菌株，属生物Ⅰ型和Ⅱ型。菌体短杆状，大小为(1.2—3)μm×(0.4—0.8)μm，能游动，侧生1—5根鞭毛，革兰染色阴性，氧化酶阳性，在营养琼脂养基上，产生较多的胞外多糖，菌落光滑五色，有光泽，有些菌株菌落粗糙型，好氧，适宜生长温度25—30℃，最适pH值7.3，适宜pH值为5.7—9.2。该菌除危害樱花外，还危害葡萄、苹果、桃、李、梅桔、柳、板栗等93科643种植物。

【发病规律】 病原菌及病瘤存活在土壤中或寄主瘤状物表面，随病组织残体在土壤中可存活一年以上。灌溉水、雨水、采条嫁接、作业农具及地下害虫均可传播病原细菌。带病种苗和种条调运可远距离传播。碱性大、湿度大的沙壤土易发病。连作利于发病。苗木根部有伤口易发病。

【防治措施】

(1) 樱苗栽种前最好用1%硫酸铜液浸5—10min，再用水洗净，然后栽植。或利用抗根癌剂(K84)生物农药30倍浸根5min后定植，或4月中旬切瘤灌根。

(2) 发现病株集中销毁。可用刀锯切除癌瘤，然后用尿素涂切除肿瘤部位。轻病株可用300—400倍液的402浇灌，或切除瘤后用5%硫酸亚铁涂抹伤口。另据报道，用甲冰碘液(甲醇50份、冰醋酸25份、碘片12份)涂瘤有治疗作用；放射形土壤杆菌84号可用于生物防治。

(3) 对病株周围的土壤也可按50—100g/m^{3}的用量，撒入硫黄粉消毒。

(4) 根据采取消毒措施，利用土壤改良方法能取得较好的效果。

(5) 重病区实行2年以上轮作或用氯化苦消毒土壤后栽植。

(6) 细心栽培，避免各种伤口。

(7) 改劈接为芽接，嫁接用具可用0.5%高锰酸钾消毒。

二、软腐病类

(一) 兰花软腐病

【分布与危害】 兰花软腐病为害严重，蔓延速度极快。它有两种表现形式，一种是从新苗开始，即芽还没有完全长成的时候，根部就会腐烂，并不断地向上蔓延，发病严重时，会导致整株枯死。另一种是从老苗开始的，叶片上有褐色或黑色小斑点。

【症状】 兰花软腐病主要为害叶片，在叶片发病初期，出现水渍状圆形或椭圆形污白色小斑点。在1—2d内，病斑迅速扩大，变成褐色斑，此时，叶表面失去光泽，并略具皱褶，病部组织稍微凹陷。病情严重时，全叶变成褐色，呈软腐状下垂，软腐之称由此而来。待叶肉组织腐烂时，则病处有菌脓溢出，带有恶臭味。

【病原】 为一种欧氏杆菌属细菌。短杆状，两端较圆，大革兰氏染色阴性，鞭毛周生，2—4条，不产生荚膜和芽孢，该病菌最适温度为25—30℃，在pH值5.3—9.2时均可生长，其中pH值在7.2时最适宜；病菌能侵染多种兰花。

【发病规律】 病原细菌主要在病组织的残体上越冬，借助风雨进行传播，经各种轻微的伤口侵入为害。病原细菌需要在潮湿的环境中才能自由活动。而且只有在伤口存在时，才进入寄主体内。因此，潮湿天气、土壤含水量大等条件有利于病菌的传播。栽植时人为造成的伤口或寄主间的擦伤，或昆虫所致的伤口等，给病菌的侵入提供了途径。此时，若外界环境温度在 27—30℃，可很快流行。冬季温室内通风不良、高温高湿，可使该病害盛发。易积水或排水不良的黏土，常发病严重。

【防治措施】

(1) 室内或温室栽培名贵兰花，要注意通风，调节好室内的温湿度，尤其湿度要降低，防止病害发生。

(2) 以酸性的山泥土作为上盆土壤，可以减轻危害(此菌喜欢在偏碱性的条件生长)，控制盆土不过湿，因为病菌常借流水传播，土壤中不存在自由水时，对病菌传播不利。

(3) 发现病叶应及时摘除，病组织要集中烧毁或深埋，以减少侵染来源，并清洁使用的工具，浇水、施肥或中耕松土等要谨慎，不能用机械损伤叶面，以防细菌侵入。

(4) 新芽出土 4—5cm 时，于发病初期喷洒 50%琥胶肥酸铜可湿性粉剂 800 倍液，或 77%可杀得微粒可湿性粉剂 800 倍液、14%络氨铜水剂 500 倍液、72%农用硫酸链霉素可溶性粉剂 4000 倍液、新植霉素 4000—5000 倍液，视病情每隔 7—10d 喷 1 次，防治 1 次或 2 次。

(二) 虎尾兰细菌性软腐病

【分布与危害】 虎尾兰细菌性软腐病为虎尾兰常见病害之一，受害后，叶片呈浅黄绿色或灰黄色，靠地面茎部出现水渍状软腐斑，易折断。根茎呈黄色软腐，根枯死。

【症状】 染病后虎尾兰叶片由绿色变为浅黄色至灰黄色，近地面的茎基部出现水浸状软腐病，后期受害病叶易倒折。根茎部染病，呈草黄色软腐，根部腐烂枯死。根系受水浸亦呈黑腐状枯死。特别在春、夏季高温多雨，台风大雨天气发病较为严重。

【病原】 胡萝卜软腐欧文氏菌，胡萝卜软腐致病变种 *Erwinia carotovora* subsp. *carotovora*，属细菌。

【发病规律】 该病由土壤带菌传病，从伤口侵入。遇寒流侵袭或湿度大、温度高发病重。

【防治措施】

(1) 冬、春季应保持 10℃以上，控制浇水，盛夏高温天气应稍遮阴。春、秋生长期旺，应增施磷钾肥，提高抗病能力。最好选择无病土或火烧土或经热力灭菌后再种植。

(2) 浇水时应避免溅到叶片上，发现病叶，及时清除并烧毁。

(3) 在发病初期，喷淋医用硫酸链霉素 2000 倍液或 47%加瑞农可湿性粉剂 700 倍液、30%绿得保悬浮剂 500 倍液、53.8%可杀得 2000 干悬浮剂 1000 倍液，隔 7—10d 喷 1 次，连续防治 2—3 次。

(三) 仙客来细菌性软腐病

【分布与危害】 仙客来软腐病(图 6-33)又名细菌性软腐病。仙客来栽培区均有发生，为害仙客来花梗、叶柄，并使块茎腐烂，大大降低其经济、观赏价值，是仙客来的主要病害之一。

【症状】 叶片发生不均匀黄化，接着整个植株瘫倒，多数叶柄呈水肿状，其中部分水肿叶柄变黑，叶片反面基部有油污状的水渍斑沿着叶脉发生。受害起始点在表土附近，初期症状为近地表处的叶柄，花和花梗水渍状，向上下组织蔓延，侵入叶柄、花梗和球茎，引起叶柄、花梗迅速萎蔫和塌陷，容易脱离球茎，进而变褐色软腐，导致整株萎蔫枯死。剖开病部，可见维管束变褐或变黑，球茎内部腐败，产生发白的糊状液，有恶臭味；感病轻微时，球茎外观正常，似进入休眠期。入冬以后，有些球茎有裂纹，在裂纹上可以观察到乳白色的菌脓流出。

图 6-33 仙客来软腐病
1. 症状 2. 病原
（引自上海园林学校《园林植物保护学》）

【病原】 病原为细菌，胡萝卜软腐欧文氏菌（*Erwinia carotovora*）和海芋欧氏杆菌[E. aroideae(Townesend) Holl.]。

【发病规律】 病菌随病残体在土壤中越冬，翌年，借雨水、灌溉水和昆虫传播，由伤口处侵入。阴雨天或浇水未干时整理叶片或虫害多发时发病严重。病菌寄主广泛，为害十字花科和茄科及其他蔬菜，为害许多花卉。病菌存活在病株、田间病残株，未腐熟的肥料中。通过水、昆虫和工具传播，从伤口侵入。高温、积水有利病害发展。每年 6—9 月为发病高峰，温室内早春即可发病，温室中盆栽植株全年都可发病。

【防治措施】

（1）育苗用土和盆栽用土应从无病处取土，或进行加热处理，方法见仙客来根结线虫病。病土要集中处理。使用充分腐熟的有机肥料，定植和移植时不要损伤植株，养护管理时也要避免造成伤口。控制移植深度，控制浇水，防止盆土过湿。用过的花盆用 1%硫酸铜液洗刷。预防虫害。

（2）土壤消毒采用 0.5%—1.0%福尔马林混入土中，密封 2—3 周，然后充分散发剩余药剂，花盆也可用此法消毒。受污染的工具可用 1%硫酸铜，或 1%高锰酸钾清洗或浸泡后使用。发病时喷施农用链霉素 100—200 单位，或试用 50%消菌灵 1500 倍液，土壤可灌浇 70%敌克松 1000 倍液，或 45%代森铵 800—1000 倍液。发病初期可用农用链霉素 1000 倍液或 1∶1∶160 倍波尔多液喷洒，有一定防效。在发病期及时喷洒药剂（用药种类可参考仙客来细菌性叶腐病），每周 1 次，连用数次。

（3）及时剪除病叶、病花和拔除病株销毁，减少侵染源。

三、叶斑病类

(一) 红掌细菌性叶斑病

【分布与危害】 红掌细菌性叶斑病最早于1960年在巴西被发现，20世纪80年代相继在一些红掌生产地区传播开来。20世纪90年代，此病害差点毁了整个夏威夷地区的红掌花卉产业。红掌细菌性叶斑病是一种极其危险的细菌性病害。

【症状】 该细菌有两种侵染类型。第一种侵染类型开始于叶子上，称为叶部侵染。叶部侵染通常开始于叶缘及叶片下部气孔较多的地方。初期，在叶背面可见水浸状斑点，后期，叶缘出现褐斑，且边缘有黄色晕环。第二种侵染类型开始于茎上，通过维管束系统迅速传遍整个植株，称为系统侵染(或称维管束侵染)。系统侵染可以通过变黄的叶子被发现，在细菌侵染初期新叶叶色暗淡。在维管束内由于细菌的填堵，体内水分流动与营养向叶片运输受阻，叶色暗淡，叶片发黄。在较短的时间内，该类型的侵染就能导致花梗和叶片从植株上脱落，生长点迅速腐烂，并有菌浓涌出。有时，当汁液携带细菌流向叶子时，叶部会出现水浸状斑点，类似于叶部侵染，不同的是这种情况下水浸状斑点多出现在叶子中间的主脉附近。系统侵染是无法挽救的。

【病原】 病原菌为黛粉黄单胞杆菌[*Xanthomonas campestris* pv.*dieffenbachiae*(Mc Cull och et Pirone)Dye]属细菌。细菌杆状，大小为(0.7—1.8)μm ×(0.4—0.7)μm。革兰阴性，好气性具单极生鞭毛，善游。单生为主，适宜生长温度为25—30℃。

【发病规律】 该病原菌可通过茎、叶上的伤口，或者通过植株上气孔、叶缘吐水孔强制侵入，借助飞溅水滴、棚膜水滴下落或结露、叶片吐水、农事操作、雨水、气流传播蔓延。水分是病菌传播和侵入的主要媒介。侵入叶片表面需要20min以上，主要侵染一定发育阶段较幼嫩的组织(气孔形成多，开放型，中隙大)。病害除了经由病株的接触或植株表面带菌水滴落植株表面的传播外，工作人员受污染的双手、衣服、采花切叶的工具、飞溅的雨水、污染的灌溉水、带菌的介质以及带病菌的鞋子、车轮等都是传播的途径。

【防治措施】

(1) 加强预防，防止病菌进入园区：①要求种植清洁无病菌的组培健康种苗。在选择引进国内外的红掌种苗时，一定要选择有卫生检疫证明的由正规种苗生产商生产的健康种苗。②在生产区门口放置消毒池，每天添加消毒液，进出温室的人员都必须对鞋子进行消毒。进入温室的人员必须穿定期消毒过的白大褂，并定期更换和消毒。尽量减少生产区人员的更换与流动。③减少生产区内作业工具的流动，防止将病区工具带进园区。采花切叶刀具分区使用，做到定期消毒。④避免随意从外界带入该病害的寄主植物(如天南星科的植物)。

(2) 全面综合防治，防止病菌在区内传播蔓延。如果病害已经在园区内发生，防止病菌在园区内传播，要做好以下几方面的工作：①加强生产区的卫生措施，前面所提到的卫生措施仍是十分重要的。②定时排查，尽早去除被感染的叶片(叶部侵染的)，装入密闭的塑料袋中带出园区销毁。或整株拔除(系统侵染的)，临近的植株及基质也要去除。所有操作都必须是先进清洁区后进污染区或固定作业区。出入温室，必须用消毒液洗手。③为防止病害通过切花、切叶在植株间传播，刀具应在每次使用后消毒，即每次使用每次消毒。最好至少使用两把以上的刀子，这样当使用一个的时候，另一个可放进消毒液中进行消毒。④潮湿有利于细菌的传播，尽可能利用恰当的环境条件使植株保持干燥，尽可能杜绝植株的吐水现象。⑤施肥时应尽可能降低其中的铵态氮和硝态氮水平，去除原有肥料配方中的铵态氮，钾元素保持原来要求的水平。⑥生长弱的植株更容易被细菌侵染，因此应当尽量避免不良的环境条件及偏高的温度，细菌繁殖理想的温度在 30℃左右，较高的温度下细菌性病害发展速度更快。⑦合理使用农药。在采用上述防治方法的同时，要配合科学合理施用农药。可选用浓度为 72%的硫酸链霉素 4000 倍液、新植霉素 5000 倍液、10%的溃枯宁可湿性粉剂 1000—1300 倍液、20%的噻枯唑可湿性粉剂 1000—1200 液倍轮换使用，防止病原菌产生抗性，每周喷一次。由于铜制剂对红掌植株有毒害作用，铜制剂农药要慎重选择使用。另外，微生物药剂如"天赞好"、"康地雷得"等活体芽孢制剂，对该类病害也有很好的预防作用。

（二）绿萝细菌性叶斑病

【分布与危害】 绿萝细菌性叶斑病为绿萝常见病害之一。主要为害绿萝叶片，影响其观赏性。

【症状】 在高湿条件下发生该病，影响观赏。发病初期叶上出现水渍状褐色小斑点，外围有黄色晕圈；扩展后病斑呈近圆形、不规则形，褐色，具有轮纹；发病后期叶斑上的轮纹更明显，黄色晕圈自始至终都存在。

【病原】 病原菌为菊苣假单胞菌[*Pseudomona scichorii*（Swinhle）Stapp]，属细菌。菌体杆状，具极生鞭毛多根。

【发病规律】 病菌在病斑上越冬；由水滴滴溅传播。湿度高、雨水多、喷淋式浇水等有利于病害发生。绿萝摆放在低层盆架上，通风差，光照不足加重发病。

【防治措施】

1. 绿萝宜摆放在中层盆架上养护；具有较高湿度和一定光照强度；及时开启排风扇除湿；禁止喷淋式浇水。

2. 在发病初期，喷 72%农用链霉素 3000 倍液，或 12%绿乳铜乳油 600 倍液，或 2%加收米可湿性粉剂 2000 倍液等。

四、植原体病害

植原体与其他病原物相比发现较晚。1967 年，日本科学家土居养二等首次在桑树萎缩病中发现植原体。此类病害主要发生在温带、亚热带及热带地区。

（一）槟榔黄化病

【分布与危害】 槟榔黄化病是一种严重为害槟榔的毁灭性的传染性病害。1981 年，槟榔黄化病首次在海南屯昌县境内原海南药材场的槟榔种植园内发现。

【病原】 植原体(phytoplasmas)是海南槟榔黄化病的病原。

【发病规律】 该病表现黄化型和束顶型两种症状。黄化型：发病初期植株中下层叶片开始变黄，逐渐发展到整株叶片黄化，心叶变小，解剖可见病叶叶鞘基部刚形成的小花苞水渍状败坏，严重时呈暗黑色，基部有浅褐色夹心，花穗枯萎，即使有少量结果，部分残留的果实也变黑，常提前脱落。部分根部腐烂的病株，常在顶部叶片变黄一年后枯死，大部分感病株表现黄化症状后5—7年枯顶死亡。束顶型：病株树冠顶部叶片明显缩小，呈束顶状，节间缩短，花穗枯萎不能结果，病叶叶鞘基部的小花苞水渍状败坏，大部分感病株表现症状后5年枯顶死亡。

【防治措施】

(1) 发现种植园内有类似症状，应及时清除病株。

(2) 加强栽培管理，增施草木灰等农家肥，以提高植株的抗病能力。

(3) 在槟榔抽生新叶期间，喷施拟除虫菊酯类农药如速灭杀丁、敌杀死等1500—2000倍药液保护。

(4) 在新种植槟榔地区，引种时应注意观察引种苗圃周边的槟榔树，杜绝从槟榔黄化病严重发生的地区引进种苗。

(二) 泡桐丛枝病

【分布与危害】 泡桐丛枝病(图6-34)又名泡桐扫帚病，分布极广，一旦染病，在全株各个部位均可表现出受害症状。染病的幼苗、幼树常于当年枯死，大树感病后，常引起树势衰退，材积生长量大幅度下降，甚至死亡。

图6-34　泡桐丛枝病病状
(引自宋建英《园林植物病虫害防治》，2005)

【症状】 泡桐丛枝病为害泡桐的树枝、干、根、花、果。幼树和大树发病，多从个别枝条开始，枝条上的腋芽和不定芽萌发出不正常的细弱小枝，小枝上的叶片小而黄，叶序紊乱，病小枝又抽出不正常的细弱小枝，表现为局部枝叶密集成丛。有些病树多年只在一边枝条发病，没有扩展，仅由于病情发展使枝条枯死。有的树随着病害逐年发展，丛枝现象越来越多，最后全株都呈丛枝状态而枯死。病树根部须根明显减少，并有变色现象。一年生苗木发病，表现为全株叶片皱缩，边缘下卷，叶色发黄，叶腋处丛生小枝，发病苗木当年即枯死。

【病原】 泡桐丛枝病病原是类菌质体，圆形或椭圆形，存在于泡桐韧皮部筛管细胞中。通过筛板移动，能扩及整个植株。

【发病规律】 泡桐丛枝病主要通过茎、根、病苗、嫁接传播。在自然情况下，也可由烟草盲蝽、茶翅蝽在取食过程中传播。

不同地理、立地条件及生态环境与该病的发生蔓延关系密切，发病有一定的地域性，高海拔地区往往较轻。实生苗根育苗代数越多发病越重。留根育苗和平茬育苗愈久病愈重。泡桐品种间发病差异大。一般白花泡桐、川泡桐、台湾泡桐较抗病，楸叶泡桐、绒毛泡桐、兰考泡桐发病率较高。同一树种不同种源发病率亦有差异。

【防治措施】

(1) 加强预防，培育无病苗木，采用种子育苗或严格挑选无病的根条育苗。据观察，感染丛枝病植株的种子并没有病原。因此，实生苗发病率很低。如采用根条育苗，应挑选无病根条，且严格消毒。方法是将根条晾晒1—2d后，放入500—1000单位的四环素水溶液中浸6—10h，再进行育苗。另外，要尽量选用抗病良种造林，一般认为白花泡桐、毛泡桐、兰考泡桐抗病能力较强；山明泡桐和楸叶泡桐抗病能力较差。

(2) 在生长季节不要损坏树根、树皮和枝条，初发病的枝条应及早修除。

(3) 改善水肥条件，增施磷肥，少施钾肥。据观察，土壤中磷含量越高，丛枝病发生越轻；钾含量越高，发病越重。而且发病轻重与磷、钾比值成反相关，其比值大于0.5时很少发生丛枝病。

(4) 修除病枝和环状剥皮。秋季发病停止后，树液回流前修除病枝；或春季树液流动前进行环剥，环剥宽度为被剥病枝处的径长。

(5) 化学防治。用注射器，把每毫升含有10000单位的盐酸四环素药液，注入病苗主干距地面10—20cm处的髓心内，每株注入30—50mL。两周后可见效，注药时间在5—7月。也可直接对病株叶面每天喷200单位的四环素药液，连续5—6次，半月之后效果显著。用石硫合剂残渣埋在病株根部土中并用0.3波美度的石硫合剂喷雾病株，能抑制丛枝病的发展。

(三) 枣疯病

枣疯病又叫“公枣病”、“丛枝病”等，果农称其为“疯枣树”或“公枣树”，是我国枣树的严重病害之一。在我国南北方各枣区均有发生，但以四川、广西、云南、重庆等地发病最重。四川眉山、广西灌阳枣区近几年来枣疯病相继暴发成灾，并日趋严重，一般地，发病3—4年后即可导致整株死亡。

【分布与危害】 枣疯病主要侵害枣树和酸枣树，枣树地上、地下部均可染病。一般于开花后出现明显症状。主要表现为花变成叶，花器退化，花柄延长，为正常花的3—6倍，萼片、花瓣、雄蕊均变成绿色小叶，树势较强的病树，小叶叶腋间还会抽生细矮小枝，形成枝丛。发育枝条一年多次萌发生长，连续抽生细小黄绿的枝叶，形成稠密的枝丛。地下部染病，主要表现为根蘖丛生，病根皮层腐烂，严重者全株死亡。

【病原】 类菌原体(mycoplasma like organism，MLO)，是介于病毒和细菌之间的原核生物，无细胞壁，仅以厚度约10nm的膜包围。易受外界环境条件的影响，形状多样，大多为椭圆形至不规则形。

【发生规律】 植原体存在于寄主植物韧皮部筛管内，能蔓延到全株各部位，也能在媒介昆虫如叶蝉体内增殖，可通过嫁接和分根传播，侵入后病原物潜育期25—380d。土壤干旱瘠薄及管理粗放的枣园发病严重。

【防治方法】

(1) 应先防治该病的虫媒昆虫如叶蝉等刺吸式口器的害虫为害。

(2) 园林技术防治：清除疯枝病枝，铲除无经济价值的病株；选用无病虫枝作为繁殖材料，选育抗病品种；加强果园管理，增施碱性肥和农家有机肥，可以在一定程度上减轻病害的发生。

(3) 化学防治：在发病初期，按每亩枣园喷施0.2%的氯化铁溶液2—3次，隔5—7d喷一次。每次用药液75—100kg，对于预防枣疯病具有良好效果。还可采用在茎干基部注射四环素药液的方法加以控制。

(四) 瓜叶菊黄化病

在全国各地均有发生，主要为害瓜叶菊、翠菊、车前和天人菊等。

【分布与危害】 典型症状是叶片呈现淡黄色或黄白色，叶脉略显黄化。花序呈不同程度的绿色，有的嫩枝变为丛枝状，植株矮缩，但一般不枯死。

【病原】 类菌原体(MLO)。

【发生规律】 叶蝉是传播类菌原体的常见媒介昆虫，此外，菟丝子及嫁接均可传毒，但种子和土壤不能传毒。

【防治方法】

(1) 园林技术防治：精心养护，培育健壮幼苗，提高抗病力。病虫残株及时清理销毁，发现重病株，随时拔除烧毁，减少侵染源。

(2) 物理机械防治：结合田间管理，及时清除菟丝子等杂草。

(3) 化学防治：先防治传毒昆虫，采用吡虫啉、啶虫脒、西维因等药剂喷雾，切断病原体的传播途径，减少发病。该植原体对四环素、土霉素、金霉素、氯霉素敏感，必要时可用抗生素喷雾防治。

第三节　病毒病害

病毒病害是由植物病毒寄生引起的病害。植物病毒引起的病害在数量上占植物病害的第二位，仅次于真菌引起的病害，其体积之小，只能在电子显微镜下才能观察到。其形状有杆状、丝状、球状等。由于病毒比细菌更小，病毒只能在活的寄主细胞内生活，专一性强，某一种病毒只能侵染某一种或某些植物。但也有少数危害广泛，如烟草花叶病毒和黄瓜花叶病毒。一般植物病毒只有在寄主活体内才具有活性；仅少数植物病毒可在病株残体中保持活性几天、几个月甚至几年，也有少数植物病毒可在昆虫活体内存活或增殖。植物病毒粒体或病毒核酸在植物细胞间转移速度很慢，而在维管束中则可随植物的营养流动方向而迅速转移，使植物周身发病。病毒病害在症状表现上多为系统发病，表现为变色、畸形，少数引起坏死、腐烂，萎蔫极少发生。

发生植物病害的植物有禾本科、茄科、豆科、十字花科和葫芦科等。受害的园林植物常全株带毒，主要通过蚜虫、叶蝉等刺吸口器的害虫传播，病株汁液与健株之间的接触，以及人们的操作活动都可以传播。

一、花叶病

(一) 月季花叶病

【分布与危害】 月季花叶病分布广泛,遍布全国各地。可引起月季鲜花切花产量、质量下降。

【症状】 受害植株叶上出现不规则褪绿淡黄色斑块。月季花叶病的典型症状为沿小叶中脉褪绿且局部组织畸形或呈现栎叶似的花斑,也可能形成不规则的线形花纹或斑块。花色常比正常的色淡。有些品种受害后常伴随生长减弱或矮化,叶片变小,在生长旺盛的枝条顶端出现扭梢或盲梢。整个生长季均可表现症状,但常在春季头批新梢或重剪后长出的嫩梢上表现出重症。

【病原】 月季花叶病的病原为月季花叶病毒(rose mosaic virus ,RMV)。

【发病规律】 月季花叶病毒在寄主活组织内越冬,通过病芽、病接穗和有病砧木传播,在芽接和嫁接时传染发病。夏季强光和干旱有利于显症和扩展,也常出现隐症或轻度花叶症。

【防治措施】

(1) 选择健康的母本作繁殖材料或用脱毒组培苗。

(2) 受花叶病毒侵染的病株最好予以清除,及时喷药防治传毒昆虫。

(3) 采用温热疗法,将稍显症状的病株置于 38℃下,4 周时间可使植株体内的病毒大部分失活。

(二) 美人蕉花叶病

【分布与危害】 美人蕉花叶病(图 6-35)是美人蕉的常见病害,在我国栽植美人蕉地区普遍发生。

【症状】 发病初期,叶片上出现褪绿色小斑点,或呈花叶状,或有黄绿色和深绿色相间的条纹,条纹逐渐变为褐色坏死,叶片沿着坏死部位撕裂,叶片破碎不堪。发病严重时心叶畸形、内卷呈喇叭筒状,花穗抽不出或很短小,其上花少、花小;植株显著矮化。

【病原】 美人蕉花叶病的病原是黄瓜花叶病毒(cucumber mosaic virus,CMV)。病毒粒体为 20 面体,直径 28—30nm,钝化温度为 70℃,稀释终点为 10^{-4},体外存活期为 3—6d。

图 6-35　美人蕉花叶病病叶(仿林焕章)

另外,我国有关部门还从花叶病病株内分离出美人蕉矮化类病毒(canna dwarf virius),初步鉴定为黄化类型症状的病原物。

【发病规律】 美人蕉花叶病发生极为普遍,由于采用营养分根繁殖,病毒可代代相传,逐年加重。美人蕉花叶病毒传播的途径主要是蚜虫和汁液接触传染,特别是棉蚜、玉米蚜等的非持久性传毒。易于汁液接种,如采用摩擦接种法,可在黄瓜、曼陀罗、苋色藜、千日红、豇豆和蚕豆等植物上产生病毒病症状。美人蕉不同品种间抗病性有一定差异。普通美人蕉、大花美人蕉、粉叶美人蕉发病严重，红花美人蕉抗病力强。

【防治措施】

(1) 淘汰有毒的块茎，不用带毒的根茎作繁殖材料，秋天挖取块茎时，把地上部分表现花叶症状的弃去。由于美人蕉是分根繁殖，易使病毒年年相传，所以在繁殖时，宜选用无病毒的母株作为繁殖材料。发现病株立即拔除销毁，以减少侵染源。

(2) 该病是由蚜虫传播的，使用杀虫剂防治蚜虫，减少传病媒介。用10%阿维吡虫啉悬浮剂15—22.5g/hm^2 喷施。用西维因、马拉松等农药防治传毒蚜虫。CMV有很多毒源植物，应及时清除。

二、大丽花病毒病

【分布与危害】 大丽花病毒病又称大丽花花叶病。在我国广东、昆明、上海、内蒙古、辽宁等地都有发生，严重时植株生长萎缩，一般呈零星分布。

【症状】 大丽花病毒病有多种。主要有花叶型、矮缩型和环斑型三种。

花叶型：叶片细小，出现淡绿与浓绿相间的花叶或浅黄斑点，严重的叶片变为斑驳，沿中脉及大的侧脉形成浅绿带，即"明脉"。

矮缩型：植株矮小、停滞不长或生长缓慢。

环斑型：叶上生有环状斑是该病典型症状。在田间临近花期染病的植株，到下一年花叶及矮缩现象出现以前可一直处于隐症。6—9月发生，发病重的病株率为20%—30%，严重的高达50%—80%，影响观赏。

【病原】 主要有黄瓜花叶病毒大丽花菊株系、大丽菊花叶毒病、番茄斑萎病毒、烟草环斑病毒、番茄环斑病毒、烟草脆裂病毒及马铃薯Y病毒。

【发病规律】 大丽花花叶病毒可以通过汁液及嫁接传染，叶蝉及蚜虫也可传毒。大丽花的块根也能带毒，但种子不带毒。大丽花花叶病毒也能使蛇目菊、金鸡菊、矮牵牛、百日草等植物发病。

【防治措施】

(1) 在发病重的地区不宜用块根作繁殖材料，块根上的芽也不能作扦插材料。

(2) 在发病不重的地区发现病株及时拔除，可减少病源。

(3) 花叶型、矮缩型病毒普遍率高的地区要注意防治蚜虫、叶蝉、蓟马、玉米螟等，必要时采取直播法，提早育苗，发病率明显降低。

(4) 番茄斑尾病毒具有不易接触植株生长点的特点，环斑型病毒病出现频率高的地区，采用茎尖脱毒的方法获取无病毒苗，可取得明显防效。

(5) 番茄斑萎病毒不易接近植株生长点，可通过茎尖组织培养法来获得无病毒新株。

(6) 药剂防治：喷洒10%阿维吡虫啉悬浮剂15—22.5g/hm^2 或10%吡虫啉可湿性粉剂1500倍液、20%二嗪农、70%丙蚜松各1000倍液灭虫防病。必要时喷洒7.5%克毒灵水剂700倍液或3.85%病毒必克可湿性粉剂700倍液。

三、仙客来病毒病

【分布与危害】 仙客来病毒病发生较普遍,病毒病为害可致使仙客来品质退化。

【症状】 苗期,成株均常发病。病株叶片皱缩不平或有斑驳,叶缘向下或向上卷曲,叶片小且厚,质脆,易折断。叶柄短,丛生状,有时叶脉出现梭形突起物或叶面上产生疣状物。花瓣上产生条纹或斑点,花畸形或退化,病株矮小退化。

【病原】 主要为黄瓜花叶病毒(CMV)和烟草花叶病毒(TMV),CMV 致死温度为 60—65℃;TMV 致死温度为 88—93℃。

【发病规律】 带毒种球是传播该病的主要途径。CMV 可经汁液摩擦传毒,棉蚜等昆虫也能传毒,蚜虫发生数量大发病重。此病毒主要由蚜虫传播;土壤和种子不传毒;带毒种球是传播仙客来病毒的主要途径。

【防治措施】

(1) 种球处理。一是防止种球带毒。把种球浸入 75%酒精中 1min 或用 0.1%升汞水浸 1.5min 或 10%磷酸三钠 15min 后,取出种球,用灭菌水冲净表面药液再置于 35℃温水中冷却 24h,播种在灭菌土中,发病率明显降低。二是种球脱毒。种球按上述方法处理后,置于 40%聚乙二醇溶液中,于 38.5℃恒温处理 48h,种球脱毒率达 78%,可大面积推广应用。也可将种子用 70℃的高温进行干热处理脱毒。

(2) 采用茎尖组织培养法,培育无毒苗。用球茎、叶尖、叶柄作为外植体的组培苗,其带毒率较低。

(3) 及时喷洒杀虫剂防治传毒蚜虫。杀螨剂、杀虫剂、杀菌剂混合喷施防除传毒昆虫,兼治灰霉病。用 10%阿维吡虫啉悬浮剂 15—22.5g/hm^2 防治传毒昆虫。

(4) 合理施肥[氮: 钾=1: (1.2—1.5)]有助于提高植株抗性。

(5) 栽植土壤要进行消毒。无土栽培发病率低,栽培基质有蛭石、珍珠岩、沙土等物质。

四、香石竹病毒病

【分布与危害】 香石竹病毒病在世界各地香石竹栽植区广泛发生,常引起香石竹生长衰弱,花朵变小,花瓣出现杂色,花苞开裂等症状,降低观赏价值。

【症状】 香石竹斑驳病毒病症状表现为新叶褪色,形成斑驳,老叶卷曲,花呈杂色,病叶多呈卷状。香石竹潜隐病毒病在香石竹上会产生轻微症状或呈隐症,与脉斑驳病毒复合侵染时,其子叶上产生严重花叶。香石竹蚀环病毒病染病后叶部产生环状或轮纹状或宽条状的坏死斑,严重的坏死斑融合成大型块状病斑。香石竹坏死斑点病毒病染病株中部叶片出现灰白色至浅黄色坏死斑驳或不规则条斑或条点,下部叶片多呈紫红色斑点和条斑。香石竹脉斑驳病毒病染病后幼叶的叶脉上生深浅不均匀的斑驳或坏死斑,有的出现不规则褪绿斑。

【病原】 香石竹病毒病已发现的病原主要有香石竹斑驳病毒病(CaMV)、香石竹潜隐病毒病(CaLV)、香石竹蚀环病毒病(CaERV)、香石竹坏死斑点病毒病(CaNFV)和香石竹脉斑驳病毒病(CaVMV)五种。

【发病规律】 香石竹斑驳病病株表现为生长不良的症状。这些特征常常要与健康植株相比较才能看得出来。该病毒病原为香石竹斑驳病毒,主要通过汁液、根部接触以及切口、刀具等传播,但昆虫不能传毒。香石竹叶脉斑驳病毒可通过汁液传播,如在剥芽、摘花等操作过程中,可通过工具和手传播,桃蚜也是重要的传毒介体。

香石竹潜隐病毒病通过汁液和桃蚜传播。香石竹坏死斑点病毒病由香石竹坏死斑病毒所致,通过汁液和桃蚜传播。香石竹蚀环病毒病由香石竹蚀环病毒所致,一般不表现症状,除汁液和蚜虫能传毒外,摩擦(如植株的枝条或地下根部互相摩擦、接触)、嫁接以及操作工具等都能传毒。

【防治措施】

(1) 防治香石竹病毒病主要是预防,最有效的措施是培育抗病品种,种植无毒种苗,切断传播途径,消灭侵染毒源。

(2) 对于经汁液传播的病毒,可用3%的磷酸三钠溶液洗手,然后再操作。

(3) 对蚜虫传播的病毒可进行防虫治病。

(4) 热处理受害株将染病株控制在30℃下5d,使植株逐渐适应,后把温度提高到38℃,两个月后,植株体内病毒量减少。

(5) 必要时喷洒3.85%病毒必克可湿性粉剂700倍液、7.5%克毒灵水剂1000倍液。

五、牡丹病毒病

【分布与危害】 牡丹病毒病在世界各地种植区都有发生,在局部地区危害比较严重。

【症状】 由于病原种类较多,症状比较复杂。牡丹环斑病毒(PRV)为害后,叶片呈现深绿和浅绿相间的同心轮纹斑,病斑呈圆形,同时也产生小的坏死斑,发病植株较健株矮化。烟草脆裂病毒(TRV)为害后也产生大小不等的环斑或轮斑,有时呈不规则形。而牡丹曲叶病毒(PLCV)则引起植株明显矮化,下部枝条细弱扭曲,叶片黄化卷曲。

【病原】 引起牡丹病毒病的病原主要有3种,分别是牡丹环斑病毒(peony ringspot virus,PRV)、烟草脆裂病毒(tobacco rattle virus, TRV)、牡丹曲叶病毒(peony leaf curl virus,PLCV)。

【发病规律】 随病株分株繁殖,或作嫁接材料或田间蚜虫大量发生时繁殖。寄主植物:PRV、PLCV,危害芍药、牡丹;TRV除危害芍药、牡丹外,还危害风信子、水仙、郁金香等花卉。

【防治措施】

(1) 严禁引进、使用带病毒的苗木,发现病株即拔除烧毁。田间发现病株,应及时清除,清理周围杂草。

(2) 生长季节及时防治蚜虫、叶蝉、蚧类、蝽类等刺吸式口器昆虫。

(3) 名贵品种苗木病株可置于36—38℃,21—28d脱毒。

(4) 连片侵染发病时,用0.5%抗毒剂1号600倍液,2%宁南霉素200—300倍液,4%博联生物菌素 200—300 倍液，植物病毒疫苗 600 倍液喷雾。

六、郁金香白条病

【分布与危害】 在各郁金香产区都有发生，郁金香白条病是造成郁金香种群退化的重要原因之一。

【症状】 该病主要为害花、叶，引起颜色改变，但不同品种对该病的侵染反应不同。在淡色或白色品种上，其花瓣碎色症状并不明显；在红色和紫色花上变色较大，产生碎色花。叶片被害后，出现浅绿色或灰白色条斑，有时造成花叶。

【病原】 病原为郁金香白条病毒(tulip breaking virus)，病毒颗粒体为弯曲的线状，大小为 700nm×12nm×13nm。郁金香病毒致死温度为 65—70℃，体外存活期 4—6d。

【发病规律】 该病毒在病鳞茎内越冬，成为来年侵染源，由桃蚜和其他蚜虫做非持久性的传播。此病毒也可以危害百合，百合受侵染后产生花叶或隐症现象。在自然栽培的条件下，重瓣郁金香比单瓣郁金香更易感病。

【防治措施】

(1) 挖收时，将带病的鳞茎、叶片集中焚毁，并将附近土壤打扫干净，彻底消毒。

(2) 引种时应严格检疫，选用无病毒的球根鳞茎种植，栽种时要注意留出适宜的间隔距离，以防止传染；在栽培管理中，发现病株及时拔除烧毁。

(3) 用 20%病毒 A 可湿粉剂 500 倍液、5%菌毒清水剂 30 倍液、1.5%植病灵水剂 800 倍液喷洒，每半月喷 1 次。

(4) 蚜虫对郁金香危害甚大，为防止蚜虫飞袭并传染病害，可用防虫网隔离，或用 10%阿维吡虫啉悬浮剂 15—22.5g/hm^2 喷洒。

(5) 在管理操作过程中，注意人手和工具的消毒，以减少汁液接触传染；并注意与百合科植物隔离栽培，以免互相传染。

第四节　植物线虫病害

一、植物线虫概况

线虫又称蠕虫，是一类较低等的动物，它们在自然界分布很广，种类繁多。在淡水、海水、池沼、沙漠和各种土壤中都有存在，而其中最多存活于土壤及水中；也有不少类群寄生在动物上，如常见的蛔虫、钩虫等，给人畜的健康带来很大的危害；还有一些类群寄生在植物上，引起植物病害，这些寄生在植物上的线虫就称为植物寄生线虫。植物寄生线虫是植物侵染性的病原之一，它们广泛寄生在各种植物的根、茎、叶、花、芽和种子上，使植物发生各种线虫病。

植物寄生线虫绝大多数为雌雄同形，即雌雄虫均呈线状，细长透明，虫体很小。一般体长仅 1mm，体宽 0.05mm 左右，要借助显微镜才能看清。这类线虫的种类和数量都很多，分布又广泛，凡是有土壤和水的地方都有可能存在。还有少数植物线虫是雌雄不同形的，雌虫呈梨形、球形或囊状，而雄虫仍呈线状。最常见的如根结线虫、胞囊线虫、肾状线虫等，它们都是最重要的病原线虫。

由于线虫是一种低等动物，个体细小，所以线虫虫体内部构造既简单又全面。它有发达的消化系统和生殖系统，这样才能从植物体内吸取它所需要的营养，以使自己顺利生长发育和繁衍大量后代，才能生存于自然界中。但神经系统和排泄系统就很简单了，一般要在高倍显微镜下才能看清楚这些内部结构。

二、常见的植物线虫病

生产中常见的线虫病大致可以分为两大类，一类属于滑刃线虫类，这类线虫为害症状主要表现在植株的地上部分，叶片表现出多角形的坏死斑、芽畸形，全株矮化或者茎部矮化，甚至不能开花，或球茎与块茎黑腐等症状，如菊花、大丽花、郁金香、风信子、唐菖蒲、水仙等。

另一类主要表现为根部症状，如根部畸形肿大，呈鸡爪状，根组织变黑腐烂，根上产生球状根结，呈现根部肿瘤状，如牡丹、四季海棠、凤仙花、月季、仙客来等。

线虫在不同地区和不同植株上，年发生世代数不尽相同，一般一年发生几代至十几代，多以卵、幼虫和成虫在病株和土壤中越冬。虫体可借雨水、灌溉、工具、土壤、种苗、种球等传播。土壤温度在 15—30℃时，有利于根结线虫和茎线虫发育与侵染。幼虫从气孔、皮孔、伤口等处侵入。

（一）仙客来根结线虫病

【分布与危害】　仙客来根结线虫病（图 6-36）在各地均有发生。在暖温地带和亚热带地区可造成叶、根以至全株虫瘿和畸形，使草坪受到损失，在较凉爽的地区也会造成草坪草生长瘦弱，生长缓慢和早衰，严重影响草坪景观。除以上直接危害外，还可因其取食造成的伤口诱发其他病害，或有些线虫本身就可携带病毒、真菌、细菌等病原物而引起病害。

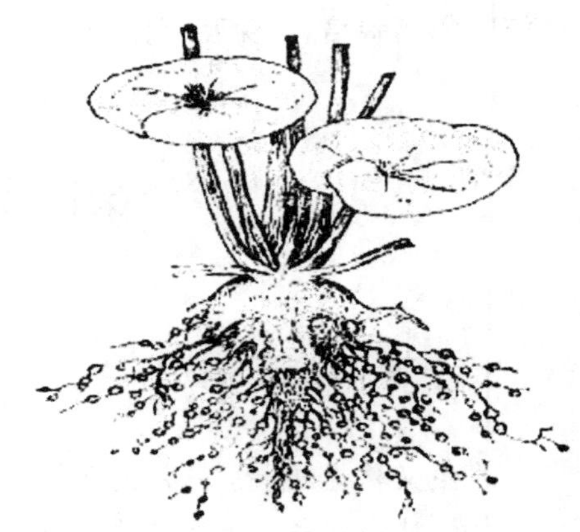

图 6-36　仙客来根结线虫病病状
（引自徐明慧《园林植物病虫害防治》，1993）

【症状】　通常是在叶片上均匀地出现轻微至严重褪色，根系生长受到抑制，根短、毛根多或根上有病斑、肿大或结节整株生长减慢，植株矮小、瘦弱，甚至全株萎蔫、死亡。但更多的情况是在草坪上出现环形或不规则形状的斑块。当在天气炎热、干旱、缺肥和其他逆境时，症状更明显。由于线虫病害的识别，除要进行认真仔细的症状观察外，还可在土壤和草坪草根部取样检测线虫。

【病原】　根结线虫。在温暖地区为害草坪草根部的线虫主要有：针刺线虫

(*Belonolaimus* sp.)、锥线虫(*Dolichodorus* sp.)、螺旋线虫(*Helicotylenchus* sp.)和根结线虫(*Criconemella* sp.)、环线虫(*Criconemella* sp.)、短体线虫(*Pratylenchus* spp.)。

【发病规律】 线虫主要以幼虫进行为害，当草坪草生长旺盛时，幼虫开始取食为害。线虫通过蠕动，只能近距离移动。随地表水的径流或病土或病草皮或病种子进行远距离传播。在适宜条件下，3—4 周就可以完成一个世代；条件不适时，时间则要长一点，3—4 周就可以完成。一个生长季里可以发生若干代，但也因线虫种类、环境条件和为害方式不同而不同。适宜的土壤温度(20—30℃)和湿度、土表的枯草层是适合线虫繁殖的有利环境。而土壤过分干旱或长时间淹水或氧气不足，或土紧实、黏重等都会使线虫活动受到抑制。即使在冷凉地区的高尔夫球场和运动场草坪，由于经常盖沙使土壤质地疏松，创造了有利于线虫生存繁殖的条件，线虫危害也很严重。

【防治措施】

(1) 使用无线虫的种子、无性繁殖材料(草皮、匍匐茎或小枝等)和土壤(包括覆盖的表土)建植新草坪。对已被线虫污染的草坪进行重种时，最好先进行土壤熏蒸。

(2) 浇水可以控制线虫病害。多次少量灌水比深灌更好。因为被线虫侵染的草坪草根系较短、衰弱，大多数根系只在土壤表层，只要保证表层土壤不干，就可以阻防止线虫的发生。合理施肥，增施磷钾肥。适时松土，清除枯草层。

(3) 化学防治时，施药应在气温 10℃以上，以土壤温度 17—21℃效果最佳。还要考虑土壤湿度，与干旱季节施药效果有关。熏蒸剂和土壤熏蒸剂仅限于播种前使用，避免农药与草籽接触。溴甲烷是目前一种较好土壤熏蒸剂。禾草播前，温度大于 8℃时，就可使用。棉隆和 2-氯异丙醚，也是常用的杀线虫剂。

(4) 目前国内推出一些生物防治或生态防治制剂，能有效克制线虫侵染。如植物根际能显著防治一些作物上的土传真菌病害和线虫，有较好地保护根系的作用，可用于草坪线虫的防治。

(二) 松材线虫

松材线虫[*Bursaphelenchus xylophilus*(Steiner et Buhrer)]为检疫性病害，属于线形动物门，线虫纲，垫刃目，滑刃科。

【分布与危害】 在国外分布于日本、朝鲜、韩国、美国、加拿大、墨西哥、葡萄牙等地；在国内分布于江苏、浙江、广东、海南、湖南、香港、台湾等地。主要危害赤松、黑松、马尾松、黄松、火炬松、湿地松、白皮松等松属植物，在黑松、赤松、马尾松上危害严重。

【症状】 松材线虫通过松褐天牛补充营养造成的伤口进入木质部，并可随松褐天牛传播。松褐天牛是它的主要传播媒介昆虫。该线虫为害造成植株失水，蒸腾作用降低，树脂分泌急剧减少和停止，针叶逐渐变为黄褐色乃至红褐色，萎蔫干枯，最后整株枯死。该种致病力强，传播蔓延迅速，寄主死亡速度快，治理难度大，造成的损失惨重。对我国生态园林景观及丰富的松林资源构成了严重的威胁。

【病原】 雌雄成虫均呈蠕虫形，虫体细长，约 1mm。卵巢单个，前伸；阴门开口于虫体中后部 73%处。上覆以宽的阴门盖。雌虫尾圆锥形，末端宽圆。雄虫交合刺大，弓状，成对。雄虫尾似鸟爪，向腹面弯曲。幼虫虫体前部和成虫相似，但其后部因肠内积聚大量颗状内含物，以致呈暗色且结构模糊。

【发生规律】 该线虫由卵发育为成虫，期间要经过4个龄期的幼虫期。雌、雄虫交尾后产卵，产卵期30d左右，每头雌虫产卵量约100粒。以分散型3龄虫进入休眠阶段，抵抗不良环境能力加强，适宜昆虫携带传播。松褐天牛在华东地区一般为一年发生1代；广东一年2—3代，以2代为主。松材线虫对二氧化碳有强烈的趋化性，天牛蛹羽化时产生的二氧化碳是休眠幼虫被吸引至气管中的重要原因。近距离传播靠天牛等媒介昆虫传带，远距离传播则主要借助苗木、木材及木制品的调运进行。

【防治方法】

(1) 实施检验检疫措施：木材及其产品在使用前或出、入境前用60℃热处理或杀线虫剂处理。检疫中发现有携带松材线虫的松木及包装箱等制品，应立即采用溴甲烷熏蒸、改变用途、销毁等方式处理，避免蔓延扩散。

(2) 园林技术措施：对发病林地及时排查和清理，伐除和烧毁病树和垂死树，清除病株残体中的虫源。设置隔离带，以切断松材线虫的传播途径。同时，在发病林段设置诱木，引诱松褐天牛并定期集中销毁处理，可有效地控制天牛虫媒的扩散，以达到防治松材线虫的目的。

(3) 化学防治：喷洒杀螟松乳油杀死树皮下的天牛幼虫，用溴甲烷熏蒸处理原木等。利用天牛成虫期补充营养的现象，在天牛成虫羽化期喷洒杀螟松乳油防治，可在一定程度上控制其为害。苗圃中可将治线磷、土线散等线虫剂撒施于松树根部土壤中或树干注射，预防和杀死线虫。

(4)生物防治：利用白僵菌防治昆虫介体，也可用捕线虫真菌来防治松材线虫。

(5)抗病品种：选育和选用抗病品种是防治松材线虫病的重要方法。

(三) 南方根结线虫

南方根结线虫[*Meloidogyne incongnita*(Kofold & White)Chitwood]属垫刃目，垫刃亚目，异皮科，根结亚科，根结线虫属。

根结线虫是植物根系定居性内寄生生物，南方根结线虫在我国分布广，危害严重，据有关报道，该虫1983年在广州华南植物园，1998年在深圳仙湖植物园、海南天涯海角的六棱柱上严重为害。

【分布与危害】 在国外主要分布于欧洲、非洲、中南美洲、北美洲、澳大利亚、加拿大、印度、日本、马来西亚、美国等地。在国内主要分布于华南、西南等地。主要危害苋科、金鱼草、黄杨、美人蕉、辣椒、仙人柱、大丽花、胡萝卜、石竹、龙血树、卫矛、无花果、豆科、百合、锦葵、芭蕉、喜林芋、桃、石榴、三叶草、葡萄、姜等可上百种植物，是植物根部重要的寄生线虫。

【症状】 该虫属于专性寄生，主要在根部的须根或侧根上为害，以造成机械损伤、分泌毒素诱发植物组织病变两种方式为害植株，最典型的症状是根部形成大小不等的瘤状物，及根结肿瘤，受害植株常常表现为发育不良、植株矮小、提前枯死等症状。

【病原】 雌虫会阴花纹有1个高而呈方形的背弓，尾端区有一清晰的旋转纹，平滑至波形或“之”字形，无明显的侧线，但在侧区出现断裂纹和叉形纹，有时纹向阴门处弯曲。雌虫口针向背部弯曲。针锥前半部呈圆柱状，后半部呈圆锥状，针干后部略宽。

【发生规律】 生活史包括卵、4 个幼虫阶段、成虫阶段，生长温度范围为 8—32℃，最适温度 25—30℃，该温度条件下生活史为 20—25d。以 2 龄幼虫由植物的根尖侵入植株为害。线虫主动传播或由水流传播，病土、病苗、灌溉是其传播的主要途径。病残体多、病基质和病盆钵连续使用都会加重病害发生和病害扩散。

【防治措施】

(1) 加强检验检疫：对新引种的花卉苗木实行严格检验检疫措施。

(2) 园林技术：建立无病育苗圃，采用无病壮苗进行种植，及时清除已枯死的花卉和苗圃内外的杂草、杂树。

(3) 化学防治：用溴甲烷等熏蒸性药剂于种植前处理栽培用具，在栽种植物后用克线磷、克线丹、土线散等线虫剂进行防治。

第五节　生理性病害

生理性病害又称非侵染性病害或非传染性病害，一般由非生物因素即不适宜的环境条件引起。引起非侵染性病害的环境因素很多，主要涉及气候灾害、环境污染、人为管理不当等因素，具体表现为温度、湿度、光照、土壤、天气和栽培管理措施不当等。

生产中常见的生理性病害种类有缺素症、日灼病、旱害、涝害，药害、寒害等多种。植物生理性病害往往不能通过使用农药得到治疗，必须从日常管理抓起，根据各种作物的生长特点，针对不同情况，通过调控温、湿度，正确使用农药、化肥等措施得以缓解，或从环境改善上得到根本治疗。

一、苏铁日灼伤

【分布及危害】 在全国各地均可发生。主要发生于苏铁、海南苏铁等。受害植株叶片大量干枯，失去商品价值，影响观赏性。叶片弯曲处首先出现白色灼伤斑，并不断扩大，引起羽状复叶的大部分或整个叶片干枯。苏铁日灼伤是一种生理性病害，由日灼或高温引起。

【发生规律】 常见于苗圃，直接放置在无遮阴地块上，太阳光直射或局部高温等均容易引起叶片灼伤，温室内栽培的苏铁离棚顶过近时，也会产生灼伤。

【防治方法】

主要通过园林技术措施预防，改善植物生长的温湿度条件：

(1) 应放置在遮阴篷下养护，避免太阳强光直射。

(2) 改善温湿度条件，避免局部高温，通过合理的栽培技术，提供合适的生长环境条件。

二、君子兰日灼症

【分布及危害】 在全国各地均可发生。主要发生于各种兰花，君子兰、蝴蝶兰等更易受害。受害植株感病叶片出现不清晰的发黄及白色的干枯斑块,严重的整片叶子枯黄,失去商品价值,影响观赏性,并且容易诱发兰花的其他病害。君子兰日灼症是一种生理性病害,由日灼或高温引起。

【发生规律】 成株及幼苗均可得病,幼苗期叶片较嫩,发病率更高。此病多发生在炎热的夏季及温差大的秋季,尤其是初秋,早晚凉,中午热,温差变化大,极易发生日灼。

【防治方法】 该病主要通过园林技术措施加以预防,如夏、秋季节要加强通风或采取喷水降温措施,合理调控温湿度,改善温度条件。适时遮阴,避免太阳直射。另外,需注意及时修剪处理日灼叶片,防止伤害蔓延,诱发其他病害。

三、苏铁缺铁性黄化病

【分布及危害】 在全国各地均可发生。主要发生于苏铁、海南苏铁等。受害植株感病叶片褪绿黄化,整株叶片发黄,嫩叶发黄更严重,降低植株生长势及观赏价值。苏铁缺铁性黄化病是一种生理性病害,由缺铁元素引起。

【发生规律】 嫩叶发病更明显,在缺铁情况下发生。

【防治方法】

(1) 园林技术措施:苏铁适宜在微酸性、含水量比较高的土壤中生长。管理中应加强水肥管理,促进健壮生长,增强抗病性。

(2) 化学防治措施:在叶面喷洒0.2%的硫酸亚铁等叶面肥,改善营养条件。

四、栀子花黄化病

【分布及危害】 在全国各地均可发生。主要发生于栀子、玉兰等。受害植株叶片褪绿,首先发生在枝端嫩叶上,褪绿从叶缘开始向中心发展,叶色由绿变黄,逐渐加重,叶肉变成黄色或浅黄色,但叶脉仍呈绿色;全叶逐渐变黄至褐色,坏死干枯。全株以顶部嫩叶受害最重,下部叶片正常或接近正常,缺铁严重者可逐年衰弱至死。栀子花黄化病是一种生理性病害,由缺铁元素或碱石灰过多引起。

【发生规律】 嫩叶先发病,在缺铁及富含碱石灰的环境中更容易发生。

【防治方法】

(1) 园林技术措施:选用排水良好、松软、肥沃的酸性土壤栽培。

(2) 化学防治:在发病初期,用2%—3%硫酸亚铁灌浇,或用0.1%—0.2%硫酸亚铁喷施叶片。

第六节 寄生性种子植物

在自然界中寄生性种子植物常为害植物的树冠及草本花卉等,由于其寄生性较强,传播范围广等,影响种植及制种等生产活动。寄生性种子植物的种子容易随着鸟类取食活动传播，或借助种子、苗木调运等途径进行长距离的传播，影响苗木及花卉的生产活动。常见的寄生性种子植物的种类有桑寄生、槲寄生、菟丝子、列当等植物种类。

一、日本菟丝子

日本菟丝子(*Cuscuta japonicus*)又称金灯笼、大菟丝子、黄丝藤、无娘藤等，属菟丝子科，菟丝子属。

【分布与危害】 在全国各地均有分布。主要危害大豆、芝麻、向日葵、草坪等草本植物，是苗圃、茶园等的地区性恶性寄生杂草。

【症状】成株茎缠绕，茎干较粗壮，直径 1.5—2mm，茎干多呈黄色，略带紫红色瘤状斑点，多分枝，无叶。花近无柄，穗状花序。花萼杯状，深裂几达基部，花冠钟形，绿白色或淡红色，蒴果卵球形，种子较大，近圆锥形，一面稍平，种皮黄褐色，有光泽，种脐线形，稍弯曲，乳白色。

【发生规律】 属于一年生茎寄生杂草，主要以种子繁殖。以种子在土壤中越冬，翌年夏初萌发长出棒状幼苗，长至 9—15cm 时先端开始旋转，碰到寄主即行缠绕，迅速产生吸根与寄主紧密结合，后根及茎基部即枯死而与土壤脱离。靠吸根从寄主体内吸取营养维持生活。幼茎不断伸长，分枝向周围缠绕，先端与寄主茎接触处不断形成吸根，不断分枝延长，形成一蓬无根藤。

苗期生长对温度和水分特别敏感，高温高湿对生长有利。多雨、积水和低温，不利于幼苗生长。

【防治方法】

(1) 检验检疫措施：严格执行检验检疫措施，已经发现的严加控制，防止扩散蔓延。

(2) 园林技术措施：结合农事操作，加强田间管理措施，人工拔除或中耕除草。

(3) 化学防治：喷洒鲁保 1 号等除草剂。

二、中国菟丝子

中国菟丝子(*Cuscuta chinensis* Lam)属菟丝子科，菟丝子属。

【分布与危害】 国内分布于中南、西北、西南、华北、华东各地。主要危害木槿、杜鹃花、蔷薇、六月雪、桂花、葎草、牡丹、珊瑚树、鸡爪槭、冬青、女贞、马铃薯、花生、胡麻、苎麻和豆科牧草等多种植物。主要以藤茎缠绕主干和枝条，被缠的枝条产生缢痕，藤茎在缢痕处形成吸盘，吸取树体的营养物质，藤茎生长迅速，不断分枝，彼此交织覆盖整个树冠。

【症状】 一年生双子叶全寄生草本，无根，叶已退化成鳞片状。茎丝线状，橙黄色，叶退化成鳞片。花簇生，外有膜质苞片；花萼杯状，5 裂；花冠白色，顶端 5 裂，蒴果近球形，成熟时被花冠全部包围；种子淡褐色。

【发生规律】 种子萌发时幼芽无色，丝状，在空中旋转，碰到寄主就缠绕其上，在接触处形成吸根，进入寄主组织后，与寄主的导管和筛管相连，吸取寄主的养分和水分，使受害植株生长不良，甚至全株死亡。

【防治方法】

(1) 检验检疫措施：严格执行检验检疫措施，对已经发现的严加控制，防止扩散蔓延。

(2) 园林技术防治：对于受害严重的地块，每年深翻，凡种子埋于土壤 3cm 以下处便不易出土。春末夏初结合农事操作，及时检查，发现菟丝子连同杂草及寄主受害部位一起消除并销毁。

(3) 化学防治：种子萌发高峰期于地面喷 1.5%五氯酚钠和 2%扑草净药剂杀死菟丝子幼苗，减轻危害。

三、桑寄生

【分布与危害】 桑寄生在国内主要分布于福建、广东、广西、云南、海南、湖南、四川、甘肃等地。主要危害榕树、杨、榆等树种。受害植株发叶迟，落叶早，不开花或推迟开花、花少，易落果或不结果，被寄生处枝干肿胀，出现裂缝或空心，严重影响树势，树体易遭风折，严重受害时整枝或全株枯死。

【症状】 桑寄生常呈现小灌丛状，一般高 40—50cm，最高 1m 以上，由于生性长势不同，实际生产中较易辨认。

【发生规律】 一般春季开花，秋季结果。果实成熟时呈鲜艳红褐色，招引雀鸟啄食。种子能忍受鸟体内高温及抵御消化液的作用，不被消化，随鸟粪排出后即黏附于花木枝干上。在适温下吸收清晨露水即萌发长出胚根，先端形成吸盘，然后生出吸根，从伤口、芽眼或幼枝皮层直接钻入。侵入寄主植物后在木质部内生长延伸，分生出许多细小的吸根与寄主的输导组织相连，从中吸取水分和无机盐，以自身的叶绿素制造所需的有机物及部分其他有机物。

【防治方法】

(1) 园林技术措施：抓住有利时机，结合修剪，在果实成熟前以及寄主植物落叶后易发现的时期，全面剪除桑寄生植株，一般从吸根侵入部位往下 30cm 外修剪，并集中烧毁处理。

(2) 化学防治：对于发生严重者，喷施 2,4-D 等除草剂类农药进行防治。

四、向日葵列当

向日葵列当(*Orobanche cumana*)，又称独根草、木通马兜铃、马木通、草苁蓉、兔子拐棍等。

【分布与危害】 国内分布较广，主要分布在海南、广东、山西、内蒙古、黑龙江、辽宁、吉林等地，是向日葵以及草坪种植地区重要的寄生杂草，主要危害向日葵、结缕草、西瓜、甜瓜、豌豆、蚕豆、胡萝卜、芹菜、烟草、亚麻、番茄等。寄生在植株根部，吸收植物营养，致植株矮小、瘦弱，生长不良，影响开花及观赏性，严重者全株枯死。

【症状】 株高一般 20cm，最高约 54cm。茎有纵棱。叶退化为鳞片状，螺旋状排列在茎上。两性花，呈紧密的穗状花序排列，每株有花 50—70 朵，最多可达 207 朵。花蓝紫色，长 10—20mm，花冠合瓣，二唇形，上唇二裂，下唇三裂。花萼五裂。雄蕊四枚，二长二短，着生在花冠内壁上。花丝白色，枯死后黄褐色。花柱下弯，子房上位，多由四个心皮合成一室。蒴果 3—4 纵裂，内含大量深褐色粉末状的微小种子。种子不规则形，坚硬，表面有纵横网纹。

【发生规律】 一年生全寄生的草本植物。茎直立，单生，肉质，黄褐色至褐色，无叶绿素；没有真正的根，靠短须状的假根侵入向日葵须根组织内寄生。

【防治方法】

(1)检验检疫措施：加强植物检验检疫措施，严禁随意调运种子、种苗。

(2)园林技术措施：加强田间管理措施，在列当出土盛期和结实前及时锄草，开花前连根拔除或人工铲除，及时清理残体做烧毁或深埋处理，并在收获后及时深翻整地。

本章复习题

1. 常见的园林植物真菌性病害有哪些？日常栽培管理中应注意哪些问题？
2. 园林植物花木煤污病如何防治？
3. 仙客来细菌性软腐病如何防治？
4. 常见的园林植物细菌性病害有哪些典型症状？日常栽培管理中应注意哪些问题？
5. 常见的生理性病害有哪些？应如何防治？
6. 月季花叶病毒病应如何防治？

第七章　实验及实训

本章主要分为实验和实训两部分内容，其中，第一部分多为验证性实验，通过此类实验学生可进一步熟悉园林植物病虫害的发生特点及为害规律，强化直观认知能力；第二部分为实训部分，此类实践操作，可锻炼学生的动手能力、自学能力以及解决实际问题的创新能力。

第一部分　实验部分

实验一　昆虫外部形态及内部结构观察

一、实验目的

1. 通过昆虫外部形态观察，熟悉昆虫体躯特征及其分段，正确区分昆虫、蜘蛛、螨类；
2. 仔细观察昆虫口器、触角、足、翅等结构特征，熟练掌握昆虫重要的外形构造及类型；
3. 通过解剖，了解昆虫口器的结构特点。

二、材料用具

东亚飞蝗、短额负蝗、东方蝼蛄、中华蜜蜂、荔枝蝽象、光肩星天牛、红棕象甲、铜绿丽金龟、柑橘凤蝶、樟青凤蝶、夹竹桃天蛾、霜天蛾、家蝇、伊蚊、蜘蛛(冠猫跳蛛)、朱砂叶螨等。

双目体视显微镜、手持放大镜、昆虫解剖针、镊子、白纸、培养皿、解剖剪、标签纸、搪瓷盘等。

三、内容方法

1. 昆虫外部形态观察

头部：触角、单眼、复眼、口器等结构类型及特点观察。分别以东亚飞蝗为例和荔枝椿象为例观察咀嚼式和刺吸式口器的构造；同时观察柑橘凤蝶的虹吸式口器、中华蜜蜂的嚼吸式口器、家蝇的舐吸式口器；观察昆虫的 3 种头式类型及特点；观察昆虫触角的基本构造及类型；在体式显微镜下观察蜜蜂触角的柄节、梗节和鞭节的基本构造，对比观察了解其他昆虫触角的构造及类型。

胸部：观察昆虫足的基本构造及类型，了解足的构造特点与功能。观察蝗虫后足基节、转节、腿节、胫节、跗节、爪及中垫的构造；对比观察其他类型昆虫足的特点。观察昆虫翅的构造及类型，了解翅的构造特点与功能。翅的构造观察包括翅面分区情况、翅的三缘三角、翅脉分布特点等；翅的类型观察包括翅的质地、翅的形状变化，正确理解凤尾突；复翅（蝗虫类）、鞘翅（天牛、象甲）、鳞翅（蝴蝶、蛾类）、半鞘翅（蝽象的前翅）、膜翅（蜜蜂前后翅）、平衡棒（双翅目蚊、蝇）。

腹部：观察蝗虫、蟋蟀、螽斯等雌、雄外生殖器的形态构造、蝼蛄的尾须等。

2. 昆虫口器的解剖

蝗虫的口器是典型的咀嚼式口器，由上唇、上颚、下颚、下唇和舌五部分组成。其他昆虫口器因食物及取食方式不同而有相应变化，但基本上都是由咀嚼式口器演化而来的。以蝗虫为例，解剖昆虫咀嚼式口器，了解昆虫口器的构造及演化。

选取体型较大的东亚飞蝗成虫一头，仔细观察蝗虫口器在头部的着生位置及特点。先用镊子拉动其他各部分，注意它们的活动方向，然后进行解剖。

首先用镊子取下悬在唇基下面的一片上唇，再按左右方向取下上颚。将头部反转，沿上下方向取下下颚，注意不要把基部拉断，最后将下唇和舌取下。将取下的各部分依次排列在培养皿上，分别观察其形态特征：

①上唇：衔接于唇基前缘的一个双层薄片，前缘中央凹入，外壁骨化，内壁膜质而有密毛和感觉器官，称内唇。

②上颚：由头部第一对附肢演化而来，是一对坚硬的、中空的锥状构造，其基部用以磨碎食物的粗糙面称为臼齿叶，端部具齿，用以切碎食物的称切齿叶。

③下颚：由头部第二对附肢演化而来，位于上颚之后，分为轴节、茎节、内颚叶、外颚叶和下颚须五部分。

④下唇：由头部第三对附肢演变而来，分为后颏、前颏、侧唇舌、中唇舌和下唇须五部分。

⑤舌：由形成头部的几个体节的腹板突出而成，蝗虫的舌为一袋状构造，位于下唇的前方。

四、作业

1. 课堂作业

①正确识别昆虫、蜘蛛和螨类，仔细观察三者的体型结构特点，完成表 7-1。

表 7-1　昆虫、蜘蛛和螨类体型结构特点对比

编号	标本名称	体躯分段	触角	足	翅膀	所属纲	备注
1	蝗虫						
2	蜘蛛						
3	朱砂叶螨						

②根据解剖情况，粘贴东亚飞蝗咀嚼式口器的解剖构造。

2. 课后作业

仔细观察供试标本，任选 8 个标本完成表 7-2。

表 7-2　观察标本记录

编号	标本名称	口器类型	触角类型	足类型	翅膀类型	所属目	备注
1							
2							
3							
4							
5							
6							
7							
8							

实验二　昆虫分目实验

一、实验目的

1. 熟悉昆虫常用的分类依据，理解昆虫的功能结构与环境适应的多样性。
2. 掌握与园林植物关系密切的昆虫其分目的典型特征。

二、材料用具

椰心叶甲、红棕象甲、异色瓢虫、蔗根锯天牛、霜天蛾、夹竹桃天蛾、菜粉蝶、柑橘凤蝶、黑翅土白蚁、东亚飞蝗、榕管蓟马、红带网纹蓟马、荔枝蝽、大青叶蝉、角顶叶蝉、扶桑绵粉蚧、螺旋粉虱、菜蚜、日本龟蜡蚧、家蝇、食蚜蝇、中华蜜蜂、胡蜂、桉树枝瘿姬小蜂等。

双目体视显微镜、手持放大镜、昆虫解剖针、培养皿、标签纸、载玻片、搪瓷盘等。

三、内容方法

注意各标本口器、触角、足、翅和变态发育的类型，分别说出标本所属各目的主要显著特征。

鞘翅目

观察椰心叶甲、红棕象甲、异色瓢虫、蔗根锯天牛标本。体壁坚硬，前翅加厚，成鞘翅，后翅膜质，折叠藏于前翅下，是主要的飞行器官，咀嚼式口器。触角线状、膝状、鳃叶状，没有单眼。

鳞翅目

观察菜粉蝶、柑橘凤蝶、霜天蛾、夹竹桃天蛾。身体及前后翅翅面被鳞粉，触角球杆状、羽状，口器虹吸式，翅上具有不同形态及大小的斑纹。前胸小，中胸大，肩板一对。

等翅目

观察有翅黑翅土白蚁，触角念珠状，咀嚼式口器，上颚发达。翅基有横缝，称为脱落缝。前后翅大小相等、脉纹、形状相似。腰部无结节。

直翅目

观察东亚飞蝗，头下口式，典型的咀嚼式口器，单眼 3 个，触角线状；前胸大而明显，中后胸愈合，前翅皮革质，成覆翅；后足跳跃足；产卵器发达。

缨翅目

观察榕管蓟马、红带网纹蓟马。体细长，中小型。锉吸式口器，略呈圆锥形，不对称。触角线状，翅狭长，边缘有很多长而整齐的缨状缘毛。

半翅目

观察荔枝蝽。体壁坚硬而略扁，触角线状，刺吸式口器，着生在头的前方，前翅基半部革质，端半部膜质，为半鞘翅，后翅膜翅。

同翅目

观察角顶叶蝉、大青叶蝉、螺旋粉虱等。体中小型，刺吸式口器，口器从头的后方伸出，前翅质地均一。

双翅目

观察家蝇、食蚜蝇。体大中型，成虫只有一对发达的前翅，膜质，后翅退化成平衡棒，舐吸式口器。

膜翅目

观察中华蜜蜂、胡蜂、桉树枝瘿姬小蜂。翅膜质透明，不被鳞片，复眼大，单眼三个，触角线状，嚼吸式口器。

四、作业

1. 课堂作业：仔细观察标本，写出鞘翅目、鳞翅目、等翅目、直翅目、缨翅目、半翅目、同翅目、双翅目和膜翅目的典型特征。

2. 课后作业：任选 8 个供试标本，说出标本名称及所属目及分类的依据。或任选 4 个标本，说出标本名称、所属目及科名及分类的依据，填入表 7-3。

表 7-3　所选标本所属目及分类依据

编号	标本名称	所属目	所属科	分类依据			备注
				翅类型	口器类型	触角类型	
1							
2							
3							
4							
5							
6							
7							
8							

实验三　食叶性害虫形态及为害状识别

一、实验目的

1. 准确识别园林植物常见的食叶性害虫 20 个种类；
2. 了解食叶性害虫为害的典型症状及为害特点。

二、材料用具

紫檀夜蛾的卵、幼虫、蛹浸渍标本及成虫的针插干制标本；曲纹紫灰蝶、稻弄蝶、柑橘凤蝶、玉带凤蝶、樟青凤蝶、菜粉蝶、扁刺蛾、黄刺蛾、褐边绿刺蛾、霜天蛾、夹竹桃天蛾、重阳木锦斑蛾、油桐尺蠖、竹织叶野螟、樟巢螟、白囊袋蛾、茶袋蛾、榕灰白蚕蛾、东亚飞蝗、短额负蝗、青脊竹蝗等害虫的幼虫、茧、成虫及受害枝叶。

双目实体显微镜、放大镜、镊子、昆虫针、培养皿、75％酒精、搪瓷盘等。

三、内容方法

蝶类

蝶类的成虫身体纤细，触角前面数节逐渐膨大呈棒状或球杆状，均在白天活动，静止时翅直立于体背。

观察柑曲纹紫灰蝶、稻弄蝶、柑橘凤蝶、玉带凤蝶、樟青凤蝶、菜粉蝶等标本，注意各种蝶的翅面斑纹的特点，特别要注意观察凤蝶成虫后翅的尾突和幼虫头部的 Y 腺，弄蝶成虫触角端部弯钩,灰蝶成虫触角上的白环、幼虫的体型等。

刺蛾类

成虫鳞片松厚。多呈黄色、褐色或绿色,有红色或暗色斑纹。幼虫蛞蝓形,体上常具瘤和刺。蛹外有光滑坚硬的茧。

观察黄刺蛾、褐边绿刺蛾、扁刺蛾的各类标本,注意成虫前后翅的斑纹、幼虫的体型和枝刺、茧的质地和花纹。

袋蛾类

成虫性二型,雌虫无翅,触角、口器、足均退化,几乎一生都生活在护囊中;雄虫具翅 2 对。幼虫能吐丝营造护囊,护囊上大多粘有叶片、小枝或其他碎片。幼虫负囊而行,探出头部蚕食叶片,化蛹于袋囊中。

观察小袋蛾、大袋蛾、白囊袋蛾、螺旋袋蛾等的各类标本,特别要注意护囊的形态、大小等特征。

螟蛾类

小型至中型蛾类。成虫体细长、瘦弱。前翅狭长,后翅较宽。下唇须前伸。幼虫体刚毛稀少,前胸侧毛 2 根。多数螟蛾有卷叶,钻蛀茎、干、果实、种子等习性。

观察竹织叶野螟、樟巢螟、绿翅绢野螟等各类标本。

夜蛾类

成虫体型大小变化较大,体多为褐色。触角丝状,有的种类雄虫为羽状。前翅狭,常有横带和环状纹、肾状纹。后翅较宽,多为浅色。成虫具较强的趋光性。多数幼虫少毛,有的种类体被密毛或瘤。腹足一般 5 对,少数种类除臀足外,只有 3 对或 2 对腹足,第 3 腹节或第 3—4 腹节上的腹足退化。幼虫为害方式多样,有的生活在土内,咬断植物根茎,为重要的地下害虫,有的为钻蛀性害虫,有的种类裸露取食为害。

观察斜纹夜蛾、紫檀夜蛾、黏虫、银纹夜蛾、葱兰夜蛾等各类标本。

毒蛾类

成虫体多为白、黄、褐色。触角栉齿状或羽状,下唇须和喙退化;有些种类的雌虫无翅或翅退化;腹部末端有毛丛。幼虫多具毒毛,腹部第 6—7 节背面有翻缩腺。幼虫群集为害。

观察榕透翅毒蛾、松茸毒蛾、黄尾毒蛾、侧柏毒蛾等各类标本。

尺蛾类

小型至大型蛾类。体瘦弱,翅大而薄,休止时 4 翅平铺,前后翅常有波状花纹相连。有些种类的雌虫无翅或翅退化。其幼虫仅在第 6 腹节和末节上各具 1 对足。幼虫模拟枝条,裸栖食叶为害。

观察油桐尺蠖、棉大造桥虫等各类标本。

斑蛾类

多数种类颜色美丽,有的有金属光泽。翅薄,中室内有中脉主干。

观察重阳木锦斑蛾、茶斑蛾等各类标本。

天蛾类

为大型蛾类,成虫触角末端弯曲成钩状,喙发达;前翅狭长,外缘倾斜。幼虫粗大,体光滑或密布细颗粒,有的种类在侧面有斜纹或眼纹,第 8 腹节有 1 个尾角。

观察霜天蛾、夹竹桃天蛾、咖啡透翅天蛾等各类标本。

金龟类

成虫触角为鳃片状，前足胫节端部扩展，外缘有齿。

观察铜绿丽金龟、暗黑鳃金龟、白星花金龟、小青花金龟等成虫标本。

瓢甲类

观察茄二十八星瓢虫、葡萄十星瓢虫等各类标本，特别注意成虫体毛和斑纹、幼虫的枝刺。

叶甲类

小型至中型甲虫，体卵形或圆形。体色变化大，有金属光泽。复眼圆形。触角丝状，一般不超过体长的2/3。跗节拟4节。幼虫肥壮，3对胸足发达，体背常具枝刺、瘤突等附属物。

观察橘潜叶甲、黄守瓜、黄曲条跳甲等各类标本。

叶蜂类

叶蜂成虫体粗壮，腹部腰不收缩。翅膜质，前翅有粗短的翅痣。产卵器扁，锯状。卵常产于嫩梢或叶组织中。幼虫体表光滑，多皱纹，腹足6—8对，无趾钩。多数种类为害叶片，有的种类钻蛀芽、果或叶柄。部分有群集性。

观察樟叶蜂、蔷薇三节叶蜂等各类标本。

蝗虫类

触角短，不超过体长，呈丝状、剑状或棒状。多数种类有2对翅，少数种类翅退化或缺翅。产卵器粗壮，顶端弯曲呈锥状。成、若虫(蝗蝻)均为植食性。

观察东亚飞蝗、短额负蝗、青脊竹蝗等各类标本。

四、作业

1. 课堂作业：仔细观察标本，简述蛾及蝶的主要区别。
2. 课后作业：比较8种食叶性害虫标本的主要识别特征及其为害特点。

实验四　吸汁性害虫形态及为害状识别

一、实验目的

1. 正确识别园林植物常见的吸汁性害虫10种；
2. 了解吸汁性害虫为害的典型症状及为害特点；
3. 理解吸汁性害虫与病毒病、煤污病等病害的发生关系。

二、材料用具

角顶叶蝉、大青叶蝉、褐飞虱、榕木虱、菊姬长管蚜、棉蚜、褐飞虱、榕木虱、日本龟蜡蚧、红蜡蚧、褐圆蚧、仙人掌白盾蚧、澳洲吹绵蚧、柑橘矢尖蚧、糠片盾蚧、白蛾蜡蝉、黑刺粉虱、麻皮蝽、稻绿盲蝽、樟脊冠网蝽、竹缘蝽、西方花蓟马、榕管蓟马、茶黄蓟马等害虫及朱砂叶螨、六点始叶螨等螨类的幼虫、成虫及其为害的枝叶。

双目实体显微镜、放大镜、镊子、昆虫针、培养皿、75%酒精、搪瓷盘等。

三、内容方法

蝉类

成虫小至大型,触角刚毛状或锥状。跗节 3 节。翅脉发达。雌性有 3 对产卵瓣形成的产卵器。

观察角顶叶蝉、大青叶蝉、二点叶蝉等各类标本。

蚜虫类

小型多态性昆虫,同一种类有有翅和无翅之分。触角 3—6 节。有翅个体有单眼,无翅个体无单眼。喙 4 节。如有翅,则前翅大后翅小,有明显的翅痣。跗节 2 节,第一节很短。雌性无产卵器。

观察菊姬长管蚜、月季长管蚜、棉蚜等各类标本。

蚧类

体小型或微小型。雌成虫无翅,头胸完全愈合而不能分辨,体被蜡质粉末或蜡块,或有特殊的介壳,无翅,触角、眼、足除极少数外全部退化,无产卵器。雄虫只有一对前翅,后翅退化成平衡棒,跗节 1 节。

观察日本龟蜡蚧、红蜡蚧、褐圆蚧、仙人掌白盾蚧、白蜡虫、紫薇绒蚧、澳洲吹绵蚧、柑橘矢尖蚧、糠片盾蚧等各类标本。应特别注意蚧壳的形态。

木虱类

体小型,形状如小蝉,善跳能飞。触角绝大多数 10 节,最后一节端部有 2 根细刚毛。跗节 2 节。

观察榕木虱、樟木虱等各类标本。

粉虱类

体微小,雌雄均有翅,翅短而圆,膜质,翅脉极少,前翅仅有 2—3 条,前后翅相似,后翅略小。体翅均有白色蜡粉。成、若虫有 1 个特殊的瓶状孔,开口在腹部末端的背面。

观察黑刺粉虱、温室白粉虱等各类标本。

蝽类

体扁平而坚硬。触角线状或棒状,3—5 节。前翅为半鞘翅。

观察麻皮蝽、稻绿盲蝽、樟脊冠网蝽、竹缘蝽等各类标本。应特别注意半鞘翅的分区、脉纹等。

蓟马类

体小型或微小型,细长,黑、褐或黄色。锉吸式口器。触角线状,6—9 节。翅狭长,边缘有很多长而整齐的缨毛。

观察西方花蓟马、榕管蓟马、茶黄蓟马等各类标本。

四、作业

1. 课堂作业：比较5种供试标本的主要识别特征及为害特点。

2. 课后作业：写出任一种供试蚜虫标本的发生为害特点。试述蚜虫与煤污病发生的关系。

实验五　茎干及地下害虫形态及为害状识别

一、实验目的

1. 识别园林植物茎干及地下害虫的形态特征；

2. 了解茎干及地下害虫的为害特点。

二、材料用具

蔗根锯天牛、光肩星天牛、铲尾长小蠹、纵坑切梢小蠹、红棕象甲、绿豆象、竹一字象甲、萝卜种蝇、美洲斑潜蝇、荔枝叶瘿蚊、铜绿丽金龟、暗黑鳃金龟、东方蝼蛄、小地老虎、黄地老虎、黑翅土白蚁、家白蚁、红火蚁等的幼虫、成虫浸渍标本及针插标本。

双目实体显微镜、放大镜、镊子、昆虫针、培养皿、75%酒精、搪瓷盘等。

三、内容方法

天牛类

身体多为长形，大小变化很大，触角丝状，常超过体长，至少为体长的2/3，复眼肾形，包围于触角基部。幼虫圆筒形，粗肥稍扁，体软多肉，白色或淡黄色，头小，胸大，胸足极小或无。成虫一般咬刻槽后产卵于树皮下，少数产于腐朽孔洞内及土层内。

观察蔗根锯天牛、光肩星天牛等各类标本。

小蠹虫类

为小型甲虫。体卵圆形或近圆筒形，棕色或暗色，被有稀毛。触角锤状。鞘翅上有纵列刻点。幼虫白色，肥胖，略弯曲，无足，头部棕黄色。大多数种类生活在树皮下，有的种类蛀入木质部。不同的种类钻蛀的坑道形式也不同。

观察铲尾长小蠹、纵坑切梢小蠹等各类标本。应特别注意蛀道的形状。

象虫类

小至大型，头部延长呈管状，状如象鼻，长短不一。体色变化大，多为暗色，部分种类具金属光泽。幼虫多为黄白色，体肥壮，无眼无足。成虫和幼虫均能为害，多钻蛀茎干，还可取食植物的根、茎、叶、果实和种子。成虫多产卵于植物组织内。

观察红棕象甲、绿豆象、竹一字象甲等各类标本。

蚊蝇类

成虫只有 1 对膜质前翅，后翅退化为平衡棒。幼虫无足，蚊类幼虫全头型，多为 4 龄，蝇类幼虫无头型，一般为 3 龄。有的蛀根为害，有的潜叶为害，有的为害后形成虫瘿。观察萝卜种蝇、美洲斑潜蝇、荔枝叶瘿蚊等各类标本。

蛴螬类

蛴螬体肥大弯曲近“C”形，体多白色，有的黄白色。体壁较柔软，多皱。体表疏生细毛。头大而圆，多为黄褐色或红褐色，生有多对刚毛。胸足 3 对，一般后足较长。腹部臀节上生有刺毛。

观察铜绿丽金龟、暗黑鳃金龟等幼虫标本。应特别注意观察幼虫头部的刚毛和臀节上的刺毛。

蝼蛄类

前足为开掘足。前翅短，仅达腹部中部，后翅纵折超过腹部末端，呈尾状。产卵器不发达。观察东方蝼蛄等各类标本。

地老虎类

成虫后翅的 M2 脉发达，和其他脉一样粗细，中足胫节有刺。其幼虫生活于浅土层中，咬食植物根茎。

观察小地老虎、黄地老虎等各类标本。

白蚁类

多型。触角念珠状，成虫前、后翅大小、形状、脉纹、质地相似。

观察黑翅土白蚁、家白蚁、红火蚁等各类标本。

四、作业

1. 课堂作业：列表比较 8 种供试标本的主要识别特征。
2. 课后作业：写出黑翅土白蚁与红火蚁的区别。

实验六　常用农药的类型及理化性状观察

一、实验目的

1. 了解常用农药的分类及其理化性状，学会正确地分辨农药优劣。
2. 读懂农药标签和使用说明书，能够正确选用农药。

二、材料用具

2.5%溴氰菊酯乳油、1.8%阿维菌素乳油、0.6%印楝素乳油、10%阿维·吡丙醚乳油、30%嘧菌酯悬浮剂、5%氯虫苯甲酰胺悬浮剂、25%甲维·虫酰肼悬浮剂、10%吡虫啉可湿性粉剂、25%三唑锡可湿性粉剂、70%啶虫脒水分散粒剂、25%噻虫嗪水分散粒剂、50%烯酰吗啉水分散粒剂、20%炔螨特水乳剂、10%哒灵·炔螨特热雾剂、25%粉锈宁乳油、2%春雷霉素水剂、5%中生菌素可湿性粉剂、65%代森锌可湿性粉剂、绿僵菌粉剂、磷化铝片剂、6%四聚乙醛颗粒剂、45%百菌清烟剂、30%草甘膦水剂等。

天平、牛角匙、试管、量筒、烧杯、玻璃棒、手套、口罩、防护服等。

三、内容与方法

(一) 农药理化性状的简易识别

1. 常见农药物理性状的观察

辨别乳油、悬浮剂、水剂、水乳剂、粉剂、可湿性粉剂、水分散粒剂、颗粒剂、片剂等剂型在颜色、形态等物理外观上的差异。

2. 粉剂、可湿性粉剂质量的简易识别

取少量药粉轻轻撒在水面上，长期浮在水面的为粉剂，在1min内粉粒吸湿下沉，搅动时可产生较多泡沫的为可湿性粉剂。另取少量可湿性粉剂溶于水充分摇匀，在离心机上离心转动5min后，观察沉淀比例，沉淀越少越好，多于50%的为不合格产品。

在上述药液中加入少许洗衣粉，充分搅拌，比较观察药液的悬浮性是否改善。

3. 乳油质量简易识别

将2—3滴乳油滴入盛有清水的试管中，轻轻振荡，观察油水融合是否良好，稀释液中有无油层漂浮或沉淀。

稀释后油水融合良好，呈半透明或乳白色稳定的乳状液，表明乳油的乳化性能好；若出现少许油层，表明乳化性尚好；出现大量油层、乳油被破坏或已变质，则不能使用。

(二) 农药标签和说明书

1. 农药名称

农药名称应包含农药有效成分及含量、名称、剂型等主要内容。农药名称通常有两种，一种是通用名，另一种是商品名。通用名是法定名称，具有强制性和约束性，一般分中文通用名和英文通用名。中文通用名称是按照国家标准《农药中文通用名称》(GB 4839—2009)规定的名称，英文通用名称是引用国际标准组织(ISO)推荐的名称。

商品名是企业厂家基于商业目的而命名和使用的，主要是为区别于同类的其他商品而命名的，经国家批准可以使用。不同生产厂家有效成分相同的农药，即通用名称相同的农药，其商品名可以不同。

2. 农药三证

农药三证指的是农药登记证号、生产许可证号和产品标准证号。国家批准生产的农药必须三证齐全，缺一不可。

3. 净重或净容量

4. 使用说明

按照国家批准的作物和防治对象简述使用时期、用药量或稀释倍数、使用方法、限用浓度及用药量等。

5. 注意事项

包括中毒症状和急救治疗措施；安全间隔期，即最后一次施药距收获时的天数；储藏运输的特殊要求；对天敌和环境的影响等。

6. 质量保证期

不同厂家的农药质量保证期标明方法有所差异。一是注明生产日期和质量保证期；二是注明产品批号和有效日期；三是注明产品批号和失效日期。一般农药的质量保证期是2—3年，应在质量保证期内使用，才能保证作物的安全和防治效果。

7. 农药毒性与标志

农药的毒性不同，其标志也有所差别。毒性的标志和文字描述皆用红字，十分醒目。使用时注意鉴别。

8. 农药种类标识色带

农药标签下部有一条与底边平行的色带，用以表明农药的类别。其中红色表示杀虫剂（昆虫生长调节剂、杀螨剂、杀软体动物剂），黑色表示杀菌剂（杀线虫剂），绿色表示除草剂，蓝色表示杀鼠剂，深黄色表示植物生长调节剂。

四、作业

1. 课堂作业：任选供试药品一种乳油制剂，测定其乳化性，并记述观察结果，判断乳油制剂的质量。

2. 课后作业：列表7-4叙述7种主要农药的理化特性及使用特点。

表7-4　主要农药的理化特性及使用特点

编号	药剂名称	中(英)文通用名	剂型	有效成分含量	颜色	气味	毒性	主要防治对象
1								
2								
3								
4								
5								
6								
7								

实验七　病害主要症状类型识别

一、实验目的

通过观察，识别园林植物各类病害的典型症状，熟练掌握病状和病症特点，为准确诊断奠定基础。

二、材料用具

园林植物病害的各种症状类型的挂图及新鲜标本：草坪币斑病、平托落花生褐斑病、洋紫荆灰斑病、月季黑斑病、鸡蛋花锈病、小叶相思锈病、柑橘疮痂病、柑橘溃疡病、兰花日灼病、红掌炭疽病、仙人掌炭疽病、鱼尾葵炭疽病、九里香白粉病、含羞草白粉病、香蕉枯萎病、海滨雀稗仙环病、番荔枝煤污病、蝴蝶兰软腐病、大白菜软腐病、水稻细菌性条斑病、水稻基腐病、栀子黄化病、菊花线虫病、竹子丛枝病、木瓜花叶病毒病、柑橘黄龙病、兰花花叶病毒病、观赏椒病毒病等。

生物显微镜、手持放大镜、剪刀、镊子、解剖针、搪瓷盘等。

三、内容方法

用肉眼或放大镜观察每种标本的症状，仔细观察各种典型病状和病症的特点，注意区分其所属类型。

（一）病状观察

园林植物病害的症状多种多样，常见的病害症状变化也较大，归纳起来有 5 种类型，即变色、坏死、腐烂、畸形和萎蔫。

1. 变色类主要类型

褪绿与黄化

整株或局部叶片均匀褪绿或变黄，或发生变红或紫化现象。

观察柑橘黄龙病、栀子黄化病等。

花叶与斑驳

整株或局部叶片变色不均匀，颜色深浅不均，浓绿和黄绿互相间杂，杂色大小不一，有时出现红、紫斑块。

观察木瓜花叶病毒病、兰花花叶病毒病及观赏椒病毒病等。

2. 坏死类主要类型

斑点

多发生在叶片和果实上，受害部位坏死，产生形状、颜色、大小不一的斑点。依形状不同区分角斑、圆斑、轮斑、条斑、不规则斑等，依颜色不同区分黑斑、褐斑、灰斑、紫斑等多种类型。病斑后期常有霉层或小黑点出现。

观察平托落花生褐斑病、洋紫荆灰斑病、月季黑斑病、草坪币斑病等。

炭疽

症状与斑点相似。但病斑往往较大，多始于叶尖或叶缘，病斑上常有轮纹状排列的炭质小黑点，后期潮湿条件下常产生粉红色黏液状物。

观察红掌炭疽病、仙人掌炭疽病、鱼尾葵炭疽病等。

穿孔

病斑周围木栓化，中间的坏死组织脱落而形成空洞。

观察桃叶细菌性穿孔病、樱花穿孔病等挂图。

溃疡

枝干皮层、果实等部位局部组织坏死、腐烂，病斑周围多隆起，中央凹陷，后期开裂，并在坏死的皮层上出现黑色的小颗粒或小型的盘状物。多发生在枝干木质部。

观察柑橘溃疡病、桉树溃疡病等挂图。

疮痂

常发生在叶片、果实和枝条上。局部细胞增生而稍微突起，形成硬化的木栓化组织。

观察观赏椒疮痂病、柑橘疮痂病等。

猝倒与立枯

发生在苗期，幼苗的茎基或根部组织坏死，萎蔫死亡。观察瓜苗猝倒病、椒立枯病等挂图。

3. 腐烂类主要类型

腐烂即病部植物组织细胞较大范围的破坏与分解。多发生在根、干、花、果上，幼嫩或多肉组织更易发生，多见于木本植物。枝干皮层腐烂与溃疡症状相似，但病斑范围较大，边缘隆起不显著，常带有发酵的酒糟味，可分干腐、湿腐、软腐，据发病部位又可分根腐、茎腐、果腐、花腐等。腐烂与坏死有时很难区别，一般地，腐烂是整个组织和细胞受到破坏和消解，而坏死则多少还保留原有组织的轮廓。主要类型有：

湿腐

观察大白菜软腐病、黄瓜疫病等。

软腐

观察蝴蝶兰软腐病、仙人掌软腐病等。

4. 畸形类主要类型

畸形指病原物侵入后，其分泌物的刺激物使组织或细胞生长受阻或过度增生而造成的生长异常。可分为增大、增生、减生、变态等几种。常见种类如下：

肿瘤及徒长

枝、干和根上的局部细胞增生、增大，形成各种不同形状、大小的瘤状物或突起。

观察菊花根结线虫病等。

丛枝及矮缩

顶芽生长受抑制，侧芽、腋芽迅速生长，或不定芽大量发生，发育成小枝，由于小枝多次分支，叶片变小，节间变短，枝叶密集，形成扫帚状。矮缩是植物各器官的生长发育成一定比例地受到抑制，病株比健株矮小。

观察竹丛枝病、水稻矮缩病毒病、桃缩叶病等挂图。

畸形

叶片或花器生长发育不良呈现线状叶、鸡爪状叶、蕨叶状、叶变花、花变叶等变形。

观察番茄蕨叶病等挂图或标本。

5. 萎蔫类主要类型

病株根部维管束被侵染，导致整株萎蔫枯死。主要类型有：

青枯

病株迅速萎蔫，叶色尚青就失水凋萎。

观察菊花青枯病、观赏椒青枯病。

枯萎

病株萎蔫较慢，叶色不能保持绿色。

观察香蕉枯萎病、鸡冠花枯萎病。

流脂或流胶

病部有透明或半透明的树脂或胶质自树皮渗出。

观察芒果流胶病、桃树流胶病等挂图。

（二）病症观察

1. 粉状物

白粉

病部表面有一层白色的粉状物，后期在白粉层上散生许多针头大小的黑色颗粒状物。

观察九里香白粉病、月季白粉病、凤仙花白粉病等。

锈粉

病部产生锈黄色粉状物或内含黄粉的疱状物或毛状物。

观察鸡蛋花锈病、小叶相思锈病、沿阶草锈病等。

煤污

又叫烟煤，即病部覆盖一层煤烟状物。

观察椰子煤污病、咖啡煤污病、紫薇煤污病、番石榴煤污病等。

霉状物

病部产生各种颜色的霉状物。

观察橡皮树灰霉病、西葫芦灰霉病等。

2. 颗粒状物

病原真菌在植物病部产生的大小、形状、色泽、排列等不同的各种颗粒状结构。

观察仙人掌炭疽病等。

菌核

菌核是由真菌菌丝纠结形成的休眠结构，一般较坚硬，多为黑色或黑褐色。

观察向日葵菌核病、观赏椒菌核病、油菜菌核病。

菌索

根状菌索在植株上的发病部位多在根部或块茎上，在附近的土壤中也常有较多的菌索。明显症状为许多菌丝聚集成白色或紫色的棉絮状物。

观察香樟紫纹羽病等。

菌脓

细菌性病害常从病部溢出灰白色、蜜黄色的脓状液滴，干后结成菌膜或小块状菌胶状物。

观察水稻细菌性条斑病、柑橘溃疡病等。

四、作业

1. 课堂作业：任选 10 个标本，将观察结果填入表 7-5。

表 7-5 园林植物病害情况调查表

编号	病害名称	寄主植物	发病部位	典型症状	有无病症出现	田间受害状（图片）	备注
1							
2							
3							
4							
5							
6							
7							
8							
9							
10							

2. 课后作业：写出供试新鲜标本 6 种病害的症状类型，注意病状和病症之间的联系与区别。

实验八 病原真菌玻片的制作

一、实验目的

学习植物病害玻片标本的制作方法，掌握徒手切片技术，为病害的诊断奠定基础。

二、材料用具

鸡蛋花锈病、小叶相思锈病、大花紫薇煤污病、柑橘青霉病、水稻稻曲病、西葫芦灰霉病、红掌炭疽病、九里香白粉病、含羞草白粉病、洋紫荆灰斑病等的病原培养菌落及新鲜标本。

光学生物显微镜、手持放大镜、昆虫解剖针、刀片、透明胶带、吸水纸、纱布、载玻片、盖玻片、镊子、蒸馏水、搪瓷盘等。

三、内容方法

通过病状和病症特征，结合寄主植物种类及其生长环境条件大致断定植物病害的名称。

对于用以上方法难以判断的病害，制成玻片来快速检测，利用显微镜观察植物病原物的形态，对病原物分类鉴定加以区别。

(一) 病斑的选取

病斑的选取原则：尽量选择发病的鲜嫩组织；尽量选择典型的、症状明显的病斑；选择病健交界处作为制片材料。

(二) 制作方法

根据材料特点和观察目的，可采用不同的方法封藏制片，实用的有以下几种：

1. 挑取法

具体操作步骤：挑取—上片—观察。①在干净的载玻片中央滴一滴水；②用昆虫针挑取植物组织表皮上的菌丝或者培养皿菌落里的菌丝，把挑取的菌丝体放在水滴中并且轻轻搅动使菌丝体分开；③盖上盖玻片，将制好的玻片放在显微镜的载物台上进行对焦观察，注意光线的调节；④将观察到的菌丝体形态结合植物种类、病斑形状、发病部位等特点，查阅有关网络及图书资料，初步判断致病菌的种类。

适用范围：分离培养的菌体；病斑明显的菌丝体或其他孢子器如西葫芦灰霉病等。

2. 粘贴法

具体操作步骤：粘贴—上片—观察。①用透明胶带粘取植物组织表皮上的菌丝体、粉状物或者霉状物等；②将粘下的菌丝体连同透明胶带一起粘在载玻片上；③将制好的玻片放在显微镜的载物台上进行对焦观察，注意光线的调节；④将观察到的菌丝体形态结合植物种类、病斑形状、发病部位等特点，查阅有关网络及图书资料，初步判断致病菌的种类。

适用范围：适用于病斑表面为粉状物、霉状物、锈状物、丝状物等情况，如鸡蛋花锈病、小叶相思锈病、九里香白粉病、水稻稻曲病等。

3. 刮取法

具体操作步骤：刮取—上片—观察。①在干净的载玻片中央滴一滴水；②用刀片刮取发病部位表面的粉状物或颗粒状小点，把刮下的粉状物或颗粒状小点放在水滴上并轻轻震动刀片，使菌丝体分开；③盖上盖玻片，将制好的玻片放在显微镜的载物台上进行对焦观察，注意光线的调节；④将观察到的菌丝体形态结合植物种类、病斑形状、发病部位等特点，查阅有关网络及图书资料，初步判断致病菌的种类。

适用范围：病斑表面为粉状物、颗粒状小点或不易做成切片的样品，如小叶相思锈病、大花紫薇煤污病、红掌炭疽病等。

4. 徒手切片法

具体操作步骤：切片—浸水—观察。①在干净的培养皿中加入少许水；②用刀片切取病健交界处的植物组织，放入盛水的培养皿中；③取干净的载玻片中，在其中央滴一滴水；④用镊子夹取较好的病健交界处薄组织，放在滴上水的载玻片中；⑤盖上盖玻片，将制好的玻片放在显微镜的载物台上进行对焦观察，注意光线的调节；⑥将观察到的菌丝体形态结合植物种类、病斑形状、发病部位等特点，查阅有关网络及图书资料，初步判断致病菌的种类。可以多选取几个部位，多做几个切片观察。

适用范围：无明显病症及分生孢子器的病害，如洋紫荆灰斑病等。

四、作业

1. 课堂作业：每人根据所采集标本的特点，分别选用挑取、粘贴、刮取、徒手切片 4 种方法制作 4 种玻片。

2. 课后作业：任选以上 6 种病害标本制作玻片，进行显微镜观察，提供病害的病原菌电子照片。

实验九　叶、花、果病害观察

一、实验目的

通过对叶、花、果病害的症状特点和病原形态观察，掌握上述病害的生产识别要点。

二、材料用具

新鲜的叶病害标本、浸渍标本、病原菌的玻片标本以及有关叶、花、果病害挂图等。

双目体视显微镜、生物显微镜、手持放大镜、培养皿、镊子、昆虫解剖针、酒精、刀片、载玻片、盖玻片等。

三、内容方法

参照有关叶、花、果部病害的挂图，用肉眼、手持放大镜、双目体视显微镜观察并记录有关白粉病、锈病、炭疽病、灰霉病、煤污病病害的症状特征。

（一）白粉病类

观察月季白粉病、九里香白粉病、橡胶树白粉病、含羞草白粉病等的症状。

症状特点：病斑多分布在叶片正面及背面，多为害嫩叶，病害部位表面长出一层白色粉状物，发病初期叶面散生许多白色圆形病斑，发病后期则常相互愈合成不规则的大斑。病部后期常见畸形皱缩。

病原特征：选取用粘贴法蘸取病叶上的白色粉状物制成的临时玻片置于显微镜下观察，可见病菌在短的分生孢子梗上单生或串生分生孢子。

（二）锈病类

观察沿阶草锈病、鸡蛋花锈病、小叶相思锈病等的症状。

症状特点：常见于植物的叶片背面，被害部位产生锈色疱状突起，破裂后散出橘红色的粉状物。

病原特征：选取用粘贴法或切片法制作的玻片置于显微镜下，观察病原菌的锈孢子堆及锈孢子，鸡蛋花的冬孢子以及夏孢子的特征。

（三）炭疽病类

观察橡皮树炭疽病、鱼尾葵炭疽病、红掌炭疽病等炭疽病的叶片症状。

症状特点：病斑圆形或半圆形，多发生在叶缘、叶尖，边缘明显，红褐色至黑褐色稍隆起，病斑中央灰褐色至灰白色，后期散生或轮生黑色小点，即分生孢子器。在潮湿条件下，病部往往产生淡红色分生孢子堆。

病原特征：取橡皮树、鱼尾葵、红掌等炭疽病叶片切片观察，可见分生孢子盘圆形，较小，黑色。分生孢子梗较短，束生，基部有色。分生孢子圆筒形。单胞，无色。

（四）灰霉病类

观察橡皮树灰霉病或鱼尾葵灰霉病症状。

症状特点：观察橡皮树灰霉病或鱼尾葵灰霉病症状，受害叶片初期出现水渍状斑点，逐渐扩大到全叶，使叶片变成褐色腐烂，最后全叶褐色干枯。在潮湿条件下，病部产生灰色霉层。

病原特征：取橡皮树灰霉病叶制片观察，可见病菌分生孢子梗直立丛生，具隔膜，顶端树枝状分枝。小分枝末端膨大，上有小突起，分生孢子单生于小突起上，椭圆形或卵圆形，聚集成葡萄穗状。

（五）煤污病类

煤污病又叫烟煤病。观察紫薇煤污病、柑橘树煤污病、番石榴煤污病等的症状，可见受害叶片表面布满灰黑色煤烟层。

病菌形态观察：刮取或挑取病叶上的黑色煤层制片置于显微镜下观察，注意菌丝形态、分生孢子梗、分生孢子着生情况,有性阶段闭囊壳等的特征。注意引起煤污病的小煤炱菌与煤炱菌的差异。

(六) 叶斑病类

叶斑病种类很多,病原多样。其病斑大小、形状、颜色各异,病原有细菌、真菌、线虫等多种。注意观察不同病害的症状特点及差异。

(七) 病毒病类

观察郁金香碎锦病、菊花矮化病等病害症状特点,可见感病植株叶片褪色、花叶状,花瓣上有碎色杂纹,或出现褪色花。有的株型、叶片、花朵均变小。

由于病毒个体微小,普通显微镜观察不到,需借助电子显微镜才能观察,可以参看有关挂图及相关电子演示文稿。

四、作业

1. 课堂作业:观察比较 5 种供试叶部病害标本的名称、类型及典型识别特征。

实验十 园林植物茎干及根部病害观察

一、实验目的

熟悉和掌握园林植物茎干及根部病害的症状特点、病原类型;了解病害的为害特点,掌握其诊断及识别技术。

二、材料及用具

显微镜、放大镜、镊子、挑针、培养皿、载玻片、盖玻片、无菌水等,主要园林植物枝干病害、根部病害标本,主要病害病原菌的玻片标本。

三、内容与方法

(一) 园林植物茎干病害症状及病原形态识别

1. 枝干溃疡、腐烂类

观察菊花茎腐病、仙人掌茎腐病、柑橘溃疡病、银杏茎腐病、鸢尾细菌性软腐病、棕榈干腐病的症状,主要特征是病部水渍状,病斑组织软化,皮层腐烂,失水后产生下陷,病部开裂。

后期病斑上产生许多小粒点，即病菌子实体。比较其病斑形状、颜色、边缘及病菌子实体形态的差异。

用显微镜观察，将上述材料的病部制成病原菌玻片标本，了解其形态。

2. 丛枝类

观察竹丛枝病症状，典型症状有叶变小且革质化，腋芽萌发，节间缩短，形成丛枝，生长发育受阻，整个植株矮化异常等。

3. 枯萎类

观察松材线虫病、香蕉枯萎病等症状特征。

在显微镜下观察病原线虫等的特点。

4. 寄生性种子植物

观察菟丝子、桑寄生、列当等寄生性种子植物的形态特征及为害特点。结合抱树蕨、鸟巢蕨等蕨类植物特点，了解寄生性种子植物为害特点。

(二) 观察根部病害症状及病原形态

1. 根腐病类

(1) 苗木猝倒病和立枯病症状观察

种芽腐烂型、猝倒型、立枯型、叶枯型病状观察，掌握其不同生长时期的症状。

用显微镜观察腐霉菌、丝核菌、镰刀菌玻片标本，了解这些病菌的形态。

(2) 苗木紫纹羽病症状及病原观察

植物受害后根部表面产生紫红色丝网状物或紫红色绒布状菌丝膜，有的可见细小紫红色菌核。病根皮层腐烂，极易剥落。病株顶梢不抽芽，叶型短小，发黄皱缩卷曲，枝条干枯，全株枯萎。

显微镜观察病原菌特点，子实体膜质，紫色或紫红色，子实层向上，光滑。担孢子单细胞，肾形，无色。

(3) 花木白纹羽病症状及病原观察

被害部位的表层缠绕有白色或灰白色的丝网状物，即根状菌索。近土表根际处展布白色蛛网状的菌丝膜，有时形成小黑点，即病菌的子囊壳。栓皮呈鞘状套于根外，烂根有蘑菇味。植株地上部分，叶片逐渐枯黄、凋萎，最后全株枯死。

显微镜观察病原菌特点，孢梗具横隔膜，上部分枝，顶生或侧生1—3个分生孢子；分生孢子无色，单胞，卵圆形；老熟菌丝在分节的一端膨大，以后形成圆形的厚垣孢子。

(4) 花木白绢病症状及病原观察

观察花木白绢病的症状，根茎部皮层变褐坏死，病部及周围根际土壤表面产生白色绢丝状菌丝体，并出现菜籽状小菌核。

显微观察病原菌特点，菌丝体白色，菌核球形或近球形，表面茶褐色，内部灰白色。

(5) 花木根朽病症状及病原观察

皮层和木质部间有白色扇形的菌膜；在病根皮层内、病根表面及病根附近的土壤内，可见深褐色或黑色扁圆形的根状菌；秋季在濒死或已死亡的病株干茎和周围地面，常出现成丛的蜜环菌的子实体。

病原菌特点，子实体伞状，多丛生，菌体高 5—10cm，菌盖淡蜜黄色，上表面具有淡褐色毛状小鳞片；菌柄位于菌盖中央，实心，黄褐色，上部有菌环；菌褶直生或延伸；担孢子卵圆形，无色。

（6）杜鹃疫霉根腐病病状及病原观察

感病植株叶片变小，无光泽，发黄，老叶早衰脱落；发枝数少，新梢纤细短小；主根和根茎受侵染后均为褐色腐烂，表皮常常剥离脱落，叶片凋萎下垂，全株枯死。

观察樟疫霉的孢子囊的特点。

2. 根瘤病类

（1）根结线虫病症状及病原观察

观察仙客来根结线虫病特征，被害嫩根产生许多大小不等的瘤状物，剖开可见瘤内有白色透明的小粒状物，即根瘤线虫的雌成虫。病株叶小，发黄，易脱落或枯萎。

根结线虫特征观察，雌雄异形，雌虫乳白色，头尖腹圆，呈梨形，雄虫蠕虫形，细长，尾短而钝圆，有两根弯刺状的交合刺。

（2）根癌病症状观察

病部膨大呈球形的瘤状物。幼瘤为白色，质地柔软，表面光滑，后瘤状物逐渐增大，质地变硬，褐色或黑褐色，表面粗糙、龟裂。由于根系受到破坏，严重者全株死亡，发病轻的植株生长缓慢、叶色不正。

四、作业

1. 课堂作业：观察记录常见园林植物茎干及根部的名称、病害症状及病原形态特征。

第二部分　实训部分
实训一　昆虫标本的采集、制作与鉴定

一、目的要求

1. 学会正确地使用昆虫采集与制作的工具，掌握昆虫标本采集、制作及鉴定保存的技术与方法；
2. 学会初步的分类鉴定方法，理解昆虫习性与其生境的关系；
3. 了解当地常见园林植物的主要害虫发生的种类，为害虫综合治理奠定基础。

二、材料用具

福尔马林、75%医用酒精、剪刀、小刀、镊子、放大镜、昆虫针、标本采集瓶、大烧杯、捕虫网、吸虫管、毒瓶、三角纸袋、采集箱、诱虫灯等。

三、内容方法

1. 标本的采集：熟悉使用常见的采集用具，采集当地常见园林植物上的主要昆虫标本。

2. 标本的制作：将采集到的昆虫标本及时处理，并制作成干制、浸渍、针插和玻片标本。

3. 标本的保存：制作好的标本，通过科学的方法长久保存。

4. 初步鉴定：将采集到的昆虫标本初步进行分类鉴定，了解其取食为害特点，明确标本所属益害，为病虫害的综合治理打好基础。

(一) 昆虫标本的采集

采集、制作及鉴定与保存昆虫标本是从事园林植物昆虫与害虫研究的基本技术。为了更好地采集和制作各种生境下以及各种类别的昆虫，需要使用各种采集工具和制作工具。

1. 常用的采集用具

昆虫种类繁多，生活习性多样，栖息环境复杂，要想采集到理想的标本，就需要实用的采集工具和科学的采集方法。常用的捕虫网有捕网、扫网、水网、挂网等几种(图 7-1)。

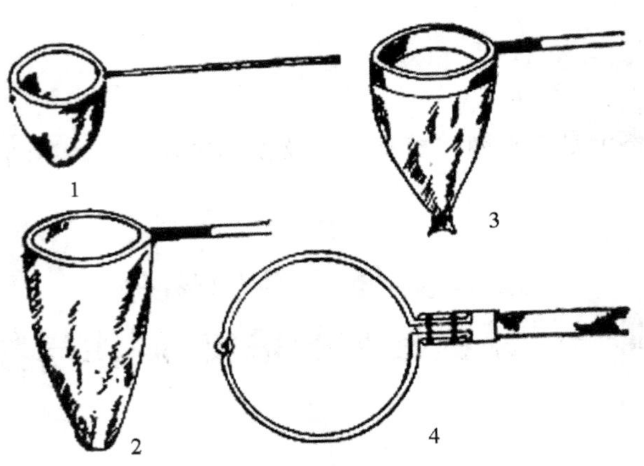

图 7-1　捕虫网

1. 水网　2. 捕网　3. 扫网　4. 可折叠的网圈结构

(1) 常用捕虫网

捕网主要用于捕捉正在飞翔或停息的具翅、擅跳等活跃的昆虫。要求网要轻便，不兜风，并能方便快捷地从网中取出昆虫。网袋选用薄细透明的白色或浅色织物制作，网口用结实的厚布加固。通常网圈采用直径约 33cm 的粗铁丝弯成，网柄采用长 1—1.33m 的木棍制成(图 7-2)。扫网用来扫捕植物灌木丛、草地等茂密植物上的昆虫，网袋要求选用较结实的材料制作，网柄可适当减短，为方便取虫，可在底部留出口。水网用来捕捞水栖昆虫。为减少水的阻力，网袋要求透水性好，常用铜纱或尼龙纱制成，网的大小和形状不限，以适用为准。

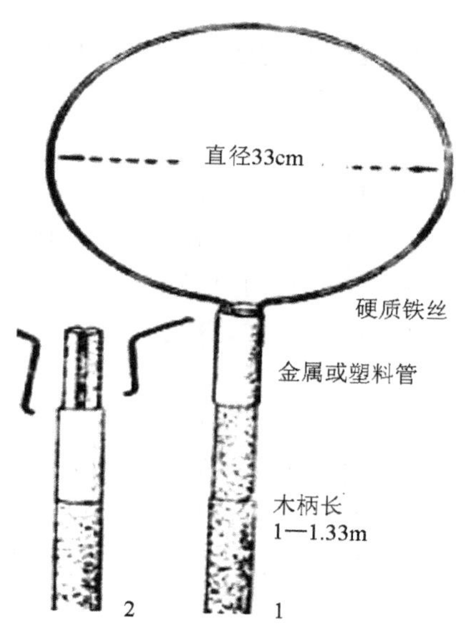

图 7-2　捕网结构图

(2) 吸虫管

主要用于采集一些善跳的小型昆虫如蚜虫、木虱、叶蝉、飞虱、蓟马、螨类等微小昆虫。常用塑料或橡胶管，主要利用吸气时形成的气流将虫体带入容器，不至于破坏标本。

吸虫管可以自己动手制作。用较粗的玻璃管配好软木或橡皮塞，在塞上钻两个孔，各插一段玻璃弯管，一支作为吸气管，另一支作为吸虫管。在粗玻璃管内的吸气管入口端缠一小块纱布，以防止将虫吸入口中，中间用橡皮管连接，橡皮管端部再用一小段玻璃管，使用时用口吸或安装特制橡皮球，方便将小虫从另一管吸入指形管(图 7-3)。

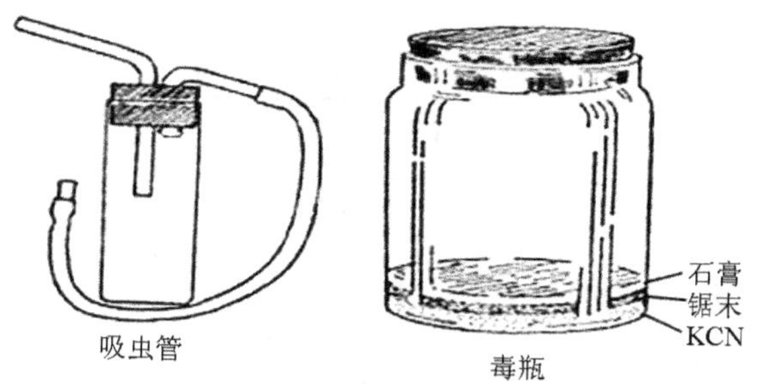

图 7-3　吸虫管及毒瓶

(3) 毒瓶

昆虫不适于或不想将其放入酒精溶液，则可采用毒瓶，将其毒死。一般用严密封盖的广口瓶制成。瓶内最下层放毒杀剂氰化钾(KCN)或氰化钠(NaCN)，压实；上平铺一层细木屑，压实，这两层各 5—10cm；最上层是一薄层熟石膏粉，压平实后，用滴管均匀地滴入水，使之结成硬块即可。注意熟石膏粉应铺均匀，并尽量压紧实，以免使用时碎裂，影响使用寿命。毒瓶应根据需要准备大小不同的几个。蝶、蛾等鳞翅目成虫应单独使用一个毒瓶，以免将鳞粉脏污或损坏；小虫可用小号毒瓶分装。毒瓶破裂时要注意妥善处理瓶内的毒物(图 7-3)。

(4) 指形管

用于暂时存放虫体较小的昆虫，使用及携带方便。管底多为平底，形状如手指，大小规格很多，管口直径一般在10—20mm，管长50—100mm。

(5) 幼虫采集盒

有时一些标本不易鉴别，需要采集活的幼虫回来饲养，通常采用幼虫采集盒暂时存放。常见采集盒用铁皮制成，盖上有一块透气的铜纱和一个带活盖的孔，大小不同可做成一套，依次套起来，携带方便。学生实习时，也可采用塑料的自制养虫盒(图7-4)。

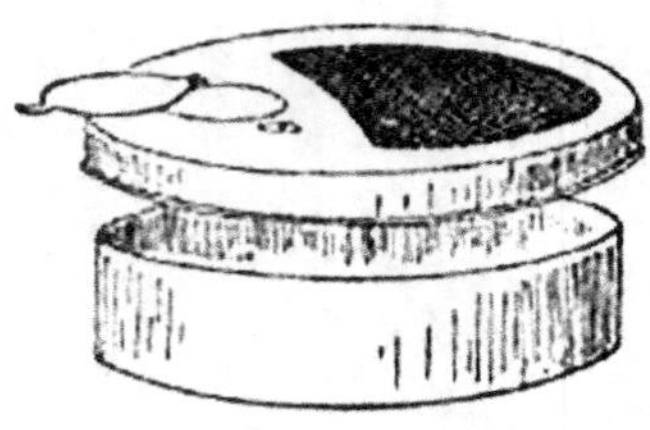
图7-4　幼虫采集盒

(6) 采集箱和采集袋

防压的标本和需要及时针插的标本，以及三角纸包装的标本，可放在木制的采集箱内。外出采集的玻璃用具(如指形管、毒瓶等)和工具(如剪刀、镊子、放大镜、橡皮筋等)、记录本、采集箱等可放于一个有不同规格的分格的采集袋内。其大小可自行设计。

(7) 诱虫灯

专门用于采集夜出性的昆虫。可购买或自行设计制作简易诱虫灯。诱虫灯下可设一漏斗并连一毒瓶或布袋，为及时毒杀诱来的昆虫，可在瓶底放少许水或杀虫剂药液(图7-5)。

(8) 三角纸袋

在毒瓶内毒死的鳞翅目标本，应及时取出，用三角纸袋包装。三角纸袋常用来暂时存放蝶、蛾类昆虫的标本，一般采用透明、坚韧的光面纸为宜，避免摩擦损坏。三角纸袋一般用长宽比为3∶2的长方形纸折成，大小可多备几种。常用的大小有：120mm×80mm、150mm×100mm等，标本装入纸袋后，应在外面写好采集地点、日期、采集人、寄主等信息备查(图7-6)。

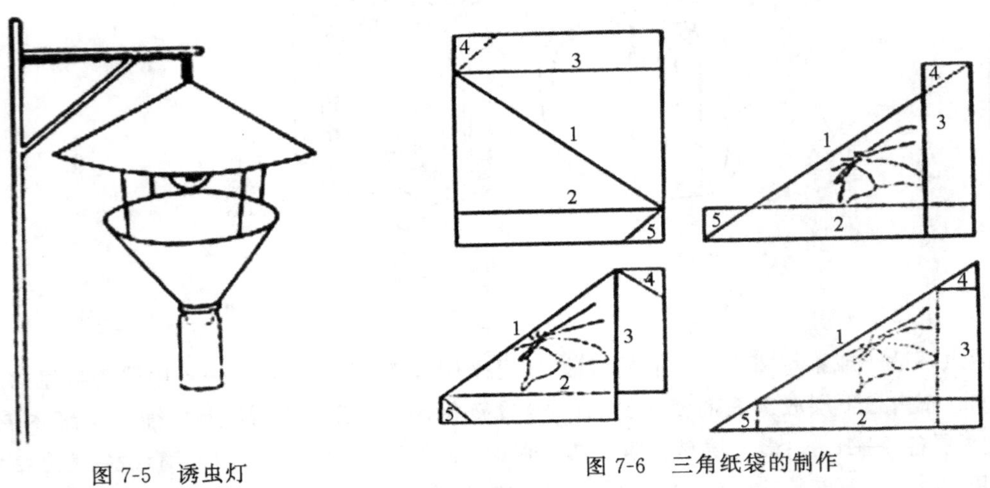

图7-5　诱虫灯　　图7-6　三角纸袋的制作

2. 采集方法

根据害虫的栖息地、为害状，可以较容易地寻找到昆虫，如蝼蛄、蛴螬在地下根茎处，卷叶蛾等卷叶类害虫在虫包中，袋蛾在护囊中，沫蝉在分泌的白色泡沫中栖息。为害状多种多样，如植物形成虫瘿、叶片发黄、植物叶片上形成白点等，就可能找到蚜虫、木虱、蓟马、叶螨等刺吸式口器的害虫；在叶片上发现白色弯曲虫道或在植株和枝干下发现新鲜虫粪，可能找到鳞翅目、叶蜂等咀嚼式口器的害虫。

(1) 网捕

用来捕捉能飞、善跳的昆虫。对于飞行迅速的种类，应迎头捕捉，并立即扭动网柄，将网袋下部连虫一并甩到网圈上来。如果捕到的是蛾、蝶类昆虫，应在网外捏压蝶、蛾的胸骨后放入毒瓶，以免蝶、蛾挣扎时与瓶壁相撞损坏鳞粉；如捕获的是一些中、小型昆虫，且数量很多，可抖动网袋，使昆虫集中于网底，连网放入大口毒瓶内，待昆虫被毒死后再取出分装。栖息于草丛中的昆虫应用扫网进行捕捉。

(2) 诱集

诱集是利用昆虫的趋性和生活习性设计的招引方法，常用的有黑光灯诱集、糖醋液诱集、黄板诱集和性诱剂诱集等。

黑光灯诱集、糖醋液诱集、黄板诱集常用于蛾类、金龟子、蝼蛄等有趋光性、趋化性、趋黄性的飞行昆虫。黑光灯的诱集效果较好，诱集的昆虫种类较多。在闷热、无风、无月的夜晚，诱集效果最好。

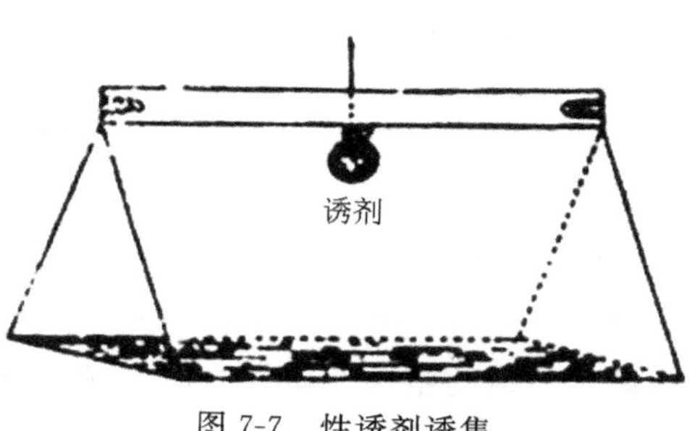

图 7-7　性诱剂诱集

性诱剂诱集常用于蛾类、蝶类及甲虫等，一般用雌性激素来吸引雄虫，进而诱杀，利用此方法可以诱集较多的雄虫(图 7-7)。

(3) 振落

有许多昆虫，因其常隐蔽于枝丛内，或由于体形、体色与植物相似具有拟态，不易发现，应轻轻振动树干，昆虫受惊后起飞，有假死性的昆虫则会坠落或叶丝下垂而暴露，再行捕捉。

3. 采集时间及地点

昆虫取食和为害各种植物，昆虫虫态多样、植物生长发育的时间相差很大，所以各种昆虫的不同虫态发生时间也有很大的差异，但都和寄主植物的生长季节大致相符。但在不同地区气候条件有所差别，同种昆虫的发生期也不尽相同。应在各地区昆虫的大量发生期适时采集。

另外，采集昆虫还应掌握昆虫的生活习性。有些昆虫是日出性昆虫，应在白天采集，而对于夜出性昆虫应在则在黄昏或夜间采集。如铜绿丽金龟在闷热的晴天晚间大量活动，而黑绒金龟则在温暖无风的晴天下午大量出土，并聚集在绿色植物上。

4. 采集标本时应注意的问题

一件好的昆虫标本个体应完好无损，在鉴定昆虫种类时才能做到准确无误，因此在采集时应耐心细致，特别是小型昆虫和易损坏的蝶、蛾类昆虫。

此外，昆虫的各个虫态及为害状都要采到，这样才能对昆虫的形态特征和为害情况在整体上进行认识，特别是制作昆虫的生活史标本，不能缺少任何一个虫态或为害状，同时还应采集一定的数量，以便保证昆虫标本后期制作的质量和数量。

在采集昆虫时还应做简单的记录，如寄主植物的种类、被害状、采集时间、采集地点等，必要时可编号，以保证制作标本时标签内容准确和完整。

(二) 昆虫标本的制作

昆虫标本在采集后，不可长时间随意搁置，以免丢失或损坏，应用适当的方法加以处理，制成各种不同的标本，以便长期观察和研究。

1. 干制标本的制作用具

(1) 昆虫针

昆虫针是制作昆虫标本必不可少的工具，可以在制作标本前用来固定昆虫的位置，制作针插标本。

昆虫针一般用不锈钢材料制成，共分七种型号：00 号、0 号、1 号、2 号、3 号、4 号、5 号。0 至 5 号针的长度为 38.45mm，0 号针直径 0.3mm，每增加一号，直径相应地增加 0.1mm，5 号针直径0.8mm，00 号与 0 号用于微型昆虫的固定。

(2) 展翅板

常用来展开蝶、蛾类、蜻蜓等昆虫的翅。用硬泡沫塑料板制成的展翅板造价低廉，制作方便。展翅板一般长为 33cm，宽 8—16cm，厚 4cm，在展翅板的中央可挖一条纵向的凹槽，也可用烧热的粗铁丝烫出凹槽，凹槽的宽深各为 5、15mm(图 7-8)。

(3) 还软器

对已干燥的标本进行软化的玻璃器皿，一般使用干燥器改装而成。使用时，常在干燥器底部铺一层湿沙，加少量苯酚等药剂以防止霉变。在瓷隔板上放置需要还软的标本，加盖密封，一般用凡士林作为密封剂，静置几天后干燥的标本即可还软。此时可取出整姿、展翅(图 7-9)。

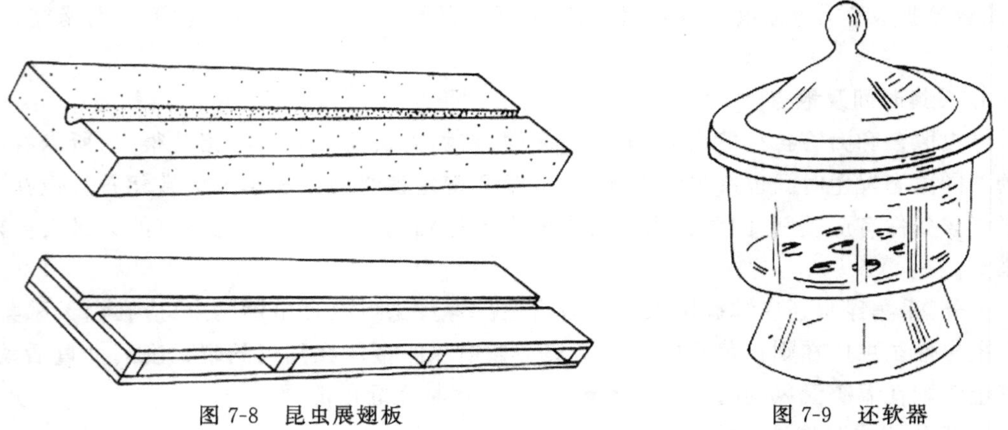

图 7-8　昆虫展翅板　　　　图 7-9　还软器

(4) 三级台

由整块木板制成，长 7.5cm，宽 3cm，高 2.4cm，分为三级，每级高皆是 8mm，中间钻有小孔。将昆虫针插入孔内，调整昆虫、标签位置(图 7-10)。

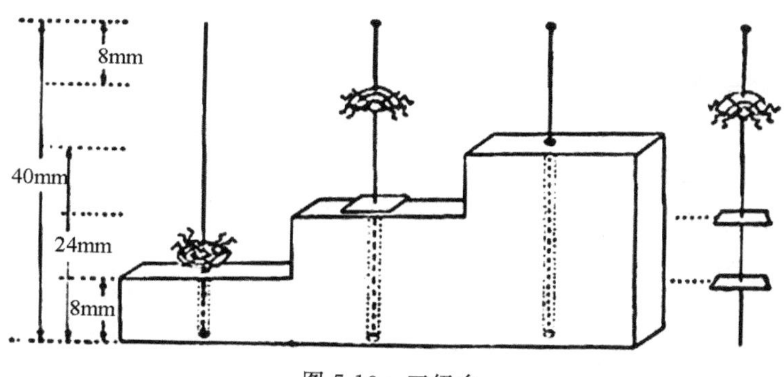

图 7-10 三级台

此外，大头针、黏虫胶或乳白胶等也是制作昆虫标本常用的工具。

2. 干制标本的制作方法

(1) 针插昆虫标本

除幼虫、蛹及个体微小的昆虫以外，皆可用昆虫针插制作后装盒保存。

插针时，应按照昆虫体型选择适当型号的昆虫针。对于体型中等的昆虫如夜蛾类成虫，一般选用 3 号针；大型昆虫如天蛾类成虫等，一般用 4 号或 5 号针；小型昆虫如叶蝉、小型蛾类等则用 1 号或 2 号针。

为避免破坏虫体的鉴定特征，一般插针位置在虫体上是相对固定的。昆虫针插入后应与虫体纵轴垂直，鳞翅目、膜翅目、同翅目等昆虫从中胸背面正中插入，通过中足中央；蚊、蝇等双翅目昆虫从中胸中央偏右的位置插针；蝗虫、蟋蟀、蝼蛄等直翅目昆虫从前胸背板后部、背中线稍右的位置插入；鞘翅目昆虫从右鞘翅的基部插入；半翅目蝽类从中胸小盾片中央稍偏右处插入(图 7-11)。

昆虫虫体在昆虫针上有一定的高度，在制作时可将带虫的虫针倒置，放入三级台的第一级小孔，使虫体背部紧贴于台面上，其上部的留针长度为 8mm。

昆虫插制后还应进行整姿，前足向前，后足向后，中足向两侧；触角短的伸向前方，长的伸向背侧面，并使之对称、整齐、自然美观。整姿后要用大头针或纸条加以固定，待干燥定型后即可装盒保存。

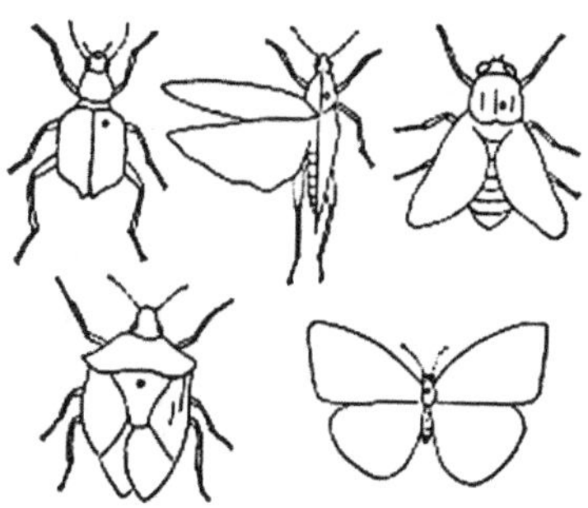
图 7-11 昆虫针插位置

(2) 展翅

为鉴定研究方便，蛾、蝶类等昆虫在插针后还需要展翅。对新鲜标本或还软的标本，选择型号合适的昆虫针，按三级台的特定高度插定。先整理足，使其紧贴昆虫腹面，其次触角向前、腹部平直向后，然后转移至大小合适的展翅板上，使昆虫背面与两侧面的展翅板保持水平。

两手同时用 2 枚细昆虫针，沿翅的前缘，左右对称拉动一对前翅，使前翅后缘同在一条直线上，并与身体的纵轴成直角，用昆虫针将前翅插在展翅板上固定。再取 2 枚细昆虫针拨后翅向前，将后翅的前缘压在前翅下面，左右对称，充分展平。然后用纸条压住，以大头针沿前后翅的边缘固定，插针时大头针应略向外倾斜。将展翅板放在烘箱中或在室内放置一周左右，待标本干燥后取下，并在三级台上在标本下方插上标签（图7-12）。

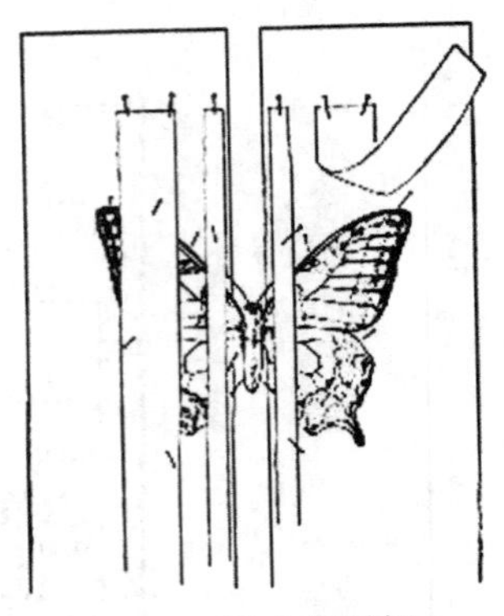
图 7-12 昆虫的展翅

3. 浸渍标本的制作和保存

身体柔软、微小的昆虫和少数虫态（幼虫、蛹、卵）及螨类可用保存液浸泡后，装于标本瓶内保存。

昆虫标本保存液应具有杀死昆虫和防腐的作用，并尽可能保存昆虫原有的体形和色泽。

活幼虫在浸泡前应饥饿1—2d，待其体内的食物残渣排净后用开水煮杀、表皮伸展后投入保存液内。注意绿色幼虫不宜煮杀，否则体色会迅速改变。常用的保存液配方如下：

(1) 酒精液

常用浓度为75%，在75%酒精液中加入0.5%—1%的甘油，可使虫体体壁长时间保持柔软。

酒精液在浸渍大量标本后每半个月应更换一次，以防止虫体变黑或肿胀变形，以后酌情再更换1—2次，便可长期保存。

(2) 福尔马林液

福尔马林（含甲醛40%）：水＝1：(17—19)。保存昆虫标本效果较好，但会略使标本膨胀，并有刺激性的气味。

4. 昆虫生活史标本的制作

将前面用各种方法制成的标本，按照昆虫的生长发育顺序，如卵、各龄幼虫（若虫）、蛹、成虫的雌虫和雄虫，成虫和幼虫（若虫）的为害状，安放在特制的标本盒内，昆虫盒内的被害物及昆虫都尽量保持其天然姿态和形状，在标本盒左下角还应放置采集标签（图7-13）。

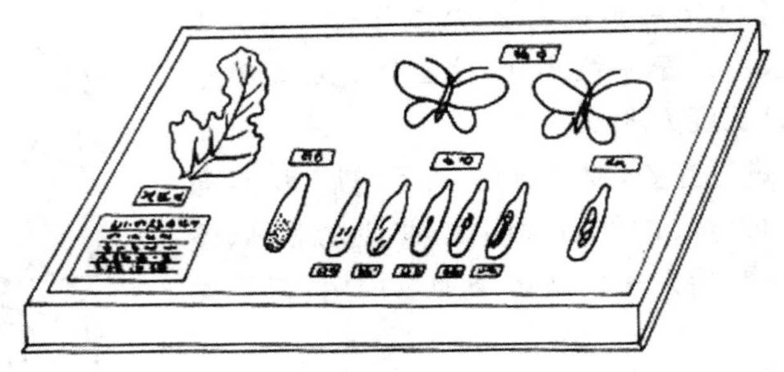
图 7-13 昆虫生活史标本

(三) 昆虫标本的保存

昆虫标本是认识防治害虫的参考资料，必须妥善保存。保存标本的主要工作是防蛀、防鼠、避光、防尘、防潮和防霉。

1. 针插标本的保存

针插标本，必须放在有盖的标本盒内。盒有木质和纸质两种，规格也多样，盒底铺有软木板或泡沫塑料板，适于插针；盒盖与盒底可以分开，用于展示的标本盒盖可以嵌玻璃，长期保存的标本盒盖最好不要透光，以免标本出现褪色现象，标本盒内的四角还要放置樟脑球以防虫蛀。

2. 浸渍标本的保存

盛装浸渍标本的器皿、盖和塞一定要封严，以防保存液蒸发。或者用石蜡封口，在浸渍液表面加一薄层液状石蜡，也可起到密封的作用。将浸渍标本放入专用的标本橱内。

四、作业

1. 课堂作业

每人采集昆虫标本 50 种，规范制作昆虫针插标本、浸渍标本各 5 种，生活史标本 1 种。要求标本规范，并初步鉴定，明确益害。

2. 课后作业

上交一份昆虫采集报告，要求写出有关昆虫标本采集、制作及初步鉴定过程的体会及收获，可附加采集图片，内容不少于 3000 字。

实训二　病害标本的采集、制作与保存

一、实训目的

掌握采集植物病害标本的基本方法，植物病害标本制作的基本方法，了解病害发生与其生境的关系。

二、材料及用具

标本夹、吸水纸、塑料袋、纸袋、标签、铅笔、记号笔、小刀、枝剪、小土铲、手锯、95%乙醇、甲醛溶液、亚硫酸、甘油、蒸馏水。

三、内容及方法

（一）室外采集

1. 取样部位

标本上有子实体的应尽量在老叶上采集；对于柔软多汁的子实体或果实材料，应采集新发病的幼果；病毒病标本应尽量采集顶梢与新叶；线虫病害标本应采病变组织，为害根部的线虫病害标本除采集病根外还应采集根围土壤。

①病叶

含水量小的标本的压制：对于杨桃、鸡蛋果等植物，其叶片比较薄，它们的叶片病害标本，需要经过整理后，立即进行压制。对于此类标本，在压制时，标本间的标本纸最好多放几层，一般每层至少用3—5张标本纸，以利于标本中水分的快速散失。

含水量大的标本的压制：对于羽衣甘蓝等比较厚、不易失水的叶片，最好经过一段时间(1—2d)的自然散失水分，再进行压制。自然散失水分的时间不宜过长。在具体操作时，最好是在叶片将要卷曲但还未卷曲时进行，这与具体植物和环境条件有关。

用剪刀剪取或摘取病植物上的发病叶片，如兰花锈病的病叶、月季白粉病的病叶等，装入采集夹中。

附临时标签：在压制时，每份标本都要附上临时标签，即将临时标签随着标本压在吸水纸之间。临时标签上的项目不必记载过多，一般只需记录寄主名称和顺序号即可，以防标本间相互混杂。写临时标签时，应使用铅笔记录，以防受潮后字迹模糊，影响识别。

标本整理：在第1次换纸前，要对标本形状进行整理，尽量使其舒展自然。在整理时，要十分小心。尤其对于比较柔嫩的植物标本，更应多加注意，以免破损。

换纸：一般情况下，在前一周的时间里要每天换干燥的吸水纸1次。以后的时间，可隔天换纸，视情况而定，直至标本完全干燥为止(在正常的晴好的天气条件下，一般经过10d左右的时间即完全干燥)。在换纸时，注意不要遗失临时标签；要特别注意不要混用已经污染了的纸张；对于完全干燥的标本，要特别小心移动，以防破碎。

装袋保存：用牛皮纸(对于不是用作交流的标本，也可用报纸代替)，折成纸袋，纸袋的大小可据标本的大小而定，其折叠方式也可据标本的不同形状而做适当的改进。在装袋时，要随时贴上正式标签。

②病根、果穗及较粗大茎的标本的干燥

用铁铲挖取葱兰、月季等线虫病植物的病根，装入采集筒中。在挖取此类病害标本时，要注意挖取点的范围要大一些，以保证取得整个根部。同时，在除去根须上的泥土时，操作要谨慎，保证其根须上的胞囊不散落。

这类标本应置于朝阳(但应避免强光直射)通风处，置于吸水纸上，进行自然干燥。同时，也要定期进行翻动，使其整体较为均匀地干燥。对于此类标本的干燥，开始时，就要选择在比较宽敞的空间内进行，以免其被挤压而发生变形。

(二) 采集记录

采集时，要随时做标记。临时标签上一般应记录如下项目。

寄主名称：当俗名和学名都有时，应同时记下。

采集时间：一般应记录年、月、日。

采集地点：一般记录到省、市(县)即可，必要时也可记录到镇(乡)等。

海拔高度：按海拔仪指示记录。

生态环境：按照山坡地、平坦地、沼泽地，沙质土、肥沃土等记录。

采集序号：一般按照采集时间的先后顺序记录。

（三）病害标本的制作

从田间采回的标本，除一部分用作分类鉴定外，对于典型的病害症状最好是先摄影然后再压制或浸渍保存。压制或浸渍的标本尽可能保持其原有性状，微小的标本可以制成玻片，如双层玻片、凹穴玻片或用小玻管、小袋收藏。

1. 标本的摄影

通过摄影将病害症状的自然状况记录下来，使用彩色照相还能表现标本的真实色彩，效果更好。

2. 标本的干燥保存

干燥法最简单、最经济、应用最广，适用于一般含水较少的茎、叶等病害标本的制作。将采集的标本夹在吸水纸中，同时放入写有采集地点、日期和寄主名称的标签，再用标本夹压紧后日晒或加温烘烤，使其干燥，干燥愈快愈能保持原有的色泽，标本质量亦愈高。夏季采的标本在温、湿度高的情况下，容易发霉变色，换纸宜勤，通常在压制的最初 3—4d，每天换纸 1—2 次，以后 2—3d 换一次，至完全干燥为止。在第一次换纸的同时，应对标本加以整理，因经初步干燥，标本变软易于铺展。有些植物如梨的茎叶等很易发黑变色，都是很难保存颜色的标本，在制作过程中特别要注意快速干燥。

3. 浸渍法

对于多汁的病害标本，如果实、块根或担子菌的子实体等，必须用浸渍法保存。浸渍液体种类很多，有纯属防腐性的，亦兼有保持标本原色的。常用及效果较好的方法为防腐浸渍法，此类浸渍法仅能防腐而没有保色作用，如用于块根类等不要求保色的标本，洗净后直接浸于以下溶液中：①5%福尔马林浸渍液；②亚硫酸浸渍液。1000mL 水中加 5%—6%亚硫酸 15mL。

（四）贴标签

无论是装干标本的纸袋，还是装浸渍标本的玻璃瓶，都需在其适当位置贴上正式标签。对于纸袋，应贴在其右上角的位置；对于玻璃瓶，应贴在瓶体的中央位置。

标签的大小和位置，应根据具体纸袋的大小和玻璃瓶的大小而定。

保持标本袋或标本瓶的整体协调性和美观性。

四、作业

1. 课后作业：对于病根、果穗标本应如何采集和制作？

实训三　专题交流

2 学时

一、交流目的

针对校园实习基地、住宅小区等园林植物的主要病虫害进行综合防治方案的设计与制订。通过主动学习，积极实践，了解最新重大病虫害及入侵性病虫害发生、发展的动态以及病虫害防治的前沿知识，拓展学生的专业知识面。

二、交流内容

1. 对某小区园林植物病虫害综合防治方案的设计与制订。

2. 提供学生课程学习网站，引导学生利用网络资源、图书馆工具书等，提高其自主学习的能力。

三、方法步骤

1. 以小组为单位，4—5 人/组进行，通过 12—15 周课余时间的准备，对某小区内的绿化植物种类及其病虫害的发生情况进行定期调查，记录并鉴定病虫害种类。

2. 根据调查结果，对某小区园林植物病虫害制订合理的综合防治方案，以演示文稿的形式将调查结果及综合防除方案的制订依据集中汇报交流。

四、作业要求

1. 人人参与，各小组合理分工，协调合作完成；

2. 第 16 周之前完成，第 17 周前上交演示文稿电子版，图文并茂；第 17 周集中汇报交流。

3. 按要求提交演示文稿相关作业。

参考文献

李增平，郑服丛.热区植物常见病害诊断图谱.北京：中国农业出版社，2009.

谢联辉.普通植物病理学.北京：科学出版社，2006.

覃伟权，朱辉.棕榈科植物病虫鼠害的鉴定及防治.北京：中国农业出版社，2011.

许志刚.普通植物病理学.北京：中国农业出版社，1997.

杨子琦，曹华国.园林植物病虫害防治图鉴.北京：中国林业出版社，2002.

徐明慧.园林植物病虫害防治.北京：中国林业出版社，1993.

涔炳沾，苏星.景观植物病虫害防治.广州：广东林业出版社，2003.

林焕章，张能唐.花卉病虫害防治手册.北京：中国农业出版社，1999.

张连生.北方园林植物常见病虫害防治手册.北京：中国林业出版社，2007.

程亚樵，丁世民.园林植物病虫害防治技术.北京：中国农业大学出版社，2007.

宋建英.园林植物病虫害防治.北京：中国林业出版社，2005.

李本鑫，张清丽.园林植物病虫害防治.北京：机械工业出版社，2012.

朱天辉，孙绪艮.园林植物病虫害防治.北京：中国农业出版社，2007.

北京农业大学，华南农业大学，福建农学院，等.果树昆虫学(下册).(2版).北京：农业出版社，1990.

蔡邦华，陈宁生.中国经济昆虫志 第八册 等翅目 白蚁.北京：科学出版社，1964.

陈杰林.害虫综合治理.北京：农业出版社，1995.

陈宗懋，陈雪芬.无公害茶园农药安全使用技术.北京：金盾出版社，2002.

邓国荣，杨皇红，陈得扬，等.龙眼荔枝病虫害综合防治图册.南宁：广西科学技术出版社，1998.

丁锦华，苏建亚.农业昆虫学(南方本).北京：中国农业出版社，2002.

何等平，唐伟文，古希昕，等.新编南方果树病虫害防治.北京：中国农业科技出版社，1993.

华南农业大学.农业昆虫学(上册).2版.北京：农业出版社，1994.

华南农业大学.农业昆虫学(下册).2版.北京：农业出版社，1991.

华南热带作物学院.热带作物病虫害防治学.2版.北京：农业出版社，1991.

蔡平，祝树德.园林植物昆虫学.北京：中国农业出版社，2003.

黄复生，朱世模，平正明，等.中国动物志 昆虫纲 第十七卷 等翅目.北京：科学出版社，2000.

黄光斗.热带作物昆虫学.北京：中国农业出版社,1996.

江西省婺源茶叶学校,安徽省屯溪茶叶学校.茶树病虫害防治.北京：农业出版社,1980.

匡海源.中国经济昆虫志 第四十四册 蜱螨亚纲 瘿螨总科(一).北京：科学出版社,1995.

李云瑞.农业昆虫学(南方本).北京：中国农业出版社,2002.

罗永明,李作森.中国热带作物害虫及防治.海口：海南出版社,1998.

农业部农垦局热带作物处.中国热带作物病虫图谱.北京：农业出版社,1989.

刘志诚,刘建峰.荔枝、龙眼病虫害防治图谱.北京：中国农业出版社,1997.

沈阳农学院.蔬菜昆虫学.北京：农业出版社,1979.

石春华,虞轶俊.茶叶无公害生产技术.中国农业出版社,2003.

王世敏,洪祥千,黄光斗.槟榔栽培技术.广州：科学普及出版社广州分社,1987.

肖邦森,谢江辉,雷新涛,等.杨桃优质高效栽培技术.北京：中国农业出版社,2001.

熊月明,何光泽,柯冠武.南方果树病虫害防治技术.北京：中国农业出版社,2000.

殷蕙芬,黄复生,李兆麟.中国经济昆虫志 第二十九册 鞘翅目 小蠹科.北京：科学出版社,1984.

袁锋.农业昆虫学.北京：中国农业出版社,2001.

张宝棣.果树病虫害原色图谱.广州：广东科技出版社,2001.

张宝棣.果树病虫害发生及防治问答.广州：华南理工大学出版社,2001.

朱伟生,黄宏英,黄同陵,等.南方果树病虫害防治手册.北京：农业出版社,1994.

张汉鹄,谭剂才.中国茶叶害虫及其无公害治理.合肥：安徽科学技术出版社,2004.

张芝利.中国经济昆虫志 第二十八册 鞘翅目 金龟总科幼虫.北京：科学出版社,1984.

中国农业科学院茶叶研究所.茶树病虫防治.北京：农业出版社,1982.

蔡明段,彭成绩.柑橘病虫害原色图谱.广州：广东科技出版社,2008.

陈福如.柑橘病虫害诊治图谱.福州：福建科学技术出版社,2009.

陈捷,刘志诚.花卉病虫害防治原色生态图谱.北京：中国农业出版社,2009.

廖明标.盆架树二种常见害虫的危害及防治.现代园艺,2013,(6)：107-108.

覃金萍,张增强,杨振德,等.鸭脚树星室木虱的形态特征及其发生为害观察研究.中国植保导刊,2010,30(9)：28-29.

蔡笃程,程立生,陈积学,等.海南省美洲斑潜蝇寄生蜂种类及其控制作用评价.热带作物学报,2005,26(2)：76-80.

蔡笃程,陈积学,刘素萍.海南蔬菜潜蝇种类调查.热带农业科学,2005,25(6)：17-19.

陈乃忠.美洲斑潜蝇等重要潜蝇的鉴别.昆虫知识,1999,36(4)：222-226.

陈仁昭.可可椰子主要害虫之生态与防治.中华昆虫特刊.果树害虫综合防治研讨会,1988(2)：81-96.

陈尚文,潘晓芳.重视检疫国外的人心果害虫.植物检疫,2005,19(3)：177-178.

陈义群,黄宏辉,林明光,等.椰心叶甲在海南的发生与防治.植物检疫,2004,18(5)：280-281.

陈义群,黄宏辉,王书秘.椰心叶甲的研究进展.热带林业,2004,32(3)：25-30.

陈义群,林明光,黄宏辉,等.椰心叶甲的重要寄生蜂——椰扁甲啮小蜂.植物检疫,2004,

18(6)：344-345.

陈泽坦，符悦冠.海南岛美洲斑潜蝇发生规律及防治试验研究.热带作物学报，2001，22(4)：49-53.

陈泽坦，符悦冠.美洲斑潜蝇在海南的发生、危害及其生物学特性的研究.热带作物学报，1998，19(2)：82-88.

陈志生.触破式微胶囊剂对柑橘星天牛的防治试验.浙江柑橘，2003，20(2)：27-28.

程立生，邓志新，潘俊松.海南荔枝毛瘿螨发生为害研究.热带作物科技，1993(3)：36-37.

冯荣扬，梁恩义.菠萝粉蚧发生规律及防治.中国南方果树，1998，27(5)：28-29.

符悦冠，张方平，刘奎，等.皮氏叶螨生物学特性观察及5种药剂毒力测定.热带作物学报，2004，25(3)：66-71.

甘炯城，赖思纯，许凤梅.综合防治桔小实蝇技术.河北果树，2005(1)：54.

国家林业局.国家林业局关于认真做好椰心叶甲防治工作的通知.(林造发[2004]26号).国家林业局公报，2004(1)：25-28.

国营东风农场病虫防治组.橡胶小蠹虫防治技术初报.云南热作科技，1994，17(1)：28-29.

韩群鑫，林志斌，李贤.椰心叶甲生活习性初探.广东林业科技，2005，21(1)：60-63.

方剑锋，云昌均，金扬，等.椰心叶甲生物学特性及其防治研究进展.植物保护，2004，30(6)：19-23.

何凡，吉训聪，周传波，等.杨桃保果护果方法比较试验.福建热作科技，2000，25(4)：27-28.

何坤耀.杨桃害虫之生态与防治.中华昆虫特刊，果树害虫综合防治研讨会，1988(2)：43-50.

刘奎，彭正强，符悦冠.红棕象甲研究进展.热带农业科学，2002，22(2)：70-77.

黄法余，梁广勤，梁琼超，等.椰心叶甲的检疫及防除.植物检疫，2000，14(3)：158-160.

黄隆军.中华褐金龟在菠萝地的生活习性及防治技术.广西园艺，2004，15(2)：23-24.

黄雅志，阿红昌.橡胶小蠹虫的危害和防治.云南热作科技，2001，24(3)：1-4.

黄衍章，江世宏，钱学聪，等.中国荔枝害虫治理现状及展望.深圳职业技术学院学报，2002，1(1)：26.

黄应昆，李文凤.云南甘蔗害虫及其天敌资源.甘蔗糖业，1995(5)：15-17.

黄应昆，马应忠，华映菊.云南主要蔗龟的生物学研究.昆虫知识，1994，31(3)：156-158.

吉光荣.柑桔潜叶蛾生物学特性及消长规律研究.四川师范学院学报(自然科学版)，1995，16(1)：11.

李土荣.菠萝粉蚧的生物学特性及防治.昆虫知识，1997，34(3)：149-152.

李文蓉.东方果实蝇之防治.中华昆虫特刊.果树害虫综合防治研讨会，1988(2)：51-60.

李智全.东平农场橡胶六点始螨发生为害及防治研究.热带作物研究，1998(2)：1-5.

梁琼超，黄法余，黄箭，等.从进境棕榈植物中截获的几种铁甲科害虫.植物检疫，2002(2)：18-23.

林延谋.广东胶园常见的钝绥螨种类和自然控制作用.热带作物研究 1984(3)：31-33.

林延谋，杨光融，王洪基，等.胶树六点始叶螨的发生规律及防治研究.热带作物学报，1985，6(2)：111-118.

林延谋，符悦冠，刘凤花，等.咖啡黑小蠹的发生规律及化学防治，热带作物学报，1994，15(2)：79-86.

陆永跃，曾玲，王琳，等.棕榈科植物有害生物椰心叶甲的风险性分析.华东昆虫学报，2004，13(2)：17-20.

陆永跃，曾玲.椰心叶甲传入途径与入侵成因分析.中国森林病虫，2004，23(4)：12-15.

陆永跃，梁广文，梁剑浩.机油乳剂对香蕉交脉蚜的控制作用研究.植物保护，2001，27(3)：38-40.

陆永跃，梁广文，邵婉婷，等.非洲山毛豆提取物对香蕉交脉蚜的忌避作用研究.植物保护，2002，28(6)：19-22.

陆永跃，梁广文，邵婉婷，等.异源植物提取物对香蕉交脉蚜的控制作用.华中农业大学学报，2002，21(4)：334-337.

陆永跃，梁广文，曾玲.斯氏线虫防治香蕉假茎象甲的田间使用技术.华中农业大学学报.2002，21(6)：517-520.

陆永跃，梁广文，曾玲.香蕉假茎象甲成虫的空间格局研究.热带作物学报，2001，22(3)：29-32.

陆永跃，梁广文，曾玲.香蕉假茎象甲自然种群生命表研究.华南农业大学学报(自然科学版)，2002，23(3)：36-39.

陆永跃，梁广文，曾玲.香蕉主要害虫的综合治理研究进展.武夷科学，2002，18(12)：276-279.

陆永跃，梁广文.香蕉弄蝶幼虫的为害量模型研究.武夷科学，2002，18(12)：108-111.

陆永跃，梁剑浩，梁广文.茶枯粉对香蕉假茎象甲种群动态的影响.江西科学，2002，20(2)：90-92.

陆语蕲.香蕉双带象甲的习性及防治.广西农业科学，1999(6)：312.

吕宝乾，彭正强，唐超，等.椰心叶甲寄生蜂——椰甲截脉姬小蜂的生物学特性.昆虫学报，2005，48(6)：943-948.

罗启浩，谭常青，陈志凌，等.昆虫病原线虫防治拟木蠹蛾和天牛幼虫的研究.华南农业大学学报，1997，18(1)：25-30.

罗永明，金启安.海南岛两种热带果树害虫记述.热带作物学报，1997，18(1)：71-78.

罗永明，蔡世民，金启安.海南岛脊胸天牛的研究.热带作物学报，1990，11(2)：107-112.

罗永明，金启安.海南岛脊胸天牛生物学的进一步研究.热带作物学报，1992，13(1)：59-61.

马骁，王祖泽.柑橘木虱的发生消长规律及防治措施.浙江柑橘，2001，18(1)：26-28.

欧晓红.芒果切叶象甲体色变异观察.昆虫知识，1991，18(1)：24.

潘贤丽，沈金定，杨业隆，等.芒果脊胸天牛综合治理研究.热带作物学报，1997，18(1)：79-83.

潘贤丽，邢福易.腰果蛀果斑螟的发生与防治.热带作物学报，1987，8(1)：109-116.

潘贤丽，张均.海南芒果主要害虫及其天敌种群消长记述.热带作物学报，1990，11(2)：

99-105.

钱庭玉，林恒琛.芒果切叶象甲的初步研究.植物保护，1982，8(4)：25-26.

苏世伟.脊胸天牛对芒果新植幼树的危害及其防治.广西热作科技，1992(2)：26-27.

覃伟权，赵辉，韩超文.红棕象甲在海南发生为害规律及其防治.云南热作科技，2002，25(4)：29-30.

王洪祥，赵国富，林荷芳.安纳微乳剂防治3种柑橘害虫的效果试验.浙江农业科学，2004，(2)：88-90.

王联德，尤民生.柑桔潜叶蛾自然种群生命表的组建及分析.应用生态学报，1999，10(1)：63-66.

王助引，周至宏，陈可才，等.广西蔗龟已知种及其分布.广西农业科学，1999(1)：31-36.

吴坤宏，余法升.红棕象甲的初步调查研究.热带林业，2001，29(3)：141-144.

伍有声，董祖林，刘东明，等.棕榈植物红棕象甲发生调查初报.广东园林，1998(1)：38.

冼继东，陈荣，杨全杰，等.海南岛美洲斑潜蝇生物学特性及其防治研究(双翅目：潜蝇科).海南大学学报(自然科学版)：1998，16(3)：247-250.

邢嘉琪.危害橡胶木的真菌和昆虫.林业科学研究，2001，14(2)：230-235.

徐雪荣，臧小平，雷新涛.杨桃病虫害及其防治.中国南方果树，2002，31(4)：34-37.

杨光融，林延谋，符悦冠.槟榔红脉穗螟的生物学研究.热带作物学报，1986，7(2)：107-110.

杨光融.六点始叶螨交配习性的初步研究.昆虫知识，1987，24(2)：96-98.

尤民生，王联德，郑琼华，等.温度对柑桔潜叶蛾实验种群的影响.福建农业大学学报，1995，24(4)：414-419.

曾玲，周荣，崔志新，等.寄主植物对椰心叶甲生长发育的影响.华南农业人学学报(自然科学版)，2003，24(4)：37-39.

曾鑫年，林进添.黄胸蓟马对香蕉的危害及其防治.植物保护，1998(6)：15-17.

张冲，但建国，等.芒果切叶象甲成虫行为的观察.昆虫知识，1991，18(6)：351-352.

张冲，朱彬年.芒果扁喙叶蝉生活史饲养研究.广西农业科学，1989(2)：25-28.

张方平，符悦冠，韩冬银.几种杀螨剂防治皮氏叶螨试验.现代农药，2005，4(6)：40-41.

张方平，符悦冠.海南香蕉皮氏叶螨的发生与防治.中国南方果树，2004，33(6)：44-47.

张汉鹄，韩宝瑜.中国茶树昆虫区系及其区域性发生.茶叶科学，1999，19(2)：81-86.

张志祥，程东美，江定心，等.椰心叶甲的传播、危害及防治方法.昆虫知识，2004，41(6)：522-526.

钟义海，李洪，刘奎，等.椰心叶甲幼虫取食量的初步研究.中国南方果树，2005，34(1)：39-40.

钟义海，伍筱影，刘奎，等.椰心叶甲发育的起点温度和有效积温.热带作物学报，2004，25(2)：47-49.

周促驹，林奇英，谢联辉，等.香蕉束顶病的研究Ⅲ.传毒介体香蕉交脉蚜的发生规律.福建农业大学学报，1995，24(1)：32-38.

周荣，曾玲，崔志新，等.椰心叶甲的形态特征观察.植物检疫，2004，18(2)：84-85.

周荣，曾玲，梁广文，等.椰心叶甲实验种群的生物学特性观察.昆虫知识，2004，41(4)：336-339.

周荣，曾玲，陆永跃，等.椰心叶甲取食行为及取食为害量研究.华南农业大学学报，2004，25(4)：50-52.

吴蔚文，韦吕研，李学儒.榕透翅毒蛾生物学研究.昆虫学创新与发展——中国昆虫学会学术年会，2002.

杨斌.甲氨基阿维菌素苯甲酸盐两种剂型防治榕透翅毒蛾药效试验.农家之友，2010，3：50-52.

附　录

附录一　《植物检疫条例》

（1983 年 1 月 3 日国务院发布，根据 1992 年 5 月 13 日《国务院关于修改〈植物检疫条例〉的决定》修订发布）

第一条　为了防止为害植物的危险性病、虫、杂草传播蔓延，保护农业、林业生产安全，制定本条例。

第二条　国务院农业主管部门、林业主管部门主管全国的植物检疫工作，各省、自治区、直辖市农业主管部门、林业主管部门主管本地区的植物检疫工作。

第三条　县级以上地方各级农业主管部门、林业主管部门所属的植物检疫机构，负责执行国家的植物检疫任务。

植物检疫人员进入车站、机场、港口、仓库以及其他有关场所执行植物检疫任务，应穿着检疫制服和佩带检疫标志。

第四条　凡局部地区发生的危险性大、能随植物及其产品传播的病、虫、杂草，应定为植物检疫对象。农业、林业植物检疫对象和应施检疫的植物、植物产品名单，由国务院农业主管部门、林业主管部门制定。各省、自治区、直辖市农业主管部门、林业主管部门可以根据本地区的需要，制定本省、自治区、直辖市的补充名单，并报国务院农业主管部门、林业主管部门备案。

第五条　局部地区发生植物检疫对象的，应划为疫区，采取封锁、消灭措施，防止植物检疫对象传出；发生地区已比较普遍的，则应将未发生地区划为保护区，防止植物检疫对象传入。

疫区应根据植物检疫对象的传播情况、当地的地理环境、交通状况以及采取封锁、消灭措施的需要来划定，其范围应严格控制。

在发生疫情的地区，植物检疫机构可以派人参加当地的道路联合检查站或者木材检查站；发生特大疫情时，经省、自治区、直辖市人民政府批准，可以设立植物检疫检查站，开展植物检疫工作。

第六条　疫区和保护区的划定，由省、自治区、直辖市农业主管部门、林业主管部门提出，报省、自治区、直辖市人民政府批准，并报国务院农业主管部门、林业主管部门备案。

疫区和保护区的范围涉及两省、自治区、直辖市农业主管部门、林业主管部门共同提出，报国务院农业主管部门、林业主管部门批准后划定。

疫区、保护区的改变和撤销的程序，与划定时同。

第七条　调运植物和植物产品，属于下列情况的，必须经过检疫：

（一）列入应施检疫的植物、植物产品名单的，运出发生疫情的县级行政区域之前，必须经过检疫；

（二）凡种子、苗木和其他繁殖材料，不论是否列入应施检疫的植物、植物产品名单和运往何地，在调运之前，都必须经过检疫。

第八条　按照本条例第七条的规定必须检疫的植物和植物产品，经检疫未发现植物检疫对象的，发给植物检疫证书。发现有植物检疫对象、但能彻底消毒处理的，托运人应按植物检疫机构的要求，在指定地点作消毒处理，经检查合格后发给植物检疫证书；无法消毒处理的，应停止调运。

植物检疫证书的格式由国务院农业主管部门、林业主管部门制定。

对可能被植物检疫对象污染的包装材料、运载工具、场地、仓库等，也应实施检疫。如已被污染，托运人应按植物检疫机构的要求处理。

因实施检疫需要的车船停留、货物搬运、开拆、取样、储存、消毒处理等费用，由托运人负责。

第九条　按照本条例第七条的规定必须检疫的植物和植物产品，交通运输部门和邮政部门一律凭植物检疫证书承运或收寄。植物检疫证书应随货运寄。具体办法由国务院农业主管部门、林业主管部门会同铁道、交通、民航、邮政部门制定。

第十条　省、自治区、直辖市间调运本条例第七条规定必须经过检疫的植物和植物产品的，调入单位必须事先征得所在地的省、自治区、直辖市植物检疫机构同意，并向调出单位提出检疫要求；调出单位必须根据该检疫要求向所在地的省、自治区、直辖市植物检疫机构申请检疫。对调入的植物和植物产品，调入单位所在地的省、自治区、直辖市的植物检疫机构应当查验检疫证书，必要时可以复检。

省、自治区、直辖市内调运植物和植物产品的检疫办法，由省、自治区、直辖市人民政府规定。

第十一条　种子、苗木和其他繁殖材料的繁育单位，必须有计划地建立无植物检疫对象的种苗繁育基地、母树林基地。试验、推广的种子、苗木和其他繁殖材料，不得带有植物检疫对象。植物检疫机构应实施产地检疫。

第十二条　从国外引进种子、苗木，引进单位应当向所在地的省、自治区、直辖市植物检疫机构提出申请，办理检疫审批手续。但是，国务院有关部门所属的在京单位从国外引进种子、苗木，应当向国务院农业主管部门、林业主管部门所属的植物检疫机构提出申请，办理检疫审批手续。具体办法由国务院农业主管部门、林业主管部门制定。

从国外引进、可能潜伏有危险性病、虫的种子、苗木和其他繁殖材料，必须隔离试种，植物检疫机构应进行调查、观察和检疫，证明确实不带危险性病、虫的，方可分散种植。

第十三条　农林院校和试验研究单位对植物检疫对象的研究，不得在检疫对象的非疫区进行。因教学、科研确需在非疫区进行时，属于国务院农农业主管部门、林业主管部门规定的植物检疫对象须经国务院农业主管部门、林业主管部门批准，属于省、自治区、直辖市规定的植物检疫对象须经省、自治区、直辖市农业主管部门、林业主管部门批准，并应采取严密措施防止扩散。

第十四条　植物检疫机构对于新发现的检疫对象和其他危险性病、虫、杂草，必须及时查清情况，立即报告省、自治区、直辖市农业主管部门、林业主管部门，采取措施，彻底消灭，并报告国务院农业主管部门、林业主管部门。

第十五条　疫情由国务院农业主管部门、林业主管部门发布。

第十六条　按照本条例第五条第一款和第十四条的规定，进行疫情调查和采取消灭措施所需的紧急防治费和补助费，由省、自治区、直辖市在每年的植物保护费、森林保护费或者国营农场生产费中安排。特大疫情的防治费，国家酌情给予补助。

第十七条　在植物检疫工作中作出显著成绩的单位和个人，由人民政府给予奖励。

第十八条　有下列行为之一的，植物检疫机构应当责令纠正，可以处以罚款；造成损失的，应当负责赔偿；构成犯罪的，由司法机关依法追究刑事责任：

（一）未依照本条例规定办理植物检疫证书或者在报检过程中弄虚作假的；

（二）伪造、涂改、买卖转让植物检疫单证、印章、标志、封识的；

（三）未依照本条例规定调运、隔离试种或者生产应施检疫的植物、植物产品的；

（四）违反本条例规定，擅自开拆植物、植物产品包装，调换植物、植物产品，或者擅自改变植物、植物产品的规定用途的；

（五）违反本条例规定，引起疫情扩散的。

有前款第（一）、（二）、（三）、（四）项所列情形之一，尚不构成犯罪的，植物检疫机构可以没收非法所得。

对违反本条例规定调运的植物和植物产品，植物检疫机构有权予以封存、没收、销毁或者责令改变用途。销毁所需费用由责任人承担。

第十九条　植物检疫人员在植物检疫工作中，交通运输部门和邮政部门有关工作人员在植物、植物产品的运输、邮寄工作中，徇私舞弊、玩忽职守的，由其所在单位或者上级主管机关给予行政处分；构成犯罪的，由司法机关依法追究刑事责任。

第二十条　当事人对植物检疫机构的行政处罚决定不服的，可以自接到处罚决定通知书之日起十五日内，向作出行政处罚决定的植物检疫机构的上级机构申请复议；对复议决定不服的，可以自接到复议决定书之日起十五日内向人民法院提起诉讼。当事人逾期不申请复议或者不起诉又不履行行政处罚决定的，植物检疫机构可以申请人民法院强制执行或者依法强制执行。

第二十一条　植物检疫机构执行检疫任务可以收取检疫费，具体办法由国务院农业主管部门、林业主管部门制定。

第二十二条　进出口植物的检疫，按照《中华人民共和国进出境动植物检疫法》的规定执行。

第二十三条　本条例的实施细则由国务院农业主管部门、林业主管部门制定。各省、自治区、直辖市可根据本条例及其实施细则，结合当地具体情况，制定实施办法。

第二十四条　本条例自发布之日起施行。国务院批准，农业部一九五七年十二月四日发布的《国内植物检疫试行办法》同时废止。

附录二　关于发布全国植物检疫对象和应施检疫的植物、植物产品名单的通知

根据《植物检疫条例》第四条和《植物检疫条例实施细则（农业部分）》关于“全国植物检疫对象和应施检疫的植物、植物产品名单，由农业部统一制定”的规定，第二届全国植物检疫对象审定委员会第一次会议审定通过的全国植物检疫对象和应施检疫的植物、植物产品名单，已经我部审核批准，现予发布施行。1983 年 10 月 20 日农牧渔业部发布的“农业植物检疫对象和应施检疫的植物、植物产品名单”同时废止。

全国植物检疫对象

中文名	学名	分布
1. 水稻细菌性条斑病	*Xanthomonas oryzicola* Fang et al.	广东、广西、湖南、四川、云南、贵州、江苏、浙江、福建、江西、安徽、湖北、海南
2. 小麦矮腥黑穗病	*Tilletia contraversa* Kuhn	新疆（对外保密）
3. 玉米霜霉病	*Peronospora* sp.	广西、云南
4. 马铃薯癌肿病	*Synchytrium endobioticum* （Schilberszky）Percivadl	云南、四川、贵州
5. 大豆疫病	*Phytophthora megasperma* （Drechs.）f. sp. glycinea Kuan and Erwin	黑龙江
6. 棉花黄萎病	*Verticillium alboatrum* Reinke et berth	河南、河北、山东、新疆、湖北、山西、湖南、辽宁、北京、四川、浙江、甘肃、云南、上海、广东、陕西、安徽、天津、江苏
7. 柑橘黄龙病	*Candidatus liberobacter* sp.	广东、广西、福建、云南、浙江、江西、贵州、湖南、四川、海南
8. 柑橘溃疡病	*Xanthomonas campestris* pv. *citri* （Hasse）Dowson	江西、湖南、广西、四川、云南、江苏、上海、广东、浙江、贵州、湖南、福建、陕西
9. 木薯细菌性枯萎病	*Xanthomonas campestris* pv. *manihotis*（Berth Bander）Dye	湖南、广东
10. 烟草环斑病毒病	*Comoviridaex nepovirus*	福建、四川等

续　表

中文名	学名	分布
11. 番茄溃疡病	*Clavibacter michiganensis* subsp. *michiganenis* (Smith)Davis et al	河北、内蒙古、吉林、辽宁、北京、海南、黑龙江
12. 鳞球茎茎线虫	*Ditylenchus* sp.	江苏、山东、浙江、上海等
13. 稻水象甲	*Lissorhoptrus oryzophilus* Kuschel	河北、山东、浙江、天津、辽宁、吉林
14. 小麦黑森瘿蚊	*Mayetiola destructor*(Say)	新疆
15. 马铃薯甲虫	*Leptinotarsa decemlineata*(Say)	新疆(对外保密)
16. 美洲斑潜蝇	*Liriomyza sativae* Blanchard	海南、广东、广西、福建、江西、江苏、四川、浙江等(对外保密)
17. 柑橘大实蝇	*Tetradacus citri* Chen	四川、贵州、广西、湖北、湖南、云南、陕西
18. 蜜柑大实蝇	*Tetradacus taunconis*(Miyake)	云南、湖南、贵州、广西
19. 柑橘小实蝇	*Dacus dorsalis* (Hendel)	广东、广西、云南、四川、贵州、湖南
20. 苹果蠹蛾	*Laspeyresia pomonella*(Linne)	新疆、甘肃
21. 苹果绵蚜	*Briosoma lanigerun*(Hausmann)	山东、云南、天津、辽宁、江苏

应实施检疫的植物、植物产品名单

(一) 稻、麦、玉米、高粱、豆类、薯类等作物的种子、块根、块茎及其他繁殖材料和来源于上述植物运出发生疫情的县级行政区域的植物产品;

(二) 棉、麻、烟、茶、桑、花生、向日葵、芝麻、油菜、甘蔗、甜菜等作物的种子、种苗及其他繁殖材料和来源于上述植物运出发生疫情的县级行政区域的植物产品;

(三) 西瓜、甜瓜、哈密瓜、香瓜、葡萄、苹果、梨、桃、李、杏、沙果、梅、山楂、柿、柑、橘、橙、柚、猕猴桃、柠檬、荔枝、枇杷、龙眼、香蕉、菠萝、芒果、咖啡、可可、腰果、番石榴、胡椒等作物的种子、苗木、接穗、砧木、试管苗及其他繁殖材料和来源于上述植物运出发生疫情的县级行政区域的植物产品;

(四) 花卉的种子、种苗、球茎、鳞茎等繁殖材料及切花、盆景花卉;

(五) 中药材;

(六) 蔬菜作物的种子、种苗和运出发生疫情的县级行政区域的蔬菜产品;

(七) 牧草(含草坪草)、绿肥、食用菌的种子、细胞繁殖体等;

(八) 麦麸、麦秆、稻草、芦苇等可能受疫情污染的植物产品及包装材料。

附录三　中华人民共和国农业部公告第199号

为从源头上解决农产品尤其是蔬菜、水果、茶叶的农药残留超标问题，我部在对甲胺磷等5种高毒有机磷农药加强登记管理的基础上，又停止受理一批高毒、剧毒农药的登记申请，撤销一批高毒农药在一些作物上的登记。现公布国家明令禁止使用的农药和不得在蔬菜、果树、茶叶、中草药材上使用的高毒农药品种清单。

一、国家明令禁止使用的农药

六六六（BHC），滴滴涕（DDT），毒杀芬（camphechlor），二溴氯丙烷(dibromochloropane)，杀虫脒(chlordimeform)，二溴乙烷(EDB)，除草醚(nitrofen)，艾氏剂(aldrin)，狄氏剂(dieldrin)，汞制剂，砷，铅类，敌枯双，氟乙酰胺(fluoroacetamide)，甘氟(gliftor)，毒鼠强(tetramine)，氟乙酸钠(sodiumfluoroacetate)，毒鼠硅(silatrane)。

二、在蔬菜、果树、茶叶、中草药材上不得使用和限制使用的农药

甲胺磷(methamidophos)，甲基对硫磷(parathion-methyl)，对硫磷(parathion)，久效磷(monocrotophos)，磷胺(phosphamidon)，甲拌磷(phorate)，甲基异柳磷(isofenphos-methyl)，特丁硫磷(terbufos)，甲基硫环磷(phosfolan-methyl)，治螟磷(sulfotep)，内吸磷(demeton)，克百威(carbofuran)，涕灭威(aldicarb)，灭线磷(ethoprophos)，硫环磷(phosfolan)，蝇毒磷(coumaphos)，地虫硫磷(fonofos)，氯唑磷(isazofos)，苯线磷(fenamiphos)19种高毒农药不得用于蔬菜、果树、茶叶、中草药材上。三氯杀螨醇(dicofol)，氰戊菊酯(fenvalerate)不得用于茶树上。任何农药产品都不得超出农药登记批准的使用范围使用。

各级农业部门要加大对高毒农药的监管力度，按照《农药管理条例》的有关规定，对违法生产、经营国家明令禁止使用的农药的行为，以及违法在果树、蔬菜、茶叶、中草药材上使用不得使用或限用农药的行为，予以严厉打击。各地要做好宣传教育工作，引导农药生产者、经营者和使用者生产、推广和使用安全、高效、经济的农药，促进农药品种结构调整步伐，促进无公害农产品生产发展。

2002年6月5日

附录四　中国外来入侵物种名单

中国外来入侵物种名单是中华人民共和国政府发布的在中国危害比较大的入侵物种的一个名单。分别在2003年和2010年分2批发布，共35个物种。

据有关数据统计，在全国大部分地区范围内，中国的入侵物种有488种，其中植物265种，动物171种，菌类微生物26种。以西南和沿海地区最为严重，入侵途径主要是人为引进、旅游活动、自然传播等。

第一批外来入侵物种名单(共16种)

入侵植物				
名称/(学名)	原产地	入侵时间及原因	分布状况	对本地的危害
紫茎泽兰 (*Ageratina adenophora*)	中美洲	1935年在云南南部发现，可能经缅甸传入	云南、广西、贵州、四川(西南部)、台湾、垂直分布上限为2500m	全球性入侵物种
薇甘菊 (*Mikaina micrantha*)	中美洲	1919年曾在香港出现，1984年在深圳发现	香港、澳门和广东珠江三角洲地区	全球性入侵物种
空心莲子草 (*Alternanthera philoxeroides*)	南美洲	1892年在上海附近岛屿出现，1950年代作为猪饲料推广栽培	黄河流域以南地区、天津	全球性入侵物种
豚草 (*Ambrosia artemisiifolia*)	北美洲	1935年发现于杭州	东北、华北、华中和华东等地	恶性杂草，对禾本科、菊科等植物有抑制、排斥作用
毒麦 (*Lolium temulentum*)	欧洲、地中海地区	1954年在从保加利亚进口的小麦中发现	除西藏外，各省都有发现	全球性入侵物种
互花米草 (*Spartina alterniflora*)	美国东南部海岸	1979年作为经济作物引入	上海(崇明岛)、浙江、福建、广东、香港	威胁本土海岸生态系统，致使大片红树林消失
飞机草 (*Eupatorium odoratum*)	中美洲	1920年代作为一种香料植物引种到泰国栽培，1934年在云南南部发现	台湾、广东、香港、澳门、海南、广西、云南、贵州	全球性入侵物种
凤眼莲 (*Eichhornia crassipes*)	巴西东北部	1901年从日本引入台湾作花卉，1950年代作为猪饲料推广	辽宁南部、华北、华东、华中和华南的19个省(自治区、直辖市)有栽培，在长江流域及其以南地区逸生为杂草	大量逸生，堵塞河道，破坏水生生态系统，威胁本地生物多样性

续　表

入侵植物				
名称/(学名)	原产地	入侵时间及原因	分布状况	对本地的危害
假高粱 (*Sorghum halepense*)	地中海地区	20世纪初从日本引到台湾南部栽培,同一时期在香港和广东北部发现,种子常混在进口作物种子中引进和扩散	台湾、广东、广西、海南、香港、福建、湖南、安徽、江苏、上海、辽宁、北京、河北、四川、重庆、云南	是高粱、玉米、小麦、棉花、大豆、甘蔗、黄麻、洋麻、苜蓿等30多种作物地里的杂草,还可与同属其他种杂交

入侵动物				
名称/(学名)	原产地	入侵时间及原因	分布状况	对本地的危害
蔗扁蛾 (*Opogona sacchari*)	非洲热带、亚热带地区	1987年随进口巴西木进入广州。随着巴西木的普及,1990年代传播到了北京	分布在10余个省、自治区、直辖市。在南方的凡能见到巴西木的地方都能找到	威胁香蕉、甘蔗、玉米、马铃薯等农作物及温室栽培植物
湿地松粉蚧 (*Oracella acuta*)	美国	1988年随湿地松进入广东省台山,到1994年,已扩散蔓延至广东省多个县市	广东、广西、福建等地	引入的湿地松、火炬松和加勒比松加速了扩散,对本地的马尾松、南亚松等构成严重威胁
强大小蠹 (*Dendroctonus valens*)	美国、加拿大、墨西哥、危地马拉和洪都拉斯等美洲地区	1998年在山西省阳城、沁水首次发现,可能与1980年代后期山西从美国引进木材有关	山西、陕西、河北、河南	不仅攻击树势衰弱的树木,也对健康树进行攻击(尤其是油松),导致发生区内寄主的大量死亡
美国白蛾 (*Hyphantria cunea*)	北美洲	1979年传入辽宁丹东一带,1981年由渔民自辽宁捎带木材传入山东荣成县并蔓延,1995年在天津发现,1985年在陕西武功县发现并形成危害	幼虫喜食桑叶,对养蚕业构成威胁	主要危害落叶阔叶树种,包括许多经济林、果树、行道树和观赏树木。如白蜡槭、糖槭、桑、苹、梨、山楂、李、蔷薇、绣球花、桦、栎、胡桃、柿、杨、柳、榆和悬铃木等。也取食玉米、大豆、棉花、烟草、甘薯等作物以及一些花卉和杂草。

续　表

入侵动物				
名称/(学名)	原产地	入侵时间及原因	分布状况	对本地的危害
非洲大蜗牛 (*Achating fulica*)	非洲东部沿岸坦桑尼亚的桑给巴尔、奔巴岛，马达加斯加岛一带	1920年代末至1930年代初，在福建厦门发现，可能是由一新加坡华人所带的植物而引入。后被作为美味食物，引入南方多地	广东、香港、海南、广西、云南、福建、台湾	全球性入侵物种
福寿螺 (*Pomacea canaliculata*)	亚马孙河流域	作为高蛋白食物最先被引入台湾省；1981年引入广东，1984年前后作为特种经济动物广为养殖，后又被引入到其他省份养殖。但由于养殖过度，口味不佳，市场并不好，而逃逸或被大量遗弃，并很快从农田扩散到天然湿地	广东、广西、云南、福建、浙江	对水稻生产造成损失。威胁入侵地的水生贝类、水生植物和破坏食物链构成，是卷棘口吸虫、广州管圆线虫的中间宿主
牛蛙 (*Rana catesbeiana*)	北美洲落基山脉以东，北到加拿大，南到佛罗里达州北部	1959年作为食物引入	北京以南除西藏、海南外地区	对本地两栖类造成威胁，甚至影响到生物多样性，如滇池的本地鱼类

第二批外来入侵物种名单(共19种)

入侵植物				
名称/(学名)	原产地	入侵时间及原因	分布状况	对本地的危害
马缨丹 (*Lantana camara*)	美洲热带地区	明末由西班牙人引入台湾，由于花比较美丽而被广泛栽培引种	台湾、福建、广东、海南、香港、广西、云南、四川南部等热带及南亚热带地区	是南方牧场、林场、茶园和橘园的恶性竞争者
三裂叶豚草 (*Ambrosia trifida*)	北美洲	1930年代在辽宁铁岭地区发现，首先在辽宁省蔓延，随后向河北、北京地区扩散	吉林、辽宁、河北、北京、天津	危害小麦、大麦、大豆及各种园艺作物
大薸 (*Pistia stratiotes*)	巴西	明末引入。1950年代作为猪饲料推广	黄河以南	堵塞航道，影响水产养殖业，并导致沉水生植物死亡和灭绝，危害水生生态系统

续　表

入侵植物				
名称/(学名)	原产地	入侵时间及原因	分布状况	对本地的危害
加拿大一枝黄花(*Solidago canadensis*)	北美	1935年作为观赏植物引进,1980年代扩散蔓延成为杂草	浙江、上海、安徽、湖北、湖南、江苏、江西	全球性入侵物种
蒺藜草(*Cenchrus echinatus*)	美洲的热带和亚热带地区	1934年在台湾省兰屿采到标本	福建、台湾、广东、香港、广西和云南南部等地	为花生、甘薯等多种作物在田地及果园中一种危害严重的杂草,入侵后降低生物多样性;还可成为热带牧场中的有害杂草
银胶菊(*Parthenium hysterophorus*)	美国得克萨斯州及墨西哥北部	1924年在越南北部被报道,1926年在云南采到标本	云南、贵州、广西、广东、海南、香港和福建	全球性入侵物种
黄顶菊(*Flaveria bidentis*)	南美	2000年发现于天津南开大学校园	天津、河北	全球性入侵物种
土荆芥(*Chenopodium ambrosioides*)	中、南美洲	1864年在台湾省台北淡水采到标本	北京、山东、陕西、上海、浙江、江西、福建、台湾、广东、海南、香港、广西、湖南、湖北、重庆、贵州、云南	在长江流域经常是杂草群落的优势种或建群种,常常侵入并威胁种植在长江大堤上的草坪
刺苋(*Amaranthus spinosus*)	热带美洲	1830年代在澳门发现,1857年在香港采到	陕西、河北、北京、山东、河南、安徽、江苏、浙江、江西、湖南、湖北、四川、重庆、云南、贵州、广西、广东、海南、香港、福建、台湾	全球性入侵物种
落葵薯(*Anredera cordifolia*)	南美热带和亚热带地区	1970年代从东南亚引种	重庆、四川、贵州、湖南、广西、广东、云南、香港、福建	全球性入侵物种

入侵动物				
名称/(学名)	原产地	入侵时间及原因	分布状况	对本地的危害
桉树枝瘿姬小蜂(*Leptocybe invasa*)	澳大利亚	2007年在广西与越南交界处首次发现,2008年相继在海南和广东发现	广西、海南以及广东省的部分地区	对华南、西南等地区的桉树种植造成极大威胁

续　表

入侵动物				
名称/(学名)	原产地	入侵时间及原因	分布状况	对本地的危害
稻水象甲 (*Lissorhoptrus oryzophilus*)		1988 年在河北唐海发现	河北、辽宁、吉林、山东、山西、陕西、浙江、安徽、福建、湖南、云南、台湾	主要危害水稻
红火蚁 (*Solenopsis invicta*)	南美洲	2003 年 10 月在台湾桃园发现，2004 年 9 月在广东吴川发现	台湾、广东、香港、澳门、广西、福建、湖南	全球性入侵物种
克氏原螯虾 (*Procambarus clarkii*)	北美洲	1930 年代进入，1960 年代食用价值被发掘，开始养殖，1980—1990 年代大规模扩散	20 多个地区，南起海南岛，北到黑龙江，西至新疆，东达崇明岛均可见其踪影，华东、华南地区尤为密集	捕食本地动植物，携带和传播致病源等方式危害土著物种
苹果蠹蛾 (*Cydia pomonella*)		1950 年代前后经由中亚地区进入新疆，1980 年代中期进入甘肃省，之后持续向东扩张。2006 年在黑龙江省发现，这一部分可能由俄罗斯远东地区传入	新疆全境、甘肃省的中西部、内蒙古西部以及黑龙江南部	对梨果类水果危害很大
三叶草斑潜蝇 (*Liriomyza trifolii*)	北美洲	2005 年 12 月在广东省中山市发现	台湾、广东、海南、云南、浙江、江苏、上海、福建	全球性入侵物种
松材线虫 (*Bursaphelenchus xylophilus*)	北美洲	1982 年在南京中山陵首次发现	江苏、浙江、安徽、福建、江西、山东、湖北、湖南、广东、重庆、贵州、云南等 15 省区市，193 个县	主要危害松属植物，也危害云杉属、冷杉属、落叶松属和雪松属
松突圆蚧 (*Hemiberlesia pitysophila*)	日本和台湾	1970 年代末在广东发现	香港、澳门、广东、广西、福建和江西	主要危害松属植物，如马尾松、湿地松、黑松等，其中以马尾松受害最重
椰心叶甲 (*Brontispa longissima*)		2002 年 6 月，海南省首次发现	全球性入侵物种	